提高采收率功能性材料的研究与应用

主　编◎付美龙
副主编◎武俊文　施建国　李　亮
　　　　陈立峰　侯宝峰　柳建新

石油工业出版社

内 容 提 要

本书系统介绍了近年来国内外关于提高采收率功能性材料的研究发展概况，重点介绍了耐温抗盐梳形聚合物交联体系和疏水缔合聚合物的研究与应用，耐温抗盐型聚氧乙烯聚氧丙烯苯乙烯化苯酚嵌段聚醚类表面活性剂的合成及评价，AM/AMPS 酚醛凝胶、AM/AMPS 萘酚凝胶和互穿聚合物网络 IPN 凝胶油水选择性堵剂体系研发及机理研究，超支化缓膨体、AMPS 缓膨颗粒和柔性颗粒逆向卡封类堵剂体系研发及机理研究，硬质温敏粘连颗粒和纤维复合凝胶密度选择性堵剂体系研究。

本书可供从事油气田开发、油田化学等方面的研究人员、工程技术人员以及有关院校的师生学习参考。

图书在版编目（CIP）数据

提高采收率功能性材料的研究与应用／付美龙主编
．—北京：石油工业出版社，2021.1
ISBN 978-7-5183-4263-1

Ⅰ．①提… Ⅱ．①付… Ⅲ．①提高采收率-功能材料-研究 Ⅳ．①TE357

中国版本图书馆 CIP 数据核字（2020）第 188452 号

出版发行：石油工业出版社
（北京安定门外安华里 2 区 1 号楼　100011）
网　　址：www.petropub.com
编辑部：(010)64523738　图书营销中心：(010)64523633
经　　销：全国新华书店
印　　刷：北京晨旭印刷厂

2021 年 1 月第 1 版　2021 年 1 月第 1 次印刷
787×1092 毫米　开本：1/16　印张：18.25
字数：432 千字

定价：160.00 元
（如出现印装质量问题，我社图书营销中心负责调换）
版权所有，翻印必究

前 言

近年来，随着石油开采技术水平的不断提高，特别是油田开发中后期各种提高采收率技术的不断发展，出现了许多提高采收率用的功能性材料，如耐温抗盐型聚合物、耐温抗盐型表面活性剂、耐温抗盐型新型堵水调剖剂等。笔者以多年来所参与的油田开发中后期提高采收率项目为基础，以最新的研究成果和进展为材料来源，经过系统整理编写成此书。书中通过大量的物理模拟实验和现场试验，向读者介绍了多种油田开发中后期提高采收率用功能性材料。

本书共12章，第1章介绍了油田进入开发后期后存在的主要问题，并对提高采收率用功能性材料进行了概述。第2章至第4章针对耐温抗盐梳形聚合物、耐温抗盐疏水缔合聚合物、耐温抗盐表面活性剂进行了研究；第5章至第12章对塔河油田4、6、7、8区开发后期堵水技术做了详细阐述，并根据塔河油田碳酸盐岩油藏条件及储层特点，研制出了在塔河油田具有适用性的三大类堵剂，即油水选择性堵剂、逆向卡封类选择性堵剂和密度选择性堵剂。

本书第1章由中国石化西北油田分公司工程院的李亮编写，第2章由中国石化北京勘探开发研究院的武俊文编写，第3章由中国石化中原石油工程有限公司井下特种作业公司的施建国编写，第4章、第9章和第10章由长江大学的侯宝峰编写，第5章、第6章由长江大学的付美龙编写，第7章和第8章由长江大学的柳建新编写，第11章和第12章由长江大学的陈立峰编写，博士生李雪娇以及硕士生张泉和鲜若琨做了一些文字处理工作，全书由付美龙主编并统稿。长江大学石油工程学院的领导及广大同仁们也在成书过程中提出了宝贵的意见和建议，在此表示感谢。

油田开发中后期提高采收率技术涉及的相关学科较多，在理论和应用方面尚存在许多问题需进一步探讨，加之编者水平有限，欠妥或疏漏之处在所难免，敬请读者不吝指正。

目 录

第1章　提高采收率功能性材料研究背景及现状 ……………………………（ 1 ）
  1.1　提高采收率功能性材料研究背景 ……………………………………（ 1 ）
  1.2　耐温抗盐聚合物研究现状 ……………………………………………（ 9 ）
  1.3　耐温抗盐表面活性剂研究现状 ………………………………………（ 13 ）
  1.4　耐温抗盐堵剂研究现状 ………………………………………………（ 18 ）

第2章　耐温抗盐梳形聚合物的研究与应用 …………………………………（ 23 ）
  2.1　梳形聚合物的研究进展 ………………………………………………（ 23 ）
  2.2　梳形聚合物交联体系制备 ……………………………………………（ 23 ）
  2.3　梳形聚合物交联体系性能优化 ………………………………………（ 38 ）
  2.4　梳形聚合物交联体系调驱性能研究 …………………………………（ 53 ）
  2.5　现场应用 ………………………………………………………………（ 62 ）

第3章　耐温抗盐疏水缔合聚合物的研究与应用 ……………………………（ 65 ）
  3.1　疏水缔合聚合物的研究现状 …………………………………………（ 65 ）
  3.2　耐温抗盐聚合物的合成与结构表征 …………………………………（ 66 ）
  3.3　聚合物溶液的性质研究 ………………………………………………（ 77 ）
  3.4　疏水缔合聚合物驱油性能评价 ………………………………………（ 84 ）
  3.5　耐温抗盐交联聚合物体系优选和影响因素研究 ……………………（ 88 ）
  3.6　交联体系在多孔介质中的性能评价 …………………………………（ 98 ）
  3.7　现场应用 ………………………………………………………………（109）

第4章　耐温抗盐表面活性剂的合成与应用 …………………………………（111）
  4.1　新型阴—非两性耐温抗盐表面活性剂的合成 ………………………（111）
  4.2　耐温抗盐表面活性剂复配体系的确定 ………………………………（120）
  4.3　耐温抗盐表面活性剂体系的性能评价 ………………………………（141）
  4.4　现场应用 ………………………………………………………………（167）

第5章　AM/AMPS 酚醛凝胶堵剂体系研发及机理研究 ……………………（176）
  5.1　塔河油田区块概况 ……………………………………………………（176）
  5.2　耐温耐盐油水选择性堵剂的合成及基础性能评价 …………………（189）
  5.3　耐温耐盐油水选择性堵剂化学结构表征 ……………………………（194）

5.4 耐温耐盐油水选择性堵剂配方优化 ……………………………………（195）
5.5 耐温耐盐油水选择性堵剂封堵性能评价 ………………………………（201）
5.6 可视化选择性堵水机理研究 ……………………………………………（203）

第6章 AM/AMPS 萘酚凝胶堵剂体系研发及机理研究 …………………（206）

6.1 耐温耐盐油水选择性堵剂的合成及优化 ………………………………（207）
6.2 耐温耐盐油水选择性堵剂基础性能评价 ………………………………（212）
6.3 耐温耐盐油水选择性堵剂化学结构表征 ………………………………（213）
6.4 耐温耐盐油水选择性堵剂封堵性能评价 ………………………………（214）
6.5 可视化选择性堵水机理研究 ……………………………………………（217）

第7章 IPN 凝胶选择性堵剂体系研发及机理研究 …………………………（219）

7.1 IPN 堵剂的合成 …………………………………………………………（219）
7.2 IPN 堵剂的基础性能评价 ………………………………………………（222）
7.3 IPN 堵剂的化学结构表征 ………………………………………………（224）
7.4 IPN 堵剂的配方优化 ……………………………………………………（224）
7.5 IPN 堵剂的封堵性能评价 ………………………………………………（226）
7.6 IPN 堵剂的可视化堵水机理研究 ………………………………………（228）

第8章 超支化缓膨体逆向卡封堵剂体系研究 ………………………………（231）

8.1 超支化缓膨体堵剂的分子设计及合成 …………………………………（231）
8.2 超支化缓膨体堵剂的化学结构表征 ……………………………………（233）
8.3 超支化缓膨体堵剂的膨胀性能评价 ……………………………………（235）
8.4 超支化缓膨体堵剂的配伍性评价 ………………………………………（237）
8.5 超支化缓膨体可视化卡封机理研究 ……………………………………（239）

第9章 AMPS 缓膨颗粒逆向卡封堵剂体系研究 ……………………………（241）

9.1 常规卡封堵剂的筛选及评价 ……………………………………………（241）
9.2 选择性卡封堵剂膨胀性能评价 …………………………………………（245）
9.3 选择性卡封堵剂体系分子设计及化学结构表征 ………………………（247）
9.4 选择性卡封堵剂配伍性评价 ……………………………………………（249）
9.5 选择性卡封堵剂封堵性能评价 …………………………………………（250）
9.6 可视化选择性卡封机理研究 ……………………………………………（251）

第10章 柔性颗粒逆向卡封堵剂体系研究 …………………………………（253）

10.1 常规柔性颗粒堵剂的筛选及评价 ………………………………………（253）
10.2 选择性柔性颗粒堵剂体系化学结构表征 ………………………………（255）
10.3 选择性柔性颗粒堵剂配伍性评价 ………………………………………（255）

10.4　柔性颗粒性能评价 …………………………………………………………（256）
10.5　可视化选择性柔性颗粒堵剂机理研究 ……………………………………（258）
10.6　本章小结 ……………………………………………………………………（260）

第11章　硬质温敏粘连颗粒密度选择性堵剂体系 …………………………（261）

11.1　密度选择性堵剂的筛选及评价 ……………………………………………（261）
11.2　密度选择性堵剂化学结构表征 ……………………………………………（263）
11.3　密度选择性堵剂悬浮展布性能评价 ………………………………………（264）
11.4　密度选择性堵剂悬浮堵水性能评价及堵水机理研究 ……………………（266）

第12章　纤维复合凝胶密度选择性堵剂体系 ………………………………（270）

12.1　密度选择性堵剂体系的基础配方筛选及评价 ……………………………（270）
12.2　密度选择性堵剂体系化学结构表征 ………………………………………（271）
12.3　密度选择性堵剂悬浮展布性能评价 ………………………………………（272）
12.4　密度选择性堵剂悬浮封堵底水性能评价及堵水机理研究 ………………（273）
12.5　本章小结 ……………………………………………………………………（276）

参考文献 ……………………………………………………………………………（278）

第1章 提高采收率功能性材料研究背景及现状

油田开发后期产油率逐步降低，特别是目前高温高盐类油藏数量逐年增加，对于提高采收率功能性材料的要求也越来越高，高温高盐类油藏提高采收率功能性材料主要包括耐温抗盐聚合物、耐温抗盐表面活性剂、耐温抗盐堵剂。

1.1 提高采收率功能性材料研究背景

油藏在注水开发中，由于储层的非均质性及油水黏度上的差异，容易产生舌进和黏性指进现象，严重影响了开发效率。对于储层物性好、渗透率高的油层，经过长期高速注水开发，易在储层中形成高渗透带。这些大孔道加剧了油层的层间矛盾，注入水利用率低，水驱波及体积小，导致油井含水率上升快，大大降低了水驱油的效率；对于储层物性差、非均质性严重的油层，随着酸化、压裂等储层改造措施的进行，加剧了储层的非均质性。目前，调剖堵水和深部调驱是实现油田开发后期稳油控水的主要措施。了解水驱窜流对采收率的影响机理和相关技术是有效实施控水增油措施的基础。

1.1.1 水驱窜流对宏观波及效率的影响

水驱采收率(η)取决于波及效率(E_S)和洗油效率(E_D)：

$$\eta = E_S E_D \tag{1.1}$$

对于注水开发油藏，从注入井到生产井之间的含油区域不能完全被注入水所波及，水波及体积占该油藏体积的百分比称为波及效率。波及效率由面积波及效率(E_A)和垂向波及效率(E_h)构成，即

$$E_S = \frac{V_s}{V} = \frac{A_s}{A} \times \frac{h_s}{h} = E_A E_h \tag{1.2}$$

式中 V_s，A_s，h_s——驱替相波及的体积、面积和厚度；

V，A，h——油藏的体积、面积和厚度。

注入水波及不到的区域形成剩余油。剩余油是指由于波及效率低，注入水尚未波及的区域内所剩余的原油(局部死油区内的油)。剩余油在宏观上是连续分布的，其形成与油藏平面和厚度上的宏观非均质性、注采井网的布置以及注入工作剂的流度有关。

1.1.1.1 层间矛盾

如图1.1所示，对于注水开发油藏，由于垂直方向上存在层间非均质性，在水驱油过

程中易于产生舌进现象；由于油水的密度差异，也会导致重力舌进现象。此时水驱前缘沿着高渗透层快速突进，并最早出现突破。舌进现象会造成垂向波及效率降低。

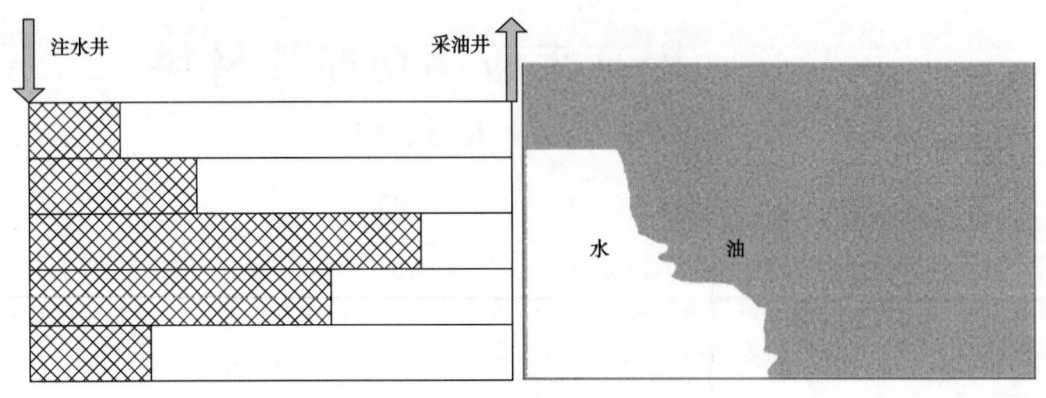

图1.1　舌进现象剖面示意图

因此，舌进的起因为层间非均质性和较大的油水黏度差；高、低渗透层的水驱油速度差与它们的渗透率差成正比；随着水驱的不断进行，高渗透层的油不断被驱替出来，层内阻力减小，而低渗透层阻力变化不大，高、低渗透层阻力差不断增大，水更多地沿着阻力更小的高渗透层流动，而低渗透层更难以启动。因此，垂向波及效率很低。

当吸水剖面和产液剖面不均匀时，现场一般采用分层配注、分层配产工艺，也可采用调剖堵水技术封堵高渗透层，降低高渗透层水窜，有效启动低渗透层。

1.1.1.2　层内矛盾

在水驱过程中，由于平面上的微观非均质性和油水黏度的差异，造成驱替前缘呈手指状穿入油区的现象，称为黏性指进现象(图1.2)。此时水的流度大，水驱油流度比高，导致平面波及效率较低。

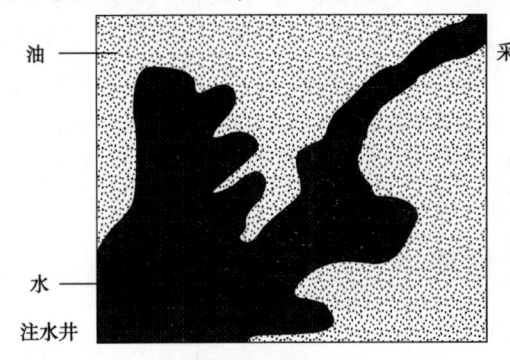

图1.2　黏性指进现象示意图

1.1.2　地层非均质性对水驱窜流的影响

1.1.2.1　地层非均质性对波及效率的影响

勘探开发多年实践证实，复杂非均质油藏高含水期剩余油分布特征是总体分散、局部集中，主要受油藏分割性控制，仍存在较多的剩余油富集区。剩余油富集区控油模式一般包括断层分割控油、夹层分割控油和优势渗流通道控油。大量研究表明，地层非均质性是影响水驱窜流的主要原因。因此，在实施控水增油措施前，除了了解地层孔隙度、渗透率等基本物性外，还需深入了解裂缝、断层等地质特征，对于长期注水开发的油藏，还需摸清水驱形成的高渗透带和大孔道分布情况。准确认识优势渗流通道的类型和分布对确定适宜的控水措施具有特别重要的意义。

地层的非均质性主要是由沉积条件造成的。不同的沉积条件会造成地层物性在平面上、垂直剖面上有极大的差异。平面非均质性会导致平面上水线推进不均匀，使有的生产井过早见水和水淹。垂直非均质性会导致油层水淹厚度不均一，易导致高渗透层见水早，波及效率低。地层的非均质性可以分为宏观非均质性和微观非均质性两种类型。前者主要指油层岩石宏观物性参数（孔隙度、渗透率）的非均质性，一般认为宏观非均质性是影响波及系数的主要原因；后者主要指岩石的孔隙结构特征，它表现为孔隙大小分布、孔隙孔道的曲折程度、毛细管压力作用以及表面润湿性等，它是影响洗油效率的主要原因。

1.1.2.2 地层非均质性的表征参数

目前，国内外表征储层非均质性的参数很多，常用的有渗透率突进系数、渗透率级差、渗透率变异系数等参数。

渗透率突进系数表征的是一定井段内渗透率最大值与其平均值的比值，该方法简单明了。其计算公式如下：

$$T_K = \frac{K_{max}}{\overline{K}} \tag{1.3}$$

式中　T_K——渗透率突进系数；
　　　K_{max}——渗透率最大值；
　　　$\overline{K}$——渗透率平均值。

渗透率级差表征的是一定井段内渗透率最大值与最小值之比，它忽略了中间数值对储层非均质性的影响，不够全面，同时也存在可对比性差的问题。其计算公式如下：

$$R = \frac{K_{max}}{K_{min}} \tag{1.4}$$

渗透率变异系数反映的是样品偏离整体平均值的程度，它是一个数理统计的概念，常用于表征渗透率的变化特征。其计算公式如下：

$$\sigma = \frac{\sqrt{\sum_{i=1}^{n}(K_i - \overline{K})^2/(n-1)}}{\overline{K}} \tag{1.5}$$

式中　σ——渗透率变异系数；
　　　K_i——第i个样品的渗透率；
　　　n——样品数。

1.1.2.3 地层沉积韵律对水驱窜流的影响

地层沉积韵律反映了岩性在垂直剖面上的变化，注水开发过程中地层沉积韵律对水驱窜流的影响不尽相同。地层沉积韵律一般分为正韵律、反韵律和复合韵律，针对不同沉积韵律的油层，应采用不同的开发措施。

正韵律油藏形成于水动力较稳定或水动力较弱的稳定沉积环境下，主要表现为纵向上孔隙度、渗透率向上变小，物性变差，残余油富集于油层顶部。其代表性沉积相是曲流河点沙坝和分流河道沉积，水驱特征为水淹厚度和波及体积小，且随渗透率级差的增大而减小；水淹段的水洗程度高，含水率上升快；平面上水淹面积大，注入水沿底部高渗透段快速突进，纵向上水淹厚度增加慢，故开发效果最差，非均质性影响很大。改善注水开发的关键是对砂岩底部高渗透段进行封堵及对顶部低渗透带进行压裂，促使注入水沿顶部低渗透带驱替，增加波及体积。

反韵律油藏形成于碎屑物局部增多、水动力增强及河流侧向迁移的沉积环境下。主要表现为纵向上孔隙度、渗透率向上变大，物性变好，残余油富集于油层底部。其代表性沉积相是三角洲间席状砂、三角洲前缘砂体、岸外沙坝和分流河道沉积的河口部位等受波浪作用较强的地带。由于注入水的重力作用，水淹厚度和波及体积较大，含水率上升慢，开发效果最好。对于反韵律含油的砂体，改善注水开发的关键是对顶部加大注水压力，增大水洗程度，对底部低渗透段采取补孔措施，增加波及体积。

复合韵律油藏形成于水动力变化的沉积环境下，主要表现为：纵向上孔隙度和渗透率的变化取决于层内沉积微相环境，即表现为层内较高渗透带所处的相对位置，残余油富集呈空间立体分带分布。其代表性沉积相是水下天然堤、废弃河道和河口沙坝的边部沉积。其水淹厚度和水洗程度均介于正韵律与反韵律之间，取决于渗透率级差的大小及储集空间的非均质程度。依据层内较高渗透段所处的相对位置，而采取类似于正韵律、反韵律的开发措施。

低渗透层油水前缘的压力高于同一垂直剖面上高渗透层的压力，导致注入低渗透层的水在驱替前缘向高渗透层窜流，降低注水效率。通过调剖堵水措施可有效抑制水驱窜流对波及效率的不利影响。

1.1.3 其他油井产水原因

底水油藏由于渗透性好，油藏动用情况较好，总体开发效果往往好于其他依靠天然能量开采的油藏。但由于油气井生产时在地层中造成的压力差破坏了由重力作用建立起来的油水平衡关系，使原来的油水界面在靠近井底部位呈锥形升高，会形成所谓的"底水锥进"现象，如果采用水平井开发方式，则易形成"底水脊进"现象。其结果是导致底水进入井内，造成含水率上升、产油量下降，甚至油井水淹。我国底水油藏一般采油速度较高，油田含水上升率也比较快。因此，底水油藏开发中存在的最突出问题是如何有效防止底水锥进或脊进(图 1.3)，尽可能地延长无水采油期，实现较高的无水采收率；当底水锥进以后，如何抑制底水的快速锥进，避免油井过早水淹报废。对于非均质底水油藏，如果开发方式不当还会导致注采比失调，使注入水及边水沿高渗透层及高渗透区不均匀推进，在纵向上形成单层突进，在横向上"舌进"，使油井过早水淹。

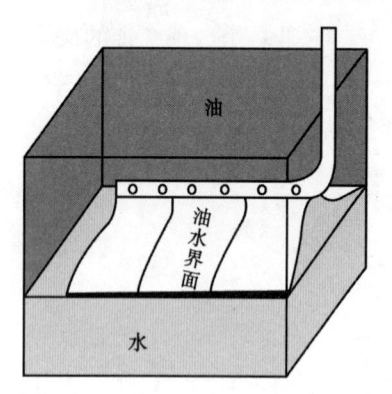

图 1.3 水平井中底水脊进现象示意图

1.1.4 调剖堵水和深部调驱技术简介

目前，控水增油技术主要是通过封堵高产水层，改变注入水流动方向，迫使其向低渗透层流动，通过提高注入水波及效率来提高注水效率，最终获得较高的产量和原油采收率，该技术主要包括调剖技术和堵水技术。

1.1.4.1 调剖堵水和深部调驱的基本概念

调剖是指采用机械的或化学的方法，限制或降低注水井高渗透层或高渗透层段的吸水能力，以起到调整注水井吸水剖面，进而改善水驱波及体积的作用，其工作对象是注水井。堵水是指采用机械的或化学的方法，限制或降低生产井出水层或高渗透层的产水能力，有效启动其他含油层或低渗透层的产油潜力，从而达到降低油井含水率、提高原油产量的目的，其工作对象是油井。

传统的调剖剂凝胶强度大、流动性差、封堵半径较小，水流绕过封堵部位后仍可进入高渗透层，导致措施效果逐渐变差。近年来发展的深部调驱技术充分发挥可动凝胶在"调"和"驱"两方面的作用，具有较大的技术优势。可动凝胶是指在储层多孔介质中可以移动的凝胶。它一方面可以调整驱动方向，通过可动凝胶对高渗透水流通道的暂堵作用，使后续的注入流体转向原来水驱冲洗强度较低和水未驱到的部位，有效地扩大波及体积和提高冲洗强度；另一方面在"调"的基础上依靠后续的注入流体有效地驱出所扩大波及范围内的那些分散的剩余油，从而提高水驱采收率。凝胶对原来的老通道形成暂堵以后，这些可动凝胶受到的压力梯度会有所增加，当其增高到一定程度后，就可以使具有柔性的可动凝胶突破原来暂堵住的部位并向前移动，直到在某个新的部位再次暂堵住新的高渗透水流优势通道，如图1.4所示。可动凝胶在地层中就不断地"暂堵—突破—再暂堵—再突破"，直到油藏的深部，从而不断地扩大注入液流的波及体积，并驱出更多的分散剩余油。相比常规的聚合物驱，可动凝胶深部调驱化学剂的用量更少，施工效果和经济效益更为显著。

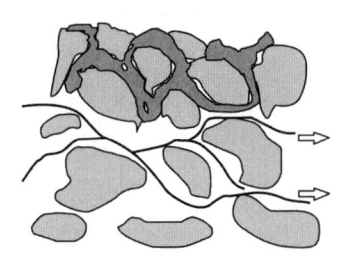

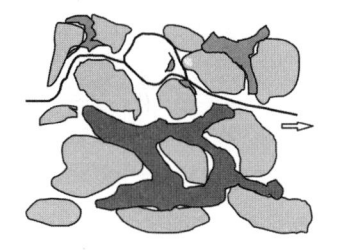

图1.4 可动凝胶调驱示意图

1.1.4.2 调剖堵水和深部调驱体系的分类

调剖堵水技术分为机械堵水和化学堵水两种方法。机械堵水是利用封隔器和井下配套工具将油井中的出水层位进行卡封，将油层与高含水层分开从而实现堵水的一种工艺。它的缺点是没有选择性，只有将封隔器准确定位、封隔严密，才能起到堵水的作用。

化学堵水是利用化学封堵剂进行出水层位封堵的一种堵水工艺。化学堵水的原理是利用化学堵水剂的化学性质或化学反应产物对储层中出水大孔道内进行封堵，使驱替水进入中低渗透层，提高采收率，降低油井的综合含水率。机械堵水容易受到地质条件的限制，而化学堵水由于现场操作相对灵活、堵水选择性强而被广泛使用。

(1)选择性堵剂。

选择性堵剂指只与水作用而不与油作用的化学剂,即堵水不堵油,包括水基堵剂、油基堵剂和醇基堵剂,分类如图1.5所示。水基堵剂是选择性堵剂中应用最广、品种最多、成本较低的一种堵剂。属于水基堵剂的有酰氨基聚合物类、分散体系类、胶束溶液类和单宁类。尽管人们对凝胶的作用机理还有争议,但是聚合物凝胶通过被地层吸附使渗透率不均衡降低,从而使水相渗透率降低幅度大于油相和气相渗透率降低幅度已得到证实。凝胶类选择性堵剂有代表性的有延缓交联型凝胶堵水剂、互穿聚合物网络型油田堵水剂、预凝胶和二次交联凝胶。油基堵剂主要包括有机硅类堵剂($SiCl_4$、氯甲硅烷和低分子氯硅氧烷等)、聚氨酯、稠油类堵剂等。稠油类堵剂包括活性稠油、偶合稠油和稠油固体粉末等。在选择性堵剂中,部分水解聚丙烯酰胺有独特的堵水选择性,且易于交联形成凝胶或冻胶,适用于不同渗透率地层,已逐渐引起人们的重视。醇基堵剂种类较少,较早使用的有松香二聚物的醇溶液,它易溶于低分子醇(如乙醇)而不溶于水,在出水层饱和并以固态析出,对水层有较高的封堵能力,使用温度可以达到100℃。

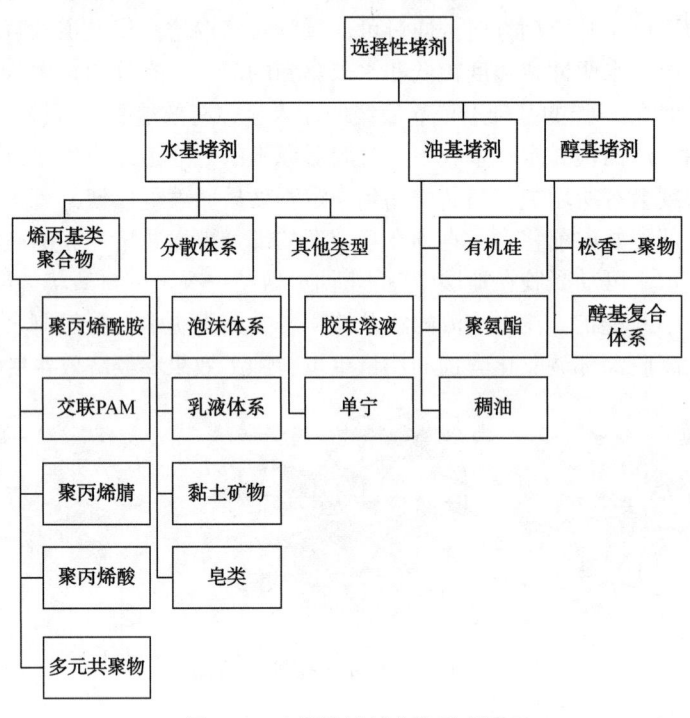

图1.5 选择性堵剂分类示意图

(2)非选择性堵剂。

非选择性堵剂指在油井中能同时封堵油层和水层的化学剂,适用于封堵单一水层或高含水层,分类如图1.6所示。非选择性堵剂是对油和水都无选择性的堵剂,既可堵水,也可堵油。施工时,应首先准确找出水层段,并采用适当的工艺措施将油层和水层分开,然后将堵剂挤入水层,造成堵塞。一般说来,对于外来水或水淹后不再准备生产的水淹油层,在搞清楚出水层位并有可能与油层封隔开时,采用非选择性堵剂较为合适。非选择性堵剂包括：树脂型，常采用热固性树脂，如酚醛树脂、环氧树脂、脲醛树脂、糠醇树脂；水泥类；沉淀型；凝胶型；冻胶型，如铝冻胶、锆冻胶、钛冻胶、醛冻胶、铬木质素冻胶、硅木冻胶、酚醛树脂冻胶等。

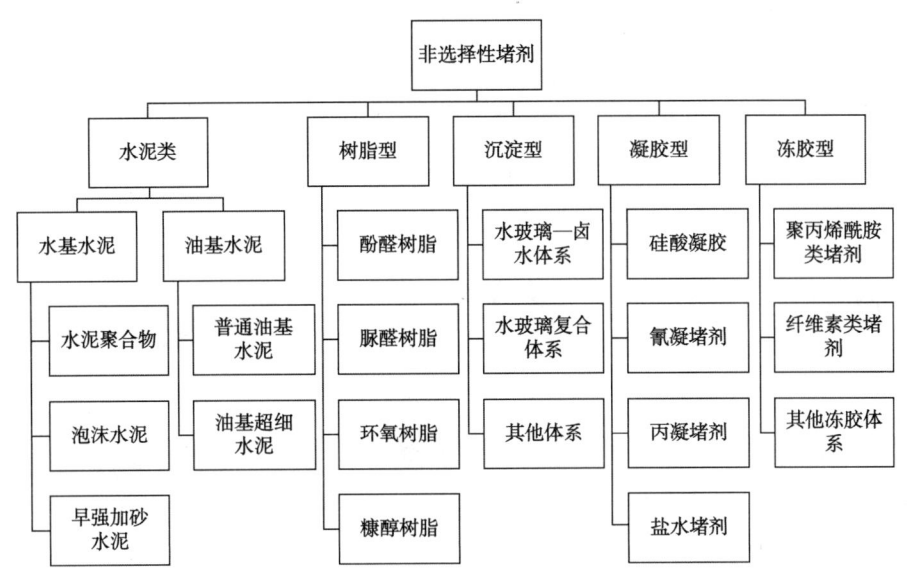

图1.6 非选择性堵剂分类示意图

(3) 深部调驱体系。

对于交联聚合物弱凝胶深部调驱技术，美国使用最多的是乙酸铬、柠檬酸铝和乙二醛。我国胜利油田和辽河油田在应用交联聚合物凝胶调剖技术后都显著改善了水驱效果。胶态分散凝胶(CDG)是早期用于深部调驱的一种体系，但其耐温耐盐性能差，成胶条件苛刻，封堵程度低。体膨颗粒深部调剖(调驱)技术是近几年发展起来的一种新型深部调剖技术，利用颗粒粒径的不同，达到封堵高渗透层，迫使后续水驱更好地波及地层渗透层位的目的。该技术主要针对非均质性强、高含水、大孔道发育的油田深部调剖，改善水驱开发效果而研发的创新技术。深部调驱体系的研究与应用取得了许多新进展，形成延缓交联体系、弱凝胶、胶态分散凝胶、体膨颗粒等多种深部调驱技术，分类如图1.7所示。

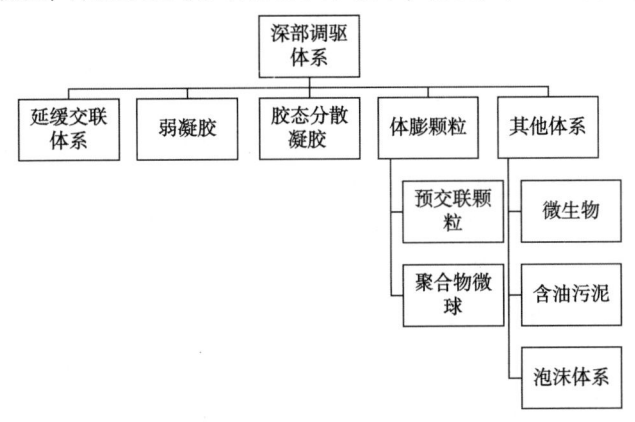

图1.7 深部调驱体系分类示意图

1.1.4.3 调剖堵水和深部调驱的技术发展趋势

国内外调剖堵水研究和应用的情况表明，调堵材料的性能是影响措施效果的关键因素，因此对调堵材料进行改进、创新一直是油田化学工作者研究的重要内容。尤其在增强调堵材料的抗温抗盐性能、提高调堵材料与具体应用油藏地质条件的适应性、实现深部调驱、降低调堵材料成本等方面做了大量工作。

聚合物微球深部调剖技术是近年发展起来的一种新型深部调剖堵水技术，具有受外界影响小、可用污水配制、耐温耐盐的优点。其作用机理是依靠纳米/微米级聚合物微球遇水膨胀和吸附来达到逐级封堵地层孔喉实现其深部调剖堵水的目的，如图 1.8 所示。

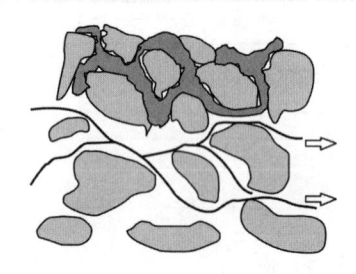

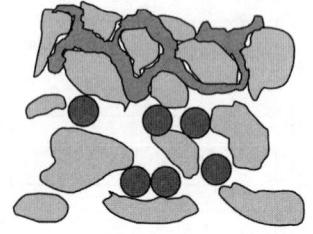

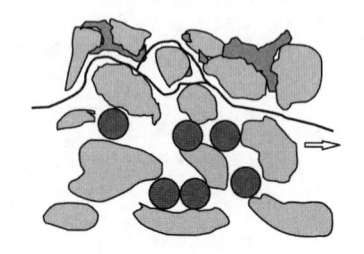

图 1.8 聚合物微球封堵示意图

聚合物微球的封堵位置为渗水通道的孔喉，可大幅度提高微球的使用效率；聚合物微球的初始尺寸为纳米或微米级，且水相中呈分散悬浮状态，可以进入地层深部；聚合物微球具有较好的弹性，在形成有效封堵的同时，在一定压力下发生变形而运移，且因为微球具有良好的分子结构受剪切作用较小，可以形成多次封堵，具有多次工作能力和长寿命的特点；通过各种不同尺寸和不同性质聚合物微球的优化组合，可以实现对不同渗透率、不同地质条件的有效封堵。

近年来，调剖堵水用聚合物微球成为新型堵水材料研究的热点。通过设计与孔喉尺寸相匹配的不同粒径的聚合物微球可以实现高效精确堵水；采用反相乳液聚合技术是合成聚合物微球的主要方法，多种类型的聚合物堵水微球已在现场应用，如通过孔喉时可发生可逆弹性形变的亚微米尺寸活性微球，内核与外层具有不同性质的核壳结构微球等。这种采用新型聚合技术制备的聚合物微球具有粒径可控、球形度好、粒径分布集中、力学性质灵活可调等多种优良的性质，有望成为深部调驱的高性能堵水材料。

利用聚合物驱后地层中吸附滞留的残余聚合物进行交联进而实现深部调驱是一种低廉的调驱措施，目前作为聚合物驱后提高采收率的一种重要技术得到广泛应用，该技术提高了残余聚合物的利用率及岩心的封堵效果。含油污泥在水中呈稳定的乳状液状态，难以分离和处理，通过加入适当添加剂增加悬浮时间可作为注水井深部调剖材料，其中的泥质吸附胶质、沥青质和蜡质，并通过它们粘连聚集形成较大粒径的"团粒结构"，沉降在大孔道中，使大孔道通径变小，封堵高渗透层带，也是一种良好的调堵材料。

针对油田开发后期存在的主要问题，分别对目前主要的耐温抗盐聚合物体系、耐温抗盐表面活性剂体系、耐温抗盐堵剂体系的研究现状进行了归纳总结。

1.2 耐温抗盐聚合物研究现状

1.2.1 聚合物驱油机理的发展现状

关于聚合物驱油机理，人们的认识很不一致，可以概括为两种观点：(1)认为聚合物驱只是通过增加注入水的黏度，改善油水流度比，扩大注入水在油层中的波及体积，从而提高原油采收率，基于毛细管数与驱油效率的关系，认为聚合物驱并不能提高驱油效率，降低残余油饱和度。(2)认为聚合物驱可以提高驱油效率，驱油效率的提高主要归功于聚合物溶液的黏弹性。

有实验研究表明，清水配制的聚合物溶液扩大波及体积和提高驱油效率的作用各占50%。大庆油田已开展复合驱油矿场试验区的采收率提高值均高于预测值，多提高的6%~8%原始石油地质储量(OOIP)的采收率被认为是黏弹性三元复合体系的弹性作用，而最主要的就是体系中聚合物溶液弹性作用的结果。不同流变特性的驱替液在性质相近的人造岩心中的最终采收率和采收率增值的研究表明，水驱后，聚丙烯酰胺溶液的采收率比甘油驱后增加8.0%。这是因为具有黏弹性的聚合物溶液在其黏度与甘油相当的条件下还具有弹性特征。这些试验都表明，在多孔介质中聚合物溶液的黏性和弹性的共同作用导致了采收率的增加。

大量的岩心驱油实验结果表明，黏弹性的聚合物溶液均会不同程度地降低各类残余油量，其弹性越大，携带出的残余油量越大，驱替效率越高。此外，数值模拟研究结果也表明，驱替液的弹性行为是影响盲端波及效率的重要因素。第一法向应力差可以作为聚合物溶液在多孔介质中弹性的表征，第一法向应力差越大，驱油效率提高值越大。这些研究均表明，黏弹性的聚合物溶液不仅可以提高波及体积，而且可以提高驱油效率。注入速度与驱油效率的关系研究表明，利用聚合物溶液的黏弹性可以提高驱油效率，在流速略高于临界流变速度时聚合物驱油效率最高。分析认为弹性提高驱油效率的原因有两点：一是分子拉伸而使毛细管数增加；二是分子拉伸变形产生的附加压降为排驱残余油提供了动力。十几年来，对聚合物溶液微观驱油机理的研究主要有下面这些内容：

Allen等研究了驱替液流变性对流度控制的影响，认为聚合物溶液驱油时的黏性指进主要是由于聚合物溶液的剪切稀释性引起的，弹性作用从微观上改善了流度比，从而扩大了扫油效率。黄延章等在微观驱油实验中观察到亲水岩心在以聚合物溶液进行驱油实验时，出现了挟带和拉丝现象，并以挟带为主；而在亲油岩心中，聚合物溶液驱油的主要特点是油路桥接现象和形成油丝，并以桥接为主。这两种现象均有利于油的流动，能降低水驱残余油饱和度，提高驱油效率。而在水驱油微观实验中，强亲水模型的水驱机理主要是剥蚀和驱替。郭尚平等认为聚合物溶液与水驱油相比，驱油效率的提高是由于黏弹性的聚合物溶液与油的剪切应力大于水与油的剪切应力。室内模拟驱油实验和矿场试验也表明，聚合物溶液不但可以提高波及系数，而且可以提高驱油效率。孙焕泉等则认为，聚合物溶液驱油效率的提高是由于聚合物有改变油水界面黏弹性的作用，使得油滴或油段易于拉伸变形，容易通过阻力较小的狭窄喉道，从而提高驱油效率。由于实验时聚合物驱油的压差不大于水驱油压差，因此驱油时聚合物溶液以黏性为主，弹性为辅，观察到的现象也是以桥接和挟带为主。韩显卿等人认为黏弹性聚合物溶液提高微观驱油效率的机理是在孔喉处拉伸应力的作用下，黏弹性的聚合物大分子发生形变而变长变细，由于分子形变而导致孔喉处压力梯度上升，有利于驱走孔喉处的残余油。王德民等根据室内岩心驱替实验、微观驱油实验以及数值模拟技术，并结合油田生产数据的综合分析认为，以黏弹性聚合物溶液作为驱替液可在一定程度上驱替油藏孔隙表面的油膜、盲端及孔喉残余油，因而可以提高微观驱油效率。

研究认为聚合物溶液提高驱油效率的机理主要表现在3个方面：(1)本体黏度使聚合物在油层中存在阻力系数和残余阻力系数，是驱替水驱未波及残余油和簇状残余油的主要原因。(2)界面黏度使聚合物溶液在多孔介质中的黏滞力增加，是驱替膜状、孤岛状残余油的主要机理，这是由于聚合物溶液与残余油之间的界面黏度远远高于注入水与残余油间的界面黏度；聚合物溶液在毛细管壁附近的速度梯度远远大于水在其上的速度梯度。(3)拉伸黏度使聚合物溶液存在黏弹性，是驱替盲状残余油的主要原因。

这些研究均表明，与水驱油机理相比，聚合物溶液驱油效率的提高均与聚合物溶液的弹性有关，其弹性可以提高驱油效率。因此，聚合物驱可以大幅度地提高非均质性较严重的油层的采收率。黏弹性的聚合物溶液在地面管道中流动时，"剥离"管壁上油膜的能力比水大得多。与牛顿流体相比，前端对其后边及管道边界处具有较强的"拉、拽"作用，牛顿流体则无此现象。水驱后的残余油类型可以分为以下几种：(1)岩石表面的油膜；(2)"盲端"状残余油；(3)毛管力作用下的孔喉残余油；(4)岩心微观非均质部分未被波及的残余油。通过微观仿真模型和二维蚀刻的玻璃岩心实验观察到，水驱后的残余油主要是被聚合物溶液"拉、拽"或"剥离"出来的。可以清楚地观察到，水驱残余油首先被拉伸，形成细长的油柱，当该油柱与下游残余油相遇时，油柱迅速变细，形成油丝通道，黏弹性聚合物溶液的法向力可使形成的油丝通道稳定，使各种不连续的残余油珠(膜)聚并而形成可流动的油流，最终提高微观驱油效率。黏弹性驱替液驱替残余油的力与牛顿流体的力不尽相同，它不仅有垂直于油水界面克服束缚残余油的毛管力，而且还有较强的平行于油水界面驱动残余油的拖动力。研究认为，驱动残余油的力不是垂直于油水界面的力，而是平行于油水界面的力，它能从"盲端"、孔隙或喉道中把残余油"拉、拽"出来，靠"拉、拽"作用从油水界面上拉出的油丝能够形成稳定的油丝流动通道，从而把残余油不断地拉出。靠垂直于油水界面的驱动力是推不动水驱后的残余油的。牛顿流体与黏弹性流体驱替时，驱动力的主要差异是，黏弹性流体平行于油水界面的力较大(流束边部流速高、黏度大)、作用范围广(流束可胀可缩)，因此能部分或全部将残余油拽出，降低残余油饱和度。一些残余油被平行于油水界面的力拽出后，垂直于油水界面的毛管力和黏滞力可能会促使残余油流动，进一步降低残余油饱和度。

综上所述，黏弹性的聚合物溶液在驱油时，流体平行于油水界面的力主要是由聚合物溶液的弹性引起的，其作用是把不同类型的残余油从"盲端"、孔隙或喉道中"拉、拽"出来；而垂直于油水界面的毛管力和黏滞力则不仅可以扩大波及体积，而且使依靠弹性拉出的残余油流动，从而降低残余油饱和度，提高驱油效率。因此，聚合物溶液的黏弹性在提高采收率方面发挥着作用。聚合物溶液黏性的增加使其在油层中的波及体积增加,而弹性的增加使得驱油效率增加,二者共同作用使采收率增加。

1.2.2 耐温抗盐驱油用聚合物的主要研究方向

在淡水中,由于聚丙烯酰胺分子内羧钠基的电性相互排斥作用,使聚丙烯酰胺分子呈伸展状态,增黏能力很强。在盐水中,由于聚丙烯酰胺分子内羧钠基的电性被屏蔽,聚丙烯酰胺分子呈卷曲状态。水解度越大(羧钠基含量越高),聚丙烯酰胺在盐水中分子卷曲越严重,增黏能力越差。当聚丙烯酰胺水解度不低于40%时,尽管聚丙烯酰胺分子卷曲非常严重,增黏能力大大下降,但不会出现沉淀现象。在硬水(Ca^{2+}、Mg^{2+}含量较高时)中,当聚丙烯酰胺水解度不低于40%时,聚丙烯酰胺分子与钙、镁等多价离子结合,发生絮凝沉淀。由于三次采油周期很长,聚合物的稳定性非常重要。因此,油田三次采油用聚合物必须保证在油田地层条件下,3个月以上聚合物分子内的水解度不大于40%,这样的聚合物在油田应用中才具有耐温耐盐特性。然而,聚丙烯酰胺分子中的酰氨基在酸性、碱性条件下的水解反应非常迅速,在中性条件下的水解速率也随着温度升高而迅速加快,造成聚丙烯酰胺不具备耐温抗盐的特性,并且可能造成地层堵塞而伤害地层。而聚多糖虽具有良好的耐温耐盐性能,但存在价格昂贵且注入性能差、易被生物降解等缺点。

为了克服以上聚合物的缺陷,人们做了大量研究工作。美国专利4304902披露了带长链环氧化物的氧化乙烯共聚物,但是该方法需高浓度(1%)才能增稠,且需添加表面活性剂助溶。美国专利4814096披露了丙烯酰胺、丙烯酸、甲基丙烯酸十二酯共聚物(即疏水缔合聚合物)具有耐温耐盐抗剪切的特性。该方法的缺点是甲基丙烯酸十二酯不溶于水,共聚时必须添加大量的表面活性剂,这一方面导致共聚物的成本高,另一方面也很难得到高分子量的共聚物,致使增稠水介质的能力差,大大增大了应用的成本,限制了应用。

疏水缔合聚合物是指在聚合物亲水性大分子链上带有少量疏水基团的水溶性聚合物,其溶液特性与一般聚合物溶液大相径庭。在水溶液中,此类聚合物的疏水基团由于疏水作用而发生聚集,使大分子链产生分子内和分子间缔合。在稀溶液中大分子主要以分子内缔合的形式存在,使大分子链发生卷曲,流体力学体积减小,特性黏数$[\eta]$降低。当聚合物浓度高于某一临界浓度(临界缔合浓度C)后,大分子链通过疏水缔合作用聚集,形成以分子间缔合为主的超分子结构——动态物理交联网络,流体力学体积增大,溶液黏度大幅度升高。小分子电解质的加入和升高温度均可增加溶剂的极性,使疏水缔合作用增强,因而产生明显的抗盐性。在高剪切作用下,疏水缔合形成的动态物理交联网络被破坏,溶液黏度下降,剪切作用降低或消除后大分子链间的物理交联重新形成,黏度又将恢复,不发生一般高分子量的聚合物在高剪切速率下的不可逆机械降解。疏水单体主要有油溶单体、两亲性单体(同一单体中含疏水基团和亲水基团),将疏水单体与丙烯酰胺共聚得到疏水缔合聚合物。因此,采用少量疏水单体与丙烯酰胺共聚得到的疏水缔合聚合物,可以出现经济高效增稠盐水的现象,即抗盐,这一特性使得疏水缔合聚合物的研制成为热门研究课题。

然而,全面分析疏水缔合聚合物水溶液的动态缔合过程,可以发现疏水基团的疏水缔合聚集,随着溶液中聚合物分子的布朗运动和聚合物分子链节旋转引起的分子构型变化,使同一分子链上的疏水基团参与到疏水缔合聚集交联网络中,即产生分子内缔合交联网络，造成大分子链卷曲，流体力学体积减小，特性黏数$[\eta]$降低。疏水缔合聚合物在搅拌溶解时，分子以扩散和舒展为主，表现出以分子间缔合占主导的溶液性能；而疏水缔合聚合物在水溶液中发生分子内和分子间缔合，从概率和分子构象稳定的角度分析，分子内缔合应高于分子间缔合。因而，疏水缔合聚合物的溶液稳定性能极差，随着考查时间延长，聚合物溶液的黏度急剧下降，甚至出现缔合相分离现象。同样的原理可以解释疏水缔合聚合物水溶性差、过滤因子高；产品以胶体形式出现，很难经济地制成满足油田三次采油要求的水溶性粉剂产品（干燥前加入大量表面活性剂可以改善疏水缔合聚合物的溶解性，但疏水缔合性能大受影响且聚合物的生产成本增大）；温度升高虽有利于提高疏水基团的疏水性，增强疏水缔合性能，但也更加快了分子内缔合的速度，溶液的稳定性更差，而且以丙烯酰胺为主的疏水缔合聚合物，无法克服高温下酰氨基水解成羧钠基的反应，从机理上分析不具备长期耐温抗盐的特性。

另外，疏水单体单元沿聚合物分子主链的序列分布是影响其溶液黏度的重要参数。非均相共聚和均相共聚的产物是不规则结构的，也就是说疏水缔合聚合物的产品质量是难以控制的（虽采用胶束聚合技术可以解决此问题，但生产成本将大大增高）；疏水缔合聚合物的短拉丝行为（弹性差），弹性驱油效果（与黏性驱油效果相当）大大下降，影响聚合物驱的效果；疏水缔合聚合物的分子量小，在较高浓度时才发生缔合效应，而在较低浓度时不发生缔合作用，此时的溶液黏度比普通聚丙烯酰胺的低得多。也就是说，疏水缔合聚合物不抗地层水的稀释，而进行三次采油的地层恰恰是高含水地层；小分子电解质的加入可增加溶剂的极性，使疏水缔合作用增强，这将导致在高矿化度下，疏水缔合聚合物加剧分子内缔合。矿化度的变化对疏水缔合聚合物的影响很大，疏水缔合聚合物不抗高盐。

设计一种侧基足够长、在侧基上同时带亲油基团和亲水基团，而亲水基处于侧基链端的聚合物。该聚合物处于分散体系中时，侧基之间存在三种相互作用：（1）疏水基的疏水缔合；（2）亲水基的极性相互作用；（3）疏水基与亲水基的排斥作用。而在侧基和溶剂之间也存在相互作用：如极性基与水通过偶极作用和氢键作用使得部分水分子在极性基周围较为有序地排列成为束缚水；而疏水基则有从水介质中逃逸出来的趋向。由于侧基的上述作用使得大分子难以卷曲，也难以相互缠结。如果大分子的疏水基较长，高分子链在水溶液中就会排列成梳子形状。在高分子化学中按结构分类的方法，梳形聚合物属接枝共聚物范畴，但它们与一般接枝共聚物在分子精细结构方面有明显的区别：梳形聚合物分子中所有侧链（梳齿）等长且短于主链；梳形聚合物的接枝密度远高于一般接枝共聚物。梳形聚合物的分子有很高的自组装性能和分子间排列有序性，因而此类材料性能优异，它们通常是一类高分子液晶或类晶聚合物，在超强纤维、光学透镜、高强度膜分离材料及透明涂层、聚合物驱油等方面有重要用途。梳形聚合物由于其特异的一级分子结构，致使其在本体或溶液中具有许多特异的、优良的性能，规整结构的梳形聚合物性能更佳。梳形聚合物具有较高黏弹性，在相同的驱替条件下可获得较高的驱油效率，可用于高矿化度油藏的化学驱和调剖堵水。现已研制出的新型梳形抗盐聚合物具有较好的抗温抗盐能力和良好的剪切稳定性，用于聚合物驱时可以直接用油田污水配制，可节约大量宝贵的淡水资源；用于复合驱时可以大大降低驱油剂费用，提高复合驱的经济效益，可满足高温高盐油藏的需要，具有很好的推广应用价值。

近年来,经过科学家的不断创新,许多合成梳形聚合物新方法的发现促进了梳形聚合物的广泛应用。利用环烯烃的活性开环歧化聚合反应和由王景山等发明的原子转移自由基聚合(ATRP)及与其他活性聚合反应联用,可以设计、合成各种性能优异、结构规整的梳形聚合物,这是高分子合成化学领域中近年来出色的研究工作之一,已在国际高分子化学界引起重视。我国学者也正在进行创新性研究工作,以期为我国在21世纪研究、开发优异性能的新材料做出贡献。通过对目前抗盐聚合物的分析,认为两性聚合物、耐温耐盐单体与丙烯酰胺的共聚物、疏水缔合聚合物、多元组合(复合型)聚合物和梳形聚合物各具特色,可以在不同的应用领域发挥作用。但在油田三次采油用聚合物领域,耐温耐盐单体与丙烯酰胺的共聚物和梳形聚合物更具有应用可行性,从成本考虑,目前以梳形聚合物最具有应用前景,有望在三次采油领域全面取代聚丙烯酰胺,成为新一代的驱油剂和深部调剖剂,预计在油田钻井液和水处理中的应用,也将会取得比超高分子量聚丙烯酰胺更好的效果。

1.3 耐温抗盐表面活性剂研究现状

1.3.1 阴—非两性离子表面活性剂

非离子表面活性剂在溶液中不会解离,因此具有较好的耐盐性能,但耐温性能较差。阴离子表面活性剂有较好的耐温性能,但其耐盐能力较差。而阴离子表面活性剂和非离子表面活性剂复配体系会出现色谱分离的现象,不能满足高温高盐油藏的要求。因此,合成具有耐温抗盐的阴—非两性离子表面活性剂成为研究的新方向。阴—非两性离子表面活性剂分子结构中既含有非离子表面活性剂的亲水基——烷氧基团,又含有阴离子表面活性剂的亲水基——阴离子基团,兼具非离子型和阴离子型两类表面活性剂的特点。

杨文新等以十二醇为原料通过乙氧基化反应和磺化反应合成了SH系列阴—非两性离子表面活性剂,其分子结构如下:

$$C_{12}H_{25}O-(CH_2CH_2O)_n-CH_2\underset{\underset{OH}{|}}{C}HCH_2SO_3Na$$

杨文新对SH系列表面活性剂的耐温抗盐能力进行测试,其耐温能力达到90℃,并且在277000mg/L的条件下,油水界面张力仍能达到超低。由此可见,SH系列表面活性剂具有一定的耐温抗盐能力,可满足三次采油高盐油藏的所有需求,对于地层温度高于90℃的油藏,可以考虑将其与耐温能力较好的表面活性剂进行复配,得到耐温抗盐的表面活性剂复配体系。

Guo Jixiang等利用物质的量比为1:1的二苯醚和溴代十二烷,在无水氯化铝和氯磺酸分别做催化剂和磺化剂的条件下,合成了驱油用表面活性剂SDB-7。在考察SDB-7耐温性能实验中,将SDB-7置于140℃的条件下老化60d,其洗油效率基本保持不变,仍为84.0%,说明其具有优良的洗油效率和耐温性能(表1.1)。对其进行耐盐性能评估,结果表明SDB-7能耐受180000mg/L的Na^+浓度及21000mg/L的Ca^{2+}浓度，耐盐能力可达到226000mg/L。可见，SDB-7具有优良的耐温抗盐能力，满足三次采油高温高盐油藏驱油的要求。

表1.1 老化时间对SDB-7驱油效率的影响

140℃下的老化时间, d	驱油体积, mL	驱油效率, %
0	2.0	84.0
10	2.0	84.0
60	2.0	84.0

陈欣等合成了两种阴—非两性离子表面活性剂，即棕榈酸乙二醇胺聚氧乙烯醚磺酸钠（PDES）和油酸二乙醇胺聚氧乙烯醚磺酸钠（ODES），其结构式如下所示：

$$CH_3(CH_2)_{14}CON \begin{matrix} CH_2CH_2(CH_2CH_2O)_{10}CH_2CH_2CH_2SO_3Na \\ CH_2CH_2(CH_2CH_2O)_{10}CH_2CH_2CH_2SO_3Na \end{matrix}$$
（PDES）

$$CH_3(CH_2)_7CH=CH(CH_2)_7CON \begin{matrix} CH_2CH_2(CH_2CHO)_{10}CH_2CH_2SO_3Na \\ CH_2CH_2(CH_2CHO)_{10}CH_2CH_2SO_3Na \end{matrix}$$
（ODES）

其耐温抗盐实验表明：当温度为90℃时，PDES和ODES溶液的油水界面张力分别为36.6mN/m和33.58mN/m，低于20℃时PDES和ODES溶液的油水界面张力分别为38.40mN/m和35.68mN/m；质量分数为0.5%的PDES、ODES溶液耐盐能力达到200000mg/L，耐Ca^{2+}能力为4000mg/L，说明PDES和ODES具有一定的耐温能力，且耐盐能力十分优秀。

1.3.2 甜菜碱型表面活性剂

丁伟等以壬基酚、环氧氯丙烷、二甲胺和3-氯-2-羟基丙磺酸钠为原料，设计并合成了壬基酚甜菜碱两性表面活性剂（NSZ），其结构式为：

$$R-\text{C}_6H_4-O-CH_2CHCH_2NCH_2CHCH_2SO_3^-$$
（带有OH、CH_3、CH_3、CH_3^+取代基）

将NSZ与聚丙烯酰胺复配，在温度为85℃、矿化度为64616mg/L的条件下，测得复配体系与胜利二区原油的油水界面张力能达到超低，约为5×10^{-4}mN/m，说明NSZ具有良好的耐温抗盐性能，且与聚丙烯酰胺具有很好的配伍性。

张帆等合成了一种耐温抗盐羟磺基甜菜碱型表面活性剂，在温度为80℃、矿化度为83694mg/L条件下，浓度为1g/L的羟磺基甜菜碱溶液与国外某原油间的界面张力维持在10^{-3}mN/m范围内，这说明羟磺基甜菜碱在高温高盐油藏中的应用具有很大的潜力。

陈欣等以环氧氯丙烷、亚硫酸氢钠、长链脂肪醇、二甲胺等为原料，最终制得系列双羟基磺基甜菜碱表面活性剂(C_nSZ），其结构式为：

$$R—O—CH_2—\underset{OH}{CH}—\underset{CH_3}{\overset{\overset{CH_3}{|}}{N^+}}—CH_2CH—CH_2SO_3^-$$
$$\underset{OH}{}$$

将其与脂肪醇聚氧丙烯醚磺酸钠复配得到耐温抗盐表面活性剂，在温度为85℃、Na^+浓度达到40000mg/L、Ca^{2+}浓度达到5000mg/L的条件下，复配体系油水界面张力可维持在超低数量级。

1.3.3 α-烯烃磺酸盐及其复配体系

α-烯烃磺酸盐（AOS）是一种具有高起泡性能、水解稳定性好的阴离子表面活性剂。AOS还具有良好的耐温耐盐性，在较宽的温度范围内均表现出良好的低界面张力行为；具有优良的洗净、乳化性能；温和，刺激性低，生物降解性好。

王元庆等以α-烯烃磺酸盐为原料复配了一种热采辅助驱油剂XLYO-1，室内测试结果表明，在经过300℃高温处理后，界面张力达到10^{-2}mN/m，并将驱替效率提高了10%。

刘晓臣等考察了$C_{14\sim16}\alpha$-烯烃磺酸盐（$C_{14\sim16}$AOS）和烷基二苯醚双磺酸盐（Dowfax8390）复配体系的耐盐性能。实验结果表明，当$C_{14\sim16}$AOS与Dowfax8390质量比为5∶5时，具有较高的耐盐能力，可达到200000mg/L。

由此可见，AOS表面活性剂的耐温能力十分优异，但耐盐能力还有所欠缺，可与SH系列等耐盐能力较好的表面活性剂复配，得到满足三次采油用耐温抗盐的复配体系。

1.3.4 氟碳表面活性剂

氟碳表面活性剂具有高表面活性、高热稳定性、高化学稳定性，并且在强酸、强碱、强氧化剂存在的条件下不分解，使用温度可高达260℃，既疏水又疏油等优良特性，使其具有极为广泛的用途，在许多要求特殊的领域里氟碳表面活性剂有着不可替代的作用。王辉辉等合成了羧基甜菜碱型氟碳表面活性剂（FP）和磺基甜菜碱型氟碳表面活性剂（FS）。羧基甜菜碱氟碳表面活性剂反应方程式如下：

$$R_1SO_2NH(CH_2)_nN(CH_3)_2+Cl(CH_2)_nCOONa \xrightarrow{\ominus OH}$$
$$R_1SO_2NH(CH_2)_nN^{\oplus}(CH_3)_2(CH_2)_nCOO^{\ominus}+NaCl+H_2O$$

磺基甜菜碱氟碳表面活性剂反应方程式如下：

$$R_1SO_2NH(CH_2)_nN(CH_3)_2+Cl(CH_2)_nSO_3Na \xrightarrow{\ominus OH}$$
$$R_1SO_2NH(CH_2)_nN^{\oplus}(CH_3)_2(CH_2)_nSO_3^{\ominus}+NaCl+H_2O$$

王辉辉通过实验测得该产品的耐温能力达到200℃，在矿化度为250000mg/L条件下，表面活性剂水溶液的表面张力维持在25mN/m，抗二价离子能力达到7000mg/L。综上可以看出，FP和FS在耐温抗盐能力上基本能满足三次采油高温高盐油藏驱油的要求。周杰华以全氟聚醚化合物为基础，合成了磺酸盐型阴离子含氟化合物。其合成路线如下：

周杰华用Germany NETZSCH TG 209 F1热重分析仪进行TGA分析，以测试产品热稳

$$R_f\overset{O}{\underset{F}{C}}+H_2N-\underset{}{\bigcirc}-NH_2 \xrightarrow[THF]{Et_3N} R_f\overset{O}{\underset{}{C}}HN-\underset{}{\bigcirc}-NH\overset{O}{\underset{}{C}}R_f \xrightarrow[乙腈,回流过夜]{\underset{}{\bigcirc}{\overset{O\hspace{2pt}O}{\underset{}{S}}}}$$

$$R_f\overset{O}{\underset{}{C}}HN-\underset{}{\bigcirc}-NH-(CH_2)_3-SO_3H \xrightarrow[H_2O]{Na_2CO_3} R_f\overset{O}{\underset{}{C}}HN-\underset{}{\bigcirc}-NH-(CH_2)_3-SO_3Na$$

$$R_f=CF_3CF_2CF_2OCFCF_2O\underset{CF_3}{\overset{|}{C}}F-$$
$$\hspace{85pt}\underset{CF_3}{\overset{|}{}}\hspace{30pt}\underset{CF_3}{\overset{|}{}}$$

定性。实验结果显示,在200℃以前,产物质量基本没有变化,当温度升高到255℃以后,产物迅速分解,在283℃时,大部分物质(98%)分解,可以看出该氟碳表面活性剂具有良好的热稳定性。

研究者取一定量的氟碳表面活性剂,配制不同浓度的 NaCl、$CaCl_2$、$MgCl_2$ 溶液,分别测试它们在不同浓度无机盐条件下的表面张力。实验结果表明,当 NaCl 浓度达到 250000mg/L 时,表面活性剂水溶液的表面张力为 21.04mN/m,比 NaCl 浓度为 0 时(21.53mN/m)降低了 0.49mN/m;$CaCl_2$ 浓度达到 7000mg/L 时,其表面张力为 20.66mN/m,$MgCl_2$ 浓度为 7000mg/L 时,其界面张力为 20.32mN/m。由此可见,该氟碳表面活性剂具有良好的耐盐能力。

综上所述,该氟碳表面活性剂耐温能力可达 200℃,耐盐能力达到 250000mg/L,耐二价离子能力达到 7000mg/L,基本满足了三次采油高温高盐油藏的要求。

Youyi Zhu 等合成了一种氟碳表面活性剂 FC-1,将其与 α-烯烃磺酸盐复配得到一种耐温抗盐的发泡体系,在温度为 80.4℃、矿化度为 22520mg/L 的模拟油藏条件下,复配体系仍具有较高的发泡性和稳定性。岩心驱替实验结果表明,复配体系可将采收率提高至 24%~32%。

1.3.5 双子表面活性剂

双子表面活性剂(Gemini 表面活性剂)具有两个亲水基和两个亲油基,这种不同于传统表面活性剂单亲油基、单亲水基的结构,使双子表面活性剂具有更为优良的性能。其临界胶束浓度比普通表面活性剂低 2~3 个数量级,具有较高的电荷密度、很强的耐盐能力、独特的流变性和黏弹性,润湿性较优。

方文超等测定了阴离子双子表面活性剂 AN8-4-8 的性能。实验模拟轮古地层水($CaCl_2$ 水型),其总矿化度约为 260000mg/L,Ca^{2+} 浓度达到 15000mg/L。按不同比例冲稀后的模拟地层水配制 AN8-4-8 浓度为 1000mg/L 的混合溶液。

经观察,模拟地层水的加入,不但没使各待测溶液出现"盐析"现象和表面张力升高的现象,还能使 AN8-4-8 水溶液的表面张力降低近 6mN/m。由此可见,AN8-4-8 具有优良的耐盐能力,可与耐高温的表面活性剂复配得到满足三次采油高温高盐油藏驱油的表面活性剂复配体系。

沈之芹等以烷基酚聚氧乙烯醚为原料,合成了一种高活性阴—非两性离子表面活性剂。其合成反应过程如下:

(1)环化反应制备二乙二醇二缩水甘油醚:

$$HO(CH_2CH_2O)_nH + 2ClCH_2CH\overset{O}{\overset{|}{CH_2}} \xrightarrow{催化剂} CH_2\overset{O}{\overset{|}{CH}}CH_2O(CH_2CH_2O)_nCH_2\overset{O}{\overset{|}{CH}}CH_2$$

(2)开环反应制备二醇化合物:

$$2RO(CH_2CH_2O)_xH + CH_2\overset{O}{\overset{|}{CH}}CH_2O(CH_2CH_2O)_nCH_2\overset{O}{\overset{|}{CH}}CH_2 \xrightarrow{催化剂} \underset{\underset{O(CH_2CH_2O)_xR}{|}}{CH_2\overset{OH}{\overset{|}{CH}}CH_2O}(CH_2CH_2O)_n\underset{\underset{O(CH_2CH_2O)_xR}{|}}{CH_2\overset{OH}{\overset{|}{CH}}CH_2}$$

(3)羧化反应制备阴—非两性离子表面活性剂:

$$\underset{\underset{O(CH_2CH_2O)_xR}{|}}{CH_2\overset{OH}{\overset{|}{CH}}CH_2O}(CH_2CH_2O)_n\underset{\underset{O(CH_2CH_2O)_xR}{|}}{CH_2\overset{OH}{\overset{|}{CH}}CH_2} \longrightarrow \underset{\underset{O(CH_2CH_2O)_xR}{|}}{CH_2\overset{OCH_2COOM}{\overset{|}{CH}}CH_2O}(CH_2CH_2O)_n\underset{\underset{O(CH_2CH_2O)_xR}{|}}{CH_2\overset{OCH_2COOM}{\overset{|}{CH}}CH_2}$$

沈之芹在阴—非两性离子表面活性剂含量为0.1%、温度为90℃条件下,向表面活性剂溶液中加入不同矿化度的中原油田模拟水,考察其耐盐和耐二价离子性能。实验结果表明,油田界面张力会随着中原油田模拟水矿化度的增加而略有升高,但基本维持在10^{-3}mN/m的超低值,当总矿化度为300000mg/L时,油水界面张力则上升至10^{-2}mN/m,说明该双子表面活性剂耐盐能力可达250000mg/L,并且抗Mg^{2+}能力可达6550mg/L。该双子表面活性剂耐盐性能达到要求,但其耐温性能不够,可与α-烯烃磺酸盐等耐温性能较好的表面活性剂复配使用。

武俊文等以中等链长C_{16}的阴—非两性离子表面活性剂与阴离子表面活性剂AES按照质量分数比例为3:10组成了耐温抗盐复配体系。耐抗性实验表明,该体系在温度为100~160℃、矿化度为50000~250000mg/L范围内,均具有较高的活性。

1.3.6 改性表面活性剂

重芳烃石油磺酸盐(WPS)具有分散性高、乳化力强、水溶性好、表面活性高等优点,为一种质优价廉的新型的水溶性阴离子表面活性剂,WPS的出现展示了三次采油广阔的前景。

徐太平等在WPS的基础上引入抗温耐盐基团。通过模拟现场条件的驱替实验测得,WPS-2在浓度为0.2%时具有最好的驱替效果。在耐温抗盐性能评价中,测得在120℃条件下,矿化度达到200000mg/L,Ca^{2+}、Mg^{2+}浓度达到5000mg/L时,浓度为2%的WPS-2溶液能使油水界面张力达到0.058mN/m,说明了WPS-2驱油剂具有良好的耐温抗盐性能。

由此可见,WPS-2在耐温能力上达到了要求,但在耐盐能力上还有所欠缺,可与耐高盐的表面活性剂复配得到耐高温高盐的表面活性剂复配体系。

1.4 耐温抗盐堵剂研究现状

当前,堵水调剖作为一项重要的改善水驱效果、提高采收率的措施越来越引起国内外各大油田的重视,已成为高含水油田增储挖潜的重要技术。油井堵水的方法一般分为机械堵水和化学堵水两大类。机械堵水主要是利用封隔器将出水层段在井筒内卡开,阻止水流入井内以达到堵水的目的;化学堵水是利用堵水剂化学作用对水层造成堵塞,这类方法所使用的化学剂品种多、效果好,因此发展较快。

根据塔河油田碳酸盐岩油藏条件及储层特点,目前在塔河油田具有适用性的堵剂主要有油水选择性凝胶堵剂、逆向卡封颗粒堵剂和悬浮隔板堵剂三大类(表1.2)。

表1.2 不同类型堵剂性能比较

主要类型	代表堵剂	优点	缺点
油水选择性凝胶堵剂	丙烯酰胺共聚物、可溶性硅酸盐堵剂	丙烯酰胺共聚物具有较强的油水选择性和韧性;可溶性硅酸盐堵剂具有好的耐温抗盐特性	丙烯酰胺共聚物耐温抗盐体系配方成本较高;可溶性硅酸盐堵剂油水选择性较差,强度略低
逆向卡封颗粒堵剂	水泥、黏土颗粒,体膨颗粒,柔性颗粒	水泥、黏土颗粒强度高,价格便宜,耐温抗盐性强,使用方便;体膨颗粒在地面交联,避免了地层条件对成胶的不利影响,耐温抗盐性比凝胶类堵剂更好,能够选择性进入大孔道,进行深部调堵;柔性颗粒耐温抗盐性好,抗拉抗剪能力强,韧性好,易于解堵,可进行深部堵水调剖	水泥凝固较快,进入油层深度较浅,油水选择性差;黏土颗粒油水选择性差,部分类型储层难以进行深部封堵;体膨颗粒只适合封堵大孔道或裂缝型地层,匹配性差,注入困难,有效期短;柔性颗粒油水选择性较差,部分配方施工较复杂,封堵效果一般
悬浮隔板堵剂	温敏粘连颗粒、纤维复合凝胶	温敏粘连颗粒注入性好,可以进行深部堵水调剖,操作成本低,稳定性好;纤维复合凝胶耐温抗盐性能好,凝胶强度和耐冲刷性能优良,能选择性堵水	温敏粘连颗粒不能对高渗透缝洞进行有效的封堵,对油藏温度有要求,油水选择性较差;纤维复合凝胶成本较高,耐冲刷性能和稳定性较差,施工难

1.4.1 油水选择性凝胶堵剂

与部分水解聚丙烯酰胺(HPAM)相比,丙烯酰胺/丙烯酸叔丁酯共聚物(PAtBA)、丙烯酰胺/二甲基二烯丙基氯化铵共聚物(AM/DMDAAC)、丙烯酰胺/2-丙烯酰氨基-2-甲基丙磺酸共聚物(AM/AMPS)等丙烯酰胺共聚物的耐温抗盐性能较好,这是因为这些共聚物中单体的耐温抗盐性能比羧基强。此外,由于这些单体体积较大,增大了分子的空间位阻,从而抑制了酰氨基的水解,聚合物的耐温抗盐性能得以提高。因此,利用丙烯酰胺共聚物研制凝胶可大大提高凝胶在高温高盐条件下的稳定性。

针对高温高盐油藏,Morgan等提出了用PAtBA与Cr^{3+}交联制备冻胶的方法,其交联机理为共聚物中的酯基在温度的影响下水解为羧基,进而与Cr^{3+}交联,这既延长了冻胶的成胶时间,还提高了冻胶的稳定性。随后,Hardy、Urlwin-Smith 等分别研究了利用 PAtBA 与聚乙烯亚胺(PEI)制备凝胶的方法,该类凝胶可在 130℃ 油藏条件下稳定数月而不发生脱水。Vasquez、Al-Muntasheri 等先后探讨了 PAtBA 与 PEI 的反应机理,研究发现 PAtBA 与 PEI 的反应机理为转酰氨基作用或亲核攻击作用。

Van Eijden 等通过向 PAtBA-PEI 凝胶中添加水泥,在温度为 118℃ 油藏中进行了先导性试验。结果表明:堵水前,原油日产量为 3000bbl❶,含水率为 63%;堵水后,原油日产量增至 4000~4500bbl,含水率降至 25%。然而,一年以后,含水率从 25% 增加到了 52%。为了进一步延长调剖堵水的有效期,提高凝胶的封堵强度,Van Eijden 等向 PAtBA-PEI 水泥凝胶体系中添加了二氧化硅粉末,并在温度为 150℃ 的高温油藏中进行了先导性试验。结果表明,该凝胶体系可将大孔道完全堵死。此外,Deolarte 等还报道了向 PAtBA-PEI 凝胶中添加一种名为 RSM 的特种水泥,该水泥的稳定性优异,可耐 204℃ 的高温,同时 RSM 可降低成胶液的黏度,有利于凝胶体系注入地层深部。该凝胶体系在坎塔雷尔油田的一口井进行了先导性试验,该井的地层温度为 105℃,渗透率为 2512mD,堵水后,该井含水率降为 0,原油增产 12800bbl。

AM/AMPS 也是一种热稳定性较好的共聚物,通过优化合成条件控制共聚物中 AMPS 的单体含量,可使 AM/AMPS 在 121℃ 下不水解。Eriksen 等用 AMPS 单体含量为 15% 的 AM/AMPS 与苯酚、六亚甲基四胺交联,利用北海盐水作溶剂制得的凝胶具有优异的稳定性,在 120℃ 下老化 30d 几乎不脱水。Jayakumar 等在 100℃ 下用 AM/AMPS 与 PEI 制得了高稳定性的凝胶,他们指出 AM/AMPS 共聚物主链上庞大的甲基丙磺酸基团产生了较强的空间位阻效应,降低了 AM/AMPS 与 PEI 的交联速度,使得交联时间延长,因此凝胶不会因为过快的交联速度导致脱水。此外,在不添加延迟交联剂的情况下,Vasquez 等考察了 AM/AMPS 与 PEI 在高温下的成胶时间。结果表明,在 132.2~176.7℃ 范围内,凝胶成胶时间为 2~20h。

Wahju Wibowo 等研发了丙烯酰胺/醋酸铬共聚物,并将其应用于印度尼西亚的 North West Java 油田 4 口井的堵水作业中,Batu Raja 储层为缝洞型的碳酸盐岩油藏,具有高度的裂缝与孔洞发育特征,认为这些缝洞与水层紧密相连。现场施工表明,聚合物凝胶堵水技术有着不同程度的成功度,产水率降低 10%~20%,产油量从 0 增加至 175bbl/d。

耐温有机凝胶堵剂因具有高分子网状结构,具有较强的油水选择性和韧性,但抗盐性差,可溶性硅酸盐堵剂具有好的耐高温、抗高盐特性,但油水选择性较差;通过有机—无机复合交联技术,优选可形成互穿结构、具备"油缩水胀"特性的有机高分子,优选合适的聚合物作为交联剂,将硅酸盐无机网络与有机高分子复合交联,形成有机—无机复合交联堵剂。该堵剂具有两种堵剂的优点,适度添加稳定剂后,性能更加稳定。

1.4.2 逆向卡封颗粒堵剂

1.4.2.1 无机颗粒类

最早得到应用的无机颗粒堵水剂是水泥类堵水剂。水泥类堵剂强度高,价格便宜,但

---

❶ 1bbl = 158.9873dm³。

由于水泥的凝固较快,进入油层深度很浅,且对非目的层伤害严重,甚至会把整个油层堵死,因此有很多针对水泥堵剂的改性研究。刘江华等针对超细水泥水化、稠化速度快、经时流变性差、成本高的问题,利用超细粉煤灰代替部分超细水泥,并辅以减阻分散剂、缓凝剂,大大改善了堵剂的流变性、注入性和稳定性,而且耐压强度达到了标准(大于15MPa)。2006年,Vasquez等报道了OCP凝胶体系+水泥后置段塞工艺在过去10年中的应用,在裂缝发育、套损严重、储层非均质性极强、油藏温度大于127℃的墨西哥南部油田碳酸盐岩油藏堵水作业中显示了较好的应用效果。Mercado等报道了凝胶泡沫水泥体系在墨西哥南部油田高温、天然裂缝发育的碳酸盐岩缝洞型油藏堵水作业的4口井中得到成功应用。

黏土颗粒类堵剂在无机颗粒堵剂中占有重要地位。该类堵剂价格便宜,来源广,耐温抗盐性强,使用方便。宁廷伟报道了胜利油田开发和应用的黏土颗粒类堵剂,包括硅土胶泥调堵剂(黏土起填料作用)、陶土水泥浆调堵剂、混油钻井液堵水剂、膨润土榆树皮粉调剖剂、潍坊钠土单液法调剖剂。这类堵剂成本低,配制容易,施工简单,适合对高含水期的大孔道或裂缝进行封堵。例如,利用潍坊钠土单液法堵剂在胜坨油田进行了3轮整体堵水,共使用膨润土420t,使区块整体含水率由92.5%下降并稳定到90%,日产油量由24.4t上升到40t,采收率提高5%。

1.4.2.2 体膨颗粒类

水膨体是近20年发展起来的一项调堵技术。该系列调堵剂由单体、交联剂以及其他添加剂在地面聚合交联,然后经过造粒、烘干、粉碎、筛分等工艺加工而成。由于是在地面条件下交联,因此避免了地层条件(如温度、矿化度、pH值和剪切)对成胶的不利影响;同时,该类颗粒能够选择性进入大孔道,且能通过变形或破碎作用进入地层深部,因此有较好的深部调堵性能。董雯等以丙烯酰胺和具有耐温抗盐性的AMPS为原料,采用溶液聚合法合成了一种耐温抗盐水膨体,该水膨体在90℃下,岩心突破压力梯度大于31MPa/m,放置7d后堵水率大于99.8%。

国外关于水膨体的研究多集中在颗粒在多孔介质中的运移行为和对封堵性能的定量描述(理论推导)。Bai等通过实验认为,即使是直径为60μm的体膨颗粒,也不能注入渗透率高达16D的填砂管,且根据体膨颗粒在填砂管端面的堵塞情况,一般地层情况下体膨颗粒很难注入。然而,实际矿场试验中体膨颗粒注入性很好,由此推断,体膨颗粒进入了裂缝或超级大孔道,而这些特征一般在老油田出现。Zhang等通过可视化裂缝模型考察了水膨体(PPG颗粒)在裂缝中的运移和对水相渗流的影响。结果表明,PPG颗粒可以像活塞一样在裂缝中推进,且形成一个颗粒凝胶带;PPG颗粒的注入性随注入速度和裂缝宽度的增加而增加,随矿化度的增加而减弱;PPG颗粒可将不同裂缝宽度的地层渗透率降至相同。裂缝宽度、注入速度和矿化度对裂缝性地层中水膨体的封堵能力有较大影响,同时后续水驱可以形成二次窜流。

1.4.2.3 柔性颗粒类

针对高温高盐环境中体膨颗粒稳定性较差的问题。中国石油勘探开发研究院采油工程研究所开发研制了一种耐高温高盐的柔性堵剂,其不溶于水,微溶于油,可任意变形,拉伸韧性强。该柔性堵剂在高温高盐条件下的化学稳定性好，可二次黏结形成完整的封堵层。在塔河油田，柔性堵剂用量从 0.03PV 增至 0.2PV，封堵效果出现突跃式升高，可对油藏的裂缝和高渗透通道形成强封堵。在堵水作业中，这种堵剂如果造成油井误堵，使用甲苯就极易解堵，是一种既可在高温高盐下形成稳定封堵又可安全使用的堵剂。

为了提高注入性，保证颗粒能进入深部地层，陈小凯等利用丙烯酰胺制备了柔性凝胶颗粒调堵剂。该调堵剂黏弹性好，变形能力强，拉伸韧性好，可通过变形向地层深部运移；遇水不膨胀、不吸水，用于封堵裂缝、大孔道及高渗透通道，化学稳定性好，环境匹配性强；油溶性良好，施工不会造成堵井。调堵剂中的柔性凝胶颗粒在接近孔喉时建立附加压力梯度，压力梯度高于某一临界值时柔性凝胶颗粒发生变形并挤入窄小孔喉；增黏能力强，能够改善注水流度比，同时具有一定的二次黏结能力。周泉等开发出一种在水中具有高度分散性的柔性微球颗粒。颗粒初始粒径较小，而溶胀后粒径可增加至 1.5 倍，并且粒径处于微米量级，因此与二类油层地质条件匹配性更好。溶胀后的柔性颗粒调剖剂表现出一定的自修复性能，在地层水和温度的作用下，可以发生粘连胶结，进一步提高封堵效果。

1.4.3 悬浮隔板堵剂

1.4.3.1 温敏粘连颗粒

密度选择性堵水是利用堵剂与油水之间密度差进行分异，在油水界面上形成一定强度的隔板，实现缝洞型油井的深部封堵。通过改变颗粒各组分的含量，同时加入一些特殊的添加剂，形成具有不同密度、不同固化强度、可用于不同段塞组合的抗高温、高盐的温敏粘连颗粒堵剂。

塔河油田通常采用前置液—超低密度固化颗粒—隔离液—高强度固化颗粒—顶替液复合段塞设计。其中：前置液采用聚合物溶液进行密度、黏度托举；超低密度固化颗粒为主体堵剂，固化后形成隔板；隔离液为聚合物溶液；高强度固化颗粒为封口剂，根据单井情况采用过顶替或井筒留塞技术。孙琳等开发出一种低密度二次膨胀型凝胶颗粒，由丙烯酰胺单体、耐温抗盐单体、增强剂、生气剂在引发剂和交联剂作用下聚合交联得到的整体凝胶经造粒、粉碎而成。该凝胶颗粒能够自由悬浮于注入水中，在注入水的携带下顺利进入地层，不产生沉积现象。同时，凝胶颗粒在进入地层后不久会发生膨胀度较低的首次膨胀，从而既能避免颗粒误入低渗透层，又能保证其在高渗透层内向深部运移；在油藏温度下作用一定时间后，颗粒再次发生膨胀，以实现对高渗透层深部的有效封堵。

1.4.3.2 纤维复合凝胶

胡玉国等开发出一种复合纤维素类深部堵水调剖剂，能在渗流过程中破碎后自修复，可以减少注入水的窜流，提高聚合物的耐温抗盐性能。张磊等通过超细纤维素与丙烯酰胺类单体进行接枝共聚合成共聚物 C-PAM，通过实验研究发现该调剖剂体系具有较好的抗盐性，在自来水中的初始黏度为 30mPa·s，成胶后的凝胶强度为 $3.5×10^4$mPa·s，在矿化度为 100g/L 的模拟地层水中成胶后的凝胶强度为 $3×10^4$mPa·s。该调剖剂体系适用于60~80℃的中性油藏，形成凝胶的稳定期超过 80d。该调剖剂体系具有较强的抗剪切性，在经过高速剪切(剪切速率为$100s^{-1}$)后,初始黏度保留率在60%以上,成胶后凝胶强度保留率在80%以上。赵贲开发出的一种主剂为纤维素醚水溶液的热致可逆凝胶调剖防窜剂,温度升高至70℃以上时即转变为凝胶,其黏度随温度升高而增大,温度降至70℃以下时又转变为溶液。黏温曲线表明,随着盐(NaCl)度增大(0~60g/L),凝胶化温度降低,凝胶黏度增大;加入凝胶化调节剂,可在40~120℃范围内改变凝胶化温度及成胶时间。该体系对于调整吸汽剖面、缓解汽窜、消除井间干扰、扩大注入蒸汽的波及体积、提高周期采油量具有显著作用。在辽河油田现场进行应用,周期增油321t,产水量比上周期减小171m³。

郭丽梅等通过在聚丙烯酰胺中加入铬鞣革屑,利用铬鞣革屑的纤维韧性及含有铬离子的特性,起到增强剂及补铬剂作用。铬鞣革屑中的铬离子是一些只结合一个羧基离子的铬配合物,这些铬离子可以与聚丙烯酰胺分子链中的羧基离子配位结合成立体网状结构,形成的凝胶具有聚丙烯酰胺凝胶的特点及皮革纤维的特征,使凝胶具有一定的韧性,提高了凝胶强度。由于铬鞣革屑的主要成分是蛋白质,最终在地层中能够自然分解,不会对地层产生负面影响。基于上述分析,将铬鞣革屑用于油田堵水调剖剂的制备,不仅合理利用了生物质资源,同时也解决了铬鞣革屑造成的污染问题。

刘玉章等在聚丙烯酰胺聚合物中加入纯度100%的聚丙烯纤维单丝,凝胶强度和耐冲刷能力均得到明显提高。赵虹等通过在聚合物稠化剂凝胶中添加0.1%~1%的纤维,纤维在整个调剖体系中不参与化学交联,只是为凝胶体系提供依附骨架,纤维与聚合物稠化剂分子链以氢键接触,在泵注过程中氢键断裂,调堵液的黏度不升高,不影响原调堵剂的泵注,当调堵剂到达目的层后,纤维与高分子链静态氢键结合,增加了凝胶体系的结合点,提高了体系抗拉和抗压强度,延长了凝胶体系的时效性。同时,纤维性能稳定,也不会对地层造成伤害。

第 2 章　耐温抗盐梳形聚合物的研究与应用

目前，控水增油技术主要是通过封堵高产水层，改变注入水流动方向，迫使其向低渗透层流动，通过提高注入水波及效率来提高注水效率，最终获得较高的产量和原油采收率。该技术主要包括调剖技术和堵水技术。尤其是高温高盐油藏的调剖堵水，针对此类油藏，由耐温抗盐梳形聚合物制备而得的调剖堵水剂得到了广泛的应用。

2.1　梳形聚合物的研究进展

梳形聚合物在大庆、胜利、华北、新疆等油田的聚合物驱、三元复合驱和堵水调剖进行了应用，到 2002 年累计应用量就已超过 1×10^4t。其中，梳形聚合物在大庆油田的聚合物驱和堵水调剖应用结果表明，在相同条件下，梳形聚合物的性能优异，已成为油田新一代的高效驱油和调剖剂。大庆油田正在聚合物驱和深部调剖中全面推广应用梳形聚合物。

胜利油田胜坨聚合物驱和堵水调剖工业性试验区，总矿化度为 19334mg/L，其中 Ca^{2+} 浓度为 412mg/L，Mg^{2+} 浓度为 102mg/L，地层温度 80℃。原采用日本 MO-4000 超高分子量聚丙烯酰胺，2001 年开始采用 KY 系列梳形聚合物替代进口产品，在相同条件下产量显著提高。

华北油田蒙古林东区北部 2002 年进行了 4 个井组的深部调驱试验，至 2003 年 6 月底完成，调驱剂中的聚合物采用 KYPAM，注入井区日产油由 37t 升至 71t，含水率由 92.1% 下降至 89.2%，累计增油 1.2×10^4t。

梳形聚合物在油田三次采油和堵水调剖应用中取得很好的增油、降成本和保护环境的效果，各大油田都在加大梳形聚合物在聚合物驱和堵水调剖中的应用。进一步提高梳形聚合物的性能成为国家科技部"973"项目、中国石油勘探与生产分公司和科技信息管理部的重要课题。

2.2　梳形聚合物交联体系制备

对于非均质性严重的储层，注入的调剖剂在高渗透层中形成凝胶处理带，可以有效地防止注入水过早绕流，并迫使注入水重新形成新的旁通孔道，使水流转向进入低渗透层，波及原来未波及的区域，进一步挖掘纵向和平面未波及区的剩余油潜力，从而起到注水井调剖和聚合物驱的双重技术效果，最终达到提高注入水的波及系数和注水采收率的目的。

2.2.1 有机铬交联体系交联原理

交联剂与聚合物的交联反应过程须经多步反应才能完成，其成胶过程主要分四步进行：(1)络合物的形成；(2)交联中心离子从络合物中离解出来；(3)中心离子经过水解、羟桥反应进行活化，具有较高的反应交联活性和效率；(4)活化后的中心离子与聚合物进行交联反应。有机铬交联剂就是以 Cr^{3+} 作为交联中心离子。其交联原理如图 2.1 所示。

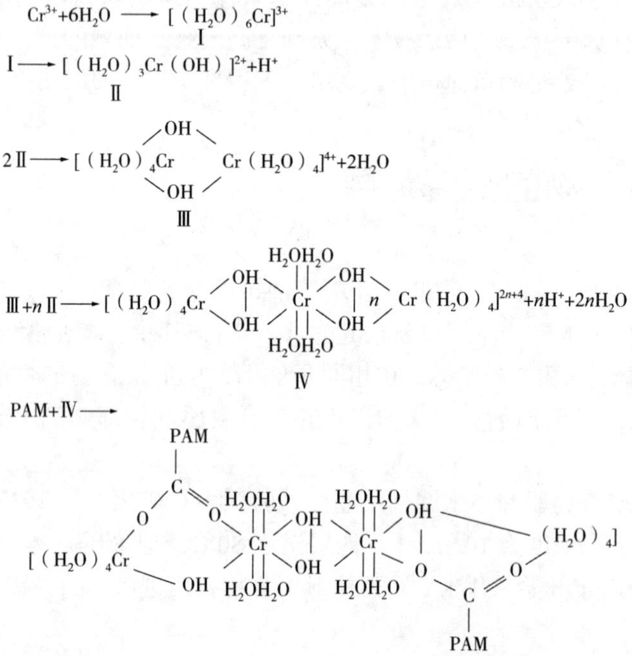

图 2.1 聚丙烯酰胺/铬(Ⅲ)体系凝胶机理

2.2.2 有机醛交联体系交联原理

一般认为有机醛类交联剂与聚合物分子中的酰胺基团反应形成凝胶。该类交联剂体系中醛可以直接与聚丙烯酰胺发生羟甲基化反应进行交联，还可以与酚首先生成羟甲基酚，再与聚丙烯酰胺交联。其交联机理如图 2.2 所示。

2.2.3 实验目的

聚合物与交联剂浓度是决定聚合物溶液能否成胶以及成胶后凝胶结构形态的关键，也是矿场选用凝胶体系时最重要的经济评价指标。聚合物和交联剂的浓度太低，不能发生有效的交联反应，难以形成凝胶；而聚合物和交联剂的浓度太高，又因为成本增加而使得堵水调剖毫无经济效益。

由于河南油田低温低盐油藏区块只占少数，高温高盐油藏区块多，而在高温高盐油藏

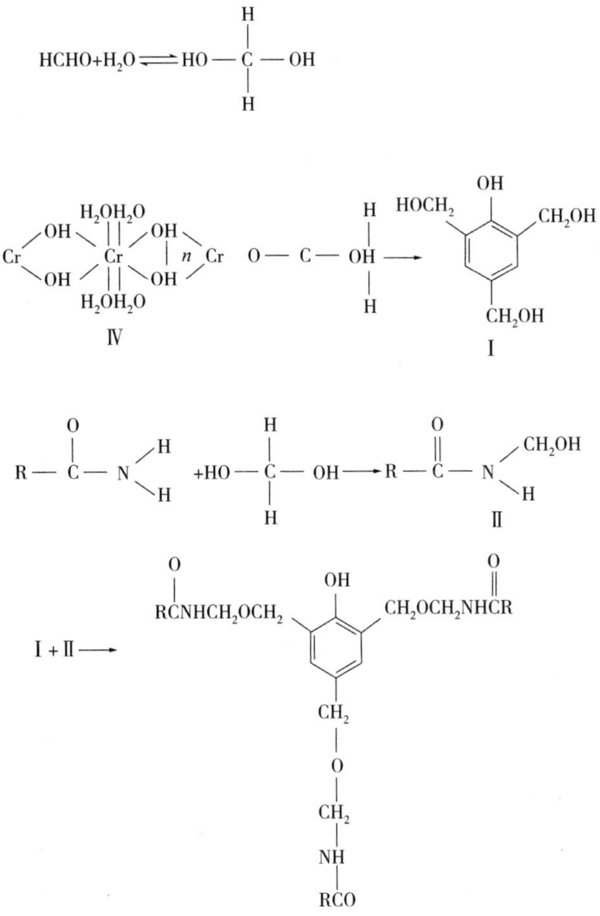

图 2.2 聚合物/酚醛体系凝胶机理

中聚合物严重降解,使交联体系稳定性变差,故对河南油田高温高盐油藏进行堵水调剖难度大。醛交联聚合物凝胶由于耐高温、高矿化度及高钙镁,黏度大,同时原料易得且价格低,在高温高矿化度油藏中作为调剖剂受到广泛关注。但是河南油田堵水调剖现场使用的聚合物正立Ⅱ型和 1630 与高温醛形成交联体系在堵水调剖应用中效果差,提高采收率幅度不大,并且用量大、成本高。本实验首先通过对梳形聚合物与高温醛以及低温铬交联剂用量的筛选,同时对比正立Ⅱ型和 1630 与这两种交联剂的交联效果,确定成胶时间,测量成胶后黏度,筛选出适合河南油田油藏特性的交联体系。

2.2.3.1 实验器材与实验药品

实验器材包括恒温箱、电动搅拌器、电子天平、Brookfield DV-Ⅲ型黏度计、ANTON PAAR 界面流变仪。

实验药品包括聚合物、交联剂和实验用水。

(1) 聚合物:KY-6 梳形聚合物,分子量 2300 万,水解度为 26.8%,固含量为 82.9%,北京恒聚化工集团有限责任公司生产;1630 聚合物,分子量 2200 万,水解度为 24%,固含量为 90%,河南油田现场提供;正立Ⅱ型聚合物,分子量 2200 万,水解度为

24%，固含量为89%，河南油田现场提供。

（2）交联剂：低温有机铬交联剂，有效物含量为2.60%；高温有机醛交联剂，有效含量为10%，河南油田现场提供。

（3）实验用水：河南油田双河注入水、江河注入水、赵凹注入水、注聚合物返吐物、20000mg/L模拟地层水。各区块注入水的基本情况见表2.1。

表2.1 各区块注入水的基本情况

区块	矿化度，mg/L							总矿化度 mg/L
	Na^+、K^+	Ca^{2+}	Mg^{2+}	Cl^-	SO_4^{2-}	HCO_3^-	CO_3^{2-}	
双河	1736.5	40.08	30.38	1364.83	288.18	1617.03	270.05	5347.05
江河	2547.25	50.1	12.15	2818.28	84.53	1098.36	450.08	7060.75
赵凹	1012.00	20.04	9.24	35.45	468.77	2135.7	0	3681.20

注：双河低温区块油藏温度为65~75℃，双河高温区块油藏温度为75~90℃，江河区块油藏温度为80~100℃，赵凹区块油藏温度为91~118℃。

模拟地层水为实验室配制的矿化度为20000mg/L的水样，其中Ca^{2+}、Mg^{2+}各为3000mg/L，其余为Na^+和Cl^-。

2.2.3.2 实验试剂的配制

聚合物溶液的配制：在250mL玻璃瓶中加入200mL注入水，开动搅拌器，调节转速至旋涡延伸至容器底部75%的高度，均匀加入一定量聚合物（30s内加完），在90r/min转速下搅拌30min，静置一定时间后加入交联剂。

交联体系的配制：在一定浓度的聚合物溶液中用注射器滴加交联剂，搅拌30min后置于恒温箱中。高温醛交联剂按照交联剂：蒸馏水=2∶1的比例稀释使用。

2.2.4 实验内容

实验分为低温部分和高温部分。实验中三种聚合物分别设计三种不同浓度，每种浓度对应三种交联剂浓度。低温部分采用双河注入水和注聚合物返吐物两种水样，交联剂为铬交联剂，温度设计为50℃、60℃和70℃；高温部分采用双河注入水、江河注入水、赵凹注入水、注聚合物返吐物和20000mg/L模拟地层水5种水样，交联剂为醛交联剂，温度设计为80℃、90℃、100℃和110℃。

实验采用Brookfield DV-Ⅲ型黏度计，在转速为6r/min（剪切速率为7.34s^{-1}）条件下测凝胶体系的黏度。该黏度计最大量程为100000mPa·s，若黏度超过100000mPa·s，记为">100000mPa·s"。

2.2.4.1 低温交联实验

（1）三种聚合物在双河注入水中不同温度下与低温铬交联剂的成胶情况。

①采用双河注入水配制浓度分别为0.1%、0.15%和0.2%的KY-6梳形聚合物溶液，各自加入浓度分别为1%、2%和3%的低温铬交联剂，分别置于50℃、60℃和70℃烘箱中恒温，每隔一段时间测定凝胶的黏度，结果见表2.2。

表 2.2　KY-6 梳形聚合物在双河注入水中的成胶情况

温度 ℃	时间 h	黏度，mPa·s							
		1%低温铬交联剂			2%低温铬交联剂			3%低温铬交联剂		
		0.1%	0.15%	0.2%	0.1%	0.15%	0.2%	0.1%	0.15%	0.2%
50	3	11003	13420	14341	8078	8897	10327	10046	12436	14652
	6	20417	21895	23413	13993	14564	16329	14320	16238	18767
	9	20739	23914	25164	17576	19566	21354	18442	20675	24627
	12	38291	39674	41276	32595	52016	53466	34625	38644	40369
60	3	12305	14689	16834	9267	10326	14230	12368	13451	16740
	6	24359	23610	25638	15396	15643	17689	16543	18497	19874
	9	28643	28645	30461	20346	21386	23521	21649	20883	26473
	12	40625	42196	42865	35419	58655	56129	35623	39446	41257
70	3	13746	17345	19624	11567	12468	16487	16843	16542	18659
	6	26438	25138	28647	16873	18347	19653	19835	24613	23467
	9	29576	31056	35682	23269	23504	25468	23694	27689	30198
	12	43576	43579	46872	37652	59006	57639	36721	41305	44356

②采用双河注入水配制浓度分别为 0.1%、0.15%和 0.2%的 1630 聚合物溶液，各自加入浓度分别为 1%、2%和 3%的低温铬交联剂，分别置于 50℃、60℃和 70℃烘箱中恒温，每隔一段时间测定凝胶的黏度，结果见表 2.3。

表 2.3　1630 聚合物在双河注入水中的成胶情况

温度 ℃	时间 h	黏度，mPa·s							
		1%低温铬交联剂			2%低温铬交联剂			3%低温铬交联剂		
		0.1%	0.15%	0.2%	0.1%	0.15%	0.2%	0.1%	0.15%	0.2%
50	3	12837	12645	13544	16984	13055	16451	18462	19455	21365
	6	16181	24156	27668	17289	21803	26358	23452	25363	30763
	9	46813	39092	42433	22370	28356	31652	34766	37642	46755
	12	69781	70653	75113	67435	68294	72684	72234	74603	76040
60	3	13948	14230	14220	17623	14094	17337	16542	21347	24336
	6	17292	26325	26845	19462	23468	24360	25346	27665	34621
	9	47965	41276	43561	24356	33601	29448	37324	40112	46529
	12	70135	71209	74524	66543	74665	68534	69558	72981	73558
70	3	15223	16538	15687	19873	16523	18664	19876	29861	26491
	6	19864	28467	30465	26435	28640	26491	26591	35612	37654
	9	49567	43568	46812	32148	36294	34628	40625	56173	49864
	12	69428	72648	76423	68492	75643	70345	72468	75649	76438

③采用双河注入水配制浓度分别为0.1%、0.15%和0.2%的正立Ⅱ型聚合物溶液，各自加入浓度分别为1%、2%和3%的低温铬交联剂，分别置于50℃、60℃和70℃烘箱中恒温，每隔一段时间测定凝胶的黏度，结果见表2.4。

表2.4 正立Ⅱ型聚合物在双河注入水中的成胶情况

温度 ℃	时间 h	黏度, mPa·s							
		1%低温铬交联剂			2%低温铬交联剂			3%低温铬交联剂		
		0.1%	0.15%	0.2%	0.1%	0.15%	0.2%	0.1%	0.15%	0.2%
50	3	16097	27195	30044	5365	20387	24331	14634	18965	20466
	6	20196	32793	34628	7498	32812	36245	19873	21647	26553
	9	22504	33894	37162	14694	40029	43659	24681	34628	37621
	12	32887	40431	42672	16577	45093	47685	40546	42166	46518
60	3	17326	26451	32668	6481	22633	26335	15632	19568	23561
	6	24358	33657	34986	8763	34659	37655	20463	23675	29634
	9	28467	35167	38102	16429	41652	44028	26328	37941	40168
	12	31264	38792	43277	19867	46210	49361	42683	43621	48622
70	3	20046	29876	34685	13647	23569	27658	16873	24615	26577
	6	28642	32567	37659	16781	37658	39467	24615	31627	32468
	9	30365	39460	41648	23652	44612	45681	29846	36527	42168
	12	32468	40057	44621	26845	47653	50436	46357	44687	49834

由表2.2至表2.4中的数据可以看出：各聚合物交联体系在双河注入水中不同温度下的成胶速度均很快，3h内体系黏度达到10000mPa·s以上；对于KY-6梳形聚合物的交联体系，温度越高，形成的凝胶最终黏度越大，如浓度为0.1%、低温铬交联剂浓度为1%，在50℃、60℃和70℃时，12h的黏度分别为38291mPa·s、40625mPa·s和43576mPa·s；对于不同聚合物，在相同温度以及相同聚合物浓度和低温交联剂浓度的情况下，以1630聚合物成胶效果最好，形成的凝胶最终黏度最大，如在50℃，聚合物和低温铬交联剂浓度分别为0.1%、1%时，KY-6梳形聚合物、1630聚合物和正立Ⅱ型聚合物12h的表观黏度分别为38291mPa·s、69781mPa·s和32887mPa·s。

(2)三种聚合物在注聚合物返吐物中不同温度下与低温铬交联剂的成胶情况。

①采用注聚合物返吐物配制浓度分别为0.1%、0.15%和0.2%的KY-6梳形聚合物溶液，各自加入浓度分别为1%、2%和3%的低温铬交联剂，分别置于50℃、60℃和70℃烘箱中恒温，每隔一段时间测定凝胶的黏度，结果见表2.5。

②采用注聚合物返吐物配制浓度分别为0.1%、0.15%和0.2%的1630聚合物溶液，各自加入浓度分别为1%、2%和3%的低温铬交联剂，分别置于50℃、60℃和70℃烘箱中恒温，每隔一段时间测定凝胶的黏度，结果见表2.6。

表 2.5　KY-6 梳形聚合物在注聚合物返吐物中的成胶情况

温度 ℃	时间 h	黏度，mPa·s							
		1%低温铬交联剂			2%低温铬交联剂			3%低温铬交联剂		
		0.1%	0.15%	0.2%	0.1%	0.15%	0.2%	0.1%	0.15%	0.2%
50	3	11213	14420	15346	9278	9246	11467	11424	13462	15762
	6	21317	21895	23513	17623	16573	17854	15362	17624	19376
	9	22739	24354	26241	18642	21346	23364	19342	22431	26437
	12	40291	41244	43612	34651	53467	56432	36248	39462	42468
60	3	13260	16234	18465	9560	12023	16573	13469	16754	18649
	6	27613	25634	27654	16572	16794	19846	18694	20146	21348
	9	30126	30016	32641	22146	23679	26547	26435	23657	27658
	12	42130	45621	44695	38642	60346	58643	38625	40268	43657
70	3	15624	19568	21306	13562	13564	18455	19567	18965	21430
	6	28625	27556	30146	18647	21546	22446	21560	26471	26534
	9	32622	33620	36529	24657	25871	26845	25461	29676	33261
	12	45662	44326	47652	39568	62415	59864	37982	43581	46251

表 2.6　1630 聚合物在注聚合物返吐物中的成胶情况

温度 ℃	时间 h	黏度，mPa·s							
		1%低温铬交联剂			2%低温铬交联剂			3%低温铬交联剂		
		0.1%	0.15%	0.2%	0.1%	0.15%	0.2%	0.1%	0.15%	0.2%
50	3	13567	13562	14326	17658	14328	18623	19873	21034	23462
	6	17323	26143	28675	18265	23461	27330	25263	27651	32659
	9	47652	41389	43765	23462	29761	32165	36240	40326	48615
	12	71132	72694	76484	69346	70324	74261	73465	76249	77650
60	3	14625	16243	16843	19862	16542	19565	16988	26541	26134
	6	19864	28441	28956	21624	26430	26534	26475	30162	35613
	9	49560	42617	46581	25623	36458	31206	39995	42330	48556
	12	72611	71986	76542	67952	76254	70013	71320	73299	76421
70	3	18762	18467	17564	21340	17548	20146	20135	30216	28648
	6	20136	30326	32610	28645	29638	28669	28476	37652	39546
	9	51246	46127	48967	33621	37549	35626	42160	56998	51498
	12	72460	73269	78412	70239	76485	71384	73405	77612	78467

③采用注聚合物返吐物配制浓度分别为0.1%、0.15%和0.2%的正立Ⅱ型聚合物溶液,各自加入浓度分别为1%、2%和3%的低温铬交联剂,分别置于50℃、60℃和70℃烘箱中恒温,每隔一段时间测定凝胶的黏度,结果见表2.7。

表2.7 正立Ⅱ型聚合物在注聚合物返吐物中的成胶情况

温度 ℃	时间 h	黏度,mPa·s								
		1%低温铬交联剂			2%低温铬交联剂			3%低温铬交联剂		
		0.1%	0.15%	0.2%	0.1%	0.15%	0.2%	0.1%	0.15%	0.2%
50	3	18332	29346	31627	6498	22346	26437	16523	20036	22379
	6	22659	33624	35624	8423	34675	38467	20167	23579	29846
	9	24688	34651	39468	16459	43266	46571	26493	36251	39564
	12	36459	42693	43267	18642	46709	49861	43260	43621	48467
60	3	19663	30019	34627	7891	24358	27986	16524	23462	25641
	6	26533	34652	36251	10234	36529	39445	23347	25347	31624
	9	31627	37884	39269	19863	44571	45670	27653	38946	42573
	12	33263	40162	46527	21356	48765	50046	46523	45587	50163
70	3	22143	30462	36592	15634	24618	29434	18647	26734	28647
	6	29624	33657	39246	17684	38647	40123	26437	33629	35642
	9	31628	40216	42561	26543	45652	47659	31648	39467	43581
	12	33624	42168	46581	27640	48956	52468	48957	46521	51246

由表2.5至表2.7中的数据可以看出:各聚合物交联体系在注聚合物返吐物中不同温度下3h内体系黏度达到10000mPa·s以上,成胶速度快;在相同温度以及相同聚合物浓度和低温铬交联剂浓度的情况下,以1630聚合物成胶效果最好,形成的凝胶最终黏度最大,如在60℃,聚合物和低温铬交联剂浓度分别为0.1%、1%时,KY-6梳形聚合物、1630聚合物和正立Ⅱ型聚合物12h的黏度分别为42130mPa·s、72611mPa·s和33263mPa·s;与双河注入水相比,在相同浓度和温度下,聚合物在注聚合物返吐物中形成凝胶的最终黏度大,如在70℃,KY-6梳形聚合物和低温铬交联剂浓度分别为0.1%、1%时,12h在双河注入水中的最终黏度为43576mPa·s,在注聚合物返吐物中的最终黏度为45662mPa·s,初步判定注聚合物返吐物中含有一定浓度聚合物。

2.2.4.2 高温交联实验

(1)三种聚合物在油田注入水中不同温度下与高温醛交联剂的成胶情况。

①采用油田注入水配制浓度分别为0.1%、0.2%和0.3%的KY-6梳形聚合物溶液,各自加入浓度分别为1%、2%和3%的高温醛交联剂,分别放置于80℃、90℃、100℃和110℃烘箱中恒温,每隔一段时间测定凝胶的黏度,结果见表2.8。

表 2.8 KY-6 梳形聚合物在双河注入水中的成胶情况

温度 ℃	时间 h	黏度，mPa·s								
		1%高温醛交联剂			2%高温醛交联剂			3%高温醛交联剂		
		0.1%	0.2%	0.3%	0.1%	0.2%	0.3%	0.1%	0.2%	0.3%
80	3	69	385	924	94	403	930	102	439	961
	6	82	401	1184	103	440	1002	111	466	1004
	9	85	482	2896	109	687	1106	114	576	2132
	12	111	1630	3761	272	1220	2886	123	1140	4082
	15	232	3236	5640	1036	1780	7884	532	1726	5751
	18	1041	4038	6294	2330	3420	10083	1813	2710	8955
	21	1846	5154	7624	3410	6080	11229	3860	4620	11255
	24	3089	6610	8860	4110	6930	11393	5110	8180	13396
	27	3939	6730	10308	4250	7021	11882	5940	10130	16434
	30	4174	6963	10689	4640	7240	12392	6180	10632	17182
90	3	73	404	755	98	436	963	107	423	912
	6	86	706	1014	108	752	1052	116	2413	3326
	9	90	724	1710	114	936	1161	129	4229	5418
	12	93	1126	3135	119	1335	3032	566	5831	10359
	15	214	2130	5712	669	2197	5556	729	8816	16837
	18	462	4125	9690	1013	4355	10592	1423	10932	23215
	21	2123	7221	14060	2317	6504	15557	3135	14326	28713
	24	4837	11431	20140	5823	11236	20738	7890	21057	33029
	27	8570	15126	22440	8125	17276	24462	10956	24162	34287
	30	9562	16452	22713	10236	19648	25162	11020	24938	33506
100	3	51	259	703	49	269	720	64	422	754
	6	57	316	799	63	241	415	80	813	1160
	9	64	454	962	70	389	599	93	2716	5254
	12	65	548	1338	90	554	1031	268	6928	10605
	15	82	591	1773	194	871	1560	513	10610	15288
	18	90	630	2418	556	1116	2444	711	12570	20660
	21	152	899	4130	886	1908	4114	5118	16226	26882
	24	314	1706	6983	2320	2781	6590	8342	19528	35231
	27	2120	4840	10706	4180	6402	11813	12936	22580	37952
	30	5237	11126	14164	7120	12803	18197	18126	25232	39130
110	3	39	210	347	44	228	644	59	373	676
	6	50	299	474	57	356	700	76	739	1012
	9	61	414	649	65	568	792	86	2432	4776

续表

温度 ℃	时间 h	黏度, mPa·s							
		1%高温醛交联剂			2%高温醛交联剂			3%高温醛交联剂		
		0.1%	0.2%	0.3%	0.1%	0.2%	0.3%	0.1%	0.2%	0.3%
110	12	63	518	1009	81	909	1750	201	6323	9166
	15	78	561	1467	173	1443	3459	1647	9404	13343
	18	85	616	1944	517	2379	5540	3159	11364	18298
	21	136	791	3632	1410	4077	8490	4767	15288	24619
	24	816	1612	6366	2490	5858	10187	7128	17882	32943
	27	1840	4191	9670	3340	8395	11782	7034	21234	35149
	30	5090	10957	15603	3960	10651	13649	4219	22735	36558

②采用双河注入水配制浓度分别为0.1%、0.2%和0.3%的1630聚合物溶液,各自加入浓度分别为1%、2%和3%的高温醛交联剂,分别放置于80℃、90℃、100℃和110℃烘箱中恒温,每隔一段时间测定凝胶的黏度,结果见表2.9。

表2.9 1630聚合物在双河注入水中的成胶情况

温度 ℃	时间 h	黏度, mPa·s							
		1%高温醛交联剂			2%高温醛交联剂			3%高温醛交联剂		
		0.1%	0.2%	0.3%	0.1%	0.2%	0.3%	0.1%	0.2%	0.3%
80	3	55	63	207	76	328	410	92	350	443
	6	65	241	457	84	359	449	100	373	470
	9	67	328	609	88	560	701	103	461	582
	12	90	483	896	197	1514	1891	111	1241	2120
	15	185	890	2141	517	2641	3316	371	2030	4160
	18	285	2290	4078	912	3670	4588	623	3752	5980
	21	481	3959	5584	1178	4602	5751	765	4980	7930
	24	688	5380	6480	1233	5326	6656	1140	6304	9030
	27	984	5781	6577	1276	5430	6786	1726	7831	9460
	30	1192	5932	6670	1371	5614	6930	1916	9012	9710
90	3	23	71	457	45	121	470	97	923	711
	6	30	381	721	89	303	912	116	1050	1110
	9	37	625	929	114	603	1161	129	1526	1511
	12	36	834	1501	433	1014	3042	570	2318	3658
	15	230	1097	2302	680	1859	6910	825	4163	6741
	18	620	3944	3553	1330	6270	10280	2451	11296	11966
	21	1640	7860	5426	4590	8920	11996	5470	19318	17729
	24	2770	9500	10630	6360	12100	14858	7550	21067	21648

续表

温度 ℃	时间 h	黏度，mPa·s								
		1%高温醛交联剂			2%高温醛交联剂			3%高温醛交联剂		
		0.1%	0.2%	0.3%	0.1%	0.2%	0.3%	0.1%	0.2%	0.3%
90	27	5030	10860	12950	8570	14867	18277	9370	21529	24267
	30	5880	11310	14250	9810	16700	19852	9160	20815	24831
100	3	28	64	246	23	120	263	54	334	418
	6	31	117	300	29	540	423	68	644	805
	9	33	188	430	23	872	611	79	954	2688
	12	41	190	520	46	1390	1052	159	1593	5164
	15	53	252	923	68	2230	1592	230	2304	9217
	18	67	598	1994	817	3310	2816	398	3897	12444
	21	69	1035	4375	1880	4450	5490	2372	6856	16063
	24	640	3339	5931	3020	5940	7170	3859	11367	20174
	27	1780	7240	8456	3910	7820	9890	6638	16776	23608
	30	4110	8832	9960	5490	10350	12392	10732	20232	25290
110	3	21	132	207	17	163	205	46	283	354
	6	10	236	296	15	256	320	58	561	701
	9	7	327	410	19	408	511	67	1058	2007
	12	\	544	690	21	417	1054	135	1509	4496
	15	\	808	1581	34	604	2175	196	2934	6615
	18	\	1381	2627	89	1435	3604	337	5483	10848
	21	\	3510	6050	221	2760	5032	553	9163	14523
	24	\	6480	9160	519	4770	7075	724	13439	19354
	27	\	7600	9050	655	5830	8426	790	15640	22536
	30	\	7140	8460	643	5218	7520	811	13520	20230

注："\"表示测量黏度时聚合物溶液黏度过低，黏度计无读数(下同)。

③采用双河注入水配制浓度分别为0.1%、0.2%和0.3%的正立Ⅱ型聚合物溶液，各自加入浓度分别为1%、2%和3%的高温醛交联剂，分别放置于80℃、90℃、100℃和110℃烘箱中恒温，每隔一段时间测定凝胶的黏度，结果见表2.10。

表2.10 正立Ⅱ型聚合物在双河注入水中的成胶情况

温度 ℃	时间 h	黏度，mPa·s								
		1%高温醛交联剂			2%高温醛交联剂			3%高温醛交联剂		
		0.1%	0.2%	0.3%	0.1%	0.2%	0.3%	0.1%	0.2%	0.3%
80	3	15	62	69	51	100	297	205	270	434
	6	17	236	282	181	422	920	572	405	461

续表

| 温度 ℃ | 时间 h | 黏度，mPa·s ||||||||
| | | 1%高温醛交联剂 ||| 2%高温醛交联剂 ||| 3%高温醛交联剂 |||
		0.1%	0.2%	0.3%	0.1%	0.2%	0.3%	0.1%	0.2%	0.3%
80	9	19	321	508	321	859	2425	808	502	1477
	12	20	476	948	476	2156	3729	722	1068	2347
	15	22	873	1872	1003	3250	4636	767	1805	3542
	18	150	1771	3610	1787	4040	5437	1106	2865	5449
	21	620	3610	5102	2676	5110	6137	2118	4208	7411
	24	1630	5189	6353	2967	5629	6395	3869	6215	9475
	27	2200	5674	6441	3256	5738	6521	7366	8990	10571
	30	2370	5817	6610	3399	5932	6742	8753	9814	10618
90	3	14	47	66	27	64	122	98	406	960
	6	21	65	73	33	81	141	128	502	1067
	9	27	83	92	44	1043	2090	576	1847	3370
	12	32	859	516	450	3170	5355	803	2960	5516
	15	37	1660	948	948	6967	9050	2882	5023	8140
	18	570	2760	2334	3170	9027	11835	4739	8146	11326
	21	1480	3806	4540	5232	10770	12108	6610	9478	14029
	24	2690	6177	7080	6330	11590	13009	8435	11280	16581
	27	4280	7678	8440	7460	12014	13578	9108	12939	17261
	30	4880	8310	8990	7350	13412	14339	9581	14070	18693
100	3	27	60	435	37	118	225	59	275	682
	6	30	112	359	56	77	360	72	293	801
	9	31	179	444	77	154	666	89	350	1314
	12	35	181	1094	99	653	2383	153	886	2213
	15	40	828	2644	223	1605	4606	334	2068	3321
	18	220	1816	4455	381	2714	7839	769	3713	5159
	21	380	3263	6325	605	4788	9486	1837	5807	7159
	24	950	4923	8397	938	7484	10107	3008	6987	10122
	27	2020	7627	9486	1420	8803	10728	4871	8211	12983
	30	4325	9333	9792	2046	9199	11268	6364	9198	14486
110	3	22	50	383	31	134	191	48	227	599
	6	24	92	316	46	242	304	62	242	704
	9	10	148	390	63	290	551	76	290	1155
	12	\	150	857	82	733	1972	127	733	1946
	15	\	447	2082	112	1129	3804	276	1711	3314

续表

温度 ℃	时间 h	黏度，mPa·s							
		1%高温醛交联剂			2%高温醛交联剂			3%高温醛交联剂		
		0.1%	0.2%	0.3%	0.1%	0.2%	0.3%	0.1%	0.2%	0.3%
110	18	\	857	3584	147	2620	6487	636	3099	5696
	21	\	1927	5363	204	4338	7420	1519	4506	7797
	24	\	3435	7206	254	5786	7578	2489	6182	10461
	27	\	5977	8258	285	6794	8370	2961	7336	12639
	30	\	7522	8491	296	7612	8878	2877	8046	12743

由表 2.8 至表 2.10 中的数据可以看出：在双河注入水中，高温条件下，温度升高，成胶黏度变大，当 KY-6 梳形聚合物浓度为 0.2%、高温醛交联剂浓度为 1% 时，80℃ 下 30h 形成凝胶的最终黏度为 6963mPa·s，90℃ 下 30h 形成凝胶的最终黏度为 16452mPa·s；随着温度的继续升高，最终形成凝胶的黏度又有所下降，如 100℃ 下 30h 形成凝胶的最终黏度为 11126mPa·s，110℃ 下 30h 形成凝胶的最终黏度为 10957mPa·s。在同一温度下，对于相同浓度的交联体系，KY-6 梳形聚合物的成胶效果最好，如在 90℃、聚合物浓度为 0.2%、高温醛交联剂浓度为 1% 的条件下，KY-6 梳形聚合物、1630 聚合物和正立Ⅱ型聚合物 30h 形成凝胶的最终黏度分别为 16452mPa·s、11310mPa·s 和 8310mPa·s。当交联体系浓度很低、温度很高时，1630 聚合物和正立Ⅱ型聚合物出现热降解而无法交联的情况，如聚合物浓度为 0.1%、高温醛交联剂浓度为 1%，在 110℃ 的条件下，KY-6 梳形聚合物最终成胶黏度为 5090mPa·s，而 1630 聚合物和正立Ⅱ型聚合物因为体系黏度过低导致黏度计无读数，说明梳形聚合物耐温性较好。

(2) 三种聚合物在注聚合物返吐物中不同温度下与高温醛交联剂的成胶情况。

①采用注聚合物返吐物配制浓度分别为 0.1%、0.2% 和 0.3% 的 KY-6 梳形聚合物溶液，各自加入浓度分别为 1%、2% 和 3% 的高温醛交联剂，分别放置于 80℃、90℃、100℃ 和 110℃ 烘箱中恒温，每隔一段时间测定凝胶的黏度，结果见表 2.11。

表 2.11 KY-6 梳形聚合物在注聚合物返吐物中的成胶情况

温度 ℃	时间 h	黏度，mPa·s							
		1%高温醛交联剂			2%高温醛交联剂			3%高温醛交联剂		
		0.1%	0.2%	0.3%	0.1%	0.2%	0.3%	0.1%	0.2%	0.3%
80	2	121	282	497	143	268	504	164	283	513
	5	326	1401	2529	389	503	612	409	630	684
	8	1107	4789	8129	1296	1478	2017	1362	1946	2440
	12	8200	17436	22236	6538	8834	12635	8347	13498	15326
	15	11642	23491	32159	21136	24621	26460	10830	25612	36342

续表

温度 ℃	时间 h	黏度, mPa·s							
			1%高温醛交联剂			2%高温醛交联剂			3%高温醛交联剂		
			0.1%	0.2%	0.3%	0.1%	0.2%	0.3%	0.1%	0.2%	0.3%
90	2	134	262	492	159	288	514	198	332	561
	5	428	504	603	422	512	679	452	604	729
	8	1364	1432	1691	1460	1607	2047	1434	1731	1956
	12	7002	8316	9460	7029	8324	8824	7541	9823	9461
	15	23101	25401	26113	23168	26147	27321	23991	24303	28667
100	2	165	297	424	173	234	346	178	291	448
	5	524	612	845	578	587	914	622	687	719
	8	1543	1724	2461	1660	1807	2615	1957	2338	2641
	12	9456	10633	12476	9324	12349	13356	13546	14621	15430
	15	23622	26241	28434	24228	28243	28651	24612	26529	29562
110	2	170	411	656	198	365	558	224	464	567
	5	544	654	921	634	684	1016	645	731	843
	8	1649	1879	2546	1764	1968	3041	2153	2689	2768
	12	9642	11368	14219	11981	14421	14627	14437	15659	16640
	15	22891	24665	26743	23884	26889	27652	23564	25671	27346

②采用注聚合物返吐物配制浓度分别为0.1%、0.2%和0.3%的1630聚合物溶液,各自加入浓度分别为1%、2%和3%的高温醛交联剂,分别放置于80℃、90℃、100℃和110℃烘箱中恒温,每隔一段时间测定凝胶的黏度,结果见表2.12。

表2.12 1630聚合物在注聚合物返吐物中的成胶情况

温度 ℃	时间 h	黏度, mPa·s							
			1%高温醛交联剂			2%高温醛交联剂			3%高温醛交联剂		
			0.1%	0.2%	0.3%	0.1%	0.2%	0.3%	0.1%	0.2%	0.3%
80	2	76	201	387	113	234	344	138	251	374
	5	271	346	411	340	432	462	346	512	546
	8	994	1137	1426	1033	1249	1322	1234	1654	1833
	12	5849	6248	7734	5461	6794	7546	7324	9843	10654
	15	18954	20174	22465	19843	20138	23461	18679	22467	24631
90	2	84	154	334	110	243	368	137	217	316
	5	300	324	431	356	451	484	402	548	496
	8	998	1176	1246	1124	1346	1346	1247	1546	1671
	12	6243	6548	7461	5877	6237	6987	6438	8467	8869
	15	19462	20461	22467	21476	23462	23540	18487	19861	23465

续表

温度 ℃	时间 h	黏度，mPa·s							
		1%高温醛交联剂			2%高温醛交联剂			3%高温醛交联剂		
		0.1%	0.2%	0.3%	0.1%	0.2%	0.3%	0.1%	0.2%	0.3%
100	2	144	251	376	152	269	398	134	264	376
	5	431	504	564	438	462	494	571	588	615
	8	1236	1276	1348	1542	1546	1686	1765	1846	2146
	12	8219	8924	8967	8815	10698	11064	11784	12364	13486
	15	18647	21067	23460	20169	24659	26483	21302	24686	24675
110	2	132	364	468	370	287	414	187	312	443
	5	476	523	600	496	564	587	586	624	645
	8	1367	1346	1436	1436	1536	1683	1865	2186	2460
	12	6751	7648	8346	9984	11033	12973	13462	13533	14326
	15	19664	19587	21354	19365	22467	24310	19063	21637	23364

③采用注聚合物返吐物配制浓度分别为0.1%、0.2%和0.3%的正立Ⅱ型聚合物溶液，各自加入浓度分别为1%、2%和3%的高温醛交联剂，置于不同温度烘箱中恒温，每隔一段时间测定凝胶的黏度，结果见表2.13。

表2.13　正立Ⅱ型聚合物在注聚合物返吐物中的成胶情况

温度 ℃	时间 h	黏度，mPa·s							
		1%高温醛交联剂			2%高温醛交联剂			3%高温醛交联剂		
		0.1%	0.2%	0.3%	0.1%	0.2%	0.3%	0.1%	0.2%	0.3%
80	2	89	163	349	124	242	358	156	264	482
	5	276	365	435	359	421	498	388	588	611
	8	1032	1225	1562	1132	1354	1432	1263	1860	1865
	12	5794	6591	8466	5961	7746	8560	7768	11235	11498
	15	19524	21440	23164	20342	22195	24465	19862	23140	25561
90	2	95	234	358	120	255	392	165	321	433
	5	326	375	467	403	466	521	432	573	594
	8	1146	1207	1365	1243	1562	1528	1326	1642	1761
	12	6532	7410	8019	6584	7016	8007	6884	9073	9563
	15	20013	21287	24899	23674	24115	25886	19987	21546	24404
100	2	154	362	488	160	284	325	156	273	398
	5	445	557	596	484	495	514	612	641	656
	8	1328	1399	1594	1624	1668	1746	1834	2012	2234
	12	8818	9124	10034	9004	11632	11694	12320	13224	14348
	15	19864	22401	25689	22139	25491	27631	22349	22987	25467

续表

温度 ℃	时间 h	黏度，mPa·s							
		1%高温醛交联剂			2%高温醛交联剂			3%高温醛交联剂		
		0.1%	0.2%	0.3%	0.1%	0.2%	0.3%	0.1%	0.2%	0.3%
110	2	154	273	407	174	298	436	193	332	457
	5	512	546	624	517	577	600	604	661	684
	8	1423	1477	1534	1542	1648	1856	1945	2344	2546
	12	7984	8248	8849	10498	11287	13951	14028	14562	15142
	15	20134	21361	23198	21004	23498	25473	19887	22174	24301

由表2.11至表2.13中的数据可以看出：在注聚合物返吐物中，各聚合物交联体系在不同温度下15h黏度均可达到10000mPa·s以上，甚至可达20000mPa·s，如KY-6梳形聚合物浓度为0.1%、高温醛交联剂浓度为1%时，80℃、90℃、100℃和110℃对应的黏度分别为11642mPa·s、23101mPa·s、23622mPa·s和22891mPa·s；在15h时，同一聚合物交联体系在不同水样中的黏度以注聚合物返吐物中最大，且最终黏度也最大，如当KY-6梳形聚合物浓度为0.1%、高温醛交联剂浓度为1%、温度为90℃时，该体系在双河注入水、江河注入水、赵凹注入水、注聚合物返吐物中15h时的黏度分别为214mPa·s、180.9mPa·s、1020mPa·s和23101mPa·s，最终黏度分别为9562mPa·s、1289mPa·s、11814mPa·s和23101mPa·s，在注聚合物返吐物中成胶速度快，且交联体系最终黏度大，说明注聚合物返吐物中含有一定浓度的聚合物。

2.3 梳形聚合物交联体系性能优化

胶凝时间是评价堵水调剖剂的重要指标。特别是对单液法复配堵剂胶凝时间更是关键因素，它直接影响现场施工能否顺利进行。常用的测定凝胶时间的方法有黏度—时间曲线法、压力—时间曲线法和比色管法。本实验采用黏度—时间曲线法确定成胶时间。在黏度—时间曲线上，由两条直线外延的交点确定成胶时间，如图2.3所示。

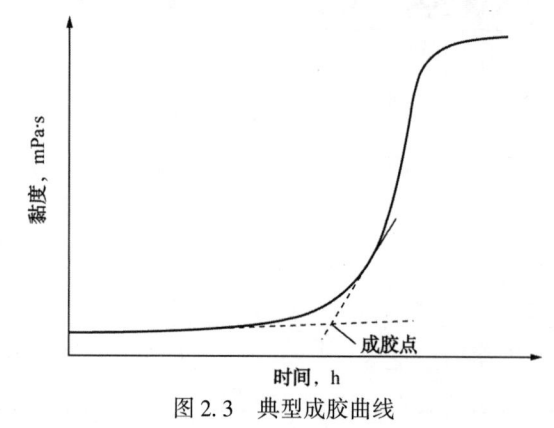

2.3.1 梳形聚合物与不同交联剂成胶效果对比评价

针对双河区块低温油藏，选用双河注入水配制0.2%KY-6梳形聚合物溶液，充分溶解后分别加入0.2%低温铬交联剂和1%高温醛交联剂，搅拌均匀，置于60℃烘箱中恒温，每隔一定时间测体系的黏度，记录成胶时间和最高成胶黏度。实验结果如图2.4所示。

图2.3 典型成胶曲线

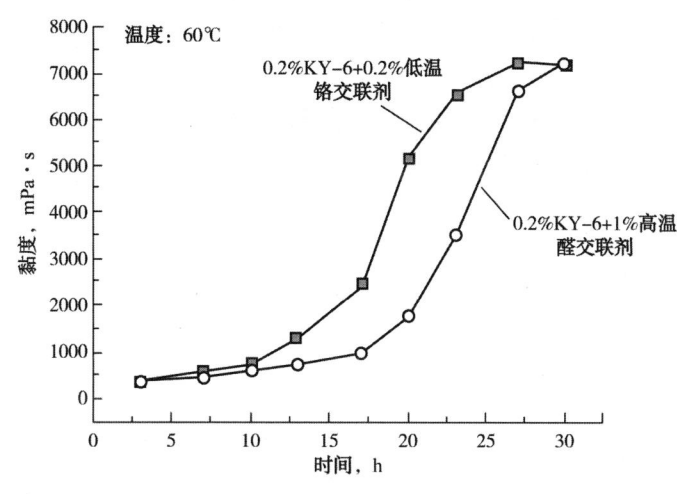

图 2.4　梳形聚合物在低温低盐油藏中与不同交联剂效果对比

由图 2.4 可以看出，KY-6 梳形聚合物与低温铬交联剂的成胶时间约为 17h，与高温醛交联剂的成胶时间约为 20h，两者在 30h 左右的黏度相当，调剖性能相差不大，说明高温醛交联剂对低温油藏有较好的适应性。

2.3.2　不同聚合物与交联剂的成胶效果对比评价

2.3.2.1　不同聚合物与高温醛交联剂的成胶效果对比

针对江河区块和赵凹区块高温油藏，以赵凹区块为例，分析前期实验中的数据，当温度为 90℃时，提取高温醛交联剂浓度为 1.5%，KY-6 梳形聚合物浓度分别为 0.1%、0.15%，1630 聚合物和正立Ⅱ型聚合物浓度为 0.15% 的有关数据作图，如图 2.5 所示。

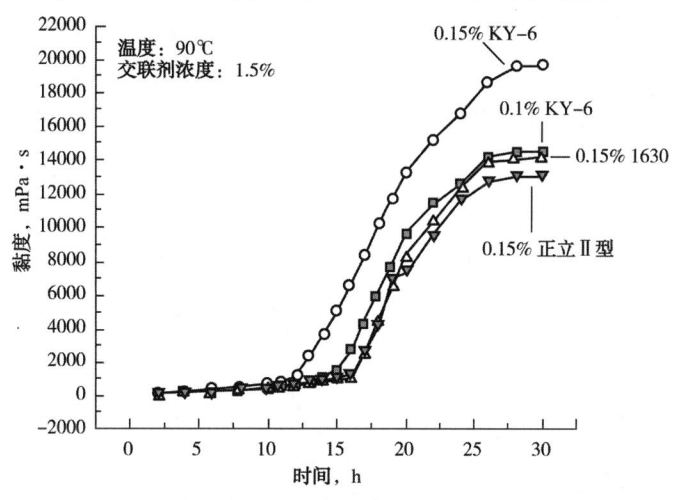

图 2.5　不同聚合物在高温油藏中与高温醛交联剂成胶效果

由图 2.5 可以看出，对于高温油藏，当聚合物浓度为 0.15% 时，KY-6 梳形聚合物与 1630 聚合物和正立Ⅱ型聚合物相比，KY-6 梳形聚合物与高温醛交联剂交联效果最好，其成胶时间为 13h 左右，完全成胶时的黏度值最大；当 KY-6 梳形聚合物浓度为 0.1% 时，与浓度为0.15%的1630聚合物和正立Ⅱ型聚合物相比，成胶时间均为15h左右，完全成胶时黏度值相当。

2.3.2.2 不同聚合物与低温铬交联剂的成胶效果对比

针对双河区块低温油藏，在聚合物浓度(0.1%)和交联剂浓度(1%)都很低的情况下，成胶都很快，如图2.6所示。

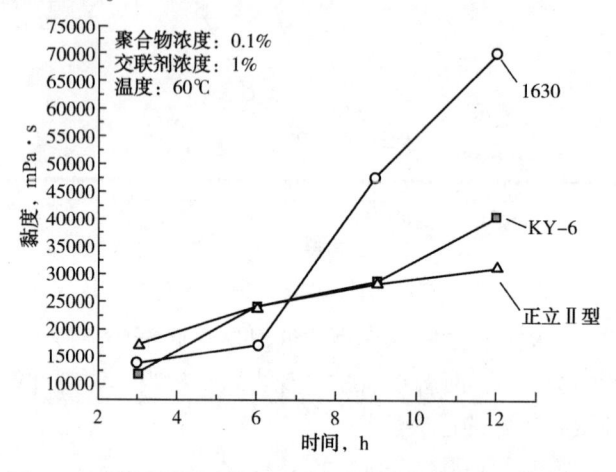

图2.6 不同聚合物在低温油藏中与低温铬交联剂成胶效果

由图2.6可知，在低温条件下，当低温铬交联剂浓度为1%时，聚合物成胶时间均小于3h，成胶时间短，成胶黏度大，其中成胶黏度最大的为1630聚合物。通过该实验数据可以得知，低温铬交联剂在低温条件下使交联体系成胶过快，应降低其使用浓度。

2.3.2.3 不同聚合物在低温下与不同交联剂的成胶效果对比

针对双河区块低温油藏，选用双河注入水配制0.2%KY-6梳形聚合物、0.3%1630聚合物和0.3%正立Ⅱ型聚合物溶液各2瓶，充分溶解后分别加入0.2%低温铬交联剂和1%高温醛交联剂，搅拌均匀，置于60℃烘箱中恒温，每隔一定时间测定体系的黏度，记录成胶时间和最高成胶黏度。实验结果如图2.7所示。

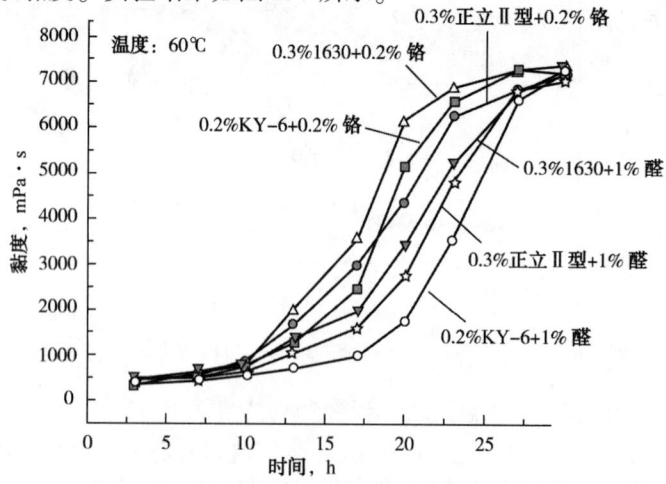

图2.7 不同聚合物与不同交联剂在低温下的成胶效果

由图2.7看出，降低铬交联剂的使用浓度，从1%降至0.2%，成胶时间则由原来的3h以内变成10h之后，可以明显延长聚合物交联体系的成胶时间。在低温条件下，使用铬交联剂时10h之后开始明显交联，使用醛交联剂时15h之后开始明显交联，即使用铬交联剂的成胶速度快于使用醛交联剂的成胶速度。当KY-6梳形聚合物浓度为0.2%、1630聚合物和正立Ⅱ型聚合物浓度为0.3%时，KY-6梳形聚合物成胶速度慢于1630聚合物和正立Ⅱ型聚合物，但最终成胶黏度与之相当。

2.3.3 浓度对成胶效果的影响

2.3.3.1 聚合物浓度对成胶效果的影响

以赵凹水样为例，分析前期实验中的数据，当温度为100℃时，提取梳形聚合物浓度分别为0.1%、0.15%和0.225%，高温醛交联剂浓度为1.5%的有关数据作图，如图2.8所示。

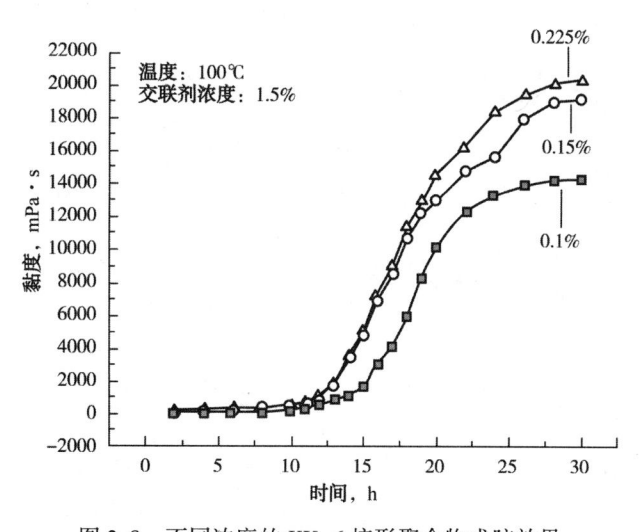

图2.8 不同浓度的KY-6梳形聚合物成胶效果

由图2.8可知，当交联剂浓度为1.5%，KY-6梳形聚合物浓度分别为0.1%、0.15%和0.225%时，最终成胶黏度依次为14338mPa·s、19196mPa·s和20349mPa·s，即聚合物浓度越高，体系交联速度越快，凝胶黏度越大。这是因为在一定条件下，聚合物的水力学半径是一定的，随着聚合物浓度的增加，聚合物分子间碰撞、缠绕的概率增大，与交联剂反应的聚合物分子增多，增加了聚合物分子间作用力，体系黏度升高，体系凝胶逐渐形成三维结构。

2.3.3.2 交联剂浓度对成胶效果的影响

以赵凹水样为例，当温度为90℃时，提取交联剂浓度分别为1%、1.5%和2%，梳形聚合物浓度为0.15%的有关数据作图，如图2.9所示。

由图2.9可知，当KY-6梳形聚合物浓度为0.15%，交联剂浓度分别为1%、1.5%和2%时，体系最终成胶黏度依次为17217mPa·s、19736mPa·s和21200mPa·s，即聚合物的浓度一定时，随着交联剂浓度的增加，体系的成胶速度加快，形成凝胶的黏度增加。

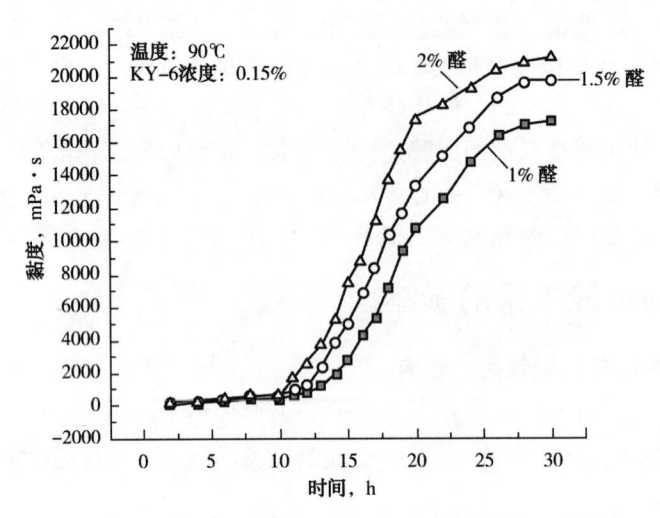

图 2.9　不同交联剂浓度时 KY-6 梳形聚合物的成胶效果

2.3.4　温度对成胶效果的影响

以赵凹水样为例，当 KY-6 梳形聚合物浓度为 0.15%、交联剂浓度为 1.5%时，提取温度分别为 80℃、90℃、100℃、110℃的有关数据作图，如图 2.10 所示。

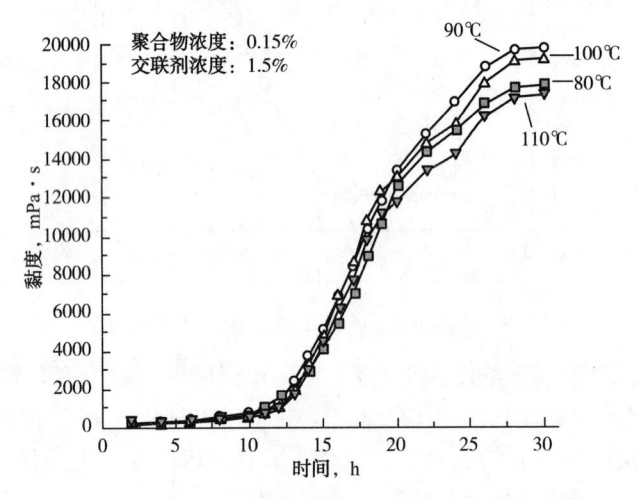

图 2.10　KY-6 梳形聚合物在不同温度下的成胶效果

对比图 2.10 中 80℃和 90℃两条曲线可知，在一定温度范围内，温度高，成胶速度快，成胶的黏度大。这是因为随着温度的升高，分子的热运动加剧，分子间的碰撞加剧，聚合物分子与交联剂之间的交联反应更加剧烈，更容易形成连续性强的三维网状结构。因此，体系的成胶速度随温度的上升而加快，体系的最高成胶强度随温度的升高而增加。

对比 90℃、100℃和 110℃三条曲线可知，超过一定的温度范围，温度再升高，成胶黏度反而下降。这是因为聚合物在高温下易发生热氧化而降解，同时，聚合物在高温下会缓慢水解，这种水解反应在含有金属离子(特别是二价金属离子)的水中会进行得非常快，水解度变得很大，故导致成胶黏度下降。梳形聚合物由于其良好的耐温性能，因而黏度下降较轻微。由上可以看出，KY-6梳形聚合物最佳交联温度为90℃左右。

2.3.5 注入水矿化度对成胶效果的影响

分别用清水（去离子水）、双河注入水、江河注入水、赵凹注入水、20000mg/L模拟地层水配制0.2%KY-6梳形聚合物溶液，分别加入2%高温醛交联剂，在90℃下静置交联，每隔一定时间测体系的黏度，记录成胶时间和最高成胶黏度，实验结果如图2.11所示。

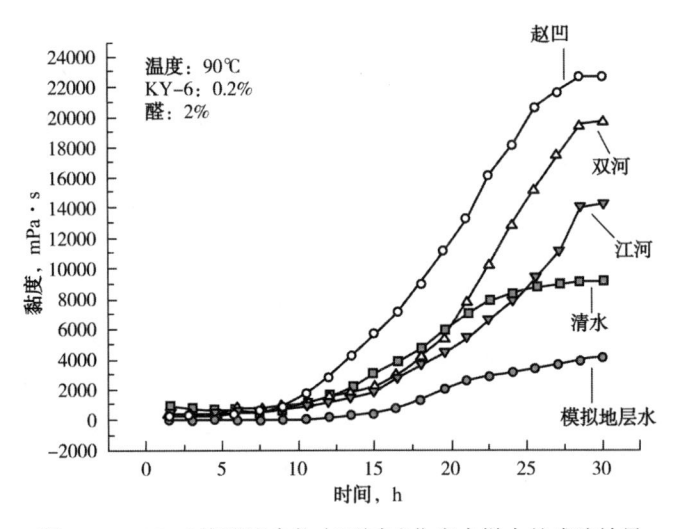

图 2.11　KY-6梳形聚合物在不同矿化度水样中的成胶效果

由图2.11可知，KY-6梳形聚合物的交联体系在清水中最终成胶黏度为9236mPa·s，在赵凹注入水、双河注入水和江河注入水中最终成胶黏度依次为22780mPa·s、19872mPa·s和14293mPa·s，有一定矿化度的体系比清水体系最终成胶黏度大，即体系含有一定矿化度更有利于凝胶形成。

但是该体系在20000mg/L模拟地层水中的最终成胶黏度为4128mPa·s，远远小于在双河注入河、江河注入水中赵凹注入水中最终成胶黏度，说明随着体系矿化度的增加，形成的凝胶黏度下降。

这是因为在清水中（矿化度为零），聚合物分子链近乎以全伸展状态存在，聚合物分子链上的羧基相互排斥，与每一个"交联剂单元"发生反应的聚合物分子的个数减少，因此交联形成凝胶的强度不高。

盐的加入抑制了聚合物分子羧钠基的离解，减弱了双电层的电势（即压缩了聚合物分子周围的双电层），使聚合物分子以更紧密的方式存在，易于相互靠近而发生交联反应，且容易发生更多分子间的交联反应。因此，相对清水来说，有一定矿化度的交联体系形成凝胶的强度更高。

随着溶液的矿化度增加，扩散双电层的电势迅速降低，双电层被进一步压缩，分子链收缩，易生成更多的缔合点，聚合物分子链进一步发生卷曲，聚合物分子水动力学尺寸减小，限制了分子间的交联点，聚合物分子之间进行交联后形成的结构相对更为致密，结构空间狭小，所能包裹的水量有限，而体系中自由水含量较多，因此形成的凝胶黏度随着矿化度增加而下降。

2.3.6 聚交比对成胶效果的影响

前期实验数据表明,高温醛交联体系中,在100℃、聚合物浓度为0.1%、交联剂浓度为1%,即聚交比为1∶10的条件下,各聚合物均能形成凝胶。

2.3.6.1 降低聚合物浓度的成胶效果

(1)聚合物浓度降低30%的成胶效果。

采用江河注入水、赵凹注入水和双河注入水分别配制0.07%的KY-6梳形聚合物、1630聚合物和正立Ⅱ型聚合物溶液,加入1%高温醛交联剂,置于100℃烘箱中恒温,每隔一段时间测体系黏度,记录成胶时间和最高成胶黏度,结果如图2.12所示。

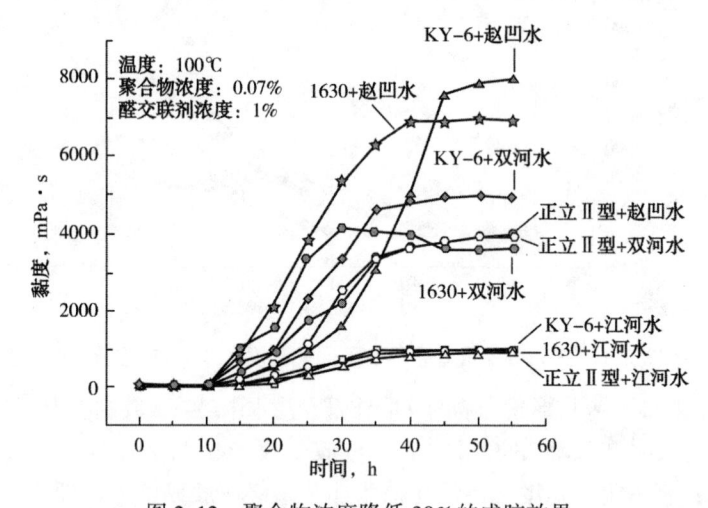

图2.12 聚合物浓度降低30%的成胶效果

由图2.12可以看出,当聚合物浓度由0.1%降至0.07%,即降低30%,聚交比为7∶100时,各聚合物在各水样中均能成胶,开始成胶时间在15~30h之间,成胶黏度最大的为KY-6梳形聚合物在赵凹注入水中的体系,其值为8013mPa·s,三种聚合物在双河注入水和赵凹注入水中最终成胶黏度在3600mPa·s以上,在江河注入水中的最终成胶黏度不足1000mPa·s。

(2)聚合物浓度降低50%的成胶效果。

采用江河注入水、赵凹注入水和双河注入水分别配制0.05%的KY-6梳形聚合物、1630聚合物和正立Ⅱ型聚合物溶液,加入1%高温醛交联剂,置于100℃烘箱中恒温,每隔一段时间测体系黏度,记录成胶时间和最高成胶强度,结果如图2.13所示。

由图2.13可以看出,当聚合物浓度由0.1%降至0.05%,即降低50%,聚交比为1∶20时,只有KY-6梳形聚合物在各水样中均能成胶,1630聚合物在赵凹水样中能成胶。正立Ⅱ型聚合物在三种水样中均不成胶,1630聚合物在双河注入水和江河注入水中不成胶,这些体系50h后的黏度与初始黏度相差不大,无明显上升趋势。

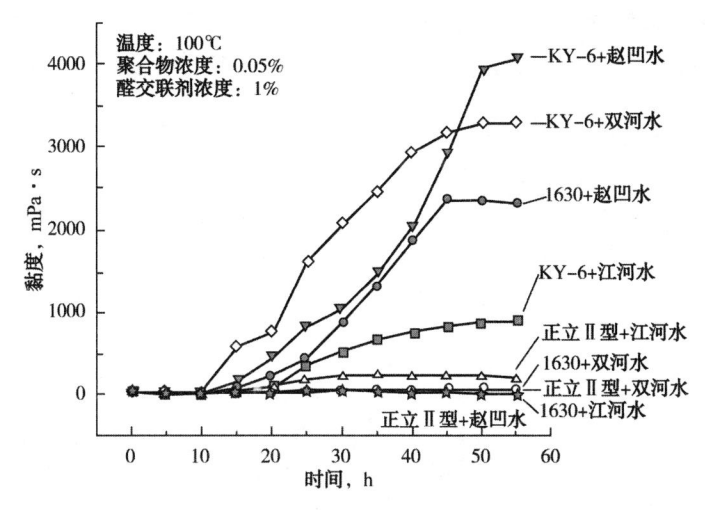

图 2.13 聚合物浓度降低 50%的成胶效果

2.3.6.2 降低交联剂浓度的成胶情况

(1)交联剂浓度降低 30%的成胶效果。

采用江河注入水、赵凹注入水和双河注入水分别配制 0.1%的 KY-6 梳形聚合物、1630 聚合物和正立Ⅱ型聚合物溶液，加入 0.7%高温醛交联剂，置于 100℃烘箱中恒温，每隔一段时间测体系黏度，记录成胶时间和最高成胶强度，结果如图 2.14 所示。

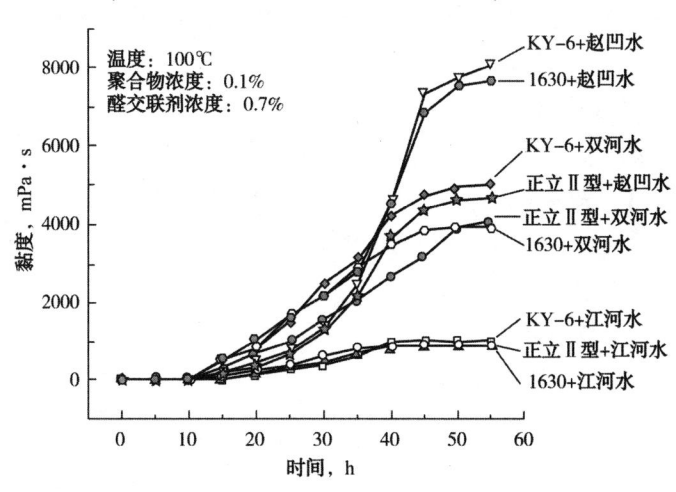

图 2.14 交联剂浓度降低 30%的成胶效果

由图 2.14 可以看出，当交联剂浓度由 1%降至 0.7%，即降低 30%，聚交比为 1∶7 时，各聚合物在各水样中均能成胶，开始成胶时间在 15~35h 之间，成胶黏度最大的为 KY-6 梳形聚合物在赵凹注入水中的体系，其值为 8046mPa·s，三种聚合物在双河注入水和赵凹注入水中最终成胶黏度在 3900mPa·s 以上，在江河注入水中的最终成胶黏度不足 1000mPa·s。

(2)交联剂浓度降低 50%的成胶效果。

采用江河注入水、赵凹注入水和双河注入水分别配制 0.1%的 KY-6 梳形聚合物、

1630聚合物和正立Ⅱ型聚合物溶液，加入0.5%高温醛交联剂，置于100℃烘箱中恒温，每隔一段时间测体系黏度，记录成胶时间和最高成胶强度，结果如图2.15所示。

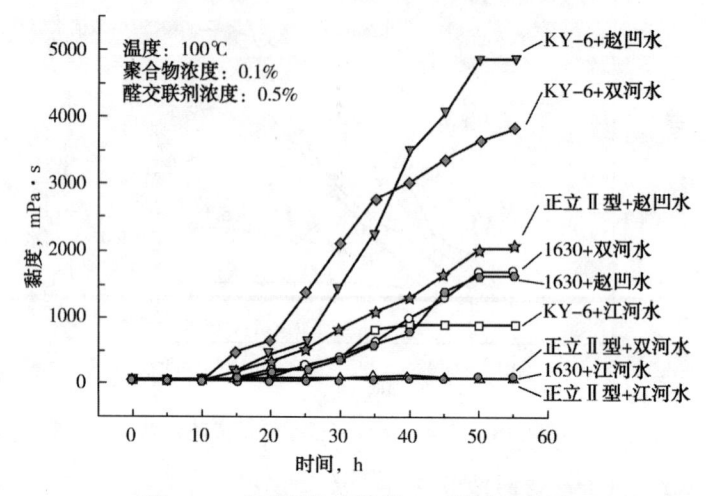

图2.15 交联剂浓度降低50%的成胶效果

由图2.15可以看出，当交联剂浓度由1%降至0.5%，即降低50%，聚交比为1∶5时，只有KY-6梳形聚合物在各水样中均能成胶，1630聚合物在赵凹水样和双河水样中能成胶，正立Ⅱ型聚合物只能在赵凹水样中成胶。1630聚合物在江河注入水中不能成胶，正立Ⅱ型聚合物在双河注入水和江河注入水中不能成胶，这些体系50h后的黏度与初始黏度相差不大，无明显上升趋势。

2.3.6.3 同时降低聚合物和交联剂浓度的成胶情况

采用江河注入水、赵凹注入水和双河注入水分别配制0.05%的KY-6梳形聚合物、1630聚合物和正立Ⅱ型聚合物溶液，加入0.5%高温醛交联剂，置于100℃烘箱中恒温，每隔一段时间测体系黏度，记录成胶时间和最高成胶强度。聚合物、交联剂浓度均降低50%的成胶效果如图2.16所示。

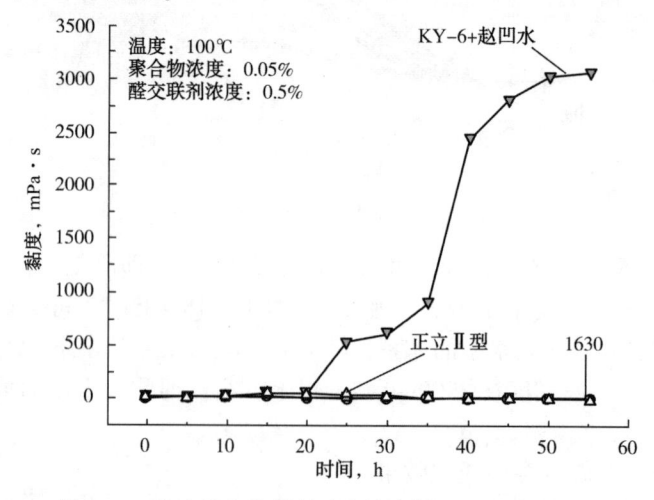

图2.16 聚合物、交联剂浓度均降低50%的成胶效果

由图 2.16 可以看出，聚合物、交联剂浓度均降低 50%，聚交比为 1∶10 时，只有 KY-6 梳形聚合物在赵凹水样中能成胶，开始成胶时间在 25h 左右，最终成胶黏度为 3064mPa·s，其余体系由于聚合物和交联剂浓度过低而无法成胶。

2.3.7 注聚合物返吐物对成胶效果的影响

根据上述实验结果，为检测注聚合物返吐物中聚合物含量，采用注聚合物返吐物分别配制浓度为 0.07% 和 0.05% 的 KY-6 梳形聚合物、1630 聚合物和正立 II 型聚合物溶液，均加入 1% 高温醛交联剂，置于 100℃ 烘箱中恒温，每隔一段时间测体系黏度，记录成胶时间和最高成胶强度，结果如图 2.17 和图 2.18 所示。

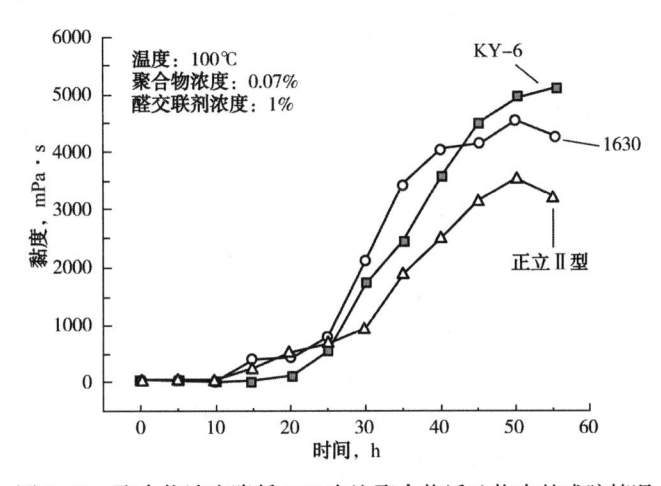

图 2.17 聚合物浓度降低 30% 在注聚合物返吐物中的成胶情况

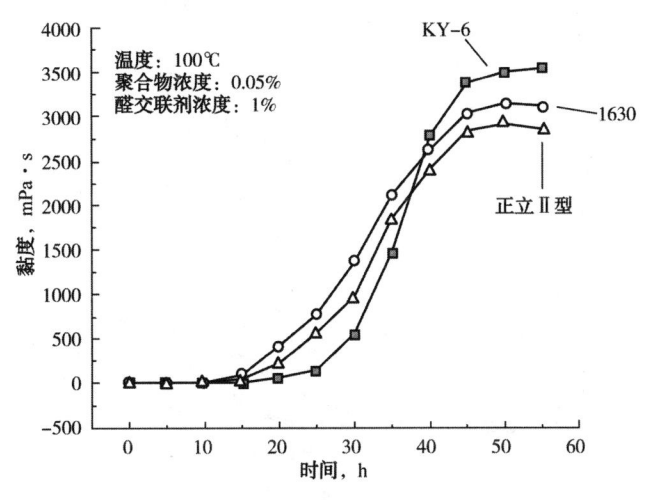

图 2.18 聚合物浓度降低 50% 在注聚合物返吐物中的成胶情况

由图 2.17 和图 2.18 可知，0.07% 聚合物+1% 交联剂体系在 100℃ 条件下，三种聚合物在江河注入水、赵凹注入水和双河注入水三种水样中均能成胶，该交联体系在注聚合物返吐物中也能成胶；0.05% 聚合物+1% 交联剂体系 100℃ 条件下，只有 KY-6 梳形聚合物在三种水样中能成胶，1630聚合物在赵凹注入水中能成胶，其余均不能成胶，而该交联体系100℃条件下，三种聚合物在注聚合物返吐物中均能成胶。

以典型不成胶的正立Ⅱ型聚合物为例，0.07%正立Ⅱ型聚合物+1%醛交联剂的体系100℃下在江河注入水、赵凹注入水和双河注入水三种水样中均能成胶，0.05%正立Ⅱ型聚合物+1%醛交联剂的体系100℃下在三种水样中均不能成胶，而0.05%正立Ⅱ型聚合物+1%醛交联剂的体系100℃下在注聚合物返吐物中能成胶，初步判定注聚合物返吐物中至少含0.02%，即200mg/L聚合物。

2.3.8 三区块交联调剖体系配方的确定

2.3.8.1 双河区块交联调剖体系配方的确定

双河区块由于其特殊性，既存在低温区，也存在高温区。

对于双河区块低温区，分析数据可知，在任意一温度下，聚合物加量为0.1%，低温铬交联剂加量为1%时，该交联体系交联速度快，形成凝胶黏度大。通过比较KY-6梳形聚合物、1630聚合物和正立Ⅱ型聚合物在该交联体系中的成胶效果可以看出，1630聚合物最终成胶黏度最大，可认为交联效果最好。因此，针对双河区块低温区推荐聚合物交联体系配方为：0.1%1630聚合物+1%低温铬交联剂。其缺点是成胶速度过快，难以控制。

对于双河区块高温区，分析比较数据可知，在任意一温度下，KY-6梳形聚合物任意聚交比的交联体系最终成胶黏度均比1630聚合物和正立Ⅱ型聚合物相同聚交比的交联体系最终成胶黏度大，成胶效果好。在交联剂加量相同的情况下，当KY-6梳形聚合物浓度为0.2%时的最终成胶黏度与1630聚合物和正立Ⅱ型聚合物浓度为0.3%时的最终成胶黏度相当。因此，针对双河区块高温区，推荐使用KY-6梳形聚合物。

取KY-6梳形聚合物在双河注入水中90℃成胶数据作图，如图2.19所示。

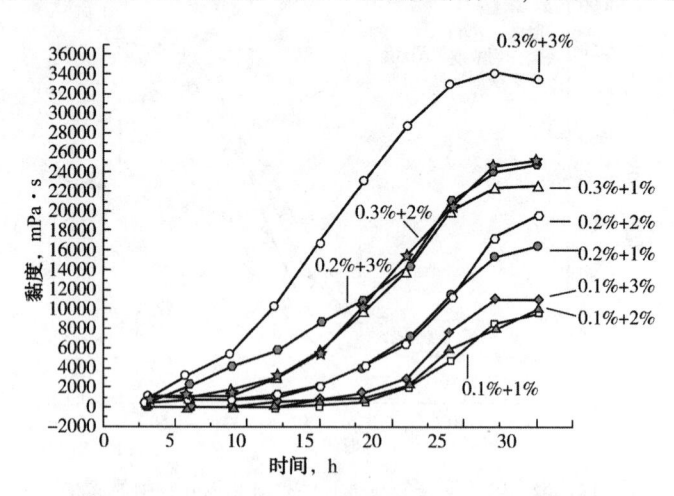

图2.19 KY-6梳形聚合物在双河注入水90℃成胶情况

调剖需要聚合物交联体系成胶具有一定的时间和黏度，成胶黏度小，调剖效果不理想，成胶时间短，无法满足现场施工要求。聚合物和交联剂用量都很大时，交联体系最终成胶黏度大，但是成胶时间过短，且容易导致体系过度交联而引起凝胶脱水收缩，从经济角度来说成本过高，如聚合物浓度为0.3%，交联剂浓度分别为1%、2%和3%，以及聚合物浓度为0.2%和交联剂浓度为3%时的情况。本着经济的原则，要求聚合物浓度和交联剂浓度尽量小时且有较好的成胶效果，由图2.19可以看出，当聚合物用量为0.2%、交联剂用量为1%时，成胶时间在20h左右，且最终能达到一定的黏度。因此，针对双河区块高温区，推荐聚合物交联体系配方为0.2%KY-6梳形聚合物+1%高温醛交联剂。

2.3.8.2 江河区块交联调剖体系配方的确定

江河区块属高温高盐油藏，分析比较数据可知，在任意温度下，KY-6梳形聚合物任意聚交比的交联体系最终成胶黏度均比1630聚合物和正立Ⅱ型聚合物相同聚交比的交联体系最终成胶黏度大，成胶效果好。在交联剂加量相同的情况下，当KY-6梳形聚合物浓度为0.2%时的最终成胶黏度与1630聚合物和正立Ⅱ型聚合物浓度为0.3%时的最终成胶黏度相当。因此，针对江河区块，推荐使用KY-6梳形聚合物。

取KY-6梳形聚合物在江河注入水90℃成胶数据作图，如图2.20所示。

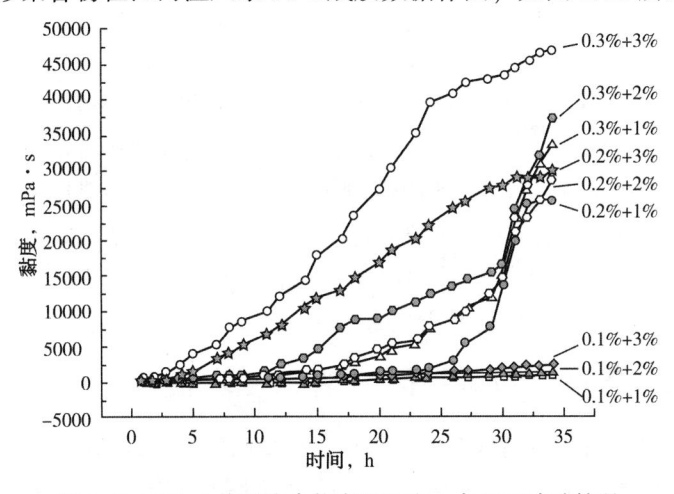

图2.20　KY-6梳形聚合物在江河注入水90℃成胶情况

从图2.20可以看出，当聚合物用量为0.1%时，其交联体系多为弱凝胶，调剖效果不理想。聚合物浓度为0.2%和0.3%时，随着浓度的增加，黏度增加，且交联剂浓度越大，达到同一黏度所需的时间越短。当聚合物用量为0.3%时，交联体系最终成胶黏度大，但成胶时间短，经济上不划算。当聚合物用量为0.2%时，交联体系成胶黏度相差不大，但交联剂加量为3%时成胶速度过快，不易控制。考虑江河区块矿化度高，会影响交联体系最终成胶黏度，选择交联剂加量为2%。因此，针对江河高温高盐油藏，推荐聚合物交联体系配方为0.2%KY-6梳形聚合物+2%高温醛交联剂。

2.3.8.3 赵凹区块交联调剖体系配方的确定

赵凹区块属高温低盐油藏，分析比较数据可知，在任意温度下，KY-6梳形聚合物任意聚交比的交联体系最终成胶黏度均比1630聚合物和正立Ⅱ型聚合物相同聚交比的交联体系最终成胶黏度大，成胶效果好。在交联剂加量相同的情况下，KY-6梳形聚合物浓度为0.1%时的最终成胶黏度与1630聚合物和正立Ⅱ型聚合物浓度为0.15%时的最终成胶黏度相当，KY-6聚合物浓度为0.15%时的最终成胶黏度与1630聚合物和正立Ⅱ型聚合物浓度为0.225%时的最终成胶黏度相当。因此,针对赵凹区块,推荐使用KY-6梳形聚合物。取KY-6梳形聚合物在赵凹注入水90℃成胶数据作图,如图2.21所示。

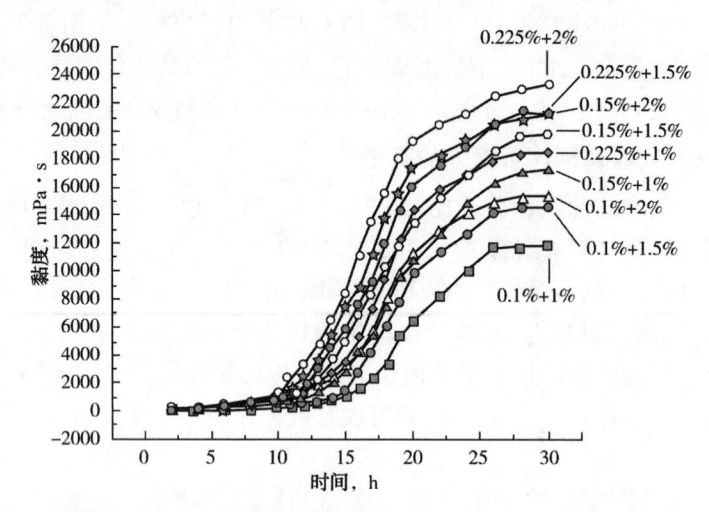

图2.21 KY-6梳形聚合物在赵凹注入水中90℃时的成胶情况

从图2.21可以看出,KY-6梳形聚合物在赵凹注入水中的成胶情况比较好。聚合物用量为0.225%时,调剖成本高;聚合物用量为0.1%时,交联体系黏度较小,调剖效果不理想;纵观聚合物用量为0.15%时的成胶情况,本着经济适用及调剖效果好的原则,交联剂加量为1.5%较为适宜。因此针对赵凹区块高温低盐油藏,推荐聚合物交联体系配方为0.15%KY-6梳形聚合物+1.5%高温醛交联剂。

2.3.9 三区块交联调剖体系配方的强度表征

交联聚合物凝胶强度的测试表征方法很多,如目测代码法、黏度法、落球法、黏弹模量法、岩心封堵突破压力法等,但用黏弹模量表示凝胶强度较准确,本次实验采用黏弹模量法。

动态力学测试可在不破坏受试样品结构的情况下测得施加交变应变时的应力变化。由于聚合物体系具有应力应变松弛行为,测得的应力变化总是滞后于所施加的应变变化,应力应变之比即为动态模量,动态模量分为储能模量G'和损耗模量G''两部分。储能模量代表试样变形时储存的能量,这部分能量在外加应变去除时可释放出来,表征试样的弹性大小。损耗模量代表试样变形时消耗的能量或内摩擦能量,表征试样的黏性大小。

在调剖作业中所用的凝胶,其损耗模量与凝胶形成堵塞物的附着力和抗冲刷性有关,损耗模量越大,则凝胶的内摩擦阻力越大,在岩石孔隙中移动越困难,抗冲刷性越好。储能模量与凝胶的可变形性、变形后回复能力及维持整体性的能力有关,储能模量高的凝胶不易变形,变形后回复力强,抵御冲击和局部破坏的能力强。损耗模量和储能模量是凝胶堵水行为的两个有用的表征参数。现在很多公司生产的流变仪都能测定这两个参数,本书中所涉及的这两个参数均是由ANTON PAAR界面流变仪测定的(图2.22)。

凝胶体系用ANTON PAAR界面流变仪测定凝胶的储能模量G'与损耗模量G''。其强度按振荡频率0.05Hz下测定的弹性模量G'分类:$G'<0.1$Pa时为溶液;G'在0.1~1Pa时为弱凝胶;G'在1~10Pa时为较强凝胶;$G'>10$Pa时为强凝胶。

分别按上述筛选出来的配方配制聚合物交联体系，置于合适的温度下使其成胶。双河区块低温区配方：0.1%1630聚合物+1%低温铬交联剂在60℃下候凝5h。双河区块高温区配方：0.2%KY-6梳形聚合物+1%高温醛交联剂在90℃下候凝30h。江河区块配方：0.2%KY-6梳形聚合物+2%高温醛交联剂在90℃下候凝30h。赵凹区块配方：0.15%KY-6梳形聚合物+1.5%高温醛交联剂在90℃下候凝30h。

分别取上述凝胶1~2mL于载样板中心位置，测试转子下降到测量位置时与样品接触，此时若有样品溢出来，则应清理多余样品后开始测试。测试设置温度为室温，振荡频率为0.05Hz下进行，每5s测定一个点，共测定25个点，结果如图2.23至图2.26所示。

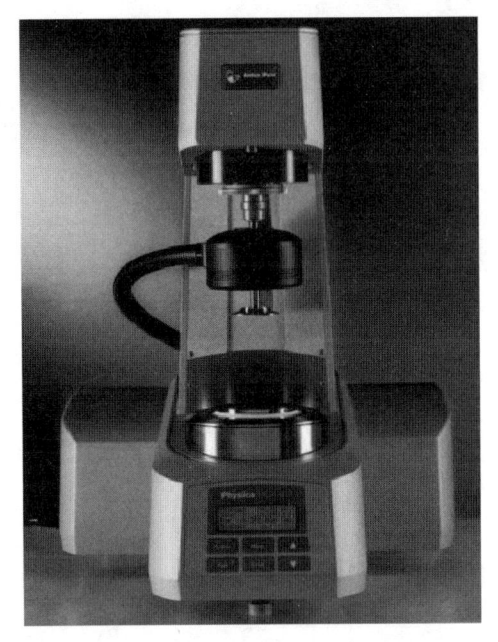

图2.22 ANTON PAAR界面流变仪

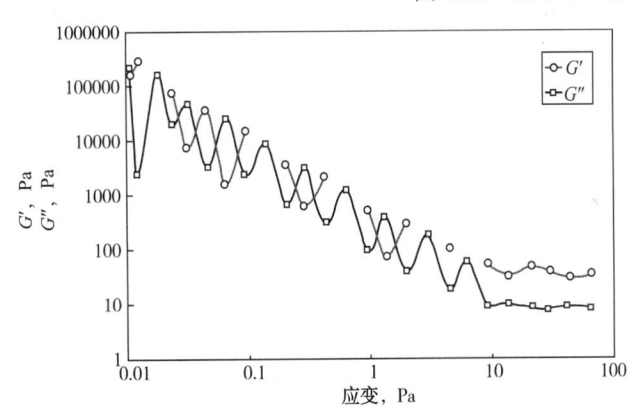

图2.23 双河区块低温区配方G'、G''测试扫描图

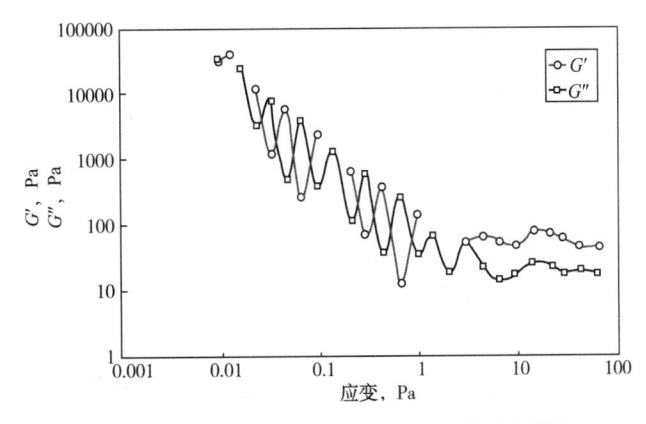

图2.24 双河区块高温区配方G'、G''测试扫描图

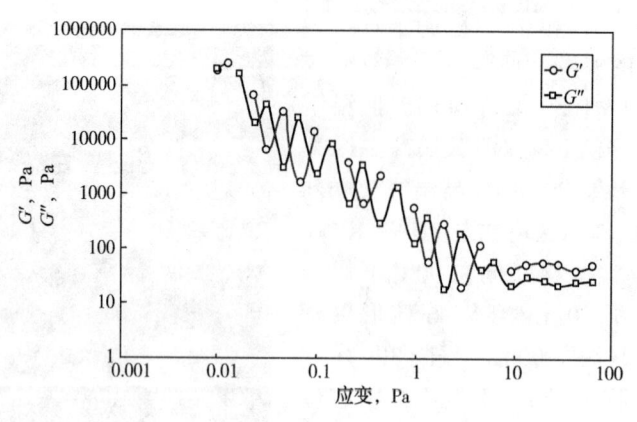

图 2.25 江河区块配方 G'、G'' 测试扫描图

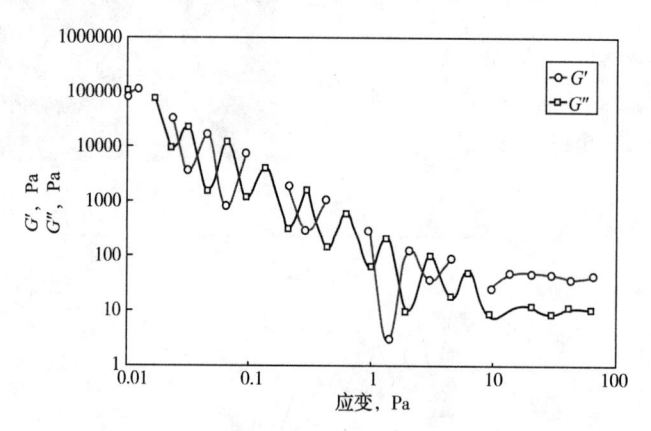

图 2.26 赵凹区块配方 G'、G'' 测试扫描图

由图 2.23 至图 2.26 可以看出，随着剪切应力变化，测试点最终达到一个相对稳定的状态，即所需要的数据。取图 2.23 至图 2.26 稳定值(最后 6 个点)并取平均值，见表 2.14。

表 2.14 各区块配方 G'、G'' 值

区块			稳定值，Pa						平均值，Pa
双河	低温区	G'	52.6	35.4	48.6	39.7	29.6	37.8	40.6
		G''	9.6	10.9	8.5	7.9	9.3	8.3	9.1
	高温区	G'	45.7	75.9	72.8	60.3	43.9	46.6	57.5
		G''	16.2	25.7	22.3	17.3	18.5	17.6	19.6
江河		G'	39.8	54.4	59.2	54.6	38.8	51.4	49.7
		G''	19.4	29.5	26.6	20.4	24.2	25	24.2
赵凹		G'	24.1	49.5	51.3	47.1	37.8	41.7	41.9
		G''	8.01	11.7	11.94	8.5	11.55	10.59	10.4

从表 2.14 的数据可以看出，各区块配方的交联体系形成凝胶的储能模量 G' 均大于 10Pa，属强凝胶，有较好的调剖效果。

2.4 梳形聚合物交联体系调驱性能研究

2.4.1 实验设备及流程

岩心流动实验是在现场推广使用前非常重要的室内模拟实验,通过它可以反映调剖剂的注入性、选择性降低渗透率程度、吸附滞留性、改善吸水剖面等情况。

2.4.1.1 实验流程

实验流程如图 2.27 所示,整个流程主要由注入系统、岩心夹持器系统和采出计量系统等组成,其中岩心夹持器是装置中的关键部分。

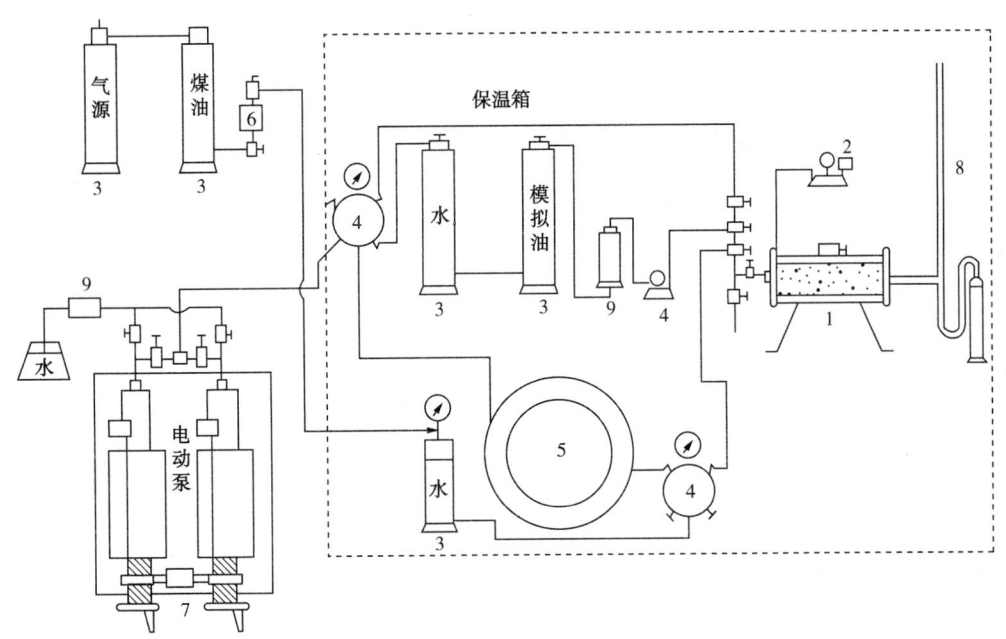

图 2.27　实验室聚合物驱油实验流程
1—岩心夹持器;2—压力传感器;3—不锈钢容器;4—阀门;
5—盘管;6—定值器;7—计量泵;8—油水分离器;9—过滤器

2.4.1.2 注入系统

注入系统由注入泵、流体样品筒和温控空气浴三部分组成,注入泵是美国产的 ISCO 高压柱塞泵,用于提供连续的无脉冲驱替动力源。流体样品筒包括地层原油储样器、注入水储样器及聚合物储样器等,用于装各种实验用流体。温控空气浴用于将实验流体和实验装置保持特定的温度环境。各部分的技术指标如下:

(1) ISCO 高压柱塞泵工作压力为 0~69.0MPa,工作温度为室温,排量精度为 0.001mL/min。

(2) 流体样品筒工作压力为 0~50.0MPa,体积为 200mL、2000mL。

(3)温控空气浴工作温度为室温至90℃,控温精度为0.1℃。

2.4.1.3 岩心夹持器系统

岩心夹持器系统是一个独立单元,包括岩心筒、温度测试系统、压力测试系统及岩心夹持器支架等。各部分的技术指标如下:

(1)高压岩心夹持器压力范围为0~50MPa,温度范围为室温至200℃,岩心长度为5~10cm。

(2)压力传感器工作范围为0~40MPa,计量精度为0.0005MPa。

2.4.1.4 采出系统

采出系统包括回压调节器、液相分离器及油水计量系统等。液相分离器用于对采出流体进行分离和采集;采出油用玻璃计量管、水用电子天平计量。各部分的技术指标如下:

(1)环压调节器工作压力为0~50.0MPa,工作温度为室温至90℃。

(2)天平工作范围为0~300.0g,计量精度为0.001g。

(3)计量管工作范围为0~15.0mL,计量精度为0.05mL。

2.4.2 实验流体和驱替介质

(1)岩心。本次实验所用岩心为人造岩心,经刚玉砂和磷酸铝压制胶结而成,高温处理备用。

(2)填砂管模型。本次实验所用的填砂管模型以不同粒径的石英砂为填充介质,长约1m,直径约40mm。

(3)原油。本次实验油样为河南油田江河区块江观27井地面脱气原油,70℃时,其密度为0.8652g/cm^3,黏度为6.47mPa·s。

(4)水样。本次实验水样为河南油田双河注入水、江河注入水和赵凹注入水,各水样离子成分见表2.1。

2.4.3 实验原理

本次实验按SY/T 5345—1999《油水相对渗透率测定》标准执行,测试满足下列条件:

(1)实验过程中施加了足够大的压力梯度以减少毛细管压力的作用。

(2)岩心是均质的。

(3)在实验的全过程中流体性质不变。

注水速度按以下公式确定:

$$L \times v \times \mu \geq 1$$

式中 L——实验岩心长度,cm;

μ——注入水黏度,mPa·s;

v——注水速度,cm/min。

2.4.4 驱替介质基础数据

本次实验采用人造岩心和长1m的填砂管模型开展,实验温度为90℃,实验岩心的基础数据见表 2.15，填砂管模型渗透率见表 2.16。

表 2.15　岩心基础数据汇总

序号	长度 cm	直径 cm	空气渗透率 mD	序号	长度 cm	直径 cm	空气渗透率 mD
1	7.31	2.49	508	16	7.31	2.50	1187
2	7.40	2.50	512	17	7.20	2.50	524
3	7.73	2.50	515	18	7.60	2.50	1165
4	7.88	2.49	733	19	7.70	2.50	569
5	7.91	2.50	742	20	7.28	2.50	1232
6	7.15	2.50	1163	21	7.73	2.50	530
7	7.65	2.50	736	22	7.32	2.50	703
8	7.21	2.50	1248	23	7.67	2.50	712
9	7.63	2.50	1211	24	7.59	2.50	731
10	7.92	2.50	562	25	7.16	2.51	597
11	7.43	2.50	134	26	7.24	2.50	588
12	7.62	2.50	547	27	7.83	2.50	603
13	7.45	2.50	125	28	7.41	2.49	331
14	7.62	2.50	532	29	7.50	2.50	319
15	7.87	2.50	113	30	7.17	2.50	326

表 2.16　填砂管模型渗透率

序号	空气渗透率，mD	序号	空气渗透率，mD	序号	空气渗透率，mD
T-1	778	T-7	653	T-13	341
T-2	763	T-8	669	T-14	333
T-3	753	T-9	648	T-15	360
T-4	734	T-10	653	T-16	323
T-5	798	T-11	646	T-17	335
T-6	751	T-12	629	T-18	344

2.4.5　实验研究内容

2.4.5.1　封堵性和耐冲刷性评价

在模拟地层条件下进行岩心流动实验，岩心抽空饱和水后，测试注凝胶体系前水测渗透率 K_0；挤入一定孔隙体积倍数的凝胶体系，然后在 90℃ 下恒温候凝 30h；注水驱替，记录注入过程中的压力和流量，在快速注水过程中，岩心入口达到最高压力后陡然下降，出口出现连续流体流出，记录的最高注入压力即为突破压力，计算突破压力梯度；继续注水，测试封堵后岩心稳定渗流时的水测渗透率 K_1，按 $E=[(K_0-K_1)/K_0]\times100\%$ 计算封堵率。在测试岩心的封堵率、突破压力后，继续注水驱替，注入30倍孔隙体积的水进行冲刷实验，计算冲刷后的封堵率。实验结果见表2.17至表2.19。

表2.17　双河区块(高温)凝胶体系封堵实验数据

项目	岩心号		
	1	4	8
空气渗透率, mD	508	733	1248
封堵前水相渗透率, mD	5.56	7.59	12.61
封堵后水相渗透率, mD	0.154	0.102	0.303
冲刷后水相渗透率, mD	0.149	0.101	0.295
封堵率, %	97.23	98.65	97.60
冲刷后封堵率, %	96.86	98.56	97.53
冲刷后封堵率保留率, %	99.62	99.91	99.93
突破压力梯度, MPa/m	2.74	2.59	2.29

表2.18　江河区块凝胶体系封堵实验数据

项目	岩心号		
	2	5	6
空气渗透率, mD	512	742	1163
封堵前水相渗透率, mD	5.75	7.74	11.38
封堵后水相渗透率, mD	0.102	0.068	0.489
冲刷后水相渗透率, mD	0.100	0.067	0.464
封堵率, %	98.23	99.12	95.70
冲刷后封堵率, %	97.87	98.91	94.76
冲刷后封堵率保留率, %	99.64	99.79	99.02
突破压力梯度, MPa/m	2.78	2.55	2.35

表2.19　赵凹区块凝胶体系封堵实验数据

项目	岩心号		
	3	7	9
空气渗透率, mD	515	736	1211
封堵前水相渗透率, mD	5.46	7.63	12.47
封堵后水相渗透率, mD	0.115	0.262	0.170
冲刷后水相渗透率, mD	0.113	0.252	0.167
封堵率, %	97.89	96.57	98.64
冲刷后封堵率, %	97.67	96.24	98.57
冲刷后封堵率保留率, %	99.77	99.66	99.93
突破压力梯度, MPa/m	2.70	2.55	2.31

从表2.17至表2.19可知,三个区块对应的聚合物交联体系配方在不同岩心渗透率的条件下,都能在岩心中很好地交联,封堵率均在95%以上,封堵效果好,突破压力梯度高,且经水冲刷后封堵率保留率在99%以上,体现出良好的调剖性能。

2.4.5.2 填砂管模型驱替实验

(1)实验准备。

在实验前先按流程图组装测试流程,填砂管模型按SY/T 5345—1999《油水相对渗透率测定》标准进行处理,首先抽空饱和地层水4h,测定孔隙体积、孔隙度;模型进流程后,用江观27井原油进行驱替,建立束缚水饱和度;然后用注入水进行模拟注水开采,直至出口端液量的含水率为98.0%时,停止注水。再以3cm³/min的流量注入一定量孔隙体积倍数聚合物交联体系,候凝30h成胶后水驱至不再出油,含水率为100%,驱替孔隙体积倍数大于10结束。

(2)实验方案。

针对三个区块的配方,分别设计两种注入量和三种段塞组合方式实验研究对提高采收率的影响。

聚合物的注入量一般用聚合物溶液注入油层孔隙体积倍数(PV)和注入浓度(mg/L)的乘积来表示。实验设计主体段塞的两种注入孔隙体积倍数为0.2PV和0.3PV,双河区块、江河区块和赵凹区块所对应的主体段塞配方中聚合物浓度分别为2000mg/L、2000mg/L和1500mg/L,故双河区块两种注入量为400PV·mg/L和600PV·mg/L,江河区块两种注入量为400PV·mg/L和600PV·mg/L,赵凹区块两种注入量为300PV·mg/L和450PV·mg/L。

三种段塞组合方式为:前置段塞+主体段塞+后置段塞(方式一);直接注入主体段塞(方式二);主体段塞+后置段塞(方式三)。

为达到深部调剖的目的,段塞设计依据先弱后强的原则,其中前置段塞设计为0.05PV的0.07%聚合物+1%交联剂,主体段塞为各区块对应的交联体系配方,后置段塞设计为0.05PV的0.25%聚合物+2%交联剂。

(3)实验结果。

①双河区块(高温)配方(0.2%KY-6梳形聚合物+1%高温醛交联剂)实验结果见表2.20。

表2.20 双河区块(高温)配方调剖实验结果

填砂管样号	气测渗透率 mD	段塞组合方式	注入量 PV·mg/L	采收率,% 水驱	采收率,% 调剖+后续水驱	采收率增幅 百分点
T-1	778	方式一	400	59.00	74.28	15.28
T-2	763	方式二	400	58.20	71.92	13.72
T-3	753	方式三	400	58.95	73.98	15.03
T-4	734	方式一	600	58.17	74.86	16.69
T-5	798	方式二	600	58.89	73.36	14.47
T-6	751	方式三	600	57.66	73.01	15.35

由表 2.20 中的数据可以看出,双河区块(高温)配方在注入量为 600PV·mg/L(即 0.3PV 聚合物交联体系)时,方式一提高采收率最大。该组合的压力、采收率和含水率曲线如图 2.28 至图 2.30 所示。

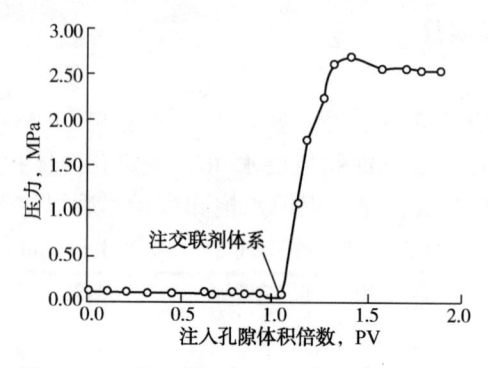

图 2.28 双河区块(高温)配方压力变化曲线

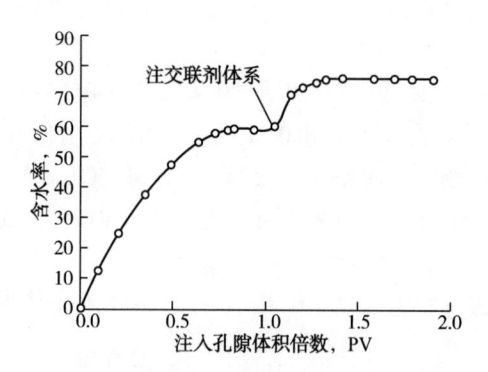

图 2.29 双河区块(高温)配方采收率变化曲线

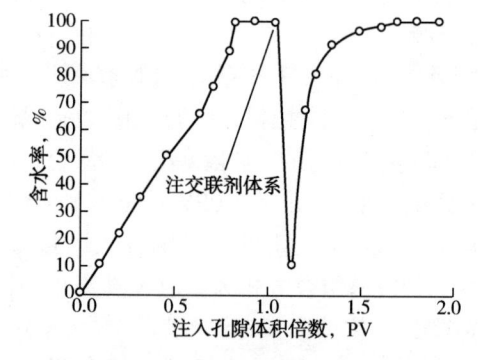

图 2.30 双河区块配方含水率变化曲线

②江河区块配方(0.2%KY-6 梳形聚合物+2%高温醛交联剂)实验结果见表 2.21。

表 2.21 江河区块配方调剖实验结果

填砂管样号	气测渗透率 mD	段塞组合方式	注入量 PV·mg/L	采收率,% 水驱	采收率,% 调剖+后续水驱	采收率增幅百分点
T-7	653	方式一	400	50.61	65.09	14.48
T-8	669	方式二	400	50.78	64.16	13.38
T-9	648	方式三	400	50.29	64.23	13.94
T-10	653	方式一	600	51.31	66.98	15.67
T-11	646	方式二	600	51.43	65.64	14.21
T-12	629	方式三	600	50.48	65.22	14.74

由表 2.21 中的数据可以看出,江河区块配方在注入量为 600PV·mg/L(即 0.3PV 聚合物交联体系)时,方式一提高采收率最大。该组合的压力、采收率和含水率曲线如图 2.31 至图 2.33 所示。

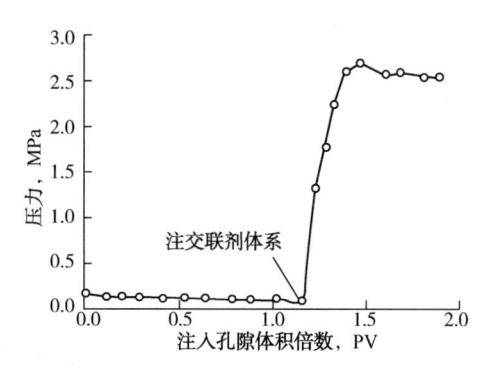

图 2.31　江河区块配方压力变化曲线

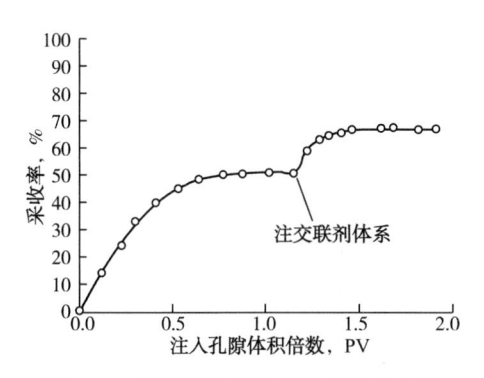

图 2.32　江河区块配方采收率变化曲线

图 2.33　江河区块配方含水率变化曲线

③赵凹区块配方(0.15%KY-6 梳形聚合物+1.5%高温醛交联剂)实验结果见表 2.22。

表 2.22　赵凹区块配方调剖实验结果

填砂管样号	气测渗透率 mD	段塞组合方式	注入量 PV·mg/L	采收率,% 水驱	采收率,% 调剖+后续水驱	采收率增幅百分点
T-13	341	方式一	300	45.96	60.64	14.68
T-14	333	方式二	300	46.11	59.33	13.22
T-15	360	方式三	300	45.51	59.95	14.44
T-16	323	方式一	450	45.36	61.27	15.91
T-17	335	方式二	450	45.69	60.69	15.00
T-18	344	方式三	450	44.98	60.50	15.52

由表 2.22 中的数据可以看出，赵凹区块配方在注入量为 450PV·mg/L(即 0.3PV 聚合物交联体系)时，方式一提高采收率最大。该组合的压力、采收率和含水率曲线如图 2.34 至图 2.36 所示。

(4)实验结果分析。

①段塞组合方式对提高采收率的影响。

由上述实验结果可以看出，三种段塞组合方式中方式一提高采收率最大，方式三次之，方式二最小。这是因为：方式一中前置段塞浓度较低，成胶时间长，成胶强度相对较弱，能够进入地层深部后成胶；主体段塞浓度适中，成胶时间适中，成胶强度较大，能够进入地层中部后成胶；后置段塞浓度较大，成胶时间较短，成胶强度大，在近井地带成胶，可有效地保护进入油层中、深部的调剖剂成胶质量。

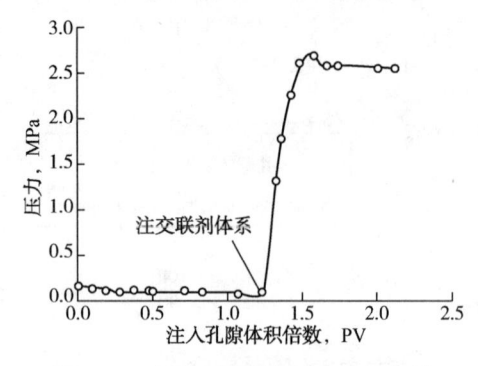

图 2.34 赵凹区块配方压力变化曲线

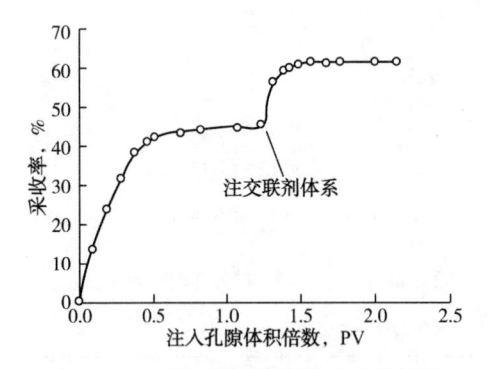

图 2.35 赵凹区块配方采收率变化曲线

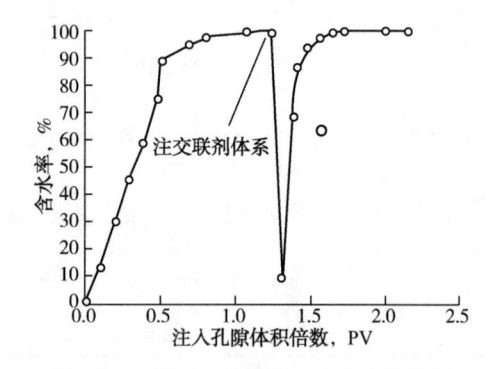

图 2.36 赵凹区块配方含水率变化曲线

② 注入量对提高采收率的影响。

由上述实验结果可以看出，聚合物浓度一定，注入孔隙体积倍数决定注入量，注入 0.3PV 时比注入 0.2PV 时提高采收率效果明显，因此适当增加注入孔隙体积倍数，可以有效地提高采收率的幅度，但依靠进一步增加注入孔隙体积倍数来提高采收率的潜力有限。考虑到经济因素，三区块聚合物交联体系配方的最佳注入孔隙体积倍数建议为 0.3PV。

③ 累计孔隙体积倍数与压力曲线。

由图 2.34 可以看出，开始注水时水驱压力较低，聚合物交联体系注入过程中压力不断增加，成胶后压力在 2.5MPa 以上，证明该调剖剂具有很好的封堵性，适用于调剖作业。

④ 累计孔隙体积倍数与含水率曲线。

由图 2.36 可以看出，当水驱至出口含水率达到 98% 左右后，用聚合物交联体系调剖后可大幅度降低出口含水率，说明交联体系调剖效果好。

2.4.5.3 并联岩心双管模型实验

虽然油层都具有一定孔隙度和渗透率的多孔介质，但它并不是性质均一的均质岩层。

第2章 耐温抗盐梳形聚合物的研究与应用

通常情况下,油层由许多性质不同的岩层所组成。油层渗透率的高低、油层渗透率非均质性差异都是影响水驱开发油藏提高采收率项目实施效果的重要因素。因此,研究渗透率层间非均质条件下聚合物交联体系调剖效果,就显得十分必要,而且具有重要的实际应用价值。

(1)并联岩心改善吸水剖面实验。

凝胶对不同渗透率地层的选择性封堵,可以用并联岩心调剖实验来模拟。由于地层在不同层位之间渗透率的差异,使调剖剂具有不同的渗流特点。因此,岩心并联改善吸水剖面实验对于凝胶在现场应用中选择性封堵具有很好的评价作用。

在相同的注入压力下,测定岩心的吸水比。以相同的注入速度,注入一定体积调剖剂体系(双河0.2%KY-6梳形聚合物+1%高温醛交联剂,江河0.2%KY-6梳形聚合物+2%高温醛交联剂,赵凹0.15%KY-6梳形聚合物+1.5%高温醛交联剂),记录注入压力和流量,以及高、低渗透岩心实际吸入的调剖剂体积,恒温30h成胶;成胶后进行水驱,在相同的注入压力下注水,测定高、低渗透岩心的吸水比。实验结果见表2.23。

表2.23 并联调剖实验

区块	岩心号	PV cm³	渗透率 mD	渗透率级差	调剖前吸水比	调剖剂吸入量 mL/PV	调剖后吸水比	剖面改善率 %
双河	10	11.3	562	4.2	90.9/9.1	6.9/0.61	58.6/41.4	86
	11	10.9	134			1.2/0.11		
江河	12	12.1	547	4.4	90.4/9.6	6.4/0.53	58.1/41.9	85
	13	11.3	125			1.5/0.13		
赵凹	14	11.5	532	4.7	91.1/8.9	8.2/0.71	55.2/44.8	88
	15	11.0	113			0.9/0.08		

注:剖面改善率=(调剖前吸水比-调剖后吸水比)/调剖前吸水比。

由以上结果不难看出,调剖后并联岩心的吸水剖面有一定改善,吸水剖面改善率在85%以上,只要保证调剖剂在孔隙介质中具有一定的有效浓度,确保在孔隙中成胶,调剖剂都能起到很好的改善吸水剖面的作用,并且选择性很好,渗透率级差越大,弱凝胶进入高渗透层就越多,剖面改善越好,低渗透层受到的伤害越小。

注入调剖剂后,油层多孔介质对聚合物分子的吸附和捕集作用,以及对高渗透层的封堵作用导致高渗透层中流动阻力增大,降低了高渗透层或高水淹层的渗透性,增加了注入水的渗流阻力,使低渗透层的吸水量增加,从而使原来吸水差的低渗透层段吸水强度增大,扩大了注入水在油层平面上的波及范围和油层纵向上的水淹程度,从而扩大了水淹体积,使层间差异得到改善。从实验数据可以看出,在注入聚合物交联体系后,因为层间非均质性导致的吸水程度差异过大的矛盾得到了很大程度的改善。

(2)并联岩心驱油实验。

将岩心饱和地层水,并将两种不同渗透率的岩心进行并联,饱和原油直到岩心出口端无水产出;进行水驱,直到岩心出口端含水98%,计算水驱采收率;注入0.3PV调剖剂后,接着进行后续水驱,直到岩心出口端含水98%,计算采收率,实验结果见表2.24。

表 2.24　并联岩心驱油效果

区块	岩心号	气测渗透率 mD	渗透率级差	采收率,% 水驱	采收率,% 调剖	采收率,% 总计
双河	16	1187	2.3	65.81	12.56	78.37
双河	17	524	2.3	44.19	18.18	62.37
江河	18	1165	2.1	56.31	13.68	69.99
江河	19	569	2.1	41.65	17.84	59.49
赵凹	20	1232	2.3	58.43	14.13	72.56
赵凹	21	530	2.3	42.54	19.28	61.82

渗透率不同的岩心组合，聚合物驱油效果也不同。低渗透岩心的流动阻力要远远高于高渗透岩心，所以油层水驱动用情况最差。由表 2.24 可以看出，高渗透岩心 16 号、18 号、20 号水驱采收率为 55%~65%，低渗透岩心 17 号、19 号、21 号水驱采收率为 40%~45%，说明了由于渗透率级差，导致水驱动用程度差异矛盾加剧。

水驱条件下往往会发生注入水沿不同渗透率层段推进不均匀现象，高渗透层段注入水推进快，低渗透层段注入水推进慢，再加上注入水的黏度远远低于油的黏度，导致推进不均匀程度加剧，致使低渗透层段原油不能得到有效开采。聚合物交联剂可以有效提高低渗透地层的采收率，达到改善调剖效果的目的。这是因为向油层中注入高黏度的聚合物溶液后，可以相对减缓高渗透层段的水线推进速度和距离，调整吸水剖面，从而启动低渗透层位，提高垂向波及效率，扩大油层水淹体积，提高剩余油动用程度。

2.5　现场应用

2.5.1　基本情况

双河油田储层为典型的湖盆陡坡扇三角洲沉积。由于核二段油层油藏埋深 880~1055m，4 个含油小层、7 个单层，单层有效厚度为 2.6~6.8m，单元平均有效厚度为 18.7m，压实程度低，成岩作用差，胶结疏松，物性较好。按照断块油藏油砂体分类标准，核二段有Ⅱ类油砂体 1 个，Ⅲ类油砂体 4 个，Ⅳ类油砂体 2 个。储量集中在Ⅱ、Ⅲ类油砂体，占 89.7%。含油面积小，呈条带状分布，纵向叠合程度较高，每个小层具有独立的油水界面。据岩心分析，核二段油层孔隙度为 19%~30%，平均 23.4%，渗透率为 0.2~1.2D，平均 0.502D。核二段油藏具有低温、高黏、低矿化度的特点。核二段注聚合物情况如图 2.37 所示。

从 2013 年 7 月开始高浓度前缘段塞注入，注聚合物段塞为 0.6PV（聚合物驱段塞结构为：高浓度前缘段塞 2500mg/L×0.08PV+主体段塞 1800mg/L×0.52PV），2019 年 4 月追加段塞 0.173PV，设计注入速度 0.11PV/a，2014 年 7 月 10 日单元整体进入主体段塞阶段注入。截至 2019 年 7 月底，累计注入聚合物溶液 133.5463×10⁴m³，累计注入孔隙体积 0.6229PV，累计注入干粉 3280.5t。2019 年 7 月与 2019 年 6 月对比，注入井 6~8 口，注入压力不变（12.7MPa），日配注由515m³上升到715m³(K0206井、K0210井恢复注水配注200m³),日注能力由502m³上升到617m³,日注水平由508m³上升到524m³,黏度由57mPa·s下降到51mPa·s。

图2.37 核二段注聚合物情况

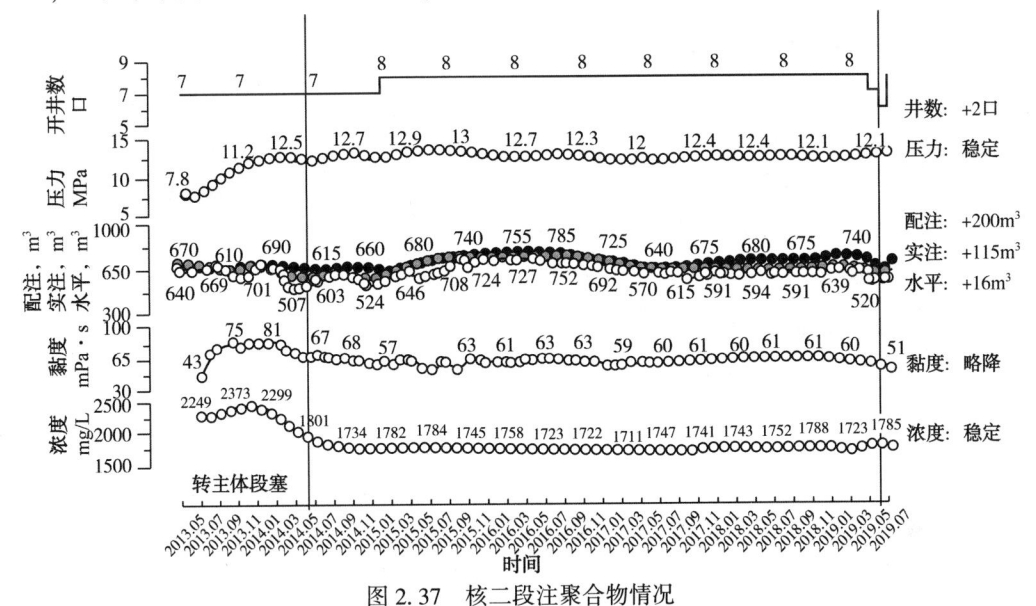

2.5.2 调剖依据

据岩心分析(成型样品)核二段油层平均孔隙度为23.4%,平均渗透率为0.502D。渗透率变异系数,平面0.61,层间0.48。油藏具有低温、高黏、低矿化度的特点,油水两相流动区间窄。据调研浅2井油层岩心的相关数据发现,油相相对渗透率曲线下降快,水相相对渗透率曲线上升块,两相流动区间窄(平均为0.33),束缚水饱和度为34.12%,残余油饱和度为32.1%,渗透率的交点位于含水饱和度52.8%。据水驱油实验发现,含水率为98%时,驱油效率为49.43%,岩石润湿性表现为强亲水。

2.5.3 调剖井及层位的确定

2.5.3.1 选井原则

(1)调剖井位置集中,控制一定规模储量,有利于实现整体规模效益。
(2)注水压力较低,有一定的压力上升空间。
(3)区域采出程度相对较低,剩余油富集。
(4)注水受效的方向性强,纵向反映吸水差异大。

2.5.3.2 调剖井的确定

(1)PI值决策辅助选井。PI决策技术表明,PI值级差超过5MPa的区块均需要整体调剖。而对于单井来说,按所在区块平均PI值和注水井的PI值选定,通常低于区块PI值的注水井需要调剖,高于区块平均PI值的注水井需要增注,PI值接近区块平均PI值的注水井应结合其他动静态资料综合分析决策。
(2)注水压力选井。采用多参数模糊评判方法进行调剖选井,综合了储层的平面非均质性和层间吸水能力的差异,结合注采井组的动态特征,考虑因素多,评判方法科学,可有效提高选井的准确性。

2.5.4 调剖方式及相关参数

(1)调剖方式。本次调剖的为核二段双T2203井,主要解决平面问题,兼顾调整纵向矛盾。

(2)调剖半径的确定。近几年来,各大油田应用各种方法计算调剖处理半径,结果证实最佳调剖半径应为井距的1/4~1/3。根据安棚主体区的地质特征、剩余油分布状况和油田近年来注水井的调剖情况,为延长调剖有效期,确定调剖半径在60m左右。具体单井调剖半径由工程决定。

2.5.5 实施要求

(1)为确保本次调剖效果,建议根据油层情况和历史注水状况优化调剖配方、段塞设计以及调剖剂的用量。

(2)要求调剖过程中严格控制调剖压力,确保中低渗透层不受到堵塞、污染,同时密切观察对应油井变化,及时对调剖配方及压力做出调整。

(3)要求调剖前后一个月内测全井启动压力、吸水指示曲线,调剖后一个月内测同位素吸水剖面。

(4)取全取准调剖过程中压力、排量等各项参数资料。

(5)要求油井工作制度不变,以便进行调剖效果对比和分析。

(6)按录取资料规定,要求取全取准油水井各项动态资料,以便进行效果综合评价。

(7)具体工艺实施方案由采油工艺研究所编制。

2.5.6 调剖效果

核二段双T2203井从2018年7月施工后,含水率下降明显,从97.8%下降到75.3%;日产油量从0.6t上涨到4.8t,整体调剖效果显著(图2.38)。

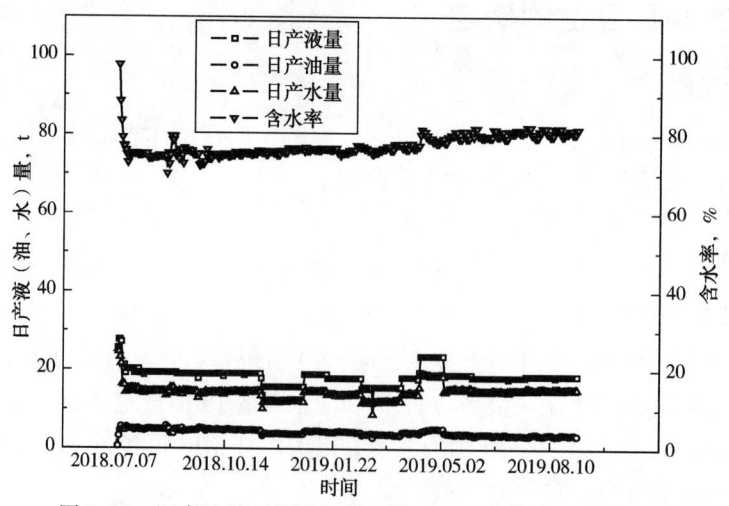

图2.38 河南油田双河区块核二段双T2203井施工后效果图

第 3 章 耐温抗盐疏水缔合聚合物的研究与应用

目前，耐温抗盐聚合物的研究方向主要体现在共聚、交联、缔合三个方面，其中疏水缔合聚合物是近年来在聚合物驱方面研究的热点，由于疏水缔合聚合物大分子链上带有少量的疏水基团，疏水基含量、种类、浓度等的不同，使其产生分子内和分子间的缔合。

3.1 疏水缔合聚合物的研究现状

聚合物溶液在高温高盐油藏条件下，聚合物主要发生如下两种变化使溶液黏度降低：

(1)在热、氧、微生物和剪切作用下，聚合物分子结构发生变化，使分子量降低，水解度增加。

(2)聚合物对盐很敏感。在高矿化度地层水中，聚合物与水中的各种离子特别是高价金属离子作用，使聚合物分子构象发生变化，甚至产生沉淀。

为了解决聚丙烯酰胺溶液在高温高盐油藏很难应用推广的问题，国内外学者对聚合物驱油剂的增黏机理、耐盐抗盐机理、热降解机理以及聚合物的结构与性能的关系做了大量研究工作，期望研制出耐温耐盐水溶性聚合物。当前提高聚合物耐温抗盐性能的途径有：

(1)共聚。将具有抑制水解、络合高价阳离子、提高分子链的刚性等功能单体与丙烯酰胺共聚，提高聚合物分子主链的热稳定性和刚性，增强其耐温抗盐性能。

(2)交联。采用聚丙烯酰胺与合适的交联剂交联成凝胶体系。聚合物分子与交联剂通过交联，使聚合物的刚性增强，构象转变难度增大。因此，在高温高矿化度条件下仍具有较好的热稳定性，表现出优良的耐温抗盐性能。

(3)缔合。利用大分子基团间的氢键、静电库仑力与疏水缔合等分子间相互作用力，通过这种作用力使大分子自组装，使得聚合物溶液具有超分子结构，从而研制出具有耐温抗盐性能优良的聚合物，如两性离子聚合物、疏水缔合聚合物。

目前，耐温抗盐聚合物的研究方向也主要体现在这三个方面。其中，疏水缔合聚合物是近年来在聚合物驱方面研究的热点，由于疏水缔合聚合物大分子链上带有少量的疏水基团，疏水基团的含量、种类、浓度等的不同，使其产生分子内和分子间的缔合。因此，其溶液性能与一般水溶性聚合物大相径庭。在聚合物水溶液中，聚合物浓度的不同可能使大分子链缔合方式不同。在稀溶液中，疏水缔合聚合物以分子内缔合为主；当聚合物浓度大于临界缔合浓度时，疏水缔合聚合物以分子间缔合为主，形成超大分子网状结构，高分子链的流体力学体积增加，黏度增大。小分子电解质和热的作用会使疏水缔合作用增强，具有明显的耐温抗盐性。在高剪切作用下，疏水缔合聚合物缔合形成的"交联网络"结构被破坏，溶液黏度下降；当剪切作用消除或降低后，大分子间"交联网络"结构重新形成，黏度再度恢复，疏水基团的存在使其具有剪切恢复性。水溶性疏水缔合聚合物这些特殊的性质使其有望在许多领域得到应用，如作为石油三次采油的驱油剂、生物医学材料、水处理剂、高分子减阻剂等。

疏水缔合聚合物最早是作为模拟蛋白质构想的研究模型物而提出的。Strauss 及其助手为此合成了一系列聚皂和具有疏水性的超线团（Hypercoil）聚合物，用以模仿蛋白质的溶液行为；20 世纪 50 年代末，Kauzmann 首先提出了"疏水相互作用"的概念，并用其描述生物聚合物与生命科学相关的现象。最早的疏水改性水溶性聚合物是由马来酸酐/苯乙烯共聚物经长链烷基多乙烯基醚部分酯化而制备的。20 世纪 80 年代以后，为了改善驱油效率，提高驱油剂的耐温耐盐性能和耐剪切性能，开展了丙烯酰胺类疏水缔合聚合物的研究，疏水改性聚丙烯酰胺成为研究的热点。美国 AXXON 公司的 Emmons 等发表了用 AM 与长链烷基 N-取代丙烯酰胺共聚合成水基涂料的专利。随后，埃克森研究及工程公司的研究人员开始探讨将疏水缔合聚合物用于油气开采的可行性，采用胶束溶液聚合的方法合成了多种疏水缔合聚合物，并对合成的聚合物进行了深入的研究，解决了疏水缔合聚合物聚合过程中亲水单体和疏水单体不相容的问题。他们还采用具有表面活性的长链大单体，如丙烯酸聚氧乙烯酯、丙烯酰氨基烷基乙磺酸等，它们与丙烯酰胺发生自由基聚合，合成疏水缔合型聚合物，该聚合物具有较好的耐温抗盐性能。美国南密西西比大学的 McCormick 领导的水溶性聚合物研究小组对疏水缔合的溶解性和合成方法进行了大量的研究工作。McCormick 等通过在聚合物分子链上引入离子基增加疏水缔合聚合物在水溶液中的溶解性。

我国也有很多高校和研究所从事疏水缔合共聚物的研究。根据文献报道，中国石油勘探开发研究院油化所的研究人员首先于 1995 年开始了对疏水缔合水溶性聚合物的研究，结果发现这类聚合物有良好的抗温、抗盐和抗剪切能力，但在盐水中使用时，需要加入稳定剂。此后，四川大学的黄荣华用丙烯酸正辛酯作疏水单体进行了初步探索，后来又用自己合成的阳离子型表面活性疏水单体 2-甲基丙烯酰氧乙基-二甲基十二烷基溴化铵（MED-MDA）与 AM 共聚合得到了疏水缔合水溶性聚合物，但所得到的水溶性聚合物的黏度很低，临界缔合浓度很高。此外，中原油田的王中华、华南理工大学的童真、福建师范大学的黄雪红与许国强等相继投入疏水缔合聚合物的研究与开发。罗平亚教授从油田生产实际应用出发，独立提出了疏水缔合聚合物的结构模型，由其领导的科研小组在中国石油的支持下在合成、溶液性能评价以及模拟室内实验研究方面取得了初步的研究成果。

3.2　耐温抗盐聚合物的合成与结构表征

3.2.1　合成机理及合成思路

共聚合反应指由至少两种以上的单体分子间进行的链式反应，这种分子间链式反应得到的产物称为共聚物。丙烯酰胺共聚物是通过自由基聚合反应合成的，自由基共聚反应机理是小分子变成大分子的微观过程，一般由链引发、链增长以及链终止串并联而成，同时也可能伴随着链转移的发生。

3.2.1.1 合成机理

(1) 链引发。

链引发反应是引发剂引发聚合形成单体自由基的反应。一般由两步组成：

第一步，引发剂 I 分解，形成初级自由基 R·，即

$$I \xrightarrow{K_d} 2R\cdot$$

第二步，初级自由基 R·再与反应单体加成，生成单体自由基，即

$$\underset{\underset{CONH_2}{|}}{RCH_2CH}\cdot$$

(2) 链增长。

链增长过程指单体自由基形成后，打开烯类分子的 π 键，形成新的自由基；新的自由基继续与烯类单体连锁加成，形成了结构单元更多的链自由基，实际上就是加成反应：

$$\underset{\underset{CONH_2}{|}}{RCH_2CH}(\underset{\underset{CONH_2}{|}}{CH_2CH})_n\underset{\underset{CONH_2}{|}}{CH_2CH}\cdot$$

(3) 链终止。

单体在链引发和链增长过程中生成的自由基活性较高，很难孤立存在，易相互作用而终止。

$$\sim M1 + \sim M1 \longrightarrow 死大分子$$
$$\sim M1 + \sim M2 \longrightarrow 死大分子$$
$$\sim M2 + \sim M2 \longrightarrow 死大分子$$

(4) 链转移。

链转移反应指含有自由基的分子从其他分子中得到一个原子，使自身的活性终止，并且使失去原子的分子获得自由基的反应。链转移反应不会改变自由基的总数。

链转移是指链自由基从其他分子(如单体、引发剂、溶剂或已形成的大分子)上夺取一个原子而终止，使失去原子的分子形成新自由基，继续新链的增长。链转移现象的发生，对聚合反应来说有利也有弊，如果向高分子链转移，对聚合反应的影响则是有利的。链转移现象是不可避免的，应该合理地控制链转移向有利于聚合反应的方向发展。

3.2.1.2 合成思路

为了提高聚合物耐温抗盐性能，现阶段通过加入一定基团达到耐温抗盐的方法主要有以下几种，其合成思路如图 3.1 所示。

(1) 引入大侧基或刚性侧基团。
(2) 引入可抑制酰氨基水解的基团。
(3) 引入耐盐基团。
(4) 引入疏水基团。
(5) 引入环状结构，提高热稳定性。
(6) 引入耐水解基团。

本书主要在聚合物合成中引入疏水基团合成性能优良的疏水缔合聚合物。本实验采用

了实验室合成的疏水单体十六烷基二甲基烯丙基氯化铵。

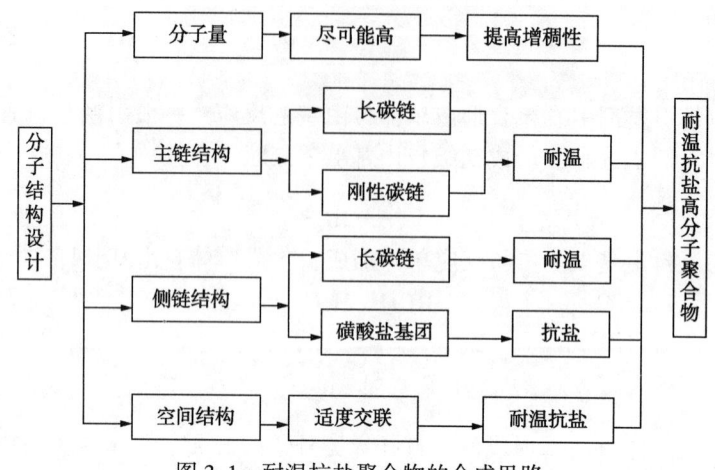

图 3.1 耐温抗盐聚合物的合成思路

3.2.2 耐温抗盐聚合物合成实验设计

3.2.2.1 聚合物引发体系的选择

一般的聚合反应体系，在使用氧化还原引发体系时，一般采用连续补加还原剂来弥补反应时还原剂的损失；而对于丙烯酰胺类聚合体系，因聚合后生成的聚合物黏度高，这种补加还原剂的方法并不适应。最好的方法就是将氧化还原引发剂与偶氮类引发剂复配使用。在聚合反应的初期，温度较低，主要由氧化还原引发体系分解引发聚合，随着反应的进行，聚合体系的温度升高，偶氮类引发剂引发开始发挥作用，聚合反应可以继续进行，从而达到提高转化率的目的。因此，本书选择过硫酸酸铵氧化还原体系与偶氮化合物ZY-1构成复配引发体系。

3.2.2.2 聚合反应体系的选择

在单体溶液中进行的聚合反应称为溶液聚合。水溶液聚合是聚丙烯酰胺生产时间最长、技术最为成熟的方法，该方法既安全又经济合理，至今仍是聚丙烯酰胺主要的生产技术。由于本书中所用的单体为水溶性的，因此选择水溶液聚合物体系，这样既简化了工艺，又降低了成本。

3.2.2.3 疏水单体的制备

实验原料：N-十六烷基二甲基胺、氯丙烯、无水甲醇、无水乙醇。
反应方程式为：

疏水单体的制备：将 0.10mL N-十六烷基二甲基胺溶解于 30mL 的无水甲醇中，加入 0.15mL 氯丙烯搅拌均匀，充分混合后，使混合物在冷凝管中加热回流 14h。反应结束后，未反应的氯丙烯与甲醇蒸馏分出，所需产物用无水乙醇重结晶二次干燥后即制成产品。

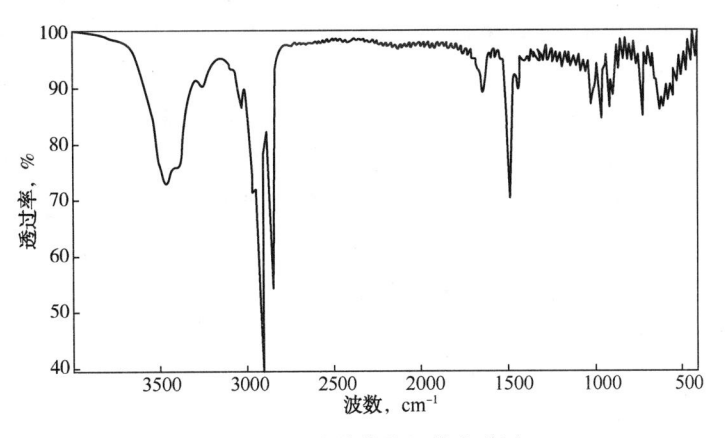

图 3.2 疏水单体的红外光谱图

图 3.2 为疏水单体的红外光谱图，在波数 3454.75cm^{-1} 附近显示了氨基的特征吸收峰，在波数 2852.82cm^{-1} 和 2920.80cm^{-1} 显示了甲基、亚甲基基团的特征吸收峰，在波数 1621.03cm^{-1} 处显示了 C=C 双键的特征吸收峰，在波数 1364.53cm^{-1} 附近有—CH$_3$ 特征吸收峰，在波数 1122.13cm^{-1} 附近显示了长链烷基基团的特征。证明了产物中确实存在甲基、亚甲基、双键、长链烷基，与预期的结果基本相符，证明单体的合成是成功的，疏水单体代号为 CA-16。

3.2.3 耐温抗盐聚合物的制备

实验药品：丙烯酰胺（AM）、丙烯酸（AA）、氢氧化钠、乙醇、乙二胺四乙酸（EDTA）、尿素、过硫酸铵、亚硫酸氢钠、偶氮引发剂 ZY-1，上述药品皆为分析纯。

实验方法：称取适量的去离子水，再准确加入定量的 AM、疏水单体 CA-16，搅拌 0.5h，直到疏水单体完全溶解，成为均匀溶液；加入适量丙烯酸，再加入适量添加剂，用 NaOH 把溶液调到一定的 pH 值，最后把溶液倒入带密封的 100mL 烧杯中；把带密封的烧杯放到恒温水浴中，在一定的温度下恒温搅拌，同时通氮除氧，达到设定的温度后按一定的比例加入引发剂，恒温反应 6h，反应结束后冷却到室温，得到聚合物胶体；将反应得到的粗产品用无水乙醇沉淀，如此反复 2~3 次，真空干燥后得到聚合物样品。所合成的聚合物分子结构为：

3.2.4 聚合物的测试和表征

3.2.4.1 产品特性黏度及分子量的测定

依据国家标准 GB 12005.1—1989《聚丙烯酰胺特性粘数测定方法》规定的方法，测定了各系列聚合物的特性黏数[η]，并求出了黏均分子量。实际上对于疏水缔合水溶性聚合物，并没有现成的公式用于计算其黏均分子量，此处借鉴聚丙烯酰胺公式的求出值，应该称为表观黏均分子量。本书采用稀释法测定聚合物的分子量，测定步骤可参见 GB 12005.1—1989。实验用乌氏黏度计测定产品的特性黏数[η]，通过式(3.1)计算共聚物分子量 M：

$$M = 802[\eta]^{1.25} \qquad (3.1)$$

式中　[η]——特性黏数；
　　　M——聚合物分子量。

3.2.4.2 产品结构表征

采用干燥的 KBr 粉末压片，用 TENSOR-27 型红外光谱仪(BRUKER)对聚合物进行结构表征。

3.2.4.3 表观黏度的测定

用 Brookfield DV-Ⅲ黏度计测聚合物溶液表观黏度值，采用 0#、1#测试转子。

3.2.5 合成条件对聚合反应影响因素分析

常规自由基聚合反应，线型聚合物的聚合度可用式(3.2)表示：

$$\frac{1}{\overline{X}_n} = \frac{2k_t R_p}{K_p^2 [M]^2} + C_M + C_I \frac{[I]}{[M]} + C_S \frac{[S]}{[M]} \qquad (3.2)$$

式中　$\overline{X}_n$——产物的平均聚合度；
　　　K_p——链增长反应速率常数；
　　　R_p——聚合反应速率；
　　　k_t——链终止反应速率常数；
　　　[I]——引发剂浓度；
　　　[M]——单体浓度；
　　　[S]——链转移剂浓度；
　　　C_I——向引发剂的链转移常数；
　　　C_M——向单体的链转移常数；
　　　C_S——向溶剂或链转移剂的链转移常数。

从式(3.2)可以看出，单体的浓度和种类、引发剂的种类和用量、溶剂的类型、反应温度等对聚合物的分子量大小有较大的影响。

3.2.5.1 单体总浓度对聚合反应的影响

设定 AM 与 AA 的摩尔分数比为 84.75%∶15%，疏水单体含量为 0.25%(摩尔分数)，引发温度为20℃，pH值为8.5，固定引发剂为ZY-1(0.02%)和$(NH_4)_2S_2O_8$(0.0015%)，添加剂尿素的质量分数为5%，考察单体总浓度对聚合物分子量的影响，结果如图3.3所示。

由图3.3可见，随着单体总浓度的增加，共聚物的分子量出现先增加后减小的趋势：当单体总浓度小于15%时，单体总浓度的增加有利于聚合反应的发生；当单体总浓度大于15%时，单体总浓度的增加会抑制聚合反应的进行。这是因为，当单体浓度逐渐增加时，单体与分子之间碰撞的概率增大，共聚反应速率加快，有利于提高转化率，所以在一定浓度范围内聚合物的分子量是增加的。当单体总浓度过高时，聚合体系会产生大量的聚合热，聚合放出的热量太大，不能及时移走，体系局部过热会增加链转移的概率，同时也会使歧化终止增多，双基终止减少，从而抑制分子量增长，导致聚合物分子量降低。因此，本实验确定该聚合反应的最佳单体总浓度为15%。

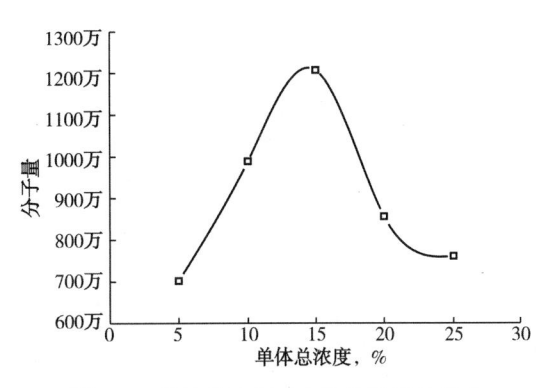

图3.3 单体总浓度对产物分子量的影响

3.2.5.2 引发温度对聚合反应的影响

自由基聚合反应可分为链引发、链增长和链终止三个阶段，不考虑链转移反应时，聚合反应速率的计算公式如下：

$$v_p = K_p(fK_d[I]K_t^{-1})^{1/2}[M] \tag{3.3}$$

$$1/P_n = \frac{K_t}{K_p^2} \times \frac{v_p}{[M]^2} \tag{3.4}$$

式中 v_p——聚合速率；

K_p——链增长反应的速率常数；

K_d——链引发反应的速率常数；

K_t——链终止反应的速率常数；

f——引发的效率；

P_n——平均聚合度；

[M]——单体的浓度；

[I]——引发剂的浓度。

对式(3.3)进行数学运算处理，得到：

$$\frac{d(\ln v_p)}{dT} = \frac{d(\ln K_p)}{dT} + \frac{1}{2}\frac{d(\ln v_d)}{dT} - \frac{1}{2}\frac{d(\ln v_t)}{dT} \tag{3.5}$$

聚合反应的速率常数K与温度T的关系遵循Arrhenius公式：

$$K = A\exp[-E/(RT)] \tag{3.6}$$

由式(3.4)和式(3.5)可知：

$$d(\ln v_p)/dT = [(E_p - \frac{1}{2}E_t) + \frac{1}{2}E_d]/(RT^2) \qquad (3.7)$$

将式(3.4)做相同的数学运算处理得：

$$d(\ln P_n)/dT = [(E_p - \frac{1}{2}E_t) - \frac{1}{2}E_d]/(RT^2) \qquad (3.8)$$

在丙烯酰胺聚合过程中，$E_p \approx 29\text{kJ/mol}$，$E_d \approx 125\text{kJ/mol}$，$E_t \approx 17\text{kJ/mol}$，因此得到：

$$\frac{d(\ln v_p)}{dT} \approx 47/(RT^2) > 0 \qquad (3.9)$$

$$\frac{d(\ln P_n)}{dT} \approx -42/(RT^2) < 0 \qquad (3.10)$$

由式(3.8)和式(3.9)可以看出，随着温度的增加，聚合度呈下降趋势，聚合速率逐渐增大。这是因为，温度增加，单体转化率增加，但温度过高，体系中自由基数目过大，导致聚合度下降。因此，找到一个合适的聚合反应温度对于得到高分子量、性能稳定的聚合反应产物至关重要。

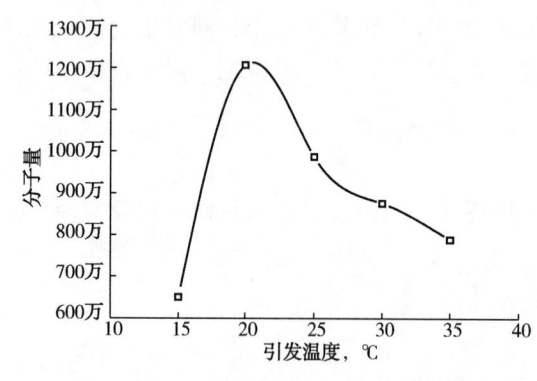

图3.4 引发温度对聚合物分子量的影响

设定AM与AA的摩尔分数比为84.75%：15%，疏水单体含量为0.25%（摩尔分数），单体的质量分数为15%，pH值为8.5，固定引发剂为ZY-1(0.02%)、$(NH_4)_2S_2O_8(0.0015\%)$，添加剂尿素的质量分数为5%，考察体系引发温度对聚合物分子量的影响，结果如图3.4所示。

从图3.4可以看出，随着引发温度的升高，聚合物的分子量先增加后减小，即引发温度存在一个最优值。随着引发温度的增加，引发自由基数量增加，单体转化率增加，聚合物分子量逐渐增加；但引发温度过高时，分子量会减小，这是因为引发温度较高时，引发剂产生的自由基过多，这时聚合体系的链增长速率常数小于链转移速率常数的增长速率，得到的聚合物分子量减小。因此，温度过高时，也不利于疏水缔合聚合物分子量的提高，所以确定聚合反应的最佳温度为20℃。

3.2.5.3 引发剂的选择及用量对聚合反应的影响

本实验采用过硫酸铵—亚硫酸氢钠的氧化还原体系与偶氮化合物ZY-1构成复合引发体系。经过大量实验发现，$NaHSO_3$的加入量与反应体系的含氧量有关，体系在驱氧完全的情况下，不需要加入$NaHSO_3$就可以引发聚合，所以本实验直接采用过硫酸铵和ZY-1复合引发剂。

引发剂的用量对聚合反应也有很大的影响。动力学的链增长公式为：

$$v = \frac{K_p}{2(fK_aK_t)^{1/2}} \times \frac{[M]}{[I]^{1/2}} \qquad (3.11)$$

式中　K_p——链增长反应的速率常数；
　　　K_d——链引发反应的速率常数；
　　　K_t——链终止反应的速率常数；
　　　f——引发的效率；
　　　[M]——单体的浓度；
　　　[I]——引发剂的浓度。

由式(3.11)可知，动力学的链增长与引发剂的浓度并不成正比。引发剂浓度的增加不一定有利于增加聚合物的分子量。这是因为，当引发剂浓度过高时，聚合反应热不能够被及时散出，分子量也不高；当引发剂浓度太低时，聚合速度较慢，分子量就较低。因此，引发剂的用量对聚合反应有重要影响。

设定 AM 与 AA 的摩尔分数比为 84.75%：15%，疏水单体含量为 0.25%（摩尔分数），单体质量分数为 15%，引发温度为 20℃，pH 值为 8.5，添加剂尿素的质量分数为 5%，考察引发剂 ZY-1 的用量对聚合物分子量的影响，结果如图 3.5 所示。

由图 3.5 可知，随着 ZY-1 用量的增加，聚合物的分子量先增大后减小，在 0.02%（相对于单体）处出现最大值。当引发剂浓度低于 0.02% 时，引发剂加量的增加有利于聚合物分子量的提高。随着引发剂用量的增加，参与聚合反应的自由基数量增加，聚合反应完全，分子量增大。当引发剂的浓度高于 0.02% 时，不利于聚合反应的发生。这是因为引发剂用量再增加时，体系中自由基浓度过高，升温速率过大，反应热不能及时送走，甚至出现爆聚，所以聚合物分子量降低。因此，偶氮引发剂 ZY-1 的最佳浓度定为 0.02%。

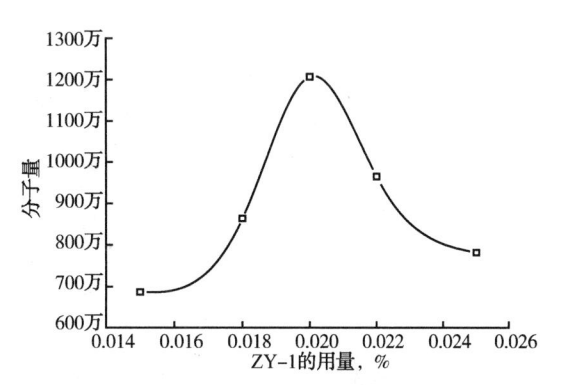

图 3.5　引发剂 ZY-1 用量对聚合物分子量的影响

确定 ZY-1 的最佳用量后，改变过硫酸铵的用量对聚合物分子量的影响见表 3.1。

表 3.1　过硫酸铵的加量对聚合物分子量的影响

序号	$(NH_4)_2S_2O_8$ 的加量,%	分子量	引发时间，min
1	0.0008	879 万	180
2	0.001	921 万	90
3	0.0015	1204 万	30
4	0.0018	987 万	20
5	0.002	794 万	10

从表 3.1 可以看出，随着反应体系中过硫酸铵用量的增加，聚合物分子量先变大再变小；随着引发剂浓度的增加，引发时间逐渐变短。综合考虑分子量和引发时间这两方面的因素，确定过硫酸铵的最佳浓度为 0.0015%（相对于单体）。

3.2.5.4 体系 pH 值对聚合反应的影响

聚合反应的动力学参数依赖于反应介质的 pH 值。pH 值对引发速率有影响，聚合物分子量会随着反应体系 pH 值的变化而变化，反应体系 pH 值的变化可能引起聚合单体活性变化，不同的聚合单体所适用的 pH 值也不同。

设定 AM 与 AA 的摩尔分数比为 84.75%:15%，疏水单体含量为 0.25%（摩尔分数），单体浓度为 15%，引发温度为 20℃，固定引发剂 ZY-1(0.02%)、$(NH_4)_2S_2O_8(0.0015\%)$，添加剂尿素的质量分数为 5%，考察 pH 值对聚合物分子量的影响，结果如图 3.6 所示。

由图 3.6 可以看出，体系 pH 值从 5.5 到 9.5，聚合物的分子量出现峰值。这是因为当聚合体系的 pH 值较高时，聚合体系的酰氨基水解反应加快；pH 值低于 8.5

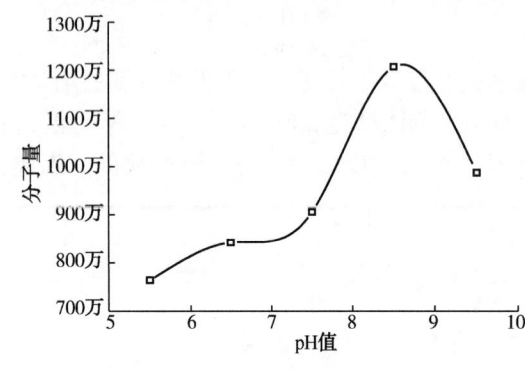

图 3.6 体系 pH 值对聚合物分子量的影响

时，聚合物分子内和分子间会同时发生亚酰胺化反应，形成支链或交联性产物，反应不充分，分子量不高。因此，为了得到分子量较高的聚丙烯酰胺，将聚合体系的 pH 值定为 8.5。

3.2.5.5 疏水单体含量对聚合反应的影响

十六烷基二甲基烯丙基氯化铵单体结构中带有 C=C 双键，使其可与丙烯酰胺单体等进行共聚；单体上含有阳离子基团，既可以使单体易溶解于水，又可使聚合物分子链带上阳离子电荷，同时也可能使聚合物分子链间发生离子键的缔合作用，从而增大分子的流体力学体积，使带相反电荷的链节形成内盐。

设定 AM 与 AA 的摩尔分数比为 84.75%:15%，单体浓度为 15%，引发温度为 20℃，固定引发剂 ZY-1(0.02%)、$(NH_4)_2S_2O_8(0.0015\%)$，pH 值为 8.5，添加剂尿素的质量分数为 5%，考察疏水单体含量对聚合物分子量的影响，结果如图 3.7 所示。

由图 3.7 中可以看出，疏水单体 AC-1 加量存在一个最优值，使聚合物的分子量达到最大。当疏水单体 AC-1 加量少于 0.25%（摩尔分数）时，聚合物的分子

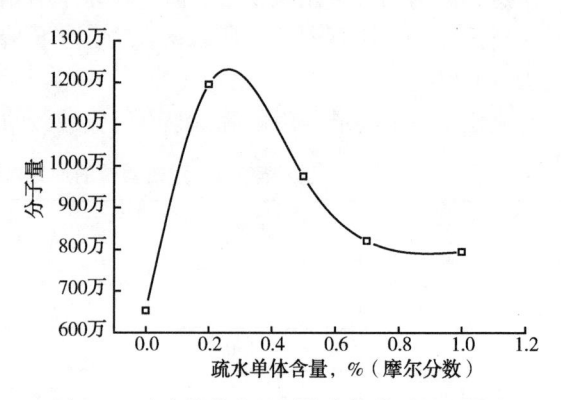

图 3.7 疏水单体含量对聚合物分子量的影响

量随单体含量的增加而增大；当疏水单体 AC-1 加量超过 0.25%（摩尔分数）时，聚合物的分子量随单体含量的增加而减小。继续增加单体含量，聚合物的溶解性会变差。造成这种现象的原因可能是疏水基含量越高，形成分子内和分子间缔合的概率均相应增加，但此时

分子间缔合起主导作用,所以分子量减小。在本实验条件下,为了获得最佳性能的疏水缔合聚合物,确定疏水单体 AC-1 的加量为 0.25%(摩尔分数)。

3.2.5.6 尿素的加量对聚合反应的影响

尿素的分子结构与 AM 的酰氨基类似,它可以嵌入聚丙烯酰胺分子链的酰氨基之间,直接氢键缔合,可有效防止因交联产生的不溶物。同时,尿素可作为辅助还原剂与过硫酸盐引发剂组成氧化还原体系,有利于动力学链增长。因此,添加适量尿素有利于聚合物的溶解和增加聚合物的分子量。

设定 AM 与 AA 的摩尔分数比为 84.75%:15%,疏水单体含量为 0.25%(摩尔分数),单体浓度为 15%,引发温度为 20℃,固定引发剂 ZY-1(0.02%)、$(NH_4)_2S_2O_8$(0.0015%),pH 值为 8.5,考察尿素的加量对产品性能的影响,结果见表 3.2。

表 3.2 尿素的加量对聚合物分子量和溶解性的影响

序号	尿素的质量分数,%	分子量	溶解性
1	1	997 万	有较多不溶物
2	3	1035 万	有较多不溶物
3	5	1278 万	好
4	8	1289 万	好
5	10	1291 万	好

随着尿素加量的增加,聚合物分子量逐渐增大并趋于平稳,而且溶解性也变好。实验研究发现,加入 5%的尿素聚合物的溶解性已达到要求,因此确定尿素的加量为 5%。

3.2.5.7 丙烯酸加量

设定 AM 含量为 84.75%(摩尔分数),疏水单体含量为 0.25%(摩尔分数),单体总浓度为 15%,引发温度为 20℃,固定引发剂 ZY-1(0.02%)、$(NH_4)_2S_2O_8$(0.0015%),添加剂尿素的质量分数为 5%,pH 值为 8.5,考察丙烯酸的加量对产品性能的影响,结果如图 3.8 所示。

丙烯酸的加入有利于聚合物溶解。聚合物分子量随丙烯酸用量的增加先增大后减小,该聚合反应体系中,确定丙烯酸的用量为 14%。

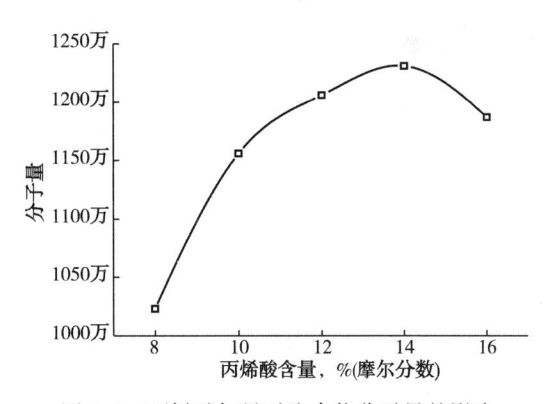

图 3.8 丙烯酸加量对聚合物分子量的影响

3.2.6 聚合物结构表征和基本理化性质

3.2.6.1 聚合物的结构表征

把合成的聚合物用无水乙醇反复提纯、烘干,研成粉末与 KBr 按一定的比例混合均匀,用压片机压片后,用 TENSOR-27 型红外光谱仪(BRUKER)对目标聚合物进行表征,其红外光谱如图3.9所示。

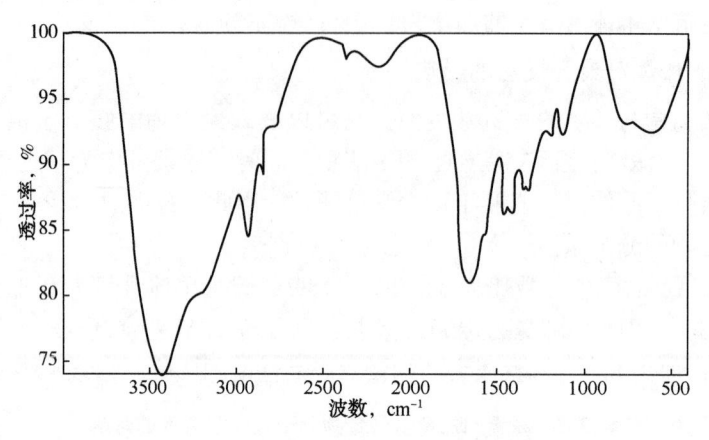

图3.9 耐温抗盐聚合物红外光谱图

图3.9为目标聚合物的红外光谱图,3424.26cm^{-1}处出现了—NH$_2$基团的特征吸收峰,2854.76cm^{-1}和2925.37cm^{-1}处出现了—CH$_3$、—CH$_2$基团的特征吸收峰,1658.91cm^{-1}处出现了—CONH$_2$基团的特征吸收峰,1408.64cm^{-1}处出现了—COO$^-$基团的特征吸收峰,1353.83cm^{-1}处出现了—CH$_3$与杂原子相连时C—H的不对称伸缩振动吸收峰,1124.19cm^{-1}处出现了长链烷基基团的特征吸收峰,得出该疏水缔合聚合物与预期结果相符,为目标聚合物。

3.2.6.2 聚合物分子量的测定

聚合物的性能测试采用特性黏数[η]作为评价指标,特性黏数是度量聚合物分子尺寸的一个重要参数,它表示单个聚合物分子对溶液黏度的贡献,其值与浓度无关。本研究是在严格温度控制下,采用稀释法,利用乌氏黏度计测量共聚物的特性黏数。

实验步骤根据GB 12005.1—1989规定,优选最佳合成产品BY-1和两种聚合物(北京恒聚KY-6和日本MO-4000),测定三种聚合物的分子量,实验结果见表3.3。

表3.3 聚合物分子量

聚合物名称	疏水缔合聚合物 BY-1	MO-4000	KY-6
分子量	1287.9万	2087.2万	2126.7万

3.2.6.3 固含量的测定

固含量是评价聚合物质量性能的一个重要指标。其测试方法是:在一定的温度和真空条件下,将一定量的试样烘干至恒重,干燥后试样的质量占干燥前试样质量的百分数即为聚合物的固含量。固含量按下式计算:

$$s = \frac{m}{m_0} \times 100\% \tag{3.12}$$

式中 s——试样的固含量,%;
m——干燥后试样质量,g;
m_0——干燥前试样质量,g。

按上述实验方法,称取三种聚合物 0.6~0.8g 试样分别放入干燥至恒重的称量瓶中,置于温度为 105℃±2℃、真空度为 0.53atm❶ 的真空干燥箱内,加热干燥 5h,取出称量瓶,放入干燥箱内,冷却 30min 后称量,精确至 0.0001g。按式(3.12)计算固含量。三种聚合物的固含量实验测定结果见表 3.4。

表 3.4 三种聚合物的固含量实验结果

聚合物种类	一号瓶 BY-1		二号瓶 MO-4000		三号瓶 KY-6	
	称量瓶质量,g	样品质量,g	称量瓶质量,g	样品质量,g	称量瓶质量,g	样品质量,g
干燥前	32.9510	0.7882	32.9480	0.7883	32.9500	0.7886
干燥后		0.7110		0.7237		0.7184

$$\text{疏水缔合聚合物 BY-1 的固含量} = \frac{0.7110}{0.7882} \times 100\% = 90.2\%$$

$$\text{MO-4000 的固含量} = \frac{0.7237}{0.7883} \times 100\% = 91.8\%$$

$$\text{KY-6 的固含量} = \frac{0.7184}{0.7886} \times 100\% = 91.1\%$$

3.2.7 小结

(1)聚合物合成的最佳条件为:AM 与 AA 的摩尔分数比为 84.75%∶15%,疏水单体含量为 0.25%(摩尔分数),单体总浓度为 15%,引发温度为 20℃,pH 值为 8.5,引发剂 ZY-1(0.02%)、$(NH_4)_2S_2O_8$(0.0015%),尿素加量为 5%。

(2)采用 TENSOR-27 型红外光谱仪对所得产品进行结构表征,证明所得聚合物为目标产物,产物命名为 BY-1。所得产物的分子量为 1238.7 万,固含量为 90.2%。

3.3 聚合物溶液的性质研究

本章主要针对其中的耐温和抗盐性能进行实验研究,考察 KY-6、MO-4000 及实验室合成的疏水缔合聚合物 BY-1 这三种聚合物分别在不同实验条件下的黏度变化情况,具体又分为:溶解性、增黏性、黏温性、抗盐性、长期老化稳定性、剪切稳定性及剪切作用的可逆性。

3.3.1 聚合物的溶解性

聚合物的溶解性决定了聚合物能否应用推广。由于疏水缔合聚合物自身的分子结构特点(分子链上含有疏水基团),使得缔合聚合物的溶解性能较差,特别是在高矿化度的污水以及低温下溶解时间大大加长,不能达到驱油用聚合物生产技术的要求。因此研究和评价缔合聚合物的溶解性至关重要。为了准确评价疏水缔合聚合物 BY-1 的耐温抗盐性能,选

---

❶1atm=101325Pa。

择了用某高盐油藏模拟地层水进行溶解性实验，选择日本产 MO-4000、北京恒聚 KY-6 做对比实验。

(1)实验仪器。

电子精密分析天平、烧杯、电动搅拌仪、磁力加热搅拌器。

(2)实验用水。

某油田模拟地层水(矿化度 25388mg/L)，其中钙、镁离子含量为 578mg/L；实验室自来水。

(3)实验步骤。

①量取 500mL 油田模拟地层水放在磁力加热搅拌器上，打开电源后，在室温下调节搅拌转子器转速，加入一定量的硫脲；然后称取 2.5g 的聚合物 BY-1，并将其缓慢加入烧杯中，观察溶解现象，记录时间，没有固体颗粒存在时，即可认为溶解。

②改用清水作为溶剂，重复步骤①，并记录完全溶解后的时间。

③分别称取 2.5g 的 MO-4000 和 KY-6，重复步骤①和步骤②。

(4)实验结果。

①清水溶胀：常温下，用清水配制浓度为 5000mg/L 的 KY-6、MO-4000 和 BY-1 聚合物溶液，在清水中 3h 能很好地溶胀。

②污水溶胀：用模拟地层水直接配制浓度为 5000mg/L 的 KY-6、MO-4000 和 BY-1 聚合物母液，在常温下也能很好地溶胀，但时间延长了 30min。

3.3.2 聚合物的增稠性

实验温度为 65℃，剪切速率为 $7.34s^{-1}$，用模拟地层水溶解聚合物，分别考察了疏水缔合聚合物 BY-1、KY-6 和 MO-4000 水溶液的表观黏度随聚合物溶液浓度的变化情况，结果见表 3.5 和图 3.10。

表 3.5 不同类型聚合物的增黏性能

聚合物浓度，mg/L	表观黏度，mPa·s		
	BY-1	MO-4000	KY-6
400	1.21	2.26	2.34
600	2.35	2.58	2.65
800	3.48	3.72	3.91
1000	12.9	4.1	6.2
1250	18.8	5.45	10.5
1500	24.2	7.43	16.3
1750	29.5	9.21	21.6
2000	34.6	11.28	27.2
2250	40.5	14.56	32.4
2500	47.3	18.12	37.6

从图 3.10 可以看出，缔合聚合物浓度在 1000mg/L 左右时，聚合物溶液的黏度急剧上升，说明疏水缔合聚合物 BY-1 在模拟油藏条件下临界缔合浓度(CAC)约为 1000mg/L。

当聚合物溶液的浓度小于1000mg/L时，BY-1的黏度比MO-4000和KY-6的黏度偏小；但随着聚合物溶液浓度的增加，BY-1的黏度高于MO-4000和KY-6的黏度。这是因为，当BY-1浓度达到临界缔合浓度以上时，随着疏水基团含量的增加，分子间通过疏水缔合形成以分子间缔合为主的超分子聚集体，随着聚集体的不断增多，形成了溶液空间网络结构，聚合物溶液的表观黏度显著增加。而MO-4000和KY-6大分子中不含疏水基团，不会产生疏水缔合效应，随着聚合物溶液浓度的增加，大

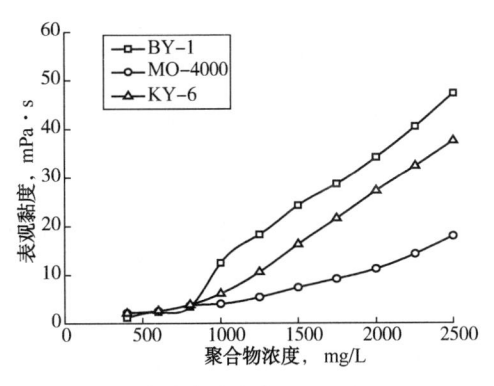

图3.10 疏水缔合聚合物BY-1和MO-4000、KY-6溶液的黏浓曲线

分子之间的相互作用增强，宏观上表现为黏度增加，但是增加的幅度较小。

3.3.3 疏水缔合聚合物溶液的黏温性

疏水缔合聚合物疏水效应的存在，使得温度对疏水缔合聚合物溶液黏度的影响较为复杂，可以概括为对分子热运动和对疏水缔合以及对各种离子基团水化作用的影响。

用模拟地层水配制浓度为2000mg/L聚合物溶液，剪切速率为$7.34s^{-1}$，实验温度为30~90℃，分别考察了本实验制得的疏水缔合聚合物BY-1、KY-6和MO-4000水溶液的表观黏度随温度的变化趋势，结果见表3.6和图3.11。

表3.6 模拟地层水配制聚合物在不同温度下的黏度

聚合物名称	黏度，mPa·s						
	30℃	40℃	50℃	60℃	70℃	80℃	90℃
KY-6	45.3	37.2	30.8	28.7	20.1	7.3	5.6
MO-4000	34.2	23.5	18.6	14.7	10.2	4.3	2.1
BY-1	53.3	48.7	39.5	34.8	28.1	9.3	6.2

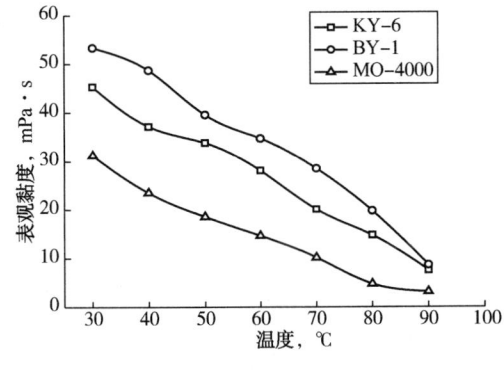

图3.11 表观黏度随温度的变化关系

在模拟油田水中，疏水缔合聚合物BY-1随温度升高黏度下降的趋势相比于KY-6和MO-4000较平缓，说明疏水缔合聚合物BY-1的抗温能力优于KY-6和MO-4000。这是由于温度对疏水缔合聚合物BY-1有两方面的影响：一方面温度升高使离子基团水化作用减弱，分子之间的作用力相对减弱，大分子链卷曲，使黏度有下降趋势；另一方面，由于疏水缔合聚合物BY-1疏水基团间相互作用属于"熵驱动"过程，当温度升高时，"熵驱动"使疏水缔合作用增强，溶液的

表观黏度增大。这两种作用的叠加结果使疏水缔合聚合物 BY-1 溶液的表观黏度下降，但幅度不大。而 KY-6 和 MO-4000 由于没有疏水基团，因此疏水缔合聚合物 BY-1 比 KY-6 和 MO-4000 具有更好的耐温性。但温度高于 80℃ 后，BY-1 的黏度急剧下降，耐温性需要进一步改善。

3.3.4 疏水缔合聚合物的抗盐性

盐的存在一般会使聚合物水溶液的黏度降低。这是因为，盐离子会夺取部分水分子，使聚合物周围的水分子减少，分子链卷曲，因而聚合物的黏度大多随盐浓度增加而减小。而疏水缔合水溶性聚合物，由于分子间的疏水效应，且疏水缔合基不是离子型，因而其水溶液表现出一定的耐盐性。

在聚合物溶液浓度相同的条件下，分别考察了本实验制得的疏水缔合聚合物 BY-1 以及 KY-6 和 MO-4000 在不同矿化度条件下的增稠情况。实验中各聚合物浓度均为 2000mg/L，实验温度为 65℃，剪切速率为 $7.34s^{-1}$，结果见表 3.7 和图 3.12。

表 3.7　不同类型聚合物的抗盐性

矿化度 mg/L	黏度, mPa·s		
	KY-6	MO-4000	BY-1
5000	97.2	43.5	98.7
10000	67.8	34.1	76.2
20000	48.4	27.2	57.1
30000	37.4	18.2	42.3
50000	20.7	10.6	28.2
70000	12.2	11.5	17.4
100000	9.3	4.6	10.8

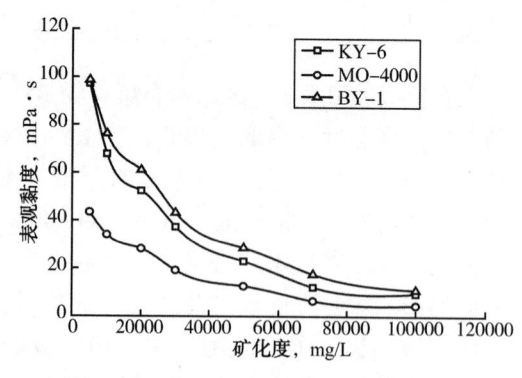

图 3.12　表观黏度随盐浓度的变化关系

从图 3.12 中可以看出，三种聚合物溶液的表观黏度随着矿化度的增加都在下降，然而疏水缔合聚合物 BY-1 的黏度保留值始终高于 KY-6 和 MO-4000。说明疏水缔合聚合物 BY-1 的抗盐性好。这是因为随着盐浓度的增大，疏水长链烷基间的缔合作用增强，大分子间的缔合强度和刚性都增强；但是，无机盐屏蔽了分子链上的负电荷，使顺着大分子链延伸的静电斥力作用减小，分子链卷曲，黏度下降。这两方面协同作用，使 BY-1 比 KY-6 和 MO-4000 黏度下降得较缓慢，抗盐性较好。而另外两种聚合物由于其分子链存在静电排斥作用的影响，电解质的存在屏蔽了聚合物分子链上的电荷，减弱了分子链阴离子间的排斥作用，使分子链卷曲，因此其表观黏度一直下降。当矿化度高于 70000mg/L 时，BY-1 的黏度为

9.8mPa·s，满足不了聚合物驱提高采收率黏度要求。

相比较来说，BY-1和KY-6的抗盐性能优于MO-4000，本组实验只选取了两种聚合物BY-1和KY-6。用盐水（矿化度为25388mg/L）稀释母液，使稀释后聚合物BY-1和KY-6的浓度为2000mg/L，然后在上述溶液中加入不同量的氯化钙、氯化镁（钙、镁质量比为3∶1），测试二价阳离子对聚合物溶液黏度影响。实验温度为65℃，剪切速率为7.34s^{-1}，结果见表3.8和图3.13。

表3.8 不同类型聚合物抗二价离子性能

聚合物名称	含不同浓度二价阳离子聚合物溶液的黏度，mPa·s						
	300mg/L	500mg/L	800mg/L	1000mg/L	1200mg/L	1300mg/L	1500mg/L
KY-6	28.4	24.3	21.2	18.3	16.2	14.4	12.1
BY-1	30.1	25.7	22.8	20.1	17.6	15.2	13.4

随着二价阳离子浓度的增加，聚合物黏度呈线性降低，二价阳离子浓度每增加100mg/L，聚合物溶液黏度下降5%左右。由此可见，二价阳离子对聚合物影响非常大，在相同矿化度下，与不含二价阳离子的盐水相比，聚合物溶液黏度下降了50%。这是因为无机盐中二价阳离子比一价阳离子的影响更大，能优先取代水分子，与聚合物分子链上的羧基形成反离子对，屏蔽高分子链上的负电荷，使聚合物线团间的静电斥力减弱，聚合物分子卷曲，分子尺寸减小，溶液黏度下降。因此，钙、镁离子含量越大，聚合物的初始黏度越低，黏度保留率越低。

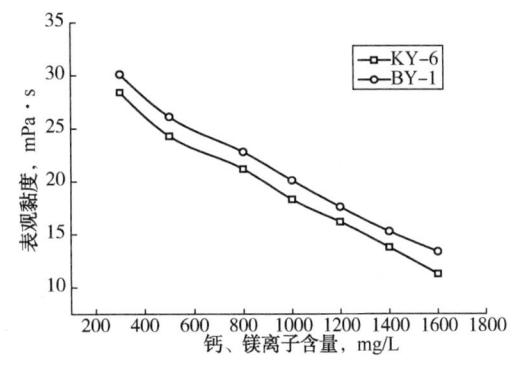

图3.13 KY-6与BY-1溶液在不同浓度二价阳离子下的黏度

3.3.5 疏水缔合聚合物长期老化稳定性

聚合物在温度较高条件下，分子结构会发生一定的变化，特别是有氧存在且含量大于0.5mg/L时，会产生氧化降解，使聚合物溶液黏度损失。大量实验证明，新鲜污水中氧的含量为0，而污水配制聚合物体系中聚合物溶液的氧含量常常小于0.5mg/L，有利于聚合物的稳定，适量的添加剂使用对保持聚合物在地层中的黏度也非常有效。

开展了聚合物的长期热稳定性评价，用模拟地层水配制聚合物母液KY-6、MO-4000和疏水缔合聚合物BY-1，再稀释至2000mg/L，并加入400mg/L的除氧剂硫脲，先测配制好的聚合物溶液的初始黏度；再将50mL溶液装入安瓿瓶中，在-0.1MPa下抽空，稳定30min；然后充氮气，再抽空，再充氮气，重复三次，最后用高温封口，并放入65℃（控温精度±0.5℃）烘箱内恒温；最后按不同放置时间分别测定聚合物溶液的黏度。黏度计为Brookfield，剪切速率为7.34s^{-1}，结果见表3.9和图3.14。

表 3.9　不同类型聚合物长期老化实验数据

聚合物名称	在不同老化时间下的黏度，mPa·s										黏度保留率 %
	0	5d	10d	15d	20d	30d	40d	50d	60d	100d	
KY-6	29.3	28.5	28.2	26.7	25.4	22.1	20.1	18.7	16.2	12.3	41.98
MO-4000	14.2	12.8	11.2	9.2	8.3	5.6	3.5	2.3	1.8	1.6	11.27
BY-1	30.3	30.2	29.7	28.9	27.3	25.4	24.3	23.7	22.8	21.4	70.63

从图 3.14 可以看出，所有的聚合物在老化开始时黏度有一定下降，随之黏度保持较长时间稳定，其趋势基本一致。在高温条件下，疏水缔合聚合物 BY-1 100d 的黏度保留率为 70.63%，比 KY-6 和 MO-4000 黏度保留率分别高出 28.65 个百分点和 59.36 个百分点，表明其在温度较高条件下的长期稳定能力较强。

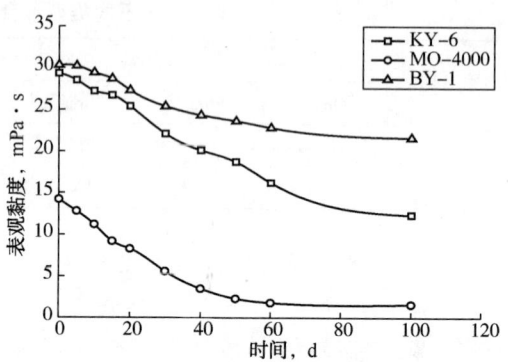

图 3.14　BY-1、KY-6 与 MO-4000 长期稳定性曲线

3.3.6　疏水缔合聚合物剪切稳定性

为了考察剪切速率对聚合物黏度的影响，开展了疏水缔合聚合物 BY-1 溶液的抗剪切性实验。

温度为 65℃时，用模拟地层水配制 2000mg/L 聚合物溶液，改变剪切速率，分别考察本实验制得的疏水缔合聚合物 BY-1 和 KY-6 水溶液的表观黏度随剪切速率的变化趋势，结果见表 3.10 和图 3.15。

表 3.10　不同类型聚合物剪切稳定性实验数据

聚合物名称	在不同剪切速率下的黏度，mPa·s									
	$10s^{-1}$	$20s^{-1}$	$30s^{-1}$	$40s^{-1}$	$50s^{-1}$	$60s^{-1}$	$70s^{-1}$	$80s^{-1}$	$90s^{-1}$	$100s^{-1}$
KY-6	28.2	23.4	17.6	14.3	12.3	11.2	9.2	8.6	6.4	4.4
MO-4000	14.8	10.8	8.3	6.5	5.3	4.3	3.2	2.3	1.7	1.2
BY-1	35.3	30.2	27.5	23.4	19.8	17.1	14.3	11.2	8.9	6.5

从图 3.15 中可以看出，三种聚合物的表观黏度均随剪切速率的增加而降低，但 BY-1 随剪切速率的变大，表观黏度下降较平缓。这是因为疏水缔合聚合物溶液同时存在着缔合与解缔合作用，剪切作用使分子内缔合解开，大分子间的物理交联点减少，流动阻力减小，黏度降低。随着剪切速率的增大，剪切作用使分子构象发生变化，长链分子偏离原来的平衡构象，其流动方向取向使聚合物分子链分离，降低了相对运动的阻力，同时疏水缔合作用也减弱，所以表观黏度随剪切速率的增大而降低；当剪切速率大到一定程度后，大

分子取向趋于极限状态,取向随剪切速率的变化较为缓慢,故溶液表观黏度变化较为缓慢。因此,疏水缔合聚合物的抗剪切性能优于 KY-6 和 MO-4000。

3.3.7 剪切作用的可逆性

实验温度为 65℃,用模拟地层水配制 2000mg/L、1750mg/L 疏水缔合聚合物溶液,将经剪切速率 100s^{-1} 剪切后的不同浓度的疏水缔合聚合物 BY-1 以及未经剪切的 BY-1 同时放置一段时间,观察其表观黏度随放置时间的变化,结果如图 3.16 所示。

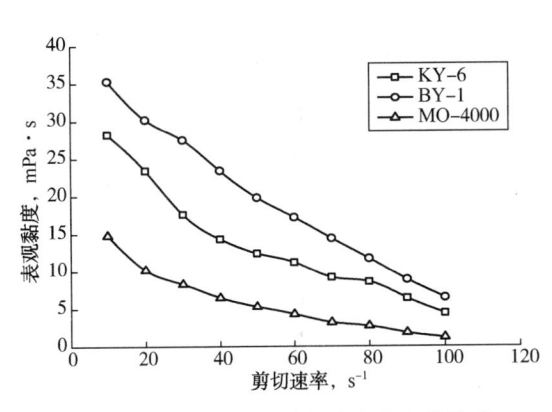

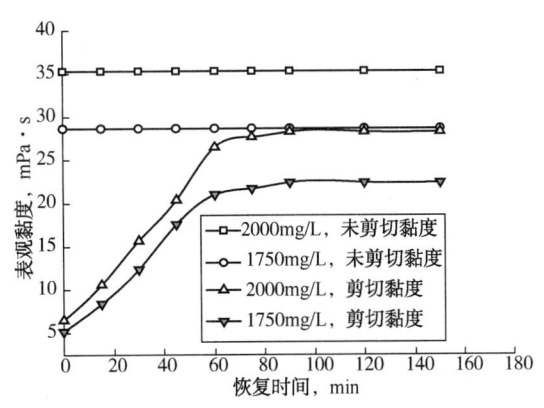

图 3.15 表观黏度随剪切速率的变化关系　　图 3.16 剪切后恢复时间对表观黏度的影响

从图 3.16 可以看出,疏水缔合聚合物溶液经过高速剪切后,表观黏度的保留率仅为 18%~19%;随着恢复时间的延长,溶液黏度逐渐开始恢复,特别在剪切后的 1h 内,黏度急剧上升,恢复率达到了 75% 以上,之后黏度增加的幅度开始降低,2h 后恢复率达到了 80% 左右,此后恢复速度趋于平稳。说明疏水缔合聚合物溶液与其他聚合物相比具有理想的抗剪切性。在受到剪切应力作用后,溶液中的网络结构被拆散,溶液的黏度急剧降低,同时由于疏水缔合作用是可逆的,当剪切作用撤销后,被破坏的缔合网络结构重新恢复,随时间延长而恢复到其稳定平衡态,因此溶液的黏度逐渐升高。疏水缔合聚合物长分子链段由于剪切应力作用有一定程度的降低,说明机械剪切降解作用降低了缔合聚合物单个分子的分子量,最终使得溶液的表观黏度不能完全恢复。

3.3.8 小结

疏水缔合聚合物 BY-1 在清水和模拟地层水中均能溶解,在模拟地层水中的溶解时间延长了 30min,在高盐中的溶解机理还需要进一步研究,尽量缩短溶解时间。

用模拟地层水配制聚合物溶液,在相同聚合物浓度条件下,疏水缔合聚合物 BY-1 溶液的表观黏度大于 KY-6 和 MO-4000,说明 BY-1 具有更好的增稠性能。

用模拟地层水配制聚合物溶液,疏水缔合聚合物 BY-1 溶液随温度升高黏度下降的趋势相比于 KY-6 和 MO-4000 较缓,说明 BY-1 的抗温能力较好;但温度高于 80℃ 后,聚合物溶液的黏度下降很快,因此聚合物的耐温性能需要进一步改善。

随着矿化度的增加,三种聚合物溶液的表观黏度都在下降,然而疏水缔合聚合物 BY-1 的黏度保留率始终高于 KY-6 和 MO-4000,说明 BY-1 的抗盐能力较优;但矿化度过高

（大于70000mg/L），BY-1的黏度小于10mPa·s，达不到聚合物驱油实验的要求。

用模拟地层水配制聚合物溶液，由于疏水缔合聚合物的分子结构，溶液表观黏度的保留率都高于KY-6和MO-4000，说明疏水缔合聚合物BY-1具有较好的长期老化稳定性。

考察了剪切速率对疏水缔合聚合物BY-1溶液表观黏度的影响，与聚合物KY-6和MO-4000相比，BY-1具有较好的抗剪切性。

疏水缔合聚合物BY-1具有剪切可逆性，当高的剪切速率消失后，静置一段时间可以恢复到剪切前的80%，表现出较好的剪切恢复性。

3.4 疏水缔合聚合物驱油性能评价

3.4.1 实验仪器和原理

3.4.1.1 实验试剂

盐水：上述试验用的模拟地层水。

原油：向渤海原油中加入煤油，在65℃测得原油黏度为56.8mPa·s。

聚合物：疏水缔合聚合物BY-1，KY-6。

实验岩心：考虑到天然岩心疏松，并且充填模型存在颗粒运移现象，实验选用人造岩心。

3.4.1.2 实验流程

实验流程如图3.17所示。

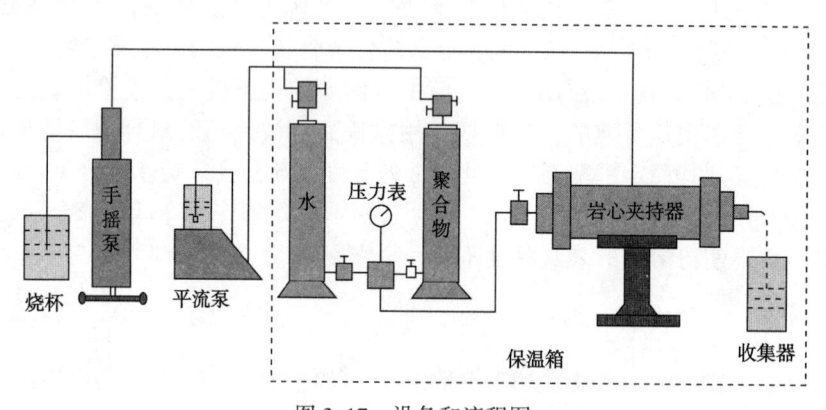

图3.17 设备和流程图

3.4.1.3 实验原理

利用不可压缩流体水平流动的达西公式计算岩心的渗透率。达西公式为：

$$Q = K\frac{A\Delta p}{\mu L} \tag{3.13}$$

式中 Q——在压差 Δp 下通过岩心的流量，cm^3/s；

Δp——流体通过岩心前后的压力差，$10^{-1}MPa$；

A——岩心截面积，cm^2；

L——岩心长度，cm；

μ——通过岩心的流体黏度，$mPa \cdot s$；

K——比例系数，称为该孔隙介质的绝对渗透率，D。

3.4.2 油藏条件下缔合聚合物的阻力系数和残余阻力系数

阻力系数和残余阻力系数是描述聚合物溶液流度控制和降低渗透能力的重要指标。影响阻力系数和残余阻力系数的主要因素有聚合物分子量、岩石渗透率、流动速度、聚合物浓度、地层水的矿化度等。

实验步骤：(1) 配制浓度为 1000mg/L、1200mg/L、1500mg/L、1800mg/L、2000mg/L 的聚合物 BY-1 溶液和 KY-6 溶液；(2) 将岩心烘干抽真空，饱和模拟地层水，获取孔隙体积；(3) 在油藏温度条件下，用模拟地层水进行水驱，获得水驱压力，并计算水测渗透率；(4) 注入一定浓度的聚合物溶液，待压力和流量稳定，计算阻力系数；(5) 在相同的流速下模型进行后续水驱，待压力和流量稳定，测定聚合物溶液的渗透率，计算残余阻力系数。

实验结果：表 3.11 给出了聚合物 BY-1 和 KY-6 在浓度为 1000mg/L、1200mg/L、1500mg/L、1800mg/L、2000mg/L 在人造岩心上的阻力系数和残余阻力系数实验结果。其中，I5、I6、I7、I9 和 I10 号岩心注入 BY-1 聚合物溶液，I130、I123、I34、I124 和 I135 号岩心注入 KY-6 聚合物溶液。

表 3.11 油藏条件下不同聚合物浓度时阻力系数和残余阻力系数实验结果

聚合物浓度 mg/L	岩心号	孔隙度 %	渗透率 mD	注入速度 mL/min	阻力系数	残余阻力系数
1000	I6	32.2	589	0.3	8.79	4.68
	I130	33.1	602	0.3	4.54	2.57
1200	I5	32.1	579	0.3	16.13	6.76
	I123	33.8	598	0.3	10.42	5.26
1500	I7	32.4	608	0.3	37.12	20.23
	I34	33.2	623	0.3	19.81	7.77
1800	I9	34.9	641	0.3	66.24	33.40
	I124	32.7	587	0.3	32.47	12.02
2000	I10	33.3	634	0.3	79.92	49.08
	I35	32.0	592	0.3	48.41	23.04

由表 3.11 中的实验结果可以看出，五种浓度下 BY-1 溶液的阻力系数和残余阻力系数均远高于相同条件下的 KY-6 溶液。这说明与相同浓度的 KY-6 溶液相比，疏水缔合聚合物溶液具有较强的增黏能力。BY-1 的分子量低于 KY-6 的分子量，如果 BY-1 没有发生缔合作用，那么其黏度应该低于 KY-6 溶液的黏度。然而，实验结果表明，BY-1 具有较高的阻力系数和残余阻力系数，说明疏水缔合聚合物溶液形成了超分子聚集体和三维网络结构，因此疏水缔合聚合物溶液具有较好的流度控制能力和降低渗透率的能力。

3.4.3 缔合聚合物的驱油试验

3.4.3.1 聚合物浓度对提高采收率的影响

为了评价聚合物驱油性能，本书通过岩心流动实验研究聚合物BY-1的提高采收率效果。

(1) 实验方案。

用模拟地层水配制不同浓度的BY-1溶液，实验温度为65℃，比较不同浓度的聚合物溶液对提高采收率的影响。

(2) 实验步骤。

① 将岩心烘干抽真空，饱和模拟地层水；
② 测水测渗透率；
③ 饱和模拟油，直至岩心出口端无水产出，建立束缚水饱和度；
④ 进行水驱(注入水为模拟地层水)，直至岩心出口端含水98%；
⑤ 注入0.4PV不同浓度的聚合物溶液；
⑥ 进行后续水驱(注入水为模拟地层水)，直至岩心出口端含水98%，计算聚合物驱增油量及采收率。

(3) 实验结果和分析。

由表3.12和图3.18的实验结果表明，当段塞保持0.4PV时不变时，随着注入浓度的增大，缔合聚合物提高的采收率值逐渐增加。但在缔合聚合物浓度为1200~2000mg/L时，随着浓度的增加，采收率增加的幅度相对缓慢，而当注入浓度为2000~2500mg/L时，随着注入浓度的增大，缔合聚合物比水驱提高采收率的增加幅度急剧增加。由岩心实验结果可以确定，油藏条件下缔合聚合物的注入浓度为2000mg/L时，驱油效果最佳。

表3.12 段塞为0.4PV时，聚合物浓度对采收率的影响

岩心号	孔隙度 %	渗透率 mD	聚合物浓度，mg/L	聚合物黏度 mPa·s	注入量 PV	水驱采出程度，%	聚合物驱采出程度，%	最终采出程度，%
L79	32.8	578	2500	42.6	0.4	33.45	14.43	47.88
L80	33.1	598	2200	34.6	0.4	32.36	13.28	45.64
L81	32.7	601	2000	28.4	0.4	37.8	12.41	50.21
L82	32.2	573	1800	16.6	0.4	34.49	10.75	45.24
L83	31.8	534	1500	10.6	0.4	41.33	9.64	50.97
L84	32.7	602	1300	9.3	0.4	36.30	6.51	42.80
L85	33.2	547	1200	6.7	0.4	37.75	5.96	43.71

当缔合聚合物的浓度为1200~1500mg/L时，随着注入浓度的增加，采收率增加幅度缓慢。分析原因是注入的缔合聚合物溶液本身浓度低，再加上缔合聚合物经过地层流动时的稀释、剪切和吸附滞留等作用的影响，浓度将进一步降低，达不到理想的流动控制能

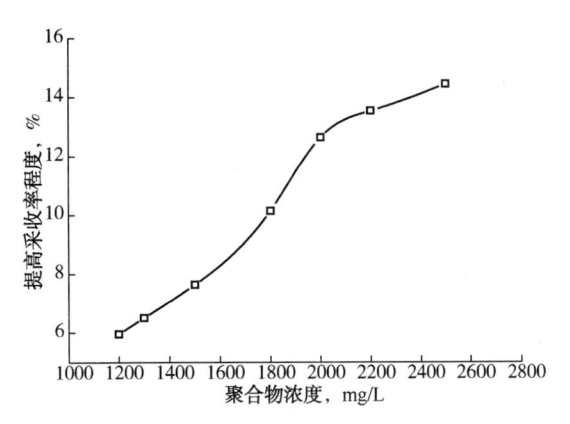

图 3.18 聚合物浓度与提高采收率程度关系曲线

力,当继续增大注入浓度时,这种不利的流度比逐渐得到改善,吸水剖面得到改善,驱油效果明显变好;当再进一步增大缔合聚合物的注入浓度时,低渗透层的大部分原油已被驱替出来,因此,增加的采收率幅度不大。

3.4.3.2 单管岩心驱油实验

实验用水、油、温度同上,聚合物浓度为 2000mg/L,注入量 0.4PV,岩心基础数据和水驱油、聚合物驱油实验结果见表 3.13。

表 3.13 单管岩心驱油实验数据结果

岩心号	长度,cm	直径,cm	空气渗透率 mD	孔隙度,%	含油饱和度%	水驱采收率%	聚合物驱采收率,%	最终采收率%
199	6.02	2.52	578	33.3	55.8	46.79	10.09	56.88
34	5.56	2.48	837	33.1	68.3	54.80	13.62	68.42
40	5.67	2.50	577	35.3	60.6	52.34	11.14	63.48

从表 3.13 中可以看出,人造岩心平均采收率为 11.61%,说明疏水缔合聚合物在岩心孔隙中,能形成分子间缔合的空间网状结构,维持较高的溶液黏度,从而扩大波及体积,有利于原油采收率的提高。

3.4.4 小结

不同浓度聚合物溶液,疏水缔合聚合物的阻力系数和残余阻力系数均大于 KY-6,说明疏水缔合聚合物在岩心中形成了超分子体和网络结构,具有较好的流度控制能力和降低渗透率的能力,能达到提高采收率的目的。

不同浓度聚合物提高采收率实验结果表明,在矿化度为 25388mg/L、温度为 65℃条件下,缔合聚合物的注入浓度为 2000mg/L 时,驱油效果最佳。

单管岩心驱油实验结果表明,用模拟地层水配制的疏水缔合聚合物平均提高采收率 11.6%,说明疏水缔合聚合物能形成空间网状结构,提高采收率。

3.5 耐温抗盐交联聚合物体系优选和影响因素研究

由于在高温高盐油藏条件下，部分水解聚丙烯酰胺凝胶类体系存在着聚合物的稳定性问题而不能应用。本书合成的疏水缔合聚合物耐温80℃，抗盐70000mg/L，用模拟地层水配制的聚合物溶液有较好的长期老化稳定性和驱油效果，但达不到合同指标的耐温抗盐性能(温度不低于90℃，矿化度为200000mg/L)要求。因此，本书提出了一种聚合物交联体系，利用性能较好的聚合物作为调剖主剂，选用合适的交联剂通过交联，产生具有高强度的三维空间网状结构，从而使聚合物凝胶体系具有更良好的高效增黏、抗温、抗盐、耐剪切等特性，满足高温高盐油藏提高调剖效果的需要。

3.5.1 耐温抗盐交联聚合物体系优选

3.5.1.1 交联剂的筛选

实验中的聚合物为疏水缔合聚合物BY-1，分子量为1200万，水解度为24%，固含量为90%，交联剂为有机醛交联剂和有机铬交联剂，实验用模拟地层水，矿化度为200000mg/L。实验采用旋转黏度计测量成胶黏度，评价成胶性能。

实验用模拟地层水，矿化度为100000mg/L，聚合物的浓度为2000~3000mg/L，交联剂的浓度为2000mg/L，实验温度为90℃，考察了有机醛的成胶性能，实验结果见表3.14。

表3.14 有机醛成胶性能

配方	温度℃	\multicolumn{12}{c}{90℃交联体系在不同老化时间下的黏度，mPa·s}
		0.5d	1d	2d	3d	5d	10d	15d	20d	25d	30d	45d	60d
交联剂2000mg/L+BY-1 2000mg/L	70	32.1	123	187	1254	2210	4428	5789	5426	5263	5126	5002	5123
	80	40.8	158	256	1578	2759	5123	6597	6452	6243	6023	5874	5946
	90	56.4	198	301	2124	2845	6247	7248	7021	6846	6679	6347	6247
	100	68.7	231	342	2465	3246	6670	7002	6948	6243	5846	5682	5417
交联剂2000mg/L+BY-1 2500mg/L	70	76.8	168	267	1876	2541	7423	7652	7542	7641	7562	7568	7614
	80	84.6	198	310	2218	3012	9004	8798	8697	8697	8742	8612	8456
	90	98.2	213	342	2456	3472	8972	9214	8769	8872	8679	8579	8672
	100	126.4	367	456	3891	4879	10024	9875	9642	9432	9213	9002	9123
交联剂2000mg/L+BY-1 3000mg/L	70	126.3	213	387	2241	3247	8794	9002	8876	8126	8457	8567	8476
	80	172	254	402	2876	4268	11264	9423	8789	8476	8215	8451	8279
	90	197	289	487	3012	5642	13479	9875	8796	8124	8657	8412	7986
	100	254	342	594	3876	6001	9875	8472	8002	7869	7654	6542	6547

聚合物的浓度为3000mg/L，交联剂的浓度为2000mg/L，实验温度为90℃，考察了在

不同矿化度条件下有机醛的成胶性能，实验结果见表3.15。

表3.15 不同矿化度条件下有机醛交联体系的成胶性能

矿化度 mg/L	90℃交联体系在不同老化时间下的黏度，mPa·s										
	0.5d	1d	2d	3d	5d	10d	15d	20d	25d	30d	45d	60d
2000	36.7	73.2	121	102	98.7	84.6	73.8	64.2	56.4	48.7	42.1	36.1
5000	48.7	167	248	158.7	2346	3456	4567	4412	4279	4002	4217	4789
10000	64.2	241	374	2137	3876	8795	9542	8876	8245	8213	8123	8345
30000	78.6	286	427	2387	4007	8897	10030	9567	9278	9241	9127	9241
50000	158	324	487	3456	4872	9772	12214	9869	9872	9679	9879	9875
70000	126	284	428	2867	3675	8874	9632	8794	8671	8569	8674	8547
100000	102	243	379	2218	6274	8652	9248	8641	8476	8671	8247	8128

实验用模拟地层水，矿化度为100000mg/L，聚合物的浓度为1500~2500mg/L，交联剂的浓度为500mg/L，实验温度为90℃，考察了有机铬的成胶性能，实验结果见表3.16。

表3.16 有机铬成胶性能

配方	温度 ℃	90℃交联体系在不同老化时间下的黏度，mPa·s								
		2h	4h	6h	12h	1d	5d	10d	20d	30d
交联剂 500mg/L+ BY-1 1500mg/L	70	32.1	153	321	9554	>10万	>10万	>10万	>10万	>10万
	80	62.8	206	456	11578	>10万	>10万	>10万	>10万	>10万
	90	84.4	247	501	12124	>10万	>10万	>10万	>10万	>10万
	100	97.7	331	642	21465	>10万	>10万	>10万	>10万	>10万
交联剂 500mg/L+ BY-1 2000mg/L	70	86.8	268	367	11876	>10万	>10万	>10万	>10万	>10万
	80	94.6	338	410	21218	>10万	>10万	>10万	>10万	>10万
	90	108.2	413	542	21456	>10万	>10万	>10万	>10万	>10万
	100	186.4	467	656	32891	>10万	>10万	>10万	>10万	>10万
交联剂 500mg/L+ BY-1 2500mg/L	70	136.3	323	787	20241	>10万	>10万	>10万	>10万	>10万
	80	182	454	802	24876	>10万	>10万	>10万	>10万	>10万
	90	227	589	887	35412	>10万	>10万	>10万	>10万	>10万
	100	254	642	944	38176	>10万	>10万	>10万	>10万	>10万

聚合物的浓度为2000mg/L，交联剂的浓度为500mg/L，实验温度为90℃，考察了在不同矿化度条件下有机铬的成胶性能，实验结果见表3.17。

表3.17 不同矿化度条件下有机铬交联体系的成胶性能

矿化度 mg/L	\multicolumn{9}{c}{90℃交联体系在不同老化时间下的黏度，mPa·s}
	2h	4h	6h	12h	1d	5d	10d	20d	30d
2000	367	1567	3879	45786	>10万	>10万	>10万	>10万	>10万
5000	287	1472	2549	4158	>10万	>10万	>10万	>10万	>10万
10000	242	1241	2174	37137	>10万	>10万	>10万	>10万	>10万
30000	186	1086	1875	32387	>10万	>10万	>10万	>10万	>10万
50000	158	879	1576	28456	>10万	>10万	>10万	>10万	>10万
70000	136	784	1428	22867	>10万	>10万	>10万	>10万	>10万
100000	122	647	1379	20218	>10万	>10万	>10万	>10万	>10万

对比有机醛和有机铬的成胶性能可以看出，有机醛交联体系可耐温90℃，耐盐100000mg/L；有机铬交联体系在高温油藏条件下成胶反应快，成胶黏度大，成胶时间和反应速率不容易控制，注入性较差。针对高温和高矿化度的油藏条件，本书选用有机醛交联体系。该体系在高温油藏条件下，具有明显的延迟交联作用，成胶时间和成胶强度较易控制，交联体系成本也较低，易于操作。

3.5.1.2 聚合物的优选

实验材料：梳形聚合物KY-6，分子量2300万，北京恒聚化工集团有限责任公司生产；聚合物1630，分子量2200万，河南油田现场提供；聚合物正立Ⅱ型，分子量2200万，河南油田现场提供；耐温抗盐聚合物HQ-1，青海油田提供；疏水缔合聚合物BY-1，实验室自制。

实验首先分析了不同种类聚合物油田模拟地层水条件下的溶解情况，用实验室配制的矿化度为100000mg/L模拟地层水溶解不同类型的聚合物，聚合物的浓度为2000mg/L。梳形聚合物KY-6、耐温抗盐聚合物HQ-1、疏水缔合聚合物BY-1均能够形成均匀透明的溶液，聚合物1630和正立Ⅱ型出现浑浊，考虑到所选的聚合物应与地层水具有良好配伍性的原则，初步选择梳形聚合物KY-6、耐温抗盐聚合物HQ-1，疏水缔合聚合物BY-1作为凝胶体系的聚合物主剂。

为了进一步确定聚合物的类型，通过黏度法分别评价了三种聚合物在不同矿化度下的黏度，剪切速率为$7.34s^{-1}$，聚合物浓度为2000mg/L，实验温度为80℃，实验结果如图3.19所示。

在矿化度高于30000mg/L时，BY-1的性能优于HQ-1和KY-6，在矿化度较低时，HQ-1的性能较好。本书主要针对高温高盐油藏，选择疏水缔和聚合物BY-1和梳形聚合物KY-6作为聚合物主剂。

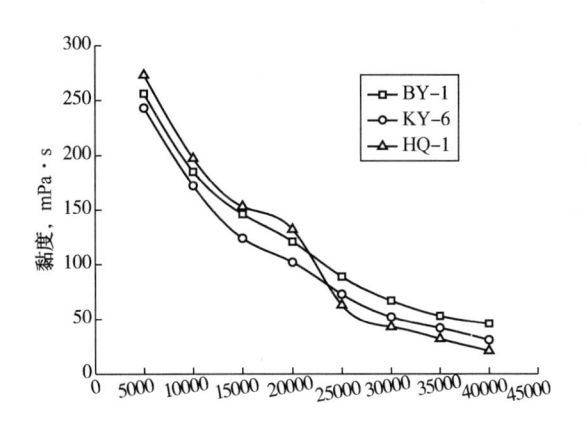

图 3.19 不同矿化度下聚合物的黏度

在矿化度为 100000mg/L、温度为 80℃、交联剂浓度为 2000mg/L 条件下，BY-1 和 KY-6 分别在浓度为 2500mg/L、3000mg/L、3500mg/L 和 4000mg/L 时交联体系成胶性能见表 3.18。

表 3.18 模拟地层水的成胶性能评价结果

成胶阶段	聚合物种类	黏度，mPa·s			
		2500mg/L	3000mg/L	3500mg/L	4000mg/L
初始成胶	KY-6	44.7	59.8	75.8	94.3
	BY-1	52.7	64.1	86.8	102.8
成胶 7d 后	KY-6	2431	3489	5473	6374
	BY-1	4327	6521	8746	12567

对比表 3.18 中 BY-1 和 KY-6 初始成胶和成胶 7d 时交联体系的黏度可以发现，随着聚合物浓度的增加，交联体系的成胶强度逐渐增强；BY-1 成胶 7d 后的黏度明显大于 KY-6 成胶 7d 后的黏度，并且 BY-1 成胶 7d 后的黏度明显高于初始成胶黏度，说明此交联体系的稳定性较强，成胶性能较好。根据与地层水配伍性能好、成胶黏度大、地层水中的成胶性能稳定的评价原则，最终选择疏水缔合聚合物 BY-1 作为交联体系的主剂。

3.5.1.3 除氧剂的选择

凝胶常用的助剂主要是除氧剂和络合剂。在温度较高的条件下，会导致聚丙烯酰胺由于氧化而发生降解，当溶液中缺氧时，聚合物容易发生分子链间的偶合，从而生成交联结构。因此，为了防止聚合物降解，在配制聚合物溶液时应尽量将水中的氧除尽，然后再向溶液中加入抗自由基类的氧化剂，如三甲基对苯二酚、对苯二酚等；也可以加入一定的还原型抗氧剂，如 $Na_2S_2O_4$、硫脲类、硫酸氢钠等。本书根据大量实验探索结果优选出硫脲作为实验的稳定剂，该稳定剂能够提高凝胶在高温下的稳定期，提高凝胶的强度。

3.5.2 耐温抗盐交联体系的优化

凝胶的成胶时间、成胶强度和稳定性常用作评价交联聚合物体系的指标。凝胶体系的评价一般采用转变压力法、动态流变学法、空隙阻力因子法、筛网系数法和旋转黏度计测黏度法。本书采用旋转黏度计测黏度法。在交联聚合物形成凝胶后，每隔一定时间用旋转黏度计测一次凝胶黏度，直到黏度变化不大为止，此时黏度即为成胶强度。实验中把凝胶向任何机械黏度计内转移，都会对凝胶的性能产生一定的伤害，因此，使用较低的剪切速率，实验转速为6r/min。

实验仪器：电子天平一台；烘箱(30~200℃)一台；Brookfield黏度计；磁力搅拌器及机械搅拌器各一台；150mL广口瓶及一些玻璃容器与量具若干。

实验材料：疏水缔合聚合物BY-1；有机醛交联剂；硫脲(除氧剂)。

实验用水：实验室自来水和配制的矿化度为200000mg/L的模拟地层水，其中钙、镁离子浓度为1500mg/L。

实验温度：90℃。

交联剂的配制：在一定浓度的聚合物溶液中用微量注射计滴加交联剂，搅拌除氧后置于恒温箱中。高温醛交联剂按照交联剂：蒸馏水=2：1的比例稀释后使用。

实验步骤：(1)准确称取4.0g疏水缔合聚合物(质量精确至0.1mg)，量取800mL自来水于一只1000mL烧杯中，调整搅拌器的转速为500r/min，使水面形成旋涡，慢慢地将样品撒入旋涡中，继续搅拌2h，配制成浓度为5000mg/L的聚合物母液；(2)用模拟地层水将母液稀释至成胶实验设计配方的聚合物浓度；(3)然后加入所设计的交联剂用量，配制成一定浓度的BY-1和交联剂的交联体系溶液；(4)充分搅拌均匀后，通氮气除氧30min，转入安瓿瓶，用酒精喷灯封好瓶口，分别放入不同温度的恒温箱中老化；(5)间隔一定时间后，取出安瓿瓶，测定不同老化时间的凝胶体系的黏度。

3.5.2.1 聚合物浓度的研究

交联聚合物是由聚合物和交联剂交联而成的，聚合物浓度不同，其形成的交联聚合物体系的成胶强度、成胶时间也不同。聚合物浓度对最后所形成的交联聚合物的形态影响很大。所要配制的交联聚合物溶液，对成胶时间和成胶强度有一定的要求，因此必须控制好聚合物的浓度，使其浓度适当。

表3.19为不同浓度聚合物BY-1在交联剂的浓度为2000mg/L、矿化度为200000mg/L、温度为90℃条件下的成胶情况。从表3.19中可以看到：当聚合物浓度为1000~1500mg/L时，体系几乎不成胶，其黏度与相同浓度的聚合物溶液相差不大或略高于相同浓度的聚合物溶液，形成的体系黏度太低且不稳定，不利于油藏的深部调剖；当聚合物浓度为1800~2500mg/L时，形成流动性很好的凝胶；当缔合聚合物浓度达到3000mg/L时，凝胶体系的强度明显上升，黏度可以达到10721mPa·s；当浓度达到3500mg/L时，凝胶强度达到了14192mPa·s；当缔合聚合物浓度达到4000mg/L时，凝胶强度达到25853mPa·s。缔合聚合物的浓度很低时体系不成胶的原因可能是：溶液中聚合物的浓度很低，与交联剂反应所形成的交联聚合物以分子内交联为主，并不会形成三维网格结构；当溶液浓度继续增加时，交联点的密度相应增加，参与交联的聚合物分子越来越多，所形成的交联体系呈三维网状结构，因此凝胶的强度越来越高。

表 3.19 不同浓度聚合物 BY-1 在 90℃下的成胶情况

时间, h	黏度, mPa·s								
	1000mg/L	1200mg/L	1500mg/L	1800mg/L	2000mg/L	2500mg/L	3000mg/L	3500mg/L	4000mg/L
4	7.8	12.3	27.8	30.5	44.6	58.7	72.3	84.9	92.4
7	7.7	11.8	30.6	40.5	50.6	60.4	124.5	125.9	406
10	7.6	11.2	36.5	45.7	56.9	72.3	178.2	234.4	829
13	7.6	10.4	42.1	52.1	67.4	83.4	234.8	404.6	1451
16	7.8	10.0	45.6	62.4	74.5	123.5	308.9	621.9	1955
19	8.2	11.6	38.7	79.9	84.8	245.6	443.2	1278	2813
22	11.0	10.2	34.8	84.4	123.5	356.7	503.4	2265	3248
25	13.7	9.7	27.3	125.6	234.6	456.9	665.9	3602	4015
28	12.5	9.6	25.8	215.3	312.6	576.7	1359.2	4134	5926
31	11.0	9.2	24.8	354.8	408.3	1586	2098	5488	6913
34	9.7	8.9	23.8	387.6	1487.5	2354	2510	6553	7361
37	9.7	8.7	22.1	675.9	1897.4	2589	3295	7285	8982
40	9.3	8.7	22.4	786.3	2567	3265	4954	8006	9758
43	8.7	8.2	21.6	1324	3147	4589	5140	9332	11778
45	8.5	7.9	21.1	1543	4560	5677	7051	9854	16053
48	8.2	7.5	20.8	2017	5854	6464	8193	10045	20263
52	8.0	7.3	18.6	2246	6156	7017	10721	14192	25853

图 3.20 为不同浓度聚合物 BY-1 在交联剂的浓度为 2000mg/L、矿化度为 200000mg/L、温度为 90℃条件下 52h 及 7d 后的成胶情况。从图 3.20 中可以看出：聚合物浓度为 1800~4000mg/L 时 7d 后凝胶体系黏度分别为 1047mPa·s、2047mPa·s、5987mPa·s、10746mPa·s、14982mPa·s 和 25987mPa·s，7d 后黏度聚合物浓度为 1800~2000mg/L 时黏度下降 50%左右，这说明在聚合物浓度为 1800~2000mg/L 形成的凝胶体系性能不稳定；而聚合物浓度为 2500~4000mg/L 时形成的凝胶体系黏度没有下降，反而有上升的趋势，大于初始成胶黏度，为了保证所形成的交联聚合物的强度保持稳定，并考虑聚合物浓度对成胶时间的影响，因此将聚合物浓度定为 2500~4000mg/L。

3.5.2.2 交联剂浓度的研究

研究表明，在聚合物浓度保持不变的条件下，随着交联剂浓度的逐渐增加，两者交联所形成的交联聚合物成胶强度增加，成胶时间变快。但是，如果交联剂的浓度增加超过某一限度后，便与聚合物发生过度交联，体系的稳定性变差。因此，选择合适的交联剂浓度很有必要。

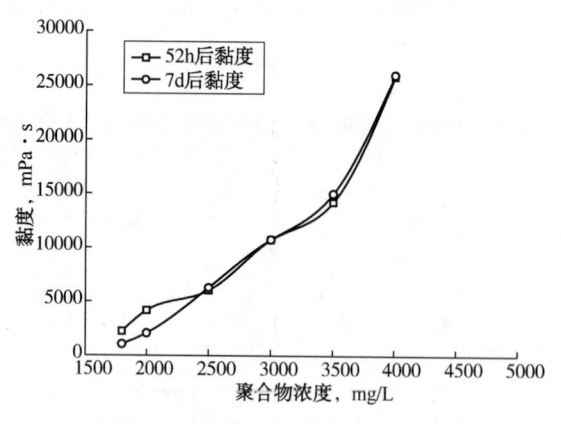

图 3.20 凝胶体系不同时间段黏度对比

表 3.20 为不同浓度交联剂在聚合物 BY-1 的浓度为 3000mg/L、矿化度为 200000mg/L、温度为 90℃条件下的成胶情况。从表 3.20 中可以看出：当交联剂浓度小于 1200mg/L 时，聚合物体系不能成胶；当交联剂浓度为 1500～4200mg/L 时，随着交联剂浓度增加，成胶强度增加，成胶时间缩短；当交联剂浓度由 1500mg/L 增加到 4200mg/L 时，成胶时间也由 37h 左右下降到 18h 左右，成胶强度由 4430mPa·s 上升到 31263mPa·s，这是因为交联剂浓度增加，体系交联机会和交联密度增加所致。当交联剂浓度过大时，会出现脱水现象。这是因为体系在过高的交联剂浓度下形成凝胶后，溶液内部的活性基团与交联剂之间的化学反应仍在进行，这会使凝胶体系交联点增加，交联密度增大，凝胶的分子线团发生收缩，从而出现脱水和破胶现象。综合考虑成胶时间、成胶强度等因素，交联剂浓度可选 1500～3000mg/L。

表 3.20 BY-1 在不同交联剂浓度下的成胶情况

时间, h	黏度, mPa·s								
	1000mg/L	1200mg/L	1500mg/L	2000mg/L	2500mg/L	3000mg/L	3500mg/L	3800mg/L	4200mg/L
6	70.1	71.2	72.1	72.3	72.3	72.3	80.6	82.3	85.0
9	80.0	87.2	92.5	104.5	115.6	124.5	408.3	220.4	276
12	82.3	98.3	106	148.2	161.2	178.2	878.3	980.5	1329
15	96.7	102.8	115	194.8	226.7	234.8	1329.0	1858.9	2551
18	123.5	156.8	234.5	248.9	273.4	308.9	1931.4	2653.8	3055
21	103.4	212.2	382	273.2	312.3	443.2	2333.8	3254	4613
24	97.3	331.5	462	343.4	467.8	503.4	3029	4581	5248
27	90.3	409.4	512.5	415.9	501.2	665.9	4585	5383	6815
30	87.2	487.3	574.5	589.2	621.3	1089.2	5206	6773	7926
33	82.4	556.9	608	698	1703	2598	6473	7326	8113
37	78.4	756.9	1125	1070	2345	3210	7310	8553	9361

续表

时间,h	黏度,mPa·s								
	1000mg/L	1200mg/L	1500mg/L	2000mg/L	2500mg/L	3000mg/L	3500mg/L	3800mg/L	4200mg/L
40	70.4	1058	1835	2195	2851	4295	8295	9285	10982
43	65.4	1227	2543	2954	3290	5154	10954	12456	13758
46	60.2	1119	3224	3840	4664	6140	11140	11332	19778
49	60.0	1230	3627	4051	6181	7051	12951	13854	28053
52	58.4	1329	4430	5293	8359	9193	13593	16145	31263

3.5.2.3 除氧剂的研究

对于聚合物交联体系来说,若水中存在溶解氧,会导致凝胶体系氧化降解,使体系的黏度降低,从而影响最终的调驱效果。通常使用硫脲、甲醛、亚硫酸钠等除氧剂降低氧化降解对凝胶体系带来的不利影响,特别要注意的是,除氧剂要在加入聚合物前加入。

图 3.21 显示了除氧剂浓度对凝胶体系黏度的影响,其中聚合物 BY-1 的浓度为 3000mg/L,交联剂浓度为 2000mg/L,矿化度为 200000mg/L,测试时间为成胶后 48h。从图 3.21 中可以看到：随着除氧剂浓度增加,体系的黏度先增加,达到一个最大值后又降低,存在一个最大值,此时对应的除氧剂的浓度为 600mg/L,可提高体系黏度 7.7%,能够有效抑制溶解氧对聚合物的降解；但随着除氧剂加量过大,对凝胶体系的黏度有一定负面影响。因此,最后确定除氧剂的浓度为 600mg/L。

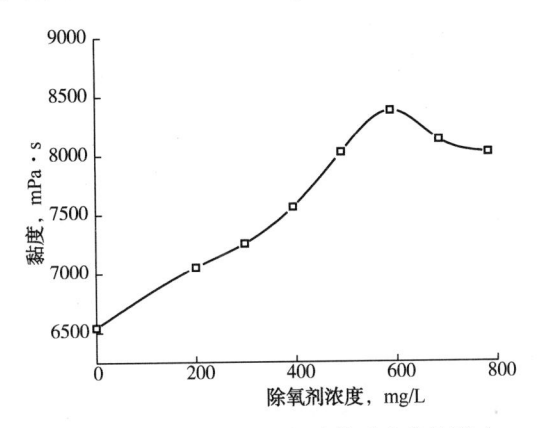

图 3.21 除氧剂浓度对凝胶体系黏度的影响

3.5.3 交联聚合物体系性能评价研究

3.5.3.1 交联体系热稳定性

当温度升高时,聚合物分子和交联剂分子的热运动加快,增加了反应活化分子或基团的比率,聚合物链充分伸展,聚合物和交联剂反应的概率增加,更易形成三维网格结构。

因此，一般情况下，交联聚合物的成胶时间随着温度的升高而缩短，成胶的强度随着温度的升高而增强。然而，如果温度过高时，聚合物会发生热降解反应，溶液黏度下降，导致成胶强度降低。

表3.21和图3.22为在不同温度下，在聚合物BY-1的浓度为3000mg/L、交联剂浓度为2000mg/L、矿化度为200000mg/L、除氧剂浓度为600mg/L条件下的成胶情况。由图3.22中70℃、80℃和90℃三条曲线可知，在一定温度范围内，随着温度的升高，成胶速度变快，成胶强度增大。这是因为随着温度的升高，分子的热运动加剧，分子间的碰撞加剧，聚合物分子与交联剂之间的交联反应更加剧烈，更容易形成连续性强的三维网状结构。但超过一定的温度和时间范围，如图3.22中90℃、100℃和110℃三条曲线，随着温度再升高和时间的延长，成胶黏度反而下降。这是因为聚合物在高温下易发生热氧化而降解，同时，聚合物在高温下水解速度加快，如果水中含有金属离子（特别是二价金属离子），聚合物很容易与其作用而生成沉淀。此外，随着温度的升高和反应时间的延长，交联体系会因过度交联而脱水。因此，凝胶黏度变小，由上可以得出BY-1最佳交联温度在90℃左右。

表3.21 聚合物BY-1在不同温度下的成胶效果

时间, h	黏度, mPa·s				
	70℃	80℃	90℃	100℃	110℃
3	65.3	68.4	72.3	81.8	91.3
6	112.3	118.4	124.5	156.2	213.4
9	132.2	146.8	178.2	230.0	312.2
12	173.4	186.3	234.8	312.6	456.2
15	223.3	257	308.9	445.6	501.2
18	378.4	395.4	443.2	550.3	545.6
22	443.2	467.3	503.4	694.3	854.2
25	523.5	603.2	665.9	862.4	1722
28	612.4	669.4	789.2	1580	2780
31	789.3	832.4	2098	2836	3459
34	1256	1359	2510	3232	4820
37	1745	2116	3295	4595	5285
40	2367	2895	4954	5510	6670
43	3030	3698	5140	6379	8567
46	3920	4220	7051	8610	7950
49	4380	5340	8193	7759	7126
51	4760	6750	10234	7450	6440

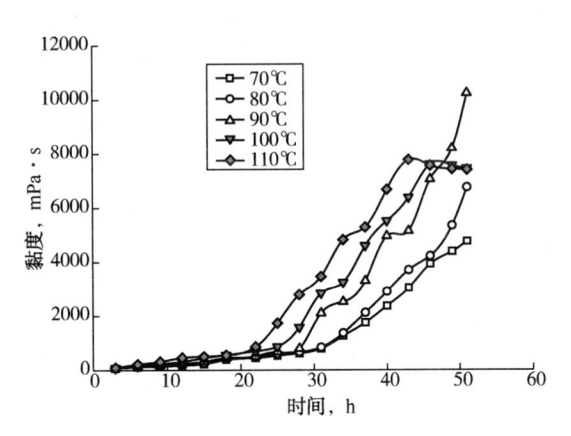

图 3.22 聚合物 BY-1 在不同温度下的成胶效果

3.5.3.2 交联体系的剪切恢复性

将配制好的两种不同浓度的交联体系进行剪切实验，剪切速率为 $100s^{-1}$，剪切时间为 15min，分别测量剪切前后不同老化时间交联体系的黏度，实验结果见表 3.22。

表 3.22 剪切对不同浓度交联体系成胶性能影响

老化时间 h	3000mg/L BY-1+2000mg/L 交联剂			3500mg/L BY-1+2500mg/L 交联剂		
	黏度，mPa·s		黏度保留率 %	黏度，mPa·s		黏度保留率 %
	未剪切	剪切		未剪切	剪切	
初配	53.9	15.5	28.7	84.6	23.3	27.6
6	124.8	48.2	38.6	186.4	76.8	41.2
9	178.5	80.7	45.2	248.3	115.0	46.3
15	248.7	120.9	48.6	368.4	185.3	50.3
30	1786	912	51.1	2246	1199	53.4
45	6874	3300	48.1	7482	3943	52.7
60	8569	4568	53.3	9874	5312	53.8
75	9647	4787	49.6	12376	6485	52.4
90	10257	5536	53.9	13457	7401	55.1

从表 3.22 中可以看出，交联体系经剪切后，成胶时间变化不大，成胶黏度迅速降低。成胶 6h 后，黏度保留率上升很快，说明疏水缔合聚合物剪切恢复性较好。交联体系剪切后黏度保留率在 50% 左右，成胶黏度远大于初始剪切黏度，说明该体系有较好的抗剪切性。可能是因为疏水缔合聚合物分子间形成可逆的网络结构，剪切时可逆的网状结构先被破坏，而疏水缔合聚合物分子链被剪切断裂的概率较小。当停止剪切后，网状结构得到恢复，因而交联体系具有较好的剪切恢复性，能满足调驱的要求。

3.5.3.3 长期热稳定性评价

对于交联体系调剖体系来说，在高温高盐油藏条件下，体系的成胶强度和长期稳定性存在相互的矛盾性。高强度的交联体系需要高密度、高强度的化学交联，而高密度、高强度的交联体系容易发生快速脱水收缩。配制不同浓度的交联体系，放置在90℃恒温箱中，每隔一段时间测量交联体系的成胶黏度，实验结果如图3.23所示。

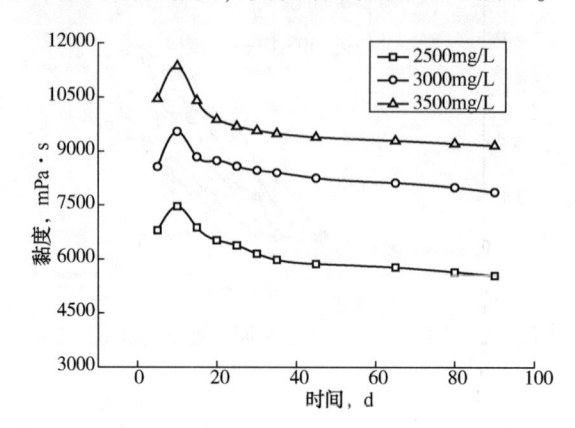

图3.23　不同浓度聚合物交联体系的黏度与老化时间的关系

图3.23显示了不同浓度的疏水缔合聚合物交联体系的黏度随老化时间的变化。由图3.23可知，在90℃和200000mg/L条件下，2500~3500mg/L的疏水缔合聚合物交联体系的黏度100d后仍保持在80%左右，长期稳定性较好，说明该交联聚合物在油藏条件下具有良好的长期热稳定性。

3.5.4　小结

本研究针对高温、高矿化度(矿化度为200000mg/L，温度90℃)油藏条件，选择了有机醛和疏水缔合聚合物BY-1作为交联聚合物调驱体系。与其他交联聚合物体系相比，具有耐高温、高矿化度的特点。

通过室内实验优选，筛选出能形成稳定的交联体系配方：聚合物的浓度为2500~4000mg/L；交联剂的浓度为1500~3000mg/L；除氧剂浓度为600mg/L。室内实验表明，该交联体系能耐温70~110℃、矿化度200000mg/L，具有较好的长期稳定性、抗剪切性和耐温抗盐特性。

3.6　交联体系在多孔介质中的性能评价

为了模拟研究交联体系在地层中的注入性和地下成胶性能、改善吸水剖面情况和驱油效果等，通过岩心流动实验，对交联聚合物体系性能进行了综合评价。

3.6.1　实验设备与流程

岩心流动实验是在现场推广使用前非常重要的室内模拟实验，通过它可以反映调剖剂的注入性、选择性降低渗透率程度、吸附滞留性、改善吸水剖面情况等。

岩心流动实验流程如图3.24所示。

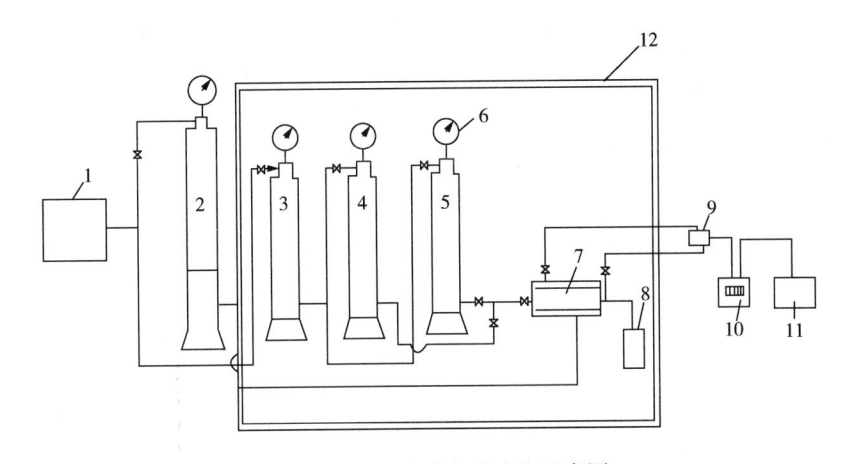

图 3.24　岩心流动实验流程示意图

1—计量泵；2—环压容器；3—油容器；4—聚合物溶液容器；5—水容器；
6—压力表；7—岩心夹持器；8—流出物接收器；9—压差传感器；
10—压差显示仪；11—压差记录仪；12—恒温箱

3.6.2　实验流体、驱替条件及实验方法

3.6.2.1　实验流体

水：实验室配制的模拟地层水，总矿化度为 200000mg/L，钙、镁离子含量为 1500mg/L。

模拟原油：渤海脱水原油，配制成黏度为 36.5mPa·s(90℃)的模拟油。

聚合物：实验室合成的疏水缔合聚合物 BY-1。

交联剂：高温醛交联剂，河南油田现场提供，代号 JS-1。

交联体系配方：在无特别说明情况下，体系配方为 3500mg/L BY-1+2500mg/L JS-1。

岩心：本次实验所用岩心为人造岩心，经石英砂和环氧树脂压制胶结而成，高温处理备用。

实验岩心的基础数据见表 3.23。

表 3.23　实验岩心的基础数据

序号	长度 cm	直径 cm	空气渗透率 mD	序号	长度 cm	直径 cm	空气渗透率 mD
T-1	6.86	2.51	1487	T-16	6.89	2.50	1487
T-2	6.91	2.50	1502	T-17	6.90	2.50	1524
T-3	6.89	2.50	1498	T-18	6.89	2.50	1516
T-4	6.87	2.49	1433	T-19	6.89	2.51	1469
T-5	6.91	2.50	1442	JS-1	7.01	2.50	231

续表

序号	长度 cm	直径 cm	空气渗透率 mD	序号	长度 cm	直径 cm	空气渗透率 mD
T-6	6.88	2.50	1463	JS-2	7.03	2.50	637
T-7	6.90	2.50	1436	JS-3	7.02	2.51	1265
T-8	6.89	2.51	1509	JS-4	7.01	2.51	1876
T-9	6.86	2.50	1491	JS-5	7.59	2.50	2554
T-10	6.87	2.50	1562	JK-1	6.87	2.51	635
T-11	6.88	2.51	1403	JK-2	6.87	2.50	341
T-12	6.89	2.50	1485	JK-3	6.86	2.50	1548
T-13	6.90	2.50	1425	JK-4	6.86	2.49	384
T-14	6.87	2.51	1521	JK-5	6.88	2.50	2246
T-15	6.88	2.50	1499	JK-6	6.88	2.51	372
JK-7	6.88	2.51	2263	JK-8	6.88	2.51	646
JK-9	6.88	2.51	2093	JK-10	6.89	2.51	569
JK-11	6.88	2.51	2027	JK-12	6.89	2.51	545

3.6.2.2 驱替条件

实验温度：90℃。

驱替速度：选择油层平均渗流速度为1.5m/d，折算到直径2.5cm的岩心上，流速为30mL/h。

3.6.2.3 实验方法

（1）岩心流动和成胶实验。

① 在室温条件下，岩心抽真空，饱和地层水，获取模型孔隙体积。

② 在90℃条件下，岩心进行水驱，水驱速度不高于30mL/h，获得水驱压力，并计算水测渗透率。

③ 按照指定的实验流程进行渗流实验，记录流量和压差；计算交联聚合物体系的阻力系数。

④ 让岩心在90℃下恒温，候凝成胶。

⑤ 再以给定的流速注水驱替，直到各驱替速度下的流量和压差基本上稳定时结束；计算交联体系的残余阻力系数。

⑥ 实验完成并清洗容器及管路，以免堵塞。

（2）并联岩心驱油实验。

① 在室温条件下，岩心抽真空，饱和地层水，获取模型孔隙体积。
② 在90℃条件下，岩心进行水驱，水驱速度不高于30mL/h，获得水驱压力，并计算水测渗透率。
③ 饱和模拟原油，驱替模拟油至出口端含油100%后，测定原始含油饱和度。
④ 一次水驱。向岩心注入模拟盐水，驱替速度为30mL/h，直至出口端含水率为98%时结束水驱。
⑤ 交联体系驱替，按照实验方案要求注入交联聚合物溶液，而后关闭岩心两端，恒温放置。
⑥ 后续水驱，驱替速度为30mL/h，至含水率为98%时结束水驱，确定提高采收率幅度。
⑦ 实验完成并清洗容器及管路凝胶，以免堵塞。

3.6.3 实验研究内容

3.6.3.1 岩心剪切对成胶体系的影响

选取T-1号岩心，将配好的交联聚合物进行驱替实验。驱替的注入速度从高到低进行，注入速度依次为18mL/h、36mL/h、54mL/h和72mL/h。在不同的驱替速度下，待压力稳定后开始取样100mL，并记录下每个驱替速度下的稳定压力。将不同驱替速度下剪切后的交联聚合物溶液放在温度为90℃的恒温箱中保存，并测定其黏度随时间的变化。驱替实验结果如图3.25所示。

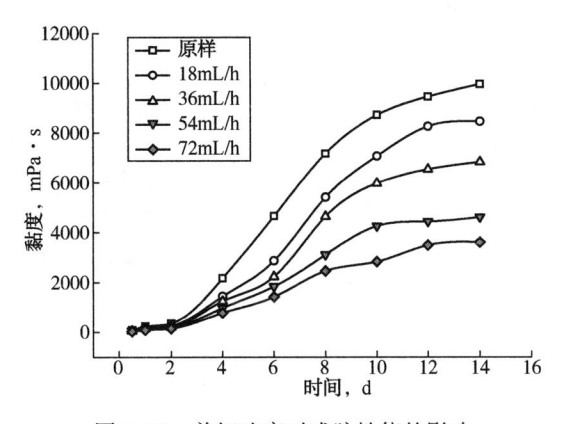

图3.25 剪切速率对成胶性能的影响

不同驱替速度下交联聚合物体系的驱替实验，岩心出口接取的样品其黏度随时间的变化情况如图3.25所示。交联聚合物体系的黏度从放置4d后大幅度增加，并且随驱替速度的增加，经岩心剪切后体系成胶黏度下降越快，相对于未剪切的体系，14d后体系成胶黏度依次下降为8463mPa·s、6843mPa·s、4924mPa·s和3613mPa·s，下降率分别为14.7%、30.3%、50.4%和66.7%，注入速度大于36mL/h，黏度损失大于50%。由此可见，体系经过岩心剪切后对体系产生了一定不可逆的影响，交联剂、助剂以及聚合物在岩心中的吸附滞留也可能引起成胶体系的黏度降低。因此，在注入交联体系时最好选择低速注入，对交联体系成胶性能影响较小。

3.6.3.2 注入性和地下成胶性能研究

良好的注入性能和成胶性能是保证交联聚合物驱现场试验成功的关键。交联聚合物体系的注入性，可以通过注入压力随岩心孔隙体积倍数的变化曲线特征来表示。如果注入压力上升变化平稳，说明体系注入性良好；若注入压力急剧升高而且难以趋于稳定，表示体系的注入性差。

（1）不同配方交联体系的注入性和地下成胶性能。

选用 T-2 至 T-7 号岩心，配制不同浓度聚合物和交联剂的调剖体系，聚合物的浓度为 2500mg/L、2800mg/L、3000mg/L、3500mg/L 和 4000mg/L，交联剂的浓度为 1500～3000mg/L，将配制好的成胶之前的交联聚合物溶液注入岩心，然后关闭两端岩心，在 90℃的恒温箱中放置 4～5d，以 30mL/h 的注入速度进行水驱，注入孔隙体积倍数与压差的关系如图 3.26 所示。

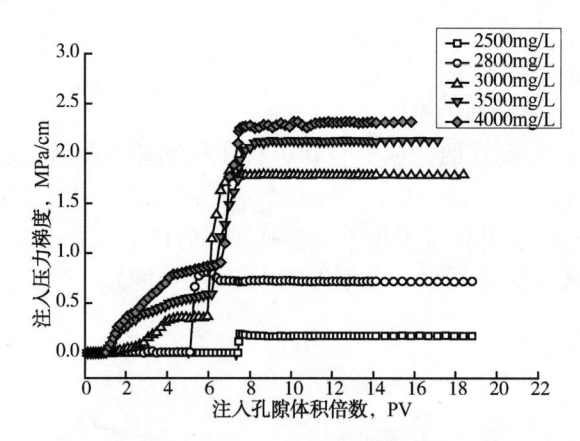

图 3.26 不同配方交联体系注入孔隙体积倍数与注入压力梯度的关系

如图 3.26 所示：在成胶之前，不同浓度的交联聚合物的注入压力很低；成胶之后，注入压力显著提高。不同浓度的交联聚合物调剖剂配方浓度越高，初始黏度越大，在相同渗透率岩心里的注入压力越大，上升速度越快；后续水驱的压力都比注入过程的压力显著增高，说明在岩心里"关井"候凝后，调剖剂体系的确在地下成胶了，调剖剂在岩石里的地下成胶性能良好；2500～4000mg/L 的交联体系均能成胶，具有良好的封堵性能。并且调剖剂体系的配方浓度越高，候凝成胶后的后续水驱压力越大，成胶性能越好。

（2）不同流速下交联体系的注入性和地下成胶性能。

选取 T-8 至 T-13 号岩心，测量水测渗透率后，分别以 18mL/h、36mL/h、54mL/h、72mL/h 和 90mL/h 的注入速度注入岩心，关闭两端岩心，使其在 90℃的恒温箱成胶后，再以不同的速度后续水驱，注入速度与孔隙体积倍数的关系如图 3.27 所示。

在实验流速范围内（18～90mL/h），交联体系成胶之前的注入压力上升比较平缓稳定；后续水驱阶段的压力梯度都比调剖剂注入过程的压力梯度显著增高，后续说明在岩心里"关井"候凝后，交联体系在岩石里的地下成胶性能良好。在实验流速范围内（72～90mL/h），后续水驱压力梯度比低速（18～36mL/h）的高 3～5 倍，考虑到注入压力过大会伤害地层，再由上述得出的结论，流速越大，交联体系经岩心剪切后的成胶性能越

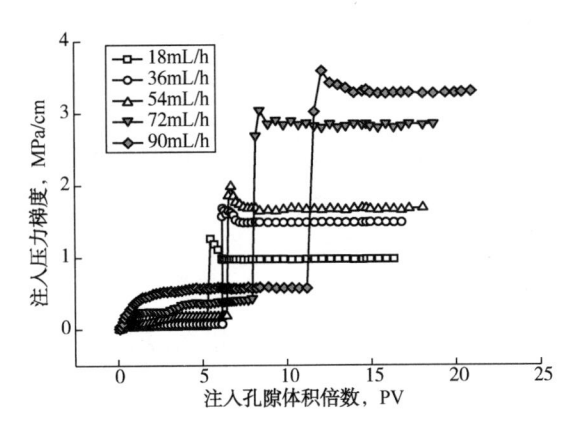

图3.27 不同流速下交联体系注入孔隙体积倍数与注入压力梯度的关系

差，选择流速为30mL/h。

（3）不同时间下交联体系的注入性和地下成胶性能。

选取T-14至T-19号岩心，将配制好的交联体系放置12h、24h、36h和48h时进行岩心渗流实验，驱替速度为30mL/h。体系放置不同时间后进行渗流实验，得到不同注入速度下注入孔隙体积倍数与压差的关系曲线，如图3.28所示。

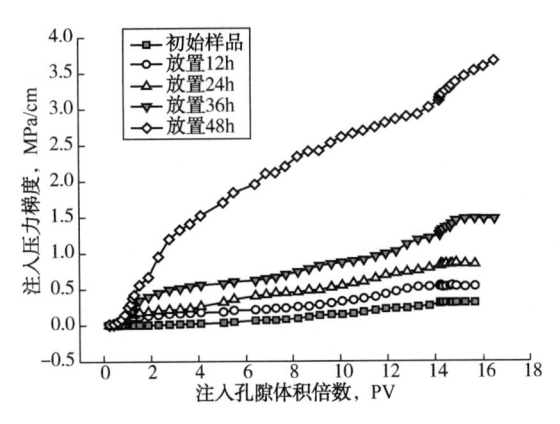

图3.28 不同时间下交联体系注入孔隙体积倍数与注入压力梯度的关系

由图3.28可见，在成胶时间前48h，随着体系交联时间的延长，注入压力梯度呈上升的趋势，注入压力平稳，注入性良好；交联体系放置48h后，随着注入量的增加，体系的注入压力梯度持续上升，并没有出现稳定的状态，分析原因可能是随着放置时间的增长，体系发生交联的程度越大，黏度越大，越难以注入岩心，岩心断面出现堵塞。因此，必须在成胶之前将体系注入地层。

（4）调剖剂在不同渗透率岩心里的注入性和地下成胶性能。

选取JS-1至JS-4号不同渗透率的人造岩心，将配制好的交联体系以30mL/h的注入速度把交联聚合物溶液注入不同渗透率(0.279~1.352D)的岩心，在注入一定孔隙体积后，将岩心夹持器放置在90℃高温的恒温箱里候凝成胶4~5d；取出岩心夹持器，先冲洗岩心入口端面和死体积里的胶团，消除端面堵塞的影响，再以相同的注入速度后续水驱(10PV以上)，直到注入压力基本平稳后结束。交联体系在不同渗透率岩心里的注入压力和注入孔隙体积倍数的关系曲线如图 3.29 所示。

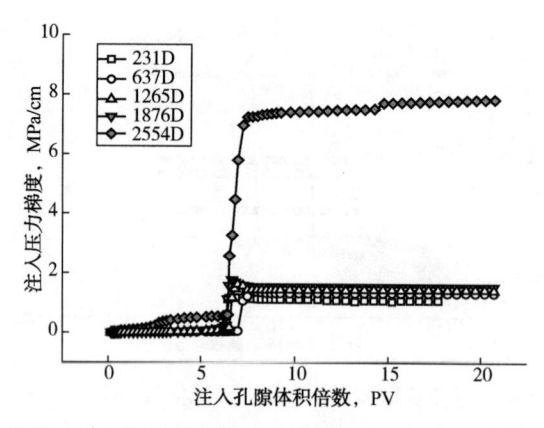

图 3.29　交联体系在不同渗透率岩心的注入压力梯度与注入孔隙倍数的关系

图 3.29 中的注入压力与注入孔隙倍数的曲线表明,交联聚合物在不同渗透率岩心成胶后,在后续水驱过程中的注入压力明显高于成胶之前的交联聚合物溶液的注入压力,说明在岩心里"关井"候凝以后,调剖剂在岩心里成胶,并且产生了明显的封堵效果。

渗透率为 231D 的岩心注入压力梯度明显高于渗透率为 637～2564D 岩心的压力梯度,注入压力不平稳,在相同的注入压力系统,高浓度的交联体系难以注入 231D 的岩心,强行注入会对地层产生伤害;对渗透率为 637～2564D 的岩心,耐温抗盐交联体系在岩心里候凝成胶后产生了明显的封堵效果,封堵后压力梯度比注交联体系的压力梯度大幅度提高。并且岩心渗透率越高,交联体系在高渗透率岩心里的注入压力梯度上升比较平缓,注入性较好,说明交联体系更容易进入孔道较大的高渗透层段和高渗透部位。岩心渗透率越高,后续水驱的压力越大,表明调剖凝胶体系在高渗透岩心里的成胶性能较好,封堵能力更强,分析原因可能是聚合物在渗透率高的岩心中受到的剪切作用相对较小,交联体系成胶性能更好。

3.6.3.3　阻力系数和残余阻力系数

交联聚合物体系在岩石多孔介质中的渗流特性参数,仍然使用聚合物溶液的阻力系数和残余阻力系数来定义。

阻力系数(RF)表示交联聚合物体系在岩石多孔介质中降低水相流度的能力。RF 定义为水相流度 λ_w 与交联聚合物流度 λ_g 的比值,即

$$\mathrm{RF} = \lambda_w / \lambda_p = (K_w / \mu_w) / (K_p / \mu_p) \tag{3.14}$$

残余阻力系数(RRF)表示交联聚合物溶液在岩心多孔介质里成胶后,降低水相渗透率的能力。RRF 定义为注入交联聚合物前、后水相渗透率或流度的比值,即

$$\mathrm{RRF} = K_w / K_{pw} = \lambda_w / \lambda_{pw} \tag{3.15}$$

式中　λ_w——岩心注交联体系前水相流度,mPa·s/D;

　　　λ_{pw}——岩心注交联体系后水相流度,mPa·s/D;

　　　K_w——岩心注交联体系前水相渗透率,D;

K_{pw}——岩心注交联体系后水相渗透率，D。

根据达西公式得到：

$$K = Q\mu L/(A\Delta p) \tag{3.16}$$

$$\lambda = K/\mu = QL/(A\Delta p) \tag{3.17}$$

在恒速条件下，阻力系数和残余阻力系数可以用稳定条件下的压差Δp来计算，将式(3.17)分别代入式(3.14)和式(3.15)得到：

$$RF = \Delta p_p/\Delta p_w \tag{3.18}$$

$$RRF = \Delta p_{pw}/\Delta p_w \tag{3.19}$$

式中　Δp_w——水驱过程的稳定压差，MPa；

　　　Δp_p——注交联聚合物体系的稳定压差，MPa；

　　　Δp_{pw}——注交联聚合物体系后的后续水驱过程的稳定压差，MPa。

实验测定的交联体系在不同渗透率岩心的阻力系数和残余阻力系数见表3.24。

表 3.24　交联体系在不同渗透率岩心的阻力系数和残余阻力系数

岩心号	气测渗透率 mD	孔隙度 %	水测渗透率 mD	阻力系数	残余阻力系数
JS-1	231	26.6	95	46.6	342.1
JS-2	637	30.6	431	58.6	210.4
JS-3	1265	32.3	643	42.3	472.8
JS-4	1876	30.3	784	38.7	535.15
JS-5	2554	29.7	1056	32.8	564.7

由表3.24可以看出，耐温抗盐交联体系在不同渗透率(231~2554D)岩心里的阻力系数为32.8~58.6，产生的残余阻力系数为210~564；岩心渗透率越高，残余阻力系数越大；当岩心的渗透率为1876~2554D时，残余阻力系数最大，达到535~564，说明交联体系在岩心里候凝成胶后，对高渗透地层的封堵作用比对低渗透地层封堵更明显。

上述实验结果表明，交联体系适合于渗透率高、渗透率级差较大的油藏。在高渗透油藏中，在成胶之前溶液推进较顺利，同时高渗透油藏对体系剪切程度较低，交联体系成胶性能更好，黏度较高的凝胶成胶前溶液推进比较顺利，剪切程度较低，成胶体系性能更好，活塞式驱替的可能性更大，因而调驱效果会更佳。

3.6.3.4　封堵率

岩心封堵效率是交联体系在岩心内部成胶后降低岩心渗透率的能力，大小用η表示。封堵率公式为：

$$\eta = \frac{K_w - K_{pw}}{K_w} \tag{3.20}$$

式中　K_w——注交联体系前岩心的水相渗透率，D；

K_{pw}——注交联体系后岩心的水相渗透率，D。

在上述实验中测得交联体系对不同渗透率岩心的封堵效率见表3.25。

表3.25　交联体系的封堵效率实验结果

岩心号	气测渗透率，mD	空隙体积，mL	孔隙度，%	水测渗透率，mD	堵后水测渗透率，mD	封堵效率，%
JS-1	231	9.0	26.6	95	0.2850	99.70
JS-2	637	10.3	30.6	431	2.0482	99.50
JS-3	1265	10.9	32.3	643	1.3631	99.78
JS-4	1876	10.6	31.3	784	1.4650	99.80
JS-5	2554	10.1	29.7	1056	1.8700	99.82

从表3.25的实验结果可知，交联体系对637D以上的高渗透岩心的封堵效果明显，岩心的渗透率越大，封堵效果越好。说明交联体系对高渗透地层的封堵作用更大，堵塞效果更明显，能优先进入高渗透地层，封堵大孔道，增大了高渗透岩心的流动阻力，导致后续注入的流体进入渗透率低的岩心，起到了一定的转向作用。这说明所筛选的交联体系配方合理，容易注入高渗透地层，对高渗透地层产生了有效的封堵作用，能够达到封堵高渗透层，将后续注入流体分流到中、低渗透层的目的。

3.6.4　并联岩心双管模型实验

虽然油层都具有一定孔隙度和渗透率的多孔介质，但它并不是性质均一的均质岩层。通常情况下，油层由许多性质不同的岩层所组成。油层渗透率的高低、油层渗透率非均质性差异都是影响水驱开发油藏提高采收率项目实施效果的重要因素。因此，研究渗透率层间非均质条件下聚合物交联体系调剖效果，就显得十分必要，而且具有重要的实际应用价值。

3.6.4.1　并联岩心改善吸水剖面实验

凝胶对不同渗透率地层的选择性封堵，可以用并联岩心调剖实验来模拟。由于地层在不同层位之间渗透率的差异，使调剖剂有不同的渗流特点。因此，岩心并联改善吸水剖面实验对于凝胶在现场应用中选择性封堵具有很好的评价作用。剖面改善率可反映调驱剂对纵向上的选择性，其定义是调剖前后高低渗透层吸水量比的差与调剖前高低渗透层吸水比的比值，即

$$f = \frac{Q_{hb}/Q_{ib} - Q_{ha}/Q_{ia}}{Q_{hb}/Q_{ib}} \times 100\% \quad (3.21)$$

式中　Q_{hb}——注入交联体系前高渗透层的吸水量，mL；
　　　Q_{ha}——注入交联体系后高渗透层的吸水量，mL；
　　　Q_{ib}——注入交联体系前低渗透层的吸水量，mL；
　　　Q_{ia}——注入交联体系后低渗透层的吸水量，mL。

选用JK-1至JK-6号不同渗透率的岩心，组成三组并联岩心模型，模拟现场注入顺序，以低速注入配制好的交联聚合物溶液0.5PV，在90℃下候凝成胶7~10d，冲洗入口端

面，后续水驱 5PV 以上，过程中记录注入压差及两岩心的流量等数据。实验结果见表 3.26。

表 3.26 双管并联岩心模型的物性参数和剖面改善率实验结果

组号	岩心号	气测渗透率 mD	渗透率级差	相对产液比 堵前	相对产液比 堵后	剖面改善率,%
#1	JK-1	635	1.86	80.72	62.38	60.4
#1	JK-2	341	1.86	19.28	27.62	60.4
#2	JK-3	1548	4.03	84.64	60.41	72.3
#2	JK-4	384	4.03	15.36	39.59	72.3
#3	JK-5	2246	6.04	89.23	61.64	80.6
#3	JK-6	372	6.04	10.77	38.36	80.6

由表 3.26 可以看出，渗透率级差越大，调驱剂的选择进入性越强，进入高渗透层的调驱剂越多，对其封堵性越强，相应的剖面改善率越高。交联体系对并联岩心的吸水剖面有一定改善作用，剖面改善率在 60% 以上。这说明所配制的交联体系在岩心中成胶性能较好，能封堵高渗透层，增大高渗透岩心的流动阻力，使后续注入的流体进入渗透率低的岩心，提高垂向波及系数。

高渗透岩心因其渗透率大、流动阻力小，水驱时分流率大于中—低渗透岩心，相应采出程度也大。正是由于采出程度大促使高渗透层流动阻力进一步减小，交联聚合物驱时大部分溶液进入其中，交联体系的吸附和滞留作用以及成胶后对高渗透层的封堵作用引起高渗透层渗透率下降、流动阻力增加和注入压力上升，导致更多液体进入中—低渗透层，扩大了波及体积，改善了层间差异。如图 3.30 所示，在注入聚合物交联体系后，由于层间非均质性导致的吸水程度差异过大的矛盾得到了很大程度的改善。

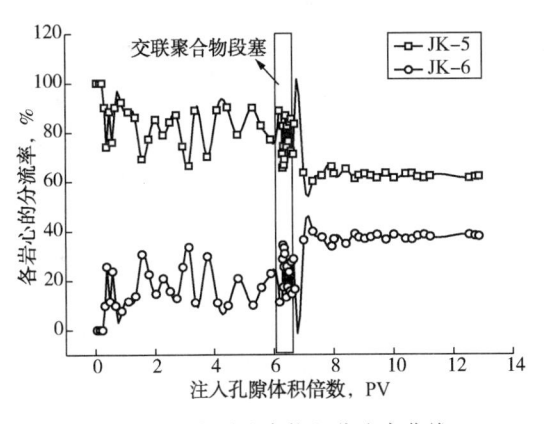

图 3.30 交联聚合物驱分流率曲线

3.6.4.2 并联岩心驱油实验

选用 JK-7 至 JK-12 号不同渗透率的岩心组成并联岩心模型。以低速饱和模拟油，使岩心基本达到或接近原始含油饱和度，建立束缚水饱和度；以低速进行水驱油，直至含水率达到 100% 为止，获得水驱采收率；以相同低速交联聚合物段塞 0.5PV，计算阶段采收率提高值；以相同低速进行后续水驱，至含水率100%时结束，获得最终采收率，并计算提高采收率值。实验结果见表3.27。

表3.27 双管并联岩心模型岩心参数和驱油实验结果

组号	岩心号	气测渗透率 mD	渗透率级差	采收率,% 水驱	采收率,% 最终	提高采收率 百分点
#4	JK-7	2263	3.51	56.81	66.42	9.61
	JK-8	646		20.19	43.23	23.04
#5	JK-9	2093	3.68	52.31	71.14	12.83
	JK-10	569		21.65	47.11	25.46
#6	JK-11	2027	3.72	58.60	73.12	14.52
	JK-12	545		21.15	48.13	26.98

从表3.27可以看出，渗透率不同的岩心组合，交联体系调驱效果是不一样的。低渗透岩心的流动阻力要远远高于高渗透岩心的，所以油层水驱动用情况最差。由表3-27可见，高渗透岩心JK-7、JK-9和JK-11的水驱采收率为52%~58%，低渗透岩心JK-8、JK-10和JK-12的水驱采收率为21%~22%，说明了由于渗透率级差，水驱动用程度差异矛盾加剧。注入交联体系后，注剂对双管岩心的宏观非均质性进行了一定的调节，即"封堵"高渗透层，使采收率又有一定程度的上升。

图3.31为交联体系方案的驱油动态曲线，可以对交联体系的作用机理做进一步说明。

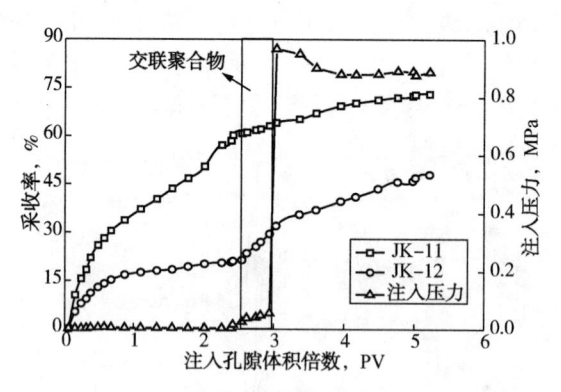

图3.31 并联岩心驱油动态实验曲线

由图3.31可以看出，水驱阶段刚开始有一段很短的无水采油期，表现为注入压差升高，采收率上升很快。由于双管岩心的非均质性，注入水很快沿高渗透层突进并突破，参与流动的水增多，注入压差开始有所下降并逐渐稳定，采收率也有所上升，最终高渗透层采收率为58.6%，低渗透层采收率为21.15%。低渗透层部分还有很大一部分剩余油。

交联体系驱阶段，由于注入时体系还没有成胶，故保证了体系的可注入性。交联体系先进入流动阻力小的高渗透层，由于体系有一定的黏度，使流动阻力变大，注入压差上升，使驱替剂进入更细的孔隙，波及渗透率更低部分的原油，采收率有一定升高。

后续水驱阶段，交联体系在成胶后进行后续水驱。由于交联剂先进入流动阻力小的高渗透层，故成胶后对高渗透层有很强的封堵作用，注入水不再沿高渗透层突进，注入压力升高很大，注入压差的升高一方面可以让注入水进入渗透率更低的渗透层，调整了吸液剖面，动用此层中的剩余油，增加了低渗透岩心中的采收率；另一方面，高渗透层注入压差的增高也可以使注入水进入岩心中更细的孔隙，从而增加微观波及系数，提高高渗透岩心的采收率。后续水驱结束，高—低渗透岩心在水驱基础上分别增加采收率14.52%和26.98%。

3.6.5 小结

（1）岩心的剪切对体系成胶性能有一定的影响，驱替速度越大，经剪切后体系成胶后的黏度损失越大。

（2）在矿化度为200000mg/L、温度为90℃条件下，优选出的耐温抗盐交联体系配方在中、高渗透岩心中具有较好的注入性和成胶性能，交联体系在岩心内部成胶后，能有效地封堵高渗透层，封堵率高，剖面改善性好，能有效地提高最终采收率。

3.7 现场应用

为了考察疏水缔合聚合物体系现场效果，以滨南采油厂郑36-9-8稠油井进行现场试验。滨南油区稠油主要分布于单家寺油田和王庄油田，探明原油储量为13011.06×10^4t，单家寺油田经过近20年的开采，蒸汽吞吐轮次较多，井网密度越来越大，油井之间的气窜现象越来越严重，严重影响了油田提高采收率。该井自2016年生产S12层后，第一周取得了较好的效果，周期产油610t。但第二周注汽压力明显下降，开井后基本全水，判断为S12层间水。气窜问题已严重影响到该油井的稳定生产。

3.7.1 施工设计的优化

结合以往封堵经验和凝胶体系的特点，对施工过程进行优化。以郑36-9-8稠油井施工为例，周期生产情况如图3.32所示。

采用三段段塞施工设计(施工排量5~10m³/h，可根据施工压力进行调整)，具体过程如下：

（1）第一段塞注入聚合物体系140m³，排量为6m³/h，泵压控制在10MPa以下，第一段塞完毕后关井稳定1d。

（2）待井口压力降为零后，将注入管上提，注入第二段塞堵剂150m³，排量为5m³/h，压力控制在7~12MPa之间，第二段塞注入完毕后关井稳定1d。

（3）待井口压力降为零后，将注入管上提，注入第三段塞堵剂160m³，排量为5m³/h，压力控制在7~12MPa之间。

（4）每个段塞注入完毕后，分别正反顶替5m³、10m³浓度较低的聚合物溶液。

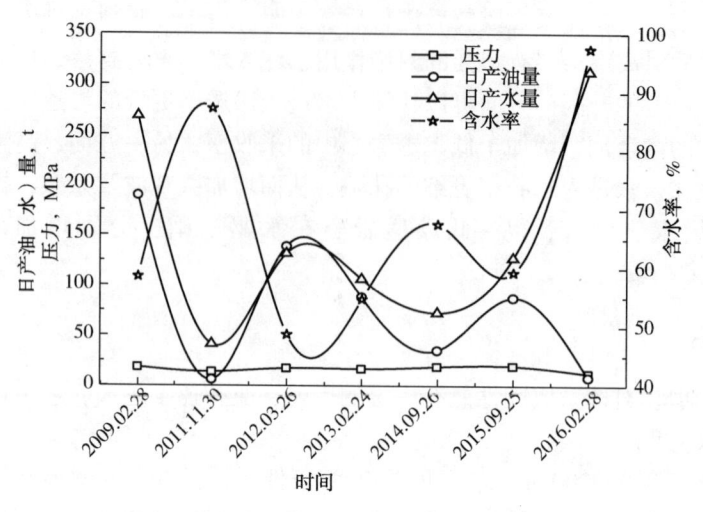

图 3.32　郑 36-9-8 稠油井周期生产情况

3.7.2　应用效果

自 2016 年 12 月起实施井组试验，效果显著，含水率由 98% 下降至 92%，目前维持在 90% 左右，增油降水效果明显(图 3.33)。

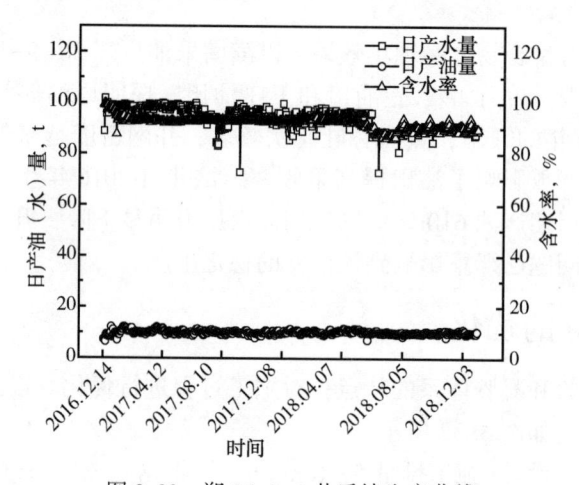

图 3.33　郑 36-9-8 井后续生产曲线

第4章 耐温抗盐表面活性剂的合成与应用

非离子表面活性剂在溶液中不解离，具有较好的耐盐性能，但耐温性能较差；阴离子表面活性剂有较好的耐温性能，但其耐盐能力较差；而阴离子表面活性剂和非离子表面活性剂复配体系会出现色谱分离的现象，不能满足高温高盐油藏的要求。因此，合成具有阴—非两性耐温抗盐表面活性剂成为研究的新方向。

4.1 新型阴—非两性耐温抗盐表面活性剂的合成

目前，江汉油田周16井区油藏温度达到107℃左右，地层水的矿化度为300000mg/L，其中二价阳离子(以钙为主)含量1000mg/L。针对周16井区活性剂驱采收率低的现状，急需研发相关耐温抗盐表面活性剂来解决目前产生的问题和矛盾。针对周16井区存在的上述问题，从单体苯酚和苯乙烯的合成出发，以苯乙烯化苯酚为反应初始中间体，经环氧丙烷和环氧乙烷的醚化反应及其后续的硫酸酯化和中和反应，制备出聚氧丙烯聚氧乙烯嵌段聚醚类阴—非两性耐温抗盐表面活性剂，以期为现场提供一定的理论指导。

4.1.1 实验仪器材料

4.1.1.1 实验试剂

实验中所用试剂包括苯乙烯、无水乙醇、苯酚、环氧乙烷、环氧丙烷、发烟硫酸、亚硫酸氢钠、氢氧化钾、氢氧化钠、氯化钠，上述试剂除发烟硫酸为化学纯外，其余皆为分析纯。

4.1.1.2 实验仪器

本合成实验所涉及的实验仪器主要包括精密电子天平、电动搅拌器、恒温水浴槽、高温高压反应釜、循环水式真空泵、电热鼓风干燥箱、旋转蒸发仪等。

4.1.2 结果与讨论

4.1.2.1 苯乙烯化苯酚的合成

对苯酚和苯乙烯的合成进行了深入的研究，并对反应条件进行了优化，具体条件为：苯酚和苯乙烯物质的量比为1:5；催化剂为硫酸；阻聚剂为对苯二酚(加量：苯乙烯质量的0.5%）；反应温度为120℃。

在反应过程中，苯酚、催化剂和阻聚剂先加入，苯乙烯采用恒压滴液漏斗逐滴加入（2~3h滴加完毕），以减少苯乙烯自聚副反应的发生。

经理论分析和室内实验合成发现，图4.1所示反应存在如下副反应：（1）苯乙烯自聚；（2）苯乙烯多取代产物的生成；（3）苯酚氧化；（4）苯酚磺化。由于存在上述大量的副反应，使得分离提纯的工作难度特别大，目前产物的收率只保持在20%左右。

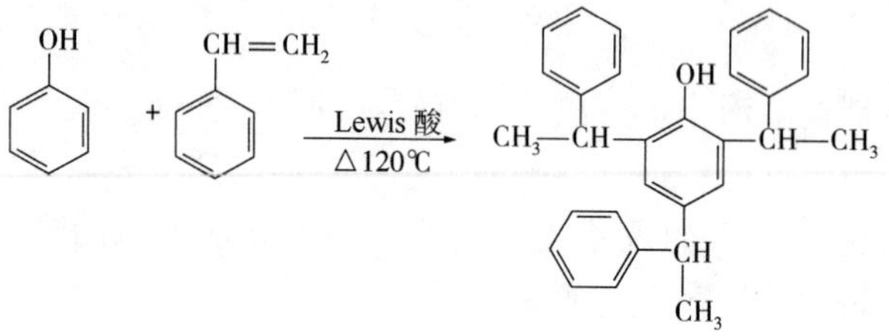

图4.1 三苯乙烯化苯酚的合成

上述原因和情况使得现阶段购买市售苯乙烯化苯酚中间体样品变成一种重要的技术思路，即采用市售中间体样品直接进行下一步的醚化反应。目前，已获取一定的苯乙烯化苯酚中间体样品，此样品组分包括二取代苯乙烯化苯酚（90%）、单取代苯乙烯化苯酚（5%左右）和三取代苯乙烯化苯酚（5%左右）。拟采用此中间体样品，以二取代苯乙烯化苯酚为主要反应底物进行下一步的醚化反应、硫酸酯化反应及中和反应。

4.1.2.2 环氧丙烷醚化反应

（1）实验过程。

将苯乙烯化苯酚中间体和环氧丙烷进行醚化反应，典型反应方程式如图4.2所示。

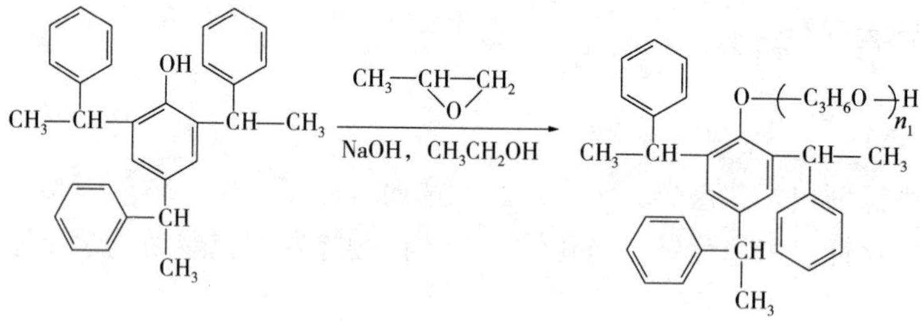

图4.2 苯乙烯化苯酚中间体和环氧丙烷的醚化反应式

第一步醚化反应：将一定比例的酚、环氧丙烷和酚摩尔分数8.0%的KOH（催化剂）加入反应釜中，将反应釜抽真空和通氮气循环三次保证其真空环境，150℃下反应5.0h，磁力搅拌转速为500r/min。将中间体产物配制成一定浓度的溶液，随后采用日本岛津公司生产的UV-2201型紫外分光光度计测定溶液在特征吸收峰276.5nm处的吸光度。利用标准曲线得出混合溶液中目标产物的浓度，并由此计算相应的收率。在上述最优化条件下，中间体产物的收率为85.6%。

(2)反应条件优化。

合成反应涉及的影响因素较多,包括反应温度、反应时间及催化剂加量等,为了较快地确定合成反应的最优化条件,采用正交试验方法确定了醚化反应的最佳条件(下同)。针对环氧丙烷醚化反应,正交试验的因素水平表设计见表4.1。

表4.1 基于环氧丙烷醚化反应的三因素四水平表

水平	实验因素			指标(反应产率,%)
	反应温度,℃	反应时间,h	催化剂加量,%	
1	100	0.5	2	
2	120	1.5	8	
3	150	3.0	15	
4	170	5.0	30	

基于因素水平表,相应的三因素四水平正交表 $L_{16}(4^3)$ 设计见表4.2。

通过表4.2可以看出,环氧丙烷醚化反应的最佳条件为:反应温度为150℃,反应时间为5.0h,催化剂用量为中间体苯乙烯化苯酚摩尔数的8%。根据表4.2,可得出分析结果,见表4.3。通过表4.3中的方差分析可以看出,相比于其他两种影响因素,反应温度对醚化反应的影响最大。

表4.2 基于环氧丙烷醚化反应的三因素四水平正交表

实验号	反应温度,℃	反应时间,h	催化剂加量,%	反应产率,%
1	100	0.5	2	65.2
2	100	1.5	8	70.7
3	100	3.0	15	71.4
4	100	5.0	30	73.8
5	120	0.5	8	70.5
6	120	1.5	2	72.3
7	120	3.0	30	77.9
8	120	5.0	15	78.2
9	150	0.5	15	76.82
10	150	1.5	30	80.2
11	150	3.0	2	72.35
12	150	5.0	8	85.6
13	170	0.5	30	77.5
14	170	1.5	15	79.2
15	170	3.0	8	80.7
16	170	5.0	2	78.1

表 4.3 基于环氧丙烷醚化反应的正交试验结果分析

指标(反应产率,%)	反应温度	反应时间	催化剂加量
K_1	70.28	72.51	71.99
K_2	74.73	75.6	76.88
K_3	78.74	75.59	76.41
K_4	78.88	78.93	77.35
R	8.6	6.42	5.36

4.1.2.3 环氧乙烷醚化反应

（1）实验过程。

第二步醚化反应：将反应釜抽真空和通氮气循环三次保证其真空环境，以一定比例加入 0.05mol 醚化中间体和 3mol 环氧乙烷，随后注入酚摩尔分数 15% 的 KOH 于反应釜中。120℃下反应 5h，磁力搅拌转速为 500r/min。相应的反应方程式如图 4.3 所示。

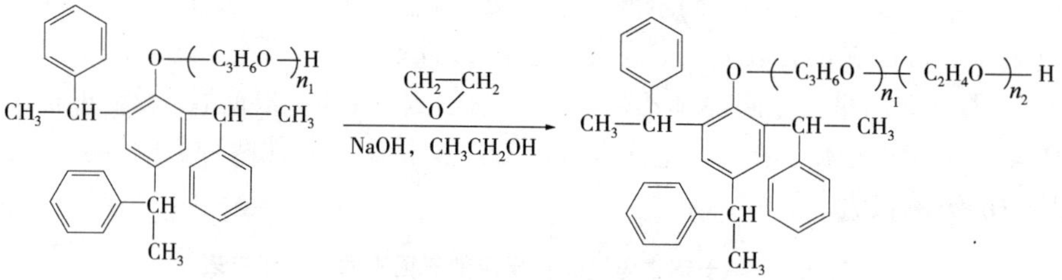

图 4.3 嵌段聚醚类非离子表面活性剂的合成

将中间体产物配制成一定浓度的溶液，随后采用 UV-2201 型紫外分光光度计测定溶液在特征吸收峰 224nm 处的吸光度。利用标准曲线得出混合溶液中目标产物的浓度，并由此计算相应的收率。在上述最优化条件下，中间体产物的收率为 83.6%。

（2）反应条件优化。

针对环氧乙烷醚化反应，正交试验的因素水平表设计见表 4.4。

表 4.4 基于环氧乙烷醚化反应的三因素四水平表

水平	实验因素			指标(反应产率,%)
	反应温度,℃	反应时间,h	催化剂加量,%	
1	100	0.5	2	
2	120	1.5	8	
3	140	3.0	15	
4	160	5.0	30	

基于表 4.4，相应的三因素四水平正交表 $L_{16}(4^3)$ 设计见表 4.5。

表 4.5 基于环氧乙烷醚化反应的三因素四水平正交表

实验号	反应温度,℃	反应时间,h	催化剂加量,%	反应产率,%
1	100	0.5	2	62.8
2	100	1.5	8	69.4

续表

实验号	反应温度,℃	反应时间,h	催化剂加量,%	反应产率,%
3	100	3.0	15	72.6
4	100	5.0	30	74.8
5	120	0.5	8	76.8
6	120	1.5	2	75.5
7	120	3.0	30	80.3
8	120	5.0	15	83.6
9	140	0.5	15	74.8
10	140	1.5	30	80.1
11	140	3.0	2	72.6
12	140	5.0	8	79.5
13	160	0.5	30	77.6
14	160	1.5	15	78.2
15	160	3.0	8	78.9
16	160	5.0	2	70.5

通过表4.5可以看出，环氧乙烷醚化反应的最佳条件为：反应温度为120℃，反应时间为5.0h，催化剂用量为中间体苯乙烯化苯酚摩尔数的15%。根据表4.5，可得出分析结果，见表4.6。通过表4.6中的方差分析可以看出，相比于其他两种影响因素，反应温度对环氧乙烷醚化反应的影响最大。

表4.6 基于环氧乙烷醚化反应的正交试验结果分析

指标(反应产率,%)	反应温度	反应时间	催化剂加量
K_1	69.9	73	70.35
K_2	79.05	75.8	76.15
K_3	76.75	76.1	77.3
K_4	76.3	77.1	78.2
R	9.15	4.1	7.85

4.1.2.4 硫酸酯化反应和中和反应

（1）反应过程。

选用发烟硫酸作为硫酸酯化试剂，1,2-二氯乙烷(先经无水硫酸钠干燥之后，过滤得到无水1,2-二氯乙烷)作为反应溶剂；实验中发烟硫酸置于恒压滴液漏斗中，在冰盐浴的条件下1.5h之内逐滴滴加完毕。滴加完毕之后，将一定物质的量比的醚化中间体与发烟硫酸于室温25℃下反应48h。具体涉及的反应方程式如图4.4所示。

反应完毕，采用旋转蒸发仪将溶剂1,2-二氯乙烷和发烟硫酸蒸掉，得到苯乙烯酚嵌段聚醚中间体。

苯乙烯酚嵌段聚醚中间体与当量的NaOH在冰水浴的条件下缓慢中和(实时监测反应液pH值达到8即停止反应)，并蒸掉水分而得到最终产物。依据产物与亚甲基蓝在酸性条件下产生蓝色化合物的原理，以氯仿萃取该蓝色化合物后，用比色法测定产物的含量(基

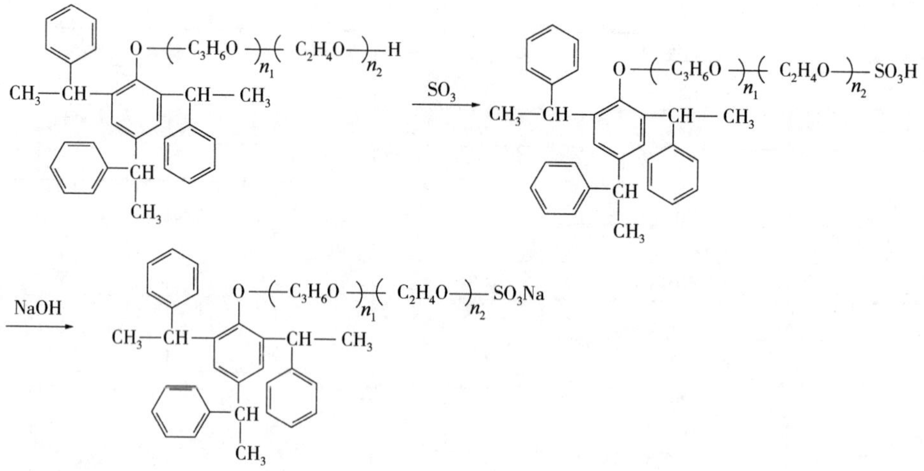

图4.4 阴—非两性离子表面活性剂的合成

于紫外—可见分光光度法,在波长651nm处测定吸光度即可)。在上述最优化条件下,产物的收率为80.8%。

(2)合成条件优化。

针对硫酸酯化反应,正交试验的因素水平表设计见表4.7。

表4.7 基于硫酸酯化反应的三因素四水平表

水平	实验因素			指标
	反应温度,℃	反应时间,h	醚化产物与三氧化硫之比	(反应产率,%)
1	0	5	1:1.0	
2	15	12	1:1.1	
3	25	24	1:2.0	
4	40	48	1:3.0	

基于表4.7,相应的三因素四水平正交表$L_{16}(4^3)$设计见表4.8。

表4.8 基于硫酸酯化反应的三因素四水平正交表

实验号	反应温度,℃	反应时间,h	醚化产物与三氧化硫之比	反应产率,%
1	0	5	1:1.0	64.2
2	0	12	1:1.1	65.9
3	0	24	1:2.0	70.5
4	0	48	1:3.0	73.2
5	15	5	1:1.1	72.1
6	15	12	1:1.0	76.2
7	15	24	1:3.0	75.2
8	15	48	1:2.0	74.9
9	25	5	1:2.0	70.8

续表

实验号	反应温度,℃	反应时间,h	醚化产物与三氧化硫之比	反应产率,%
10	25	12	1:3.0	76.05
11	25	24	1:1.0	77.9
12	25	48	1:1.1	80.8
13	40	5	1:3.0	75.6
14	40	12	1:2.0	71.2
15	40	24	1:1.1	70.7
16	40	48	1:1.0	69.5

通过表4.8可以看出，硫酸酯化反应的最佳条件为：反应温度为5℃，反应时间为48h，醚化产物与发烟硫酸中的三氧化硫之比为1:1.1。根据表4.8，可得出分析结果，见表4.9。通过表4.9中的方差分析可以看出，相比于其他两种影响因素，反应温度对硫酸酯化反应的影响最大。

表4.9 基于硫酸酯化反应的正交试验结果分析

指标(反应产率,%)	反应温度	反应时间	醚化产物与三氧化硫之比
K_1	68.45	70.68	71.95
K_2	74.6	72.34	72.38
K_3	76.39	73.58	71.85
K_4	71.75	74.6	75.01
R	7.94	3.92	3.16

在阴—非两性离子表面活性剂的合成中，所用反应底物的比例(中间体酚：环氧丙烷：环氧乙烷)对最终产物的水溶性及其界面活性起着重要的作用。鉴于此，考察了中间体酚、环氧丙烷与环氧乙烷物质的量比对合成产物水溶性及其界面活性的影响(表4.10)。

表4.10 反应底物比例对产物水溶性及其界面活性的影响

中间体酚、环氧丙烷与环氧乙烷物质的量比	合成产物水溶性	合成产物界面张力 10^{-2} mN/m
1:10:60	表面活性剂溶解，体系呈均相，较透明	15.22
1:20:60	表面活性剂溶解，体系呈均相，较透明	8.97
1:25:60	表面活性剂溶解，体系呈均相，较透明	5.65
1:30:60	表面活性剂部分溶解，较浑浊	13.98
1:50:60	表面活性剂部分溶解，较浑浊	18.06

表4.10体现了中间体酚、环氧丙烷与环氧乙烷物质的量比对合成产物水溶性及其界面活性的影响。通过表4.10可以看出，当中间体酚、环氧丙烷与环氧乙烷物质的量比为

1∶25∶60时,所合成产物的水溶性最佳,此时体系呈均相透明溶液,且产物溶液[0.10%(质量分数)]与油之间的界面张力可达到5.65×10^{-2} mN/m(高温处理表面活性剂24h,40℃下测定界面张力),故选择中间体酚、环氧丙烷与环氧乙烷物质的量比为1∶25∶60为最优比例。

综上所述,基于两步醚化反应、硫酸酯化反应和中和反应的反应收率,可得产物的最终总产率为:85.6%×83.6%×80.8%=57.82%。

4.1.3 产物结构表征

为了确定所合成的目标产物的具体分子结构,采用TENSOR 27红外光谱仪对合成表面活性剂分子的具体官能团进行测定。

取少量合成表面活性剂样品置于溴化钾晶片中间,用另一片晶片压紧,样品的厚度可以通过液池的螺栓来调节,具体红外测定结果如图4.5所示。其中,图4.5(a)至图4.5(h)为不同收率下合成表面活性剂分子的红外谱图,以图4.5(a)为例说明不同红外吸收峰所对应的具体官能团。图4.5(a)中,690~936cm^{-1}之间的多个面外弯曲振动吸收峰归属于苯环的多取代官能团;1475cm^{-1}处的吸收峰是苯环的C—C骨架振动吸收峰;1245cm^{-1}处的吸收峰是硫酸酯基的伸缩振动峰,1103cm^{-1}处的伸缩振动吸收峰归属于嵌段聚醚部分的官能团,由此可以判断已成功合成目标产物。

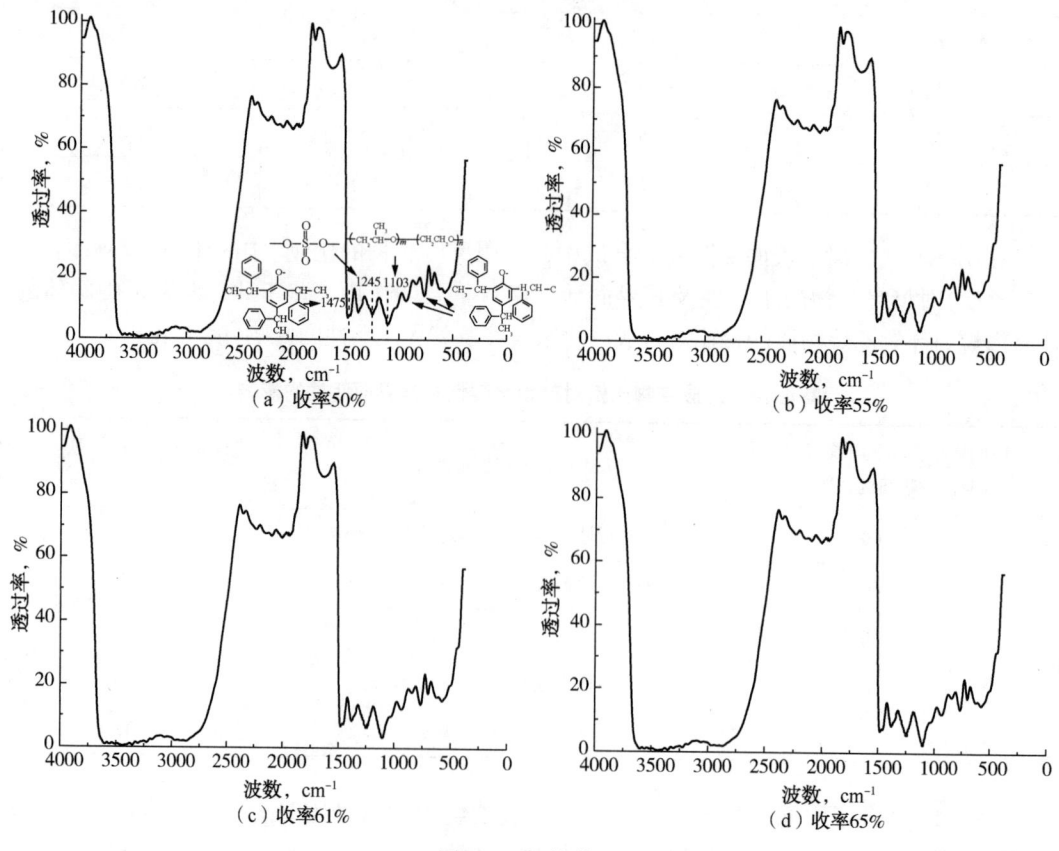

图4.5 红外谱图

(e) 收率69%

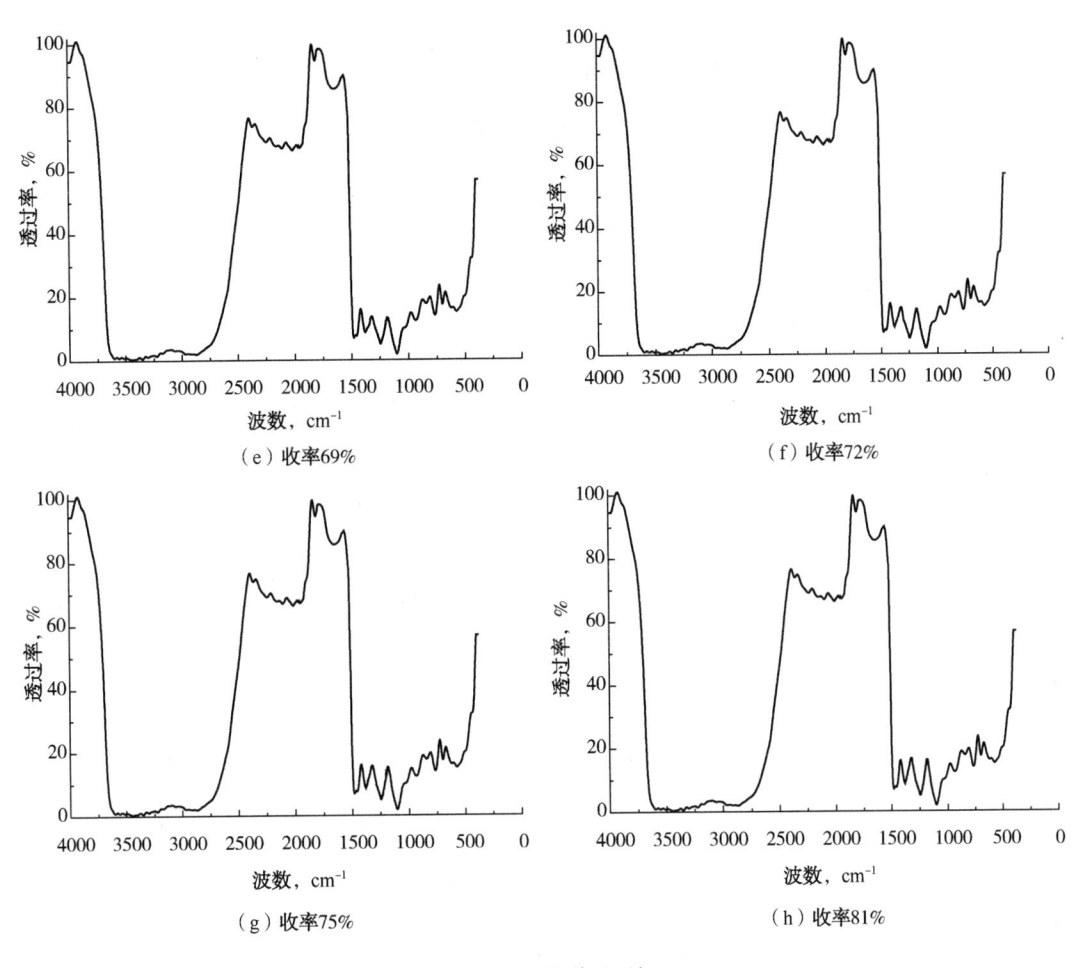

(f) 收率72%

(g) 收率75%

(h) 收率81%

图 4.5　红外谱图(续)

4.1.4　小结

本节主要讲述新型耐温抗盐表面活性剂的合成，并对相应的合成条件及其界面张力进行了研究，得出以下结论：

(1) 环氧丙烷醚化反应的最佳条件为：反应温度为150℃，反应时间为5.0h，催化剂用量为中间体苯乙烯化苯酚摩尔分数的8%。

(2) 环氧乙烷醚化反应的最佳条件为：反应温度为120℃，反应时间为5.0h，催化剂用量为中间体苯乙烯化苯酚摩尔分数的15%。

(3) 硫酸酯化反应的最佳条件为：反应温度为25℃，反应时间为48h，醚化产物与发烟硫酸中的三氧化硫之比为1∶1.1。

(4) 当中间体酚、环氧丙烷与环氧乙烷物质的量比为1∶25∶60时，所合成产物的水溶性最佳，此时体系呈均相透明溶液，且产物溶液与油之间的界面张力可达到$5.65×10^{-2}$mN/m。

4.2 耐温抗盐表面活性剂复配体系的确定

4.2.1 实验材料与方法

4.2.1.1 江汉模拟地层水

本研究周16井区相应的模拟地层水离子组成见表4.11。

表4.11 模拟地层水离子组成

地层水离子	Na^+	Ca^{2+}	Mg^{2+}	Cl^-	SO_4^{2-}	HCO_3^-	总矿化度,mg/L
含量,mg/L	92215.74	751.50	76.00	140913.75	3482.18	343.24	237782.41

4.2.1.2 所用表面活性剂

本研究所用的表面活性剂及其相应信息见表4.12。

表4.12 实验所用表面活性剂

表面活性剂名称	表面活性剂代码	规格	生产厂家
—	HABS	工业级	上海植信化工有限公司
AES	AES	工业级	广州市度特化工有限公司
α-烯烃磺酸钠(AOS)	α-AOS	工业级	菏泽市牡丹区三和源化工有限公司
尼纳尔(Ninol)	LDEA	工业级	江苏省海安石油化工厂
驱油剂205	驱油剂205	工业级	上海楚星化工有限公司
氟碳类表面活性剂	FC-SAa	工业级	上海德茂化工有限公司

4.2.1.3 界面张力测定方法

界面张力的测量方法是将油珠悬浮在水中,在高速旋转水平轴旋转下将油珠拉成柱形,柱体的直径与界面张力有关。在相同条件下,油柱直径越小,界面张力越低。实验操作步骤如下:

(1)用微量注射器推入水样,用微量注射器推入4~8μL油样后迅速抽出针头,将油滴留在毛细管的中部。

(2)打开电源开关,接通电源,马达转动调节温度至室温,调整转速到5000~7000r/min。

(3)测定时调整读数旋钮,油柱直径 Y 单位是 10^{-4} m。若油柱的长度小于直径的4倍时,应在油柱直径测量后再用读数显微镜测出油柱的长度。

(4)每隔一定时间读数一次,直到三次连续读数在±0.001cm以内,即可认为体系已达到平衡,结束测定。

(5)用密度瓶测定室温下油样、水样的密度,用折射仪测定水样的折射率。

(6) 数据处理。

当油柱长度大于油柱直径的 4 倍时,界面张力计算公式为:
$$\gamma = 1.2336\Delta\rho(Y/n)^3/P^2 \tag{4.1}$$

当油柱长度小于油柱直径的 4 倍时,界面张力计算公式为:
$$\gamma = 1.2336\Delta\rho(Y/n)^3 f(Z/Y)P^2 \tag{4.2}$$

式中 γ——油水界面张力,mN/m;

P——转速的倒数,ms/r;

Z——油柱的长度,10^{-4}m;

Y——油柱直径,10^{-4}m;

$\Delta\rho$——油水相密度差,g/cm³;

n——水相折射率;

$f(Z/Y)$——校正因子。

$\Delta\rho$、Y、P、n 等均为试验读数,校正因子可以查校正因子表得到。

本研究中界面张力的测定温度为 40℃,下同。

4.2.2 表面活性剂体系界面活性的分子动力学模拟

溶液当中添加适量的表面活性剂可以获得低界面张力,从而能够有效地增强体系的驱油效率。在表面活性剂的实验合成过程中,如合成烷基甲基萘磺酸盐,往往会由于实验条件的影响很难合成出双磺酸基的产品,实验手段很难实现。如果可以不必考虑实验合成的难易程度,而直接从理论层次对比表面活性剂的优劣以及界面活性的影响因素,无疑可以将设计表面活性剂的目标和方向变得明了和容易。利用分子模拟技术,可以避开实验合成的难度,预测一些单一表面活性剂及复配体系界面活性的优劣,从微观角度进行分子动力学模拟计算,进而为多官能团表面活性剂的设计提供理论指导。

分子模拟技术主要有量子力学法、分子力学法、分子动力学法及蒙特卡洛法。量子力学法用于描述电子结构的变化情况;分子力学法主要侧重描述基态原子结构的变化情况,其实严格意义上,量子力学法和分子力学法描述的都是 OK 和真空状态下的分子结构的变化;分子动力学法则比较贴切实际,可用于描述各种温度及压力下物质结构的变化过程和规律;蒙特卡洛法主要是通过引入玻尔兹曼因子来描述各种温度下模拟对象的平均结构。几种模拟方法其实都是基于两个层次:一种是微观尺度层次上的模拟,比如建立原子尺度上的表面活性剂、油、水分子模型,模拟对象是单分子,模拟的计算量很大,量子力学法、分子力学法和分子动力学法都是基于这种尺度层次的模拟方法;另外一种是介观尺度层次上的模拟,比如将多个表面活性剂、油、水分子抽象成一个大的"粒子",相同的体系,模拟对象的个数较单分子明显减少,从而扩大模拟的时间尺度和空间尺度,模拟的计算量相对较小。

本研究使用的是 Accelrys 公司研发的 Materials Studio (MS) 软件。

4.2.2.1 分子动力学模拟相关简介

(1) MS 模拟软件介绍。

MS 是专门为材料科学领域研究者开放的一种能够运行在个人计算机上的模拟软件,

它可以运行在台式机、各类型服务器和计算机集群等硬件平台上,广泛应用于石油化工、生物制药、航空航天、环境能源、机械制造、食品染料、电子工程等领域的技术开发和科研教育教学之中,常见的构建模块有 Visualizer 模块和 Amorphous Cell 模块。

① Visualizer 模块又称三维可视化构建模块,是 MS 的核心模块之一,主要用于可视化模型的构建,它本身不能进行模拟计算。

② Amorphous Cell 模块亦是常用的构建模块,可以构建一定数量的分子、聚合物和混合体系等有序或无序的系统模型,亦不能用于计算。

除上述两个建模和模型处理模块外,用于计算的模块可以分为如下三类。

① 量子化学计算模块。基于密度泛函理论(DFT)的计算模块,包括 CASTEP 模块和 DMol 模块等。其方法是使用一套完整的量子化学计算程序,计算微小材料体系的密度分布、电子结构、能带分布、表面重构等静态性质。

② 分子动力学模块。基于经典牛顿力学的计算模块,主要包括 Discover 模块和 Forcite 模块等,在建立完模型构型和选择合适的力场之后,对体系进行动力学模拟计算,求解牛顿运动方程是计算的关键所在。分子动力学模块可用于模拟界面吸附、相变化、胶束的形成过程以及热力学性质等变化过程和静态性质。

③ 介观模拟模块。介观模拟模块主要包括 DPD 模块和 Mesocite 模块。DPD 模块用于模拟较大尺度范围的复杂体系;Mesocite 模块主要采用粗粒化的方法进行研究,适用于胶束溶液、大分子聚合物等时间和空间尺度比较大的介观体系模型。

(2) 分子动力学(MD)模拟。

分子动力学模拟的基本思想是在一定的系综及位能函数约束下,根据力场描述粒子的能变。通过求解牛顿运动方程,得到体系中微观状态下各分子位置和速度随时间变化的轨迹,进而求得体系的压力、能量、扩散系数、黏度等宏观性质以及各组分粒子的空间分布。在 MS 中,分子动力学是在 Forcite 模块中完成的。

分子动力学模拟的基本理论是经典力学理论,而不是量子力学理论,这是因为在模拟大体系时,目的是得到模量、扩散系数等统计性质的量,而这些量主要受原子核位置的影响,与原子和周围电子的运动状况关系不大,因而量子力学并不需要。分子动力学中求解牛顿运动方程成为关键。

分子模拟的对象数量有限,粒子数一般为几百个到几千个,为了实现以虚代实,以微观反映宏观,使用如此微小的体系来模拟宏观体系的性质,在模拟中引入周期性边界条件。模拟盒子是微观体系,周期性边界条件是以模拟盒子为中心,通过在各个方向上复制相同的模拟盒子,大体系是宏观体系,但是只以模拟盒子为宏观的代表,既消除了边界效应的影响,同时又不加大模拟计算的工作量,从而真实有效地模拟宏观体系的性质,如图 4.6 所示。

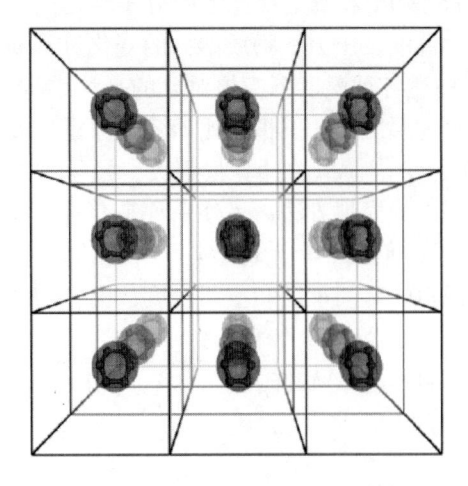

图 4.6 周期性边界条件示意图

4.2.2.2 分子动力学模拟具体过程

(1) 研究对象。

选用市售成熟的表面活性剂驱油剂 205 为研究对象,其主要成分之一为烷基苯磺酸钠。研究的 4 种体系及其代码如下(下同):0.01%(质量分数)驱油剂 205(SAa1),0.02%(质量分数)驱油剂 205(SAa2),0.05%(质量分数)驱油剂 205(SAa3),0.10%(质量分数)驱油剂 205(SAa4)。采用分子模拟技术中分子动力学方法研究其在正十二烷/水界面的吸附行为,通过界面生成能、密度分布、界面厚度等参数,探讨烷基苯磺酸钠表面活性剂在正十二烷/水界面上界面性能的变化规律。所有分子模型的构建工作和模拟计算过程均在 Materials Studio 6.0(MS 6.0)软件中完成。

(2) 模拟构建过程。

为了不受周期性边界条件的影响,模拟构建的目标是:完成对称计算模型,保证界面处于模拟盒子中,周期性边界上没有界面。首先,利用 MS 6.0 软件包中的 Visualizer 模块分别构建单个表面活性剂(记作 SAa)、十二烷(油相,记作 O)、水(记作 W)的分子模型(图 4.7)。并通过 Discover 模块中的 Minimezer 工具对单分子模型进行 20000 步的结构优化,使分子达到能量最优构型,优化过程选用 Smart 优化法优化。

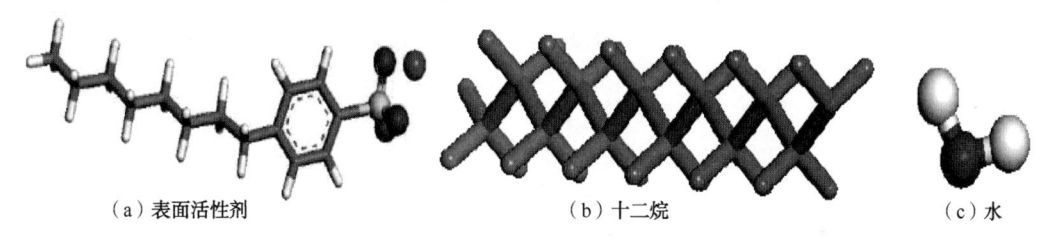

(a) 表面活性剂   (b) 十二烷   (c) 水

图 4.7 表面活性剂、十二烷和水分子模型

利用 MS 6.0 软件包中的 Amorphous Cell 模块,根据 298K 下水和正十二烷的密度(水 0.996g/cm^3,正十二烷 0.749g/cm^3)分别构建表面活性剂单层膜、水相和油相。图 4.8 所示为单层膜、油相和水相的晶胞。单层膜包括 16 个表面活性剂分子,水相包括 800 个水分子,油相包括 60 个正十二烷分子。表面活性剂分子定向排列,排列方向沿 z 轴方向,垂直于 x 轴和 y 轴组成的平面,水分子和油分子自由分布。为便于研究,构建晶胞使用 30×30×z 的格子。

通过 Visualizer 模块下的 "build layer" 命令将油相、水相和表面活性剂单分子层整合到一个模拟盒子中间,构建成油/表面活性剂/水体系,并同时对每一层进行命名,以用于动力学模拟之后的分析计算。整合后的盒子中,水位于体系中间,两侧是两个表面活性剂单层膜,单分子层的法向沿 z 轴方向,极性基靠近水表面,烷基链伸向油相的方向,油相分布在表面活性剂单层膜的两侧。图 4.9 为正十二烷/表面活性剂/水体系模型结构,其他油/表面活性剂/水体系均与此类似。

构建完成的体系中共包含 120 个正十二烷分子、800 个水分子和 32 个表面活性剂分子。另外,还构建了只有油、水分子的参考体系(记作 O/W,如图 4.10 所示),参考体系中共有 800 个水分子和 120 个油分子。

值得说明的是,这里构建的体系模型中各组分的个数并非反映了真实体系中各组分的

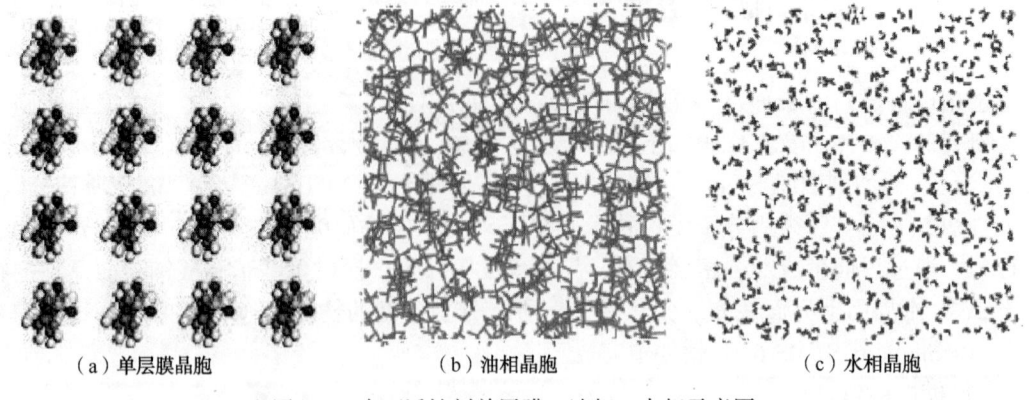

(a)单层膜晶胞　　　　　(b)油相晶胞　　　　　(c)水相晶胞

图4.8　表面活性剂单层膜、油相、水相示意图

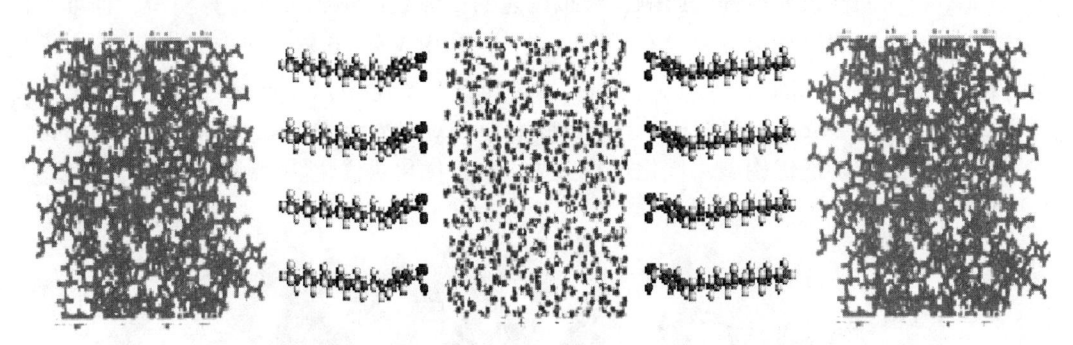

图4.9　正十二烷/表面活性剂/水体系初始构型

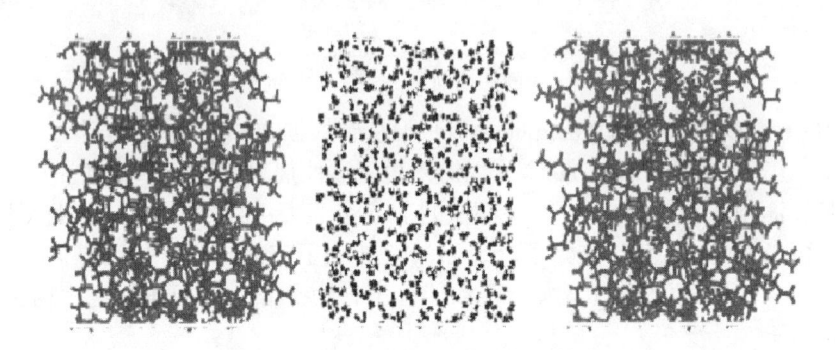

图4.10　正十二烷/水体系初始构型

比例，在构建的模拟体系中，水相和油相表示界面上及油水本体极小范围内的部分，也就是说，模型只是模拟真实体系中界面上极小范围内的一种微观状态。

(3)模拟计算过程。

模拟计算过程采用MS 6.0中的Forcite Tools中的分子动力学(Dynamics)模块进行模拟，选用Compass力场。体系的初始模型构建完成后，先使用Discover模块中的Minimezer工具，选择Smart Minimizer法对体系进行5000的能量构型优化。模拟时温度为298K，选用衰减常数为0.1ps的Andersen恒温器进行恒温控制；压力为0.0001GPa，选用Berendsen恒压器控制；各模型分子的初始速度由Maxwell-Boltzmann分布随机产生；选用Verlet算法求解牛顿运动方程。范德华力和库仑相互作用力选用 Ewald 加和法处理计算,截断半径取 12.5Å❶。模拟过程中时间步长选择为 1fs,并每 1ps 记录一次体系的轨迹信息。

模拟过程中,首先进行 2000ps 的正则系综(NVT)分子动力学模拟,然后进行等温等压(NPT)过程 2000ps 的模拟用于体系平衡,最后进行 2000ps 的 NVT 模拟用于体系分析。模拟完成后的平衡构型如图 4.11 所示,油/水参考体系的平衡构型如图 4.12 所示。

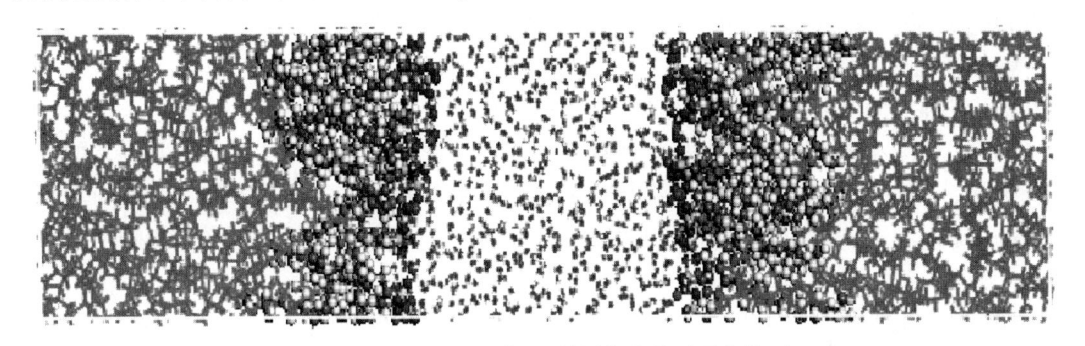

图 4.11 正十二烷/表面活性剂/水体系平衡构型

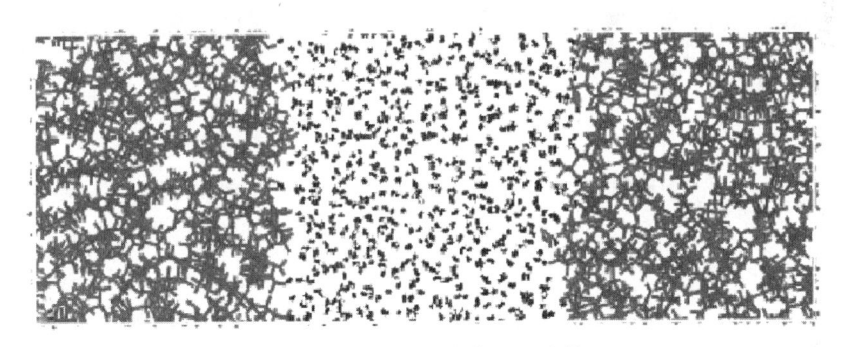

图 4.12 正十二烷/水体系平衡构型

模拟结束后的温度及能量变化曲线如图 4.13 所示。

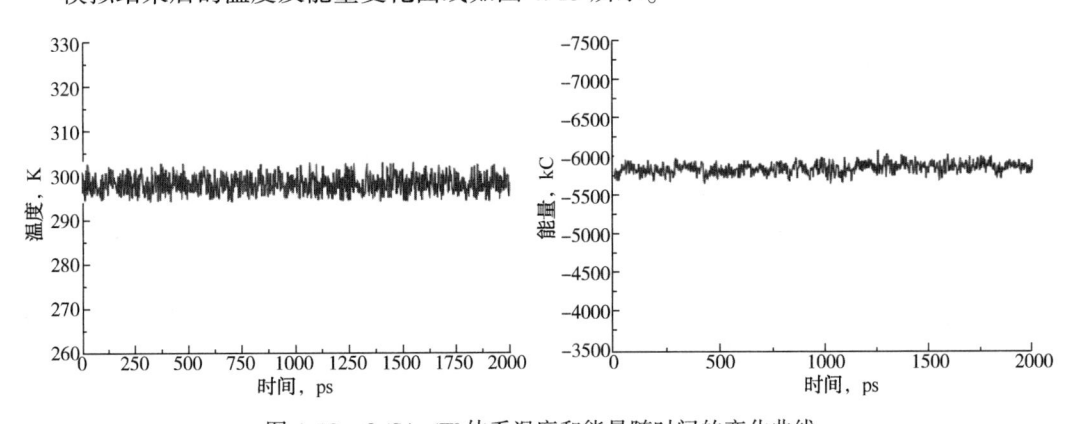

图 4.13 O/SAa/W 体系温度和能量随时间的变化曲线

由图 4.13 可以看出,模拟过程中温度和能量的波动范围在 5% 以内,其他体系的温度

---

❶ 1Å = 0.1nm = 10^{-10}m。

与能量波动均有此规律,说明体系已达到充分平衡,模拟体系已经足够稳定。

(4)定性分析。

由图4.11和图4.12可以看出,对未加入表面活性剂的油水体系进行模拟,体系平衡后在油水之间形成清晰的界面,界面并不是严格的平面,这是由于界面上的分子受到各种作用力,作用力与油相和水相本体的形式不同,此消彼长引起的结果,但油、水分子并未相互渗透。

图4.9所示是一种欲建结构,其本身并不存在。由图4.11可以看出,表面活性剂分子在油水界面发生吸附行为,形成清晰可见的单分子层:表面活性剂上具有亲水性的极性基团伸向水相,具有疏水性的非极性基团与油相交叉重叠,非极性基上的烷基链有的直接伸向油相,有的以斜插的方式分布在界面上,这是由于表面活性剂分子的疏水基与油相分子存在的疏水作用(亲油性)和空间排斥力等多重作用,使得表面活性剂在分布排列时发生倾斜。

(5)界面生成能。

为了定量描述体系的油水界面张力,引入表面活性剂的界面生成能(Interface Formation Energy,IFE)这一概念,用来比较各体系能量的变化。本书计算了表面活性剂在正十二烷/水界面的界面生成能,公式为:

$$IFE = \frac{E_{total} - (n \times E_{surfactant} + E_{ref})}{n} \quad (4.3)$$

式中 $E_{surfactant}$——一个表面活性剂分子的总能量,kJ/mol,计算方法与体系一样,先进行结构能量优化,再进行分子动力学模拟,读取最终平衡能量值;

E_{total}——油/表面活性剂/水体系的总能量,kJ/mol,可读取;

E_{ref}——油/水参考体系的能量,kJ/mol,可读取;

n——体系中表面活性剂的个数,即$n=32$。

界面生成能的物理意义是指每个表面活性剂分子在正十二烷/水界面吸附时的平均作用。界面生成能一般是负值,体现出加入表面活性剂后界面能量降低。这个能量的绝对值越大,代表体系被降低的能量越多,体系就越稳定,也就是表面活性剂的界面活性越高。对每一体系的界面生成能计算列于表4.13中。

表4.13 油/表面活性剂/水体系的界面生成能

体系	E_{total},kcal/mol	$E_{surfactant}$,kcal/mol	IFE,kcal/mol
O/SAa/W	-5467.67	-46.25	-89.69

针对不同体系分别进行了相应的分子动力学模拟,其模拟之后的平衡构型如图4.14所示,其界面生成能见表4.14。

由图4.14可以看出,不同的表面活性剂体系在油水界面的吸附、排列情况不一样,其中图4.14(d)中表面活性剂分子在油水界面吸附得最多和最紧密,而图4.14(a)中表面活性剂分子在油水界面吸附得最少和最疏松。图4.14所示的平衡构型结果与表4.14不同油/表面活性剂/水体系的界面生成能结果是一致的:体系O/SAa4/W的平衡构型所对应的IFE的绝对值为132.02,为4种体系中IFE绝对值最大的,即SAa4的界面活性是最好的;

(a) O/SAa1/W体系的平衡构型

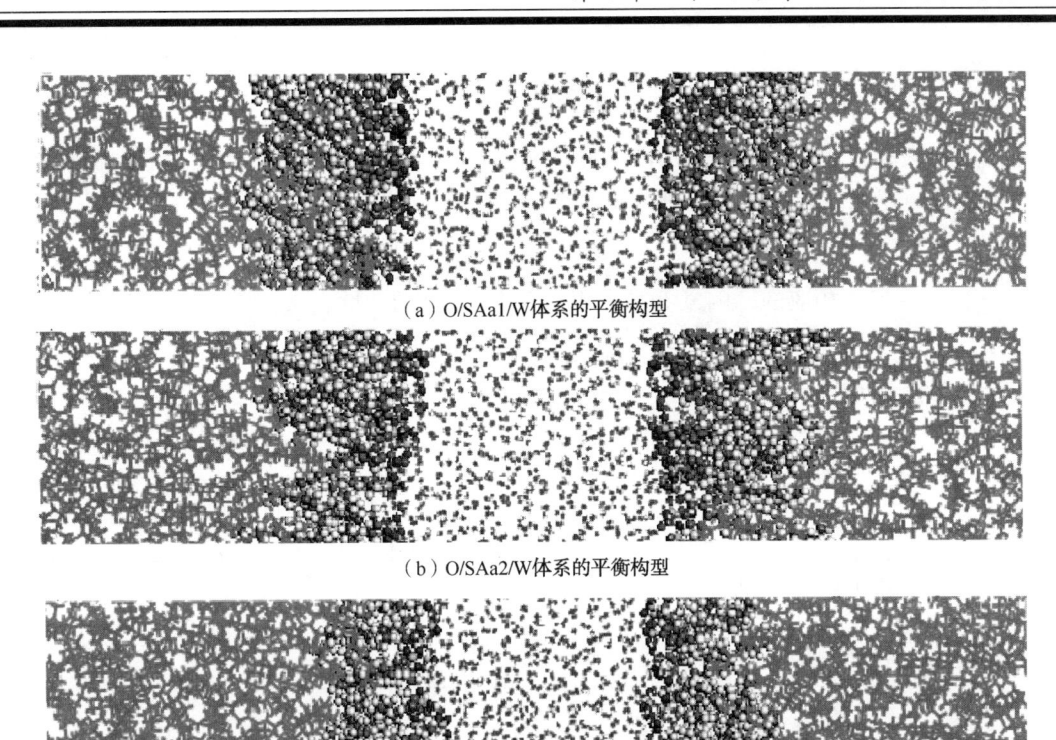

(b) O/SAa2/W体系的平衡构型

(c) O/SAa3/W体系的平衡构型

(d) O/SAa4/W体系的平衡构型

图 4.14　不同正十二烷/表面活性剂/水(O/SAa/W)体系的平衡构型

而体系 O/SAa1/W 的平衡构型所对应的 IFE 的绝对值为 85.57，为 4 种体系中 IFE 绝对值最小的，即 SAa1 的界面活性是最差的。根据界面生成能 IFE 的具体数值，可以看出不同表面活性剂的界面活性排列顺序为：SAa4> SAa3> SAa2> SAa1。

表 4.14　不同油/表面活性剂/水体系的界面生成能

体系	E_{total}, kcal/mol	$E_{surfactant}$, kcal/mol	IFE, kcal/mol
O/SAa1/W	-6221.43	-67.16	-85.57
O/SAa2/W	-5467.67	-46.25	-89.69
O/SAa3/W	-5791.74	-43.45	-95.79
O/SAa4/W	-9742.89	-130.73	-132.02

4.2.3 表面活性剂复配体系优选

基于正交试验,以表面活性剂体系的界面活性为指标,对各种耐温抗盐表面活性剂复配体系进行了研发,以下是每一种体系具体的正交试验过程。

4.2.3.1 AES/α-AOS 体系

基于表 4.15,相应的二因素五水平正交表 $L_{25}(5^2)$ 设计见表 4.16。

表 4.15 基于 AES/α-AOS 体系的二因素五水平表

水平	实验因素 复配比例	浓度,%(质量分数)	指标(界面张力,mN/m)
1	1:1	0.01	
2	1:2	0.02	
3	1:3	0.05	
4	2:1	0.10	
5	3:1	0.20	

表 4.16 基于 AES/α-AOS 体系的二因素五水平正交表

实验号	复配比例	浓度,%(质量分数)	界面张力,mN/m
1	1:1	0.01	0.225
2	1:1	0.02	0.186
3	1:1	0.05	0.145
4	1:1	0.10	0.0882
5	1:1	0.20	0.0789
6	1:2	0.01	0.167
7	1:2	0.02	0.132
8	1:2	0.05	0.055
9	1:2	0.10	0.0233
10	1:2	0.20	0.0205
11	1:3	0.01	0.305
12	1:3	0.02	0.278
13	1:3	0.05	0.156
14	1:3	0.10	0.0882
15	1:3	0.20	0.0881
16	2:1	0.01	0.288
17	2:1	0.02	0.105
18	2:1	0.05	0.0389
19	2:1	0.10	0.0144
20	2:1	0.20	0.0146

续表

实验号	复配比例	浓度,%(质量分数)	界面张力,mN/m
21	3:1	0.01	0.305
22	3:1	0.02	0.256
23	3:1	0.05	0.108
24	3:1	0.10	0.0661
25	3:1	0.20	0.0588

由表4.16可见,体系19[AES/α-AOS(2:1)0.10%]的界面活性最好,是AES/α-AOS体系中的最优体系,其油水界面张力为0.0144mN/m。

表4.17为AES/α-AOS体系的正交试验结果分析,由表4.17可以看出,在复配体系界面活性的影响因素中,表面活性剂浓度的影响要大于复配比例的影响。

表4.17 基于AES/α-AOS体系的正交试验结果分析

指标(界面张力,mN/m)	复配比例K值	浓度K值
K_1	0.145	0.258
K_2	0.0796	0.1914
K_3	0.183	0.101
K_4	0.0924	0.056
K_5	0.1588	0.0526
R	0.1034	0.2054

4.2.3.2 HABS/AES体系

基于表4.18,相应的二因素五水平正交表$L_{25}(5^2)$设计见表4.19。

表4.18 基于HABS/AES体系的二因素五水平表

水平	实验因素 复配比例	实验因素 浓度,%(质量分数)	指标(界面张力,mN/m)
1	1:1	0.01	
2	1:2	0.02	
3	1:3	0.05	
4	2:1	0.10	
5	3:1	0.20	

表4.19 基于HABS/AES体系的二因素五水平正交表

实验号	复配比例	浓度,%(质量分数)	界面张力,mN/m
1	1:1	0.01	0.356
2	1:1	0.02	0.189
3	1:1	0.05	0.0762

续表

实验号	复配比例	浓度,%(质量分数)	界面张力,mN/m
4	1:1	0.10	0.0300
5	1:1	0.20	0.027
6	1:2	0.01	0.07
7	1:2	0.02	0.05
8	1:2	0.05	0.0161
9	1:2	0.10	0.00756
10	1:2	0.20	0.00760
11	1:3	0.01	0.481
12	1:3	0.02	0.255
13	1:3	0.05	0.189
14	1:3	0.10	0.026
15	1:3	0.20	0.022
16	2:1	0.01	0.389
17	2:1	0.02	0.152
18	2:1	0.05	0.0562
19	2:1	0.10	0.0221
20	2:1	0.20	0.0218
21	3:1	0.01	0.327
22	3:1	0.02	0.188
23	3:1	0.05	0.0538
24	3:1	0.10	0.0105
25	3:1	0.20	0.0102

由表4.19可见,体系9[HABS/AES(1:2)0.10%]的界面活性最好,是HABS/AES体系中的最优体系,其油水界面张力为0.00756mN/m。

表4.20为HABS/AES体系的正交试验结果分析,由表4.20可以看出,在复配体系界面活性的影响因素中,表面活性剂浓度的影响要大于复配比例的影响。

表4.20　基于HABS/AES体系的正交试验结果分析

指标(界面张力,mN/m)	复配比例K值	浓度K值
K_1	0.1356	0.325
K_2	0.0351	0.167
K_3	0.195	0.0783
K_4	0.129	0.0192
K_5	0.118	0.0238
R	0.160	0.306

4.2.3.3 AES/LDEA 体系

基于表 4.21，相应的二因素五水平正交表 $L_{25}(5^2)$ 设计见表 4.22。

表 4.21 基于 AES/LDEA 体系的二因素五水平表

水平	实验因素		指标(界面张力, mN/m)
	复配比例	浓度,%(质量分数)	
1	1:1	0.01	
2	1:2	0.02	
3	1:3	0.05	
4	2:1	0.10	
5	3:1	0.20	

表 4.22 基于 AES/LDEA 体系的二因素五水平正交表

实验号	复配比例	浓度,%(质量分数)	界面张力, mN/m
1	1:1	0.01	0.556
2	1:1	0.02	0.189
3	1:1	0.05	0.0576
4	1:1	0.10	0.0393
5	1:1	0.20	0.0388
6	1:2	0.01	0.253
7	1:2	0.02	0.186
8	1:2	0.05	0.0521
9	1:2	0.10	0.0119
10	1:2	0.20	0.0125
11	1:3	0.01	0.502
12	1:3	0.02	0.391
13	1:3	0.05	0.155
14	1:3	0.10	0.0789
15	1:3	0.20	0.0677
16	2:1	0.01	0.122
17	2:1	0.02	0.0566
18	2:1	0.05	0.0341
19	2:1	0.10	0.0136
20	2:1	0.20	0.0144
21	3:1	0.01	0.562
22	3:1	0.02	0.188
23	3:1	0.05	0.0672
24	3:1	0.10	0.0388

续表

实验号	复配比例	浓度,%(质量分数)	界面张力,mN/m
25	3∶1	0.20	0.0352

由表4.22可见，体系9[AES/LDEA(1∶2)0.10%]的界面活性最好，是AES/LDEA体系中的最优体系，其油水界面张力为0.0119mN/m。

表4.23为AES/LDEA体系的正交试验结果分析，由表4.23可以看出，在复配体系界面活性的影响因素中，表面活性剂浓度的影响要大于复配比例的影响。

表4.23 基于AES/LDEA体系的正交试验结果分析

指标(界面张力,mN/m)	复配比例 K 值	浓度 K 值
K_1	0.176	0.399
K_2	0.1039	0.202
K_3	0.239	0.0732
K_4	0.0483	0.0365
K_5	0.178	0.0347
R	0.191	0.3643

4.2.3.4 驱油剂205和FC-SAa体系

表4.24为不同浓度驱油剂205溶液、FC-SAa溶液与原油之间的界面张力，由表4.24可以看出，驱油剂205溶液与原油之间的最低界面张力可达0.0801mN/m，而FC-SAa溶液与原油之间的最低界面张力可达0.0355mN/m。由此可看出，分子动力学模拟结果和室内实验结果有着很高的一致性，分子动力学模拟可以很好地预测和设计现场用高效驱油体系。

表4.24 表面活性剂复配体系与原油之间的界面张力

表面活性剂浓度,%(质量分数)	界面张力,mN/m	
	驱油剂205	FC-SAa
0.01	0.662	0.521
0.02	0.371	0.205
0.05	0.187	0.0967
0.1	0.0856	0.0361
0.2	0.0801	0.0355

以界面活性为技术指标，上述5种表面活性剂复配体系的最优体系相互比较，可以看出最优体系为：HABS/AES(1∶2)0.10%，其油水界面张力为0.00756mN/m。HABS是一种阴离子型表面活性剂，而AES则是一种阴—非两性离子表面活性剂。当这两种类型的表面活性剂复配之后，一方面由于疏水作用，阴—非两性离子表面活性剂分子与阴离子表面活性剂分子相互作用在一起，使得原来阴离子表面活性剂的极性头基间的电性斥力减弱，提高了表面活性剂复配体系的静电稳定性；另一方面，阴—非两性离子表面活性剂分

子中的乙氧基团上的酸氧原子在水溶液中与水电离出来的微量质子相结合，形成氧鎓离子或与水分子形成氢键，使之具有弱的正电性，因而能与阴离子表面活性剂产生微弱的静电引力作用。表面活性剂分子尾端疏水基的疏水相互作用及亲水基间的异电相吸作用使得这两种类型的表面活性剂分子形成一种类"阴阳离子复合物"，复配体系就会兼具阴、非离子表面活性剂耐温耐盐的优点，并且由于协同效应，其混合体系的耐温耐盐性能会优于单一表面活性剂的耐温耐盐性能。

4.2.4 合成表面活性剂与其他体系的复配

合成表面活性剂溶液与原油之间的界面张力可达 0.0565 mN/m。为了进一步改善其界面活性，将合成表面活性剂与其他表面活性剂进行了复配，并进行了相应的界面张力测定。

4.2.4.1 α-AOS/合成表面活性剂体系

基于表 4.25，相应的二因素五水平正交表 $L_{25}(5^2)$ 设计见表 4.26。

表 4.25 基于 α-AOS/合成表面活性剂体系的二因素五水平表

水平	实验因素		指标(界面张力，mN/m)
	复配比例	浓度,%(质量分数)	
1	1:1	0.01	
2	1:2	0.02	
3	1:3	0.05	
4	2:1	0.10	
5	3:1	0.20	

表 4.26 基于 α-AOS/合成表面活性剂体系的二因素五水平正交表

实验号	复配比例	浓度,%(质量分数)	界面张力，mN/m
1	1:1	0.01	0.667
2	1:1	0.02	0.381
3	1:1	0.05	0.167
4	1:1	0.10	0.0535
5	1:1	0.20	0.0489
6	1:2	0.01	0.521
7	1:2	0.02	0.377
8	1:2	0.05	0.105
9	1:2	0.10	0.0829

续表

实验号	复配比例	浓度,%(质量分数)	界面张力,mN/m
10	1:2	0.20	0.083
11	1:3	0.01	0.651
12	1:3	0.02	0.289
13	1:3	0.05	0.0667
14	1:3	0.10	0.0321
15	1:3	0.20	0.0326
16	2:1	0.01	0.764
17	2:1	0.02	0.429
18	2:1	0.05	0.156
19	2:1	0.10	0.0497
20	2:1	0.20	0.0421
21	3:1	0.01	0.508
22	3:1	0.02	0.376
23	3:1	0.05	0.122
24	3:1	0.10	0.0488
25	3:1	0.20	0.0462

由表4.26可见，体系14[α-AOS/合成表面活性剂(1:3)0.10%]的界面活性最好，是α-AOS/合成表面活性剂体系中的最优体系，其油水界面张力为0.0321mN/m。

表4.27为α-AOS/合成表面活性剂的正交试验结果分析，由表4.27可以看出，在复配体系界面活性的影响因素中，表面活性剂浓度的影响要大于复配比例的影响。

表4.27 基于α-AOS/合成表面活性剂体系的正交试验结果分析

指标(界面张力,mN/m)	复配比例K值	浓度K值
K_1	0.2635	0.622
K_2	0.234	0.3704
K_3	0.2145	0.123
K_4	0.288	0.0534
K_5	0.222	0.05316
R	0.0735	0.569

4.2.4.2 AES/合成表面活性剂体系

基于表4.28，相应的二因素五水平正交表$L_{25}(5^2)$设计见表4.29。

第4章 耐温抗盐表面活性剂的合成与应用

表4.28 基于AES/合成表面活性剂体系的二因素五水平表

水平	实验因素		指标(界面张力,mN/m)
	复配比例	浓度,%(质量分数)	
1	1:1	0.01	
2	1:2	0.02	
3	1:3	0.05	
4	2:1	0.10	
5	3:1	0.20	

表4.29 基于AES/合成表面活性剂体系的二因素五水平正交表

实验号	复配比例	浓度,%(质量分数)	界面张力,mN/m
1	1:1	0.01	0.528
2	1:1	0.02	0.127
3	1:1	0.05	0.0691
4	1:1	0.10	0.0139
5	1:1	0.20	0.0144
6	1:2	0.01	0.289
7	1:2	0.02	0.086
8	1:2	0.05	0.0251
9	1:2	0.10	0.0485
10	1:2	0.20	0.0415
11	1:3	0.01	0.541
12	1:3	0.02	0.326
13	1:3	0.05	0.178
14	1:3	0.10	0.0578
15	1:3	0.20	0.0556
16	2:1	0.01	0.201
17	2:1	0.02	0.0751
18	2:1	0.05	0.0191
19	2:1	0.10	0.0317
20	2:1	0.20	0.0311
21	3:1	0.01	0.431
22	3:1	0.02	0.286
23	3:1	0.05	0.104
24	3:1	0.10	0.0572
25	3:1	0.20	0.0552

由表4.29可见,体系4[AES/合成表面活性剂(1:1)0.10%]的界面活性最好,是AES/合成表面活性剂体系中的最优体系,其油水界面张力为0.0139mN/m。

表 4.30 为 AES/合成表面活性剂体系的正交试验结果分析，由表 4.30 可以看出，在复配体系界面活性的影响因素中，表面活性剂浓度的影响要大于复配比例的影响。

表 4.30　基于 AES/合成表面活性剂体系的正交试验结果分析

指标(界面张力，mN/m)	复配比例 K 值	浓度 K 值
K_1	0.1521	0.398
K_2	0.098	0.180
K_3	0.232	0.0791
K_4	0.0726	0.0418
K_5	0.189	0.0442
R	0.1594	0.356

4.2.4.3　LDEA/合成表面活性剂体系

基于表 4.31，相应的二因素五水平正交表 $L_{25}(5^2)$ 设计见表 4.32。

表 4.31　基于 LDEA/合成表面活性剂体系的二因素五水平表

水平	实验因素 复配比例	浓度,%(质量分数)	指标(界面张力，mN/m)
1	1∶1	0.01	
2	1∶2	0.02	
3	1∶3	0.05	
4	2∶1	0.10	
5	3∶1	0.20	

表 4.32　基于 LDEA/合成表面活性剂体系的二因素五水平正交表

实验号	复配比例	浓度,%(质量分数)	界面张力，mN/m
1	1∶1	0.01	0.551
2	1∶1	0.02	0.352
3	1∶1	0.05	0.167
4	1∶1	0.10	0.0733
5	1∶1	0.20	0.0689
6	1∶2	0.01	0.726
7	1∶2	0.02	0.459
8	1∶2	0.05	0.229
9	1∶2	0.10	0.0847
10	1∶2	0.20	0.0752
11	1∶3	0.01	0.549
12	1∶3	0.02	0.236

续表

实验号	复配比例	浓度,%(质量分数)	界面张力,mN/m
13	1:3	0.05	0.0621
14	1:3	0.10	0.0357
15	1:3	0.20	0.0321
16	2:1	0.01	0.396
17	2:1	0.02	0.104
18	2:1	0.05	0.060
19	2:1	0.10	0.0320
20	2:1	0.20	0.0255
21	3:1	0.01	0.661
22	3:1	0.02	0.389
23	3:1	0.05	0.102
24	3:1	0.10	0.0321
25	3:1	0.20	0.0319

由表4.32可见，体系20[LDEA/合成表面活性剂(2:1)0.20%]的界面活性最好，是LDEA/合成表面活性剂体系中的最优体系，其油水界面张力为0.0255mN/m。

表4.33为LDEA/合成表面活性剂体系的正交试验结果分析，由表4.33可以看出，在复配体系界面活性的影响因素中，表面活性剂浓度的影响要大于复配比例的影响。

表4.33 基于LDEA/合成表面活性剂体系的正交试验结果分析

指标(界面张力,mN/m)	复配比例 K 值	浓度 K 值
K_1	0.242	0.5766
K_2	0.3148	0.308
K_3	0.183	0.124
K_4	0.1235	0.0516
K_5	0.245	0.048
R	0.1913	0.529

4.2.4.4 FC-SAa/合成表面活性剂体系

基于表4.34，相应的二因素五水平正交表 $L_{25}(5^2)$ 设计见表4.35。

表4.34 基于FC-SAa/合成表面活性剂体系的二因素五水平表

水平	实验因素		指标(界面张力,mN/m)
	复配比例	浓度,%(质量分数)	
1	1:1	0.01	
2	1:2	0.02	

续表

水平	实验因素		指标(界面张力,mN/m)
	复配比例	浓度,%(质量分数)	
3	1∶3	0.05	
4	2∶1	0.10	
5	3∶1	0.20	

表4.35 基于FC-SAa/合成表面活性剂体系的二因素五水平正交表

实验号	复配比例	浓度,%(质量分数)	界面张力,mN/m
1	1∶1	0.01	0.461
2	1∶1	0.02	0.221
3	1∶1	0.05	0.089
4	1∶1	0.10	0.0394
5	1∶1	0.20	0.0306
6	1∶2	0.01	0.531
7	1∶2	0.02	0.206
8	1∶2	0.05	0.0537
9	1∶2	0.10	0.0476
10	1∶2	0.20	0.0449
11	1∶3	0.01	0.661
12	1∶3	0.02	0.489
13	1∶3	0.05	0.112
14	1∶3	0.10	0.0309
15	1∶3	0.20	0.0227
16	2∶1	0.01	0.762
17	2∶1	0.02	0.478
18	2∶1	0.05	0.127
19	2∶1	0.10	0.0417
20	2∶1	0.20	0.0419
21	3∶1	0.01	0.665
22	3∶1	0.02	0.264
23	3∶1	0.05	0.089
24	3∶1	0.10	0.0409
25	3∶1	0.20	0.0389

由表4.35可见,体系15[FC-SAa/合成表面活性剂(1∶3)0.20%]的界面活性最好,是FC-SAa/合成表面活性剂体系中的最优体系,其油水界面张力为0.0227mN/m。

表4.36为FC-SAa/合成表面活性剂体系的正交试验结果分析,由表4.36可以看出,在复配体系界面活性的影响因素中,表面活性剂浓度的影响要大于复配比例的影响。

表 4.36　基于 FC-SAa/合成表面活性剂体系的正交试验结果分析

指标(界面张力，mN/m)	复配比例 K 值	浓度 K 值
K_1	0.1702	0.616
K_2	0.183	0.3316
K_3	0.263	0.094
K_4	0.290	0.0401
K_5	0.220	0.044
R	0.120	0.576

4.2.4.5　HABS/合成表面活性剂体系

基于表 4.37，相应的二因素五水平正交表 $L_{25}(5^2)$ 设计见表 4.38。

表 4.37　基于 HABS/合成表面活性剂体系的二因素五水平表

水平	实验因素 复配比例	浓度,%(质量分数)	指标(界面张力，mN/m)
1	1:1	0.01	
2	1:2	0.02	
3	1:3	0.05	
4	2:1	0.10	
5	3:1	0.20	

表 4-38　基于 HABS/合成表面活性剂体系的二因素五水平正交表

实验号	复配比例	浓度,%(质量分数)	界面张力，mN/m
1	1:1	0.01	0.681
2	1:1	0.02	0.339
3	1:1	0.05	0.178
4	1:1	0.10	0.0511
5	1:1	0.20	0.0458
6	1:2	0.01	0.862
7	1:2	0.02	0.490
8	1:2	0.05	0.276
9	1:2	0.10	0.0834
10	1:2	0.20	0.0761
11	1:3	0.01	0.765
12	1:3	0.02	0.490

续表

实验号	复配比例	浓度,%(质量分数)	界面张力,mN/m
13	1:3	0.05	0.249
14	1:3	0.10	0.0505
15	1:3	0.20	0.0439
16	2:1	0.01	0.886
17	2:1	0.02	0.505
18	2:1	0.05	0.224
19	2:1	0.10	0.0417
20	2:1	0.20	0.0412
21	3:1	0.01	0.667
22	3:1	0.02	0.381
23	3:1	0.05	0.102
24	3:1	0.10	0.0308
25	3:1	0.20	0.0289

由表 4.38 可见，体系 25[HABS/合成表活剂(3:1)0.20%] 的界面活性最好，是 HABS/合成表面活性剂体系中的最优体系，其油水界面张力为 0.0289mN/m。

表 4.39 为 HABS/合成表面活性剂体系的正交试验结果分析，由表 4.39 可以看出，在复配体系界面活性的影响因素中，表面活性剂浓度的影响要大于复配比例的影响。

表 4.39 基于 HABS/合成表面活性剂体系的正交试验结果分析

指标(界面张力,mN/m)	复配比例 K 值	浓度 K 值
K_1	0.259	0.772
K_2	0.358	0.441
K_3	0.320	0.206
K_4	0.341	0.0515
K_5	0.242	0.049
R	0.116	0.723

以界面活性为技术指标，上述 5 种表面活性剂复配体系的最优体系相互比较，可以看出最优体系为：AES/合成表面活性剂(1:1)0.10%，其油水界面张力为 0.0139mN/m。合成表面活性剂本身是一种含有聚氧丙烯醚和聚氧乙烯醚的嵌段聚醚类阴—非两性离子表面活性剂，而 AES 也是一种阴—非两性离子表面活性剂，二者复配体系即兼具阴离子型表面活性剂耐温的特点，又具有非离子型表面活性剂耐盐的特点。上述两种表面活性剂复配之

后,相互之间产生较强的协同效应,可在油水界面处紧密吸附排列,从而具有一定的界面活性。

4.2.5 助剂对优选体系界面活性的影响

为了进一步改善 AES/合成表面活性剂(1∶1)0.10%体系的界面活性,在此体系的基础之上,添加了一定的助剂,相关的测定结果见表4.40。

表4.40 助剂异丙醇和乙二醇丁醚对 AES/合成表面活性剂体系界面活性的影响

复配体系	助剂浓度,%	体系界面张力,mN/m	
		异丙醇	乙二醇丁醚
AES/合成表面活性剂 (1∶1)0.10%(质量分数)	0.03	0.0570	0.0612
	0.06	0.0603	0.0597
	0.10	0.0639	0.0727
	0.20	0.0594	0.068

从表4.40可以看出,当异丙醇浓度为0.03%时,体系 AES/合成表面活性剂的界面张力最低,其界面张力为0.0570mN/m;当乙二醇丁醚浓度为0.06%时,体系 AES/合成表面活性剂的界面张力最低,其界面张力为0.0597mN/m。两种助剂的加入皆不能很好地调整油相和水相的极性,从而不能使表面活性剂体系的亲油性和亲水性得到充分平衡,表面活性剂分子不能最大限度地吸附在油水界面,也就无法有效地改善 AES/合成表面活性剂体系的界面活性。

4.2.6 小结

本节主要进行了新型耐温抗盐表面活性剂复配体系的研究,基于正交试验,优选出油水界面活性较好的复配体系,并得出以下结论:

(1)以界面活性为技术指标,表面活性剂复配体系(无合成表面活性剂)中的最优体系为 HABS/AES(1∶2)0.10%,其油水界面张力为0.00756mN/m。

(2)以界面活性为技术指标,合成表面活性剂/其他表面活性剂复配体系中的最优体系为 AES/合成表面活性剂(1∶1)0.10%,其油水界面张力为0.0139mN/m。

(3)在实验浓度范围内,助剂乙二醇丁醚和异丙醇皆不能很好地调整油相和水相的极性,从而不能使表面活性剂体系的亲油性和亲水性得到充分平衡,表面活性剂分子不能最大限度地吸附在油水界面,无法有效地改善体系 AES/合成表面活性剂(1∶1)0.10%的界面活性。

4.3 耐温抗盐表面活性剂体系的性能评价

本节基于之前确定的表面活性剂优选体系进行相应的性能探究及分析,包括耐温抗盐性、动态吸附性及其驱油特性评价等。

4.3.1 表面活性剂优选体系的耐温抗盐性

4.3.1.1 耐温性考察

将配制好的表面活性剂优选体系分别静置于不同高温下处理24h，处理之后分别于40℃进行相应的界面张力测定，考察温度对优选的表面活性剂体系界面活性的影响规律，以此分析表面活性剂优选体系的耐温性。

图4.15为优选的表面活性剂体系在不同温度下的界面活性，可以看出，对于优选体系[HABS/AES，0.1%（质量分数），1∶2]来讲，当体系于25~110℃处理之后，界面活性良好，油水体系界面张力始终保持在超低界面张力范围内，表面活性剂体系具有较好的耐温性；当体系于120℃、140℃处理之后，油水体系界面张力升高，但油水界面张力依旧保持在10^{-2}mN/m的级别。对于体系[AES/合成表面活性剂，0.1%（质量分数），1∶2]来讲，表面活性剂体系表现出了一定的耐温性：表面活性剂体系经不同高温处理之后，界面活性变化不大，油水界面张力始终保持在10^{-2}mN/m的级别。由上可知，上述优选的两种表面活性剂体系具有良好的耐温性，可满足周16井区现场对表面活性剂耐温性的使用需求。

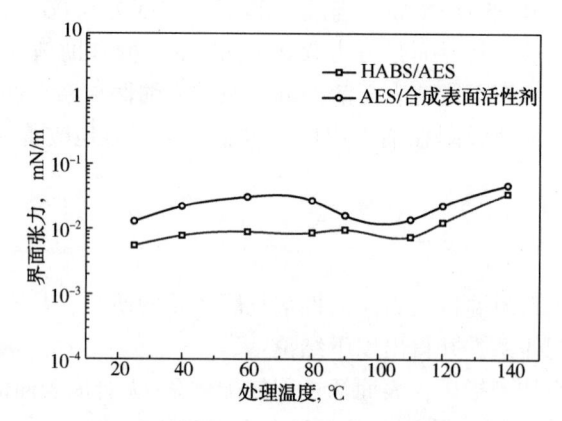

图4.15 表面活性剂优选体系在不同温度下的界面活性

4.3.1.2 抗盐性考察

将表面活性剂优选体系分别采用不同矿化度的模拟地层水进行配制，并分别于40℃进行相应的界面张力测定，考察矿化度对优选的表面活性剂体系界面活性的影响规律，以此分析表面活性剂优选体系的抗盐性。

图4.16为优选的表面活性剂体系在不同矿化度、Ca^{2+}浓度下的界面活性，可以看出，当总矿化度为0~300000mg/L、Ca^{2+}浓度为0~3000mg/L时，两种优选表面活性剂体系与原油之间的界面张力始终维持在10^{-2}mN/m及以下的级别，可满足周16井区对抗盐性表面活性剂的使用需求。另外，随着矿化度的升高，两种表面活性剂体系界面张力的变化规律都是先降低，后又有所回升。因为在低矿化度下，大多数表面活性剂在盐水相中，随着矿化度的升高，表面活性剂分子逐渐从水相分散到油相，使得界面张力不断降低。高矿化度的无机盐离子加入离子型表面活性剂溶液中，屏蔽了离子的电荷，压缩了扩散双电层的

厚度，并破坏了亲水基周围的水化膜，抑制了其亲水性。两种作用都使表面活性剂易于在界面层吸附，从而使界面张力下降。当矿化度继续增大时，大部分表面活性剂进入油相，油水界面吸附失去平衡，导致界面张力有所回升。

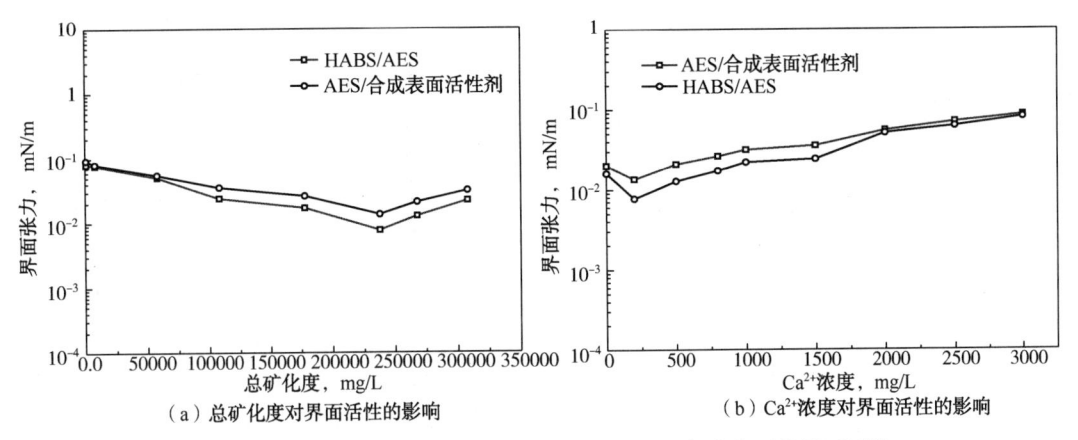

（a）总矿化度对界面活性的影响

（b）Ca^{2+}浓度对界面活性的影响

图4.16 表面活性剂优选体系在不同矿化度、Ca^{2+}浓度下的界面活性

4.3.2 表面活性剂优选体系的动态吸附性

动态吸附实验是用物质平衡法测定表面活性剂溶液流过岩心矿物时表面活性剂在岩石表面的吸附量。实验所用岩心为直径相同、长度不同的目标油藏天然岩心。步骤如下：

（1）将岩心装入夹持器，模拟水装入中间容器，在90℃下恒温4h。

（2）以0.5mL/min的速度水驱至注入压力稳定，再以0.5mL/min的速度连续注入表面活性剂溶液，直至流出液中表面活性剂的浓度接近注入浓度。驱替过程中每10mL收集一次流出液，离心并用两相滴定法（GB/T 5173—1995）检测其中的表面活性剂浓度（滴定原理：在水和三氯甲烷的两相介质中，在酸性混合指示剂存在下，用阳离子表面活性剂氯化苄苏镓滴定，测定阴离子活性物）。

（3）利用物质平衡原理，按照下式计算表面活性剂在岩心中的总滞留量：

$$A_r = \frac{C_0 V_f - \sum_{i=1}^{n} C_i V_i}{w} \quad (4.4)$$

式中 A_r——表面活性剂的滞留量，mg/g；
C_0——表面活性剂的注入浓度，%；
V_f——注入表面活性剂溶液的体积，mL；
C_i——第i个流出样品中表面活性剂的浓度，%；
V_i——第i个流出样品中表面活性剂的体积，mL；
n——流出液样品的总数；
w——岩心干重，g。

本研究所用的岩心相关基本参数见表4.41。

表 4.41 岩心物性参数及动态吸附结果

表面活性剂	岩心参数 长度，cm	直径，cm	渗透率，mD	饱和吸附量 mg/g(砂)
HABS/AES(1∶2)	7.368	2.474	32.4	0.076
AES/合成表面活性剂(1∶1)	7.516	2.472	33.4	0.097

图 4.17 为两种表面活性剂体系的动态吸附量与表面活性剂注入孔隙体积倍数的关系曲线，可以看出，两种表面活性剂复配体系在岩心表面的吸附量增加比较缓慢，在不断注入表面活性剂的过程中，HABS/AES 体系的动态吸附量一直高于 AES/合成表面活性剂体系的动态吸附量。一定时间之后，两种表面活性剂体系均达到饱和吸附。其中，复配体系 HABS/AES(1∶2)0.1% 和 AES/合成表面活性剂(1∶1)0.1% 的动态饱和吸附量分别为 0.076mg/g(砂)和 0.097mg/g(砂)。由此可以看出，两种优选表面活性剂体系在岩心表面具有较低的动态吸附量，达到了行业标准对表面活性剂在岩石表面吸附量的要求(10mg/g)。

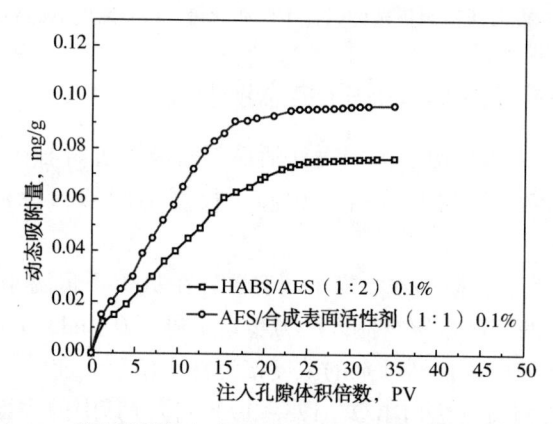

图 4.17 动态吸附量与表面活性剂注入孔隙体积倍数的关系

4.3.3 表面活性剂优选体系的驱油性能

采用的实验装置由恒温系统、驱替系统等组成。注入系统由注入泵、温控空气浴等组成。注入泵是 ISCO 高压柱塞泵，用于提供连续的无脉冲驱替动力源；流体样品筒用于装各种实验用流体；恒温箱用于将实验流体和实验装置保持在特定的温度环境。各部分的技术指标如下：

（1）ISCO 高压柱塞泵的工作压力为 0~60.0MPa，工作温度为室温，排量精度为 0.001mL/min。

（2）流体样品筒的工作压力为 0~50.0MPa；体积为 2000mL。

（3）恒温箱的工作温度为室温至 150.0℃，控温精度为 0.1℃。

（4）岩心夹持器系统是一个独立单元，包括岩心夹持器、压力测试系统及岩心夹持器支架等。

① 高压岩心夹持器的压力范围为 0~50MPa，温度范围为室温至 200℃。

② 压力传感器的工作范围为 0~50MPa，计量精度为 0~0.01MPa。

③ 回压调节器的工作压力为 0~50MPa，工作温度为室温至 100℃。

采出系统由三相分离器和油水气计量系统等组成。三相分离器用于对采出流体进行分离和采集。

另外，本研究相关的地层水和原油分析资料见表 4.42 和表 4.43。

表 4.42　周 16 井区地层水分析资料　　　　　　　　单位：mg/L

井号	钠离子含量	钙离子含量	镁离子含量	氯离子含量	硫酸根含量	重碳酸根含量	总矿化度	苏林分类水型
z16	63646.75	475.95	152	81535	23894.93	366.12	170070.75	Na_2SO_4
z16 斜-9-6	119283.75	876.75	197.6	183453.75	3061.91	457.65	307331.41	Na_2SO_4
z16-8-6	91045.5	676.35	91.2	140027.5	2221.39	213.57	234275.51	Na_2SO_4
z16 斜-6-3	99633.24	926.85	167.2	154207.5	1801.13	266.96	257002.88	$CaCl_2$
z16 平 1	67277.99	901.8	501.6	103691.25	3782.36	465.28	176620.28	Na_2SO_4
z16 斜-4-5	73085.49	776.55	121.6	113440	600.38	846.65	188870.67	$CaCl_2$

表 4.43　周 16 井区原油分析资料

井号	层位	生产井段 m	地层密度 g/cm³	地层黏度 mPa·s	含硫量,%	凝固点,℃	类型
z16	潜 4 段 3	2806.8~2811.8	0.755	7.8	0.88	29	中质、稀油
z16 斜-9-6	潜 4 段 3(2)	2800.0~2806.2					
z16-8-6	潜 4 段 3(2)	2876.0~2879.0					
z16 斜-6-3	—	—					
z16 平 1	潜 4 段 3(2)	3174.0~3186.0					
z16 斜-4-5	潜 4 段 3(2)	2977.6~2981.4					

4.3.3.1　均质实验

根据储层物性特征，制作总长度约为 40.70cm 的长岩心模型开展均质模型驱油实验，实验采用天然岩心，经洗油烘干后测渗透率、孔隙度，根据实验要求挑选出物性条件相近的 5 块岩心，按一定的排列方式拼成长岩心。每块岩心的排列顺序按下列调和平均方式排列，由下式调和平均法算出 $\overline{K}$ 值，然后将 $\overline{K}$ 值与所有岩心的渗透率做比较，取渗透率与 $\overline{K}$ 最接近的那块岩心放在出口端第一位；然后将剩余岩心的 $\overline{K}$ 再求出，将新求出的 $\overline{K}$ 值与所有剩下的岩心($n-1$)做比较，取渗透率与新的 $\overline{K}$ 值最接近的那块岩心放在出口端第二位；依次类推，便可得出岩心排列顺序。

$$\frac{L}{\overline{K}} = \frac{L_1}{K_1} + \frac{L_2}{K_2} + \cdots + \frac{L_i}{K_i} + \cdots + \frac{L_n}{K_n} = \sum_{i=1}^{n} \frac{L_i}{K_i} \tag{4.5}$$

式中　　L——岩心的总长度，cm；

　　　　$\overline{K}$——岩心的调和平均渗透率，mD；

　　　　L_i——第 i 块岩心的长度，cm；

　　　　K_i——第 i 块岩心的渗透率，mD。

(1)实验步骤、流程。

① 饱和油及建立束缚水饱和度。

岩心饱和地层水之后，以 0.05~0.1mL/min 的注入速度饱和模拟油，直至岩心出口端不再出水为止，出水体积即为饱和模拟油的体积，计算岩心的原始含油饱和度。将岩心夹持器两段密闭，于油藏温度下静置老化 24h。

② 一次水驱。

以一定的注入速度连续注入地层水，直到产出液瞬时含水率达到 98.0%，实验过程中记录产出液及产出油的体积，并计算累计产出液、产出油体积及相应的采收率。

③ 注剂。

一次水驱之后，转注一定量优化后的表面活性剂复配体系溶液。实验过程中记录产出液、产出油的体积及注入压力，并计算累计产出液、产出油体积及相应的采收率。

④ 后续水驱。

转注表面活性剂复配体系溶液之后，进行后续水驱，直至产出液含水率达到 100% 为止。实验过程中记录注入压力、累计产出液、产出油体积及相应的采收率。

(2)注入参数优化。

拟对表面活性剂复配体系驱油性能评价所涉及的注入参数进行优化研究，需要探究的影响因素包括注入速度、段塞注入量、渗透率和注入时机。其中，实验流程如图 4.18 所示，驱替实验所用长岩心模型及其 5 块短岩心的相关物性参数见表 4.44。

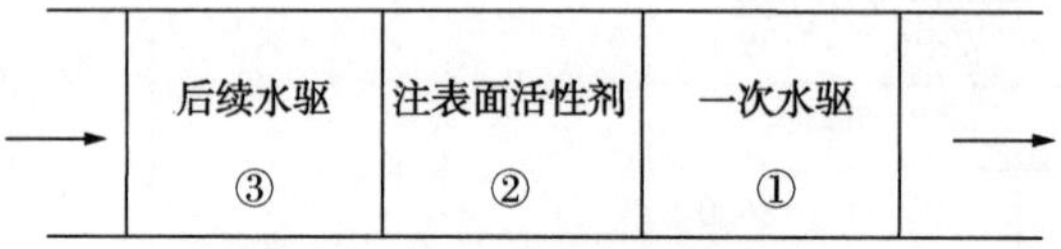

图 4.18　均质实验流程示意图

图中数字表示注入流体的先后顺序

表 4.44　均质驱替实验拼接长岩心模型及其 5 块短岩心的物性参数

岩心类别	岩心编号	岩心长度 cm	渗透率 mD	孔隙体积 mL	原始含油饱和度,%	调和平均渗透率, mD	岩心总长度, cm	总孔隙体积, mL
长岩心模型	1	7.91	28.83	4.88	64.0	29.30	40.70	25.52
	2	7.368	32.443	4.92				
	3	8.65	27.525	5.12				
	4	7.516	33.4	5.25				
	5	9.294	24.285	5.35				

① 注入速度。

为了研究注入速度对优选体系驱油效率的影响，在其他影响因素不变的情况下，采用长岩心模型(岩心平均渗透率为29.30mD；段塞注入量为0.4PV；转注时机为含水率98%)，考察了不同注入速度下(0.02mL/min、0.03mL/min、0.05mL/min、0.1mL/min 和 0.2mL/min)两种优选体系的驱油性能。其中，图4.19和图4.20分别是注入速度对HABS/AES体系和AES/合成表面活性剂体系驱油效率的影响曲线，分析结果汇总见表4.45。

表4.45 不同注入速度下两种优选体系的驱油效率

体系	注入速度, mL/min	水驱采收率, %	最终采收率, %	采收率增值, %
HABS/AES	0.02	31.38	48.38	17.00
	0.03	31.58	46.68	15.11
	0.05	31.41	43.28	11.87
	0.1	30.41	41.27	10.86
	0.2	29.84	39.92	10.08
AES/合成	0.02	31.08	44.39	13.31
	0.03	30.07	42.45	12.38
	0.05	30.67	42.41	11.74
	0.1	28.47	39.21	10.74
	0.2	29.41	38.84	9.43

(a) 注入速度0.02mL/min

(b) 注入速度0.03mL/min

(c) 注入速度0.05mL/min

(d) 注入速度0.1mL/min

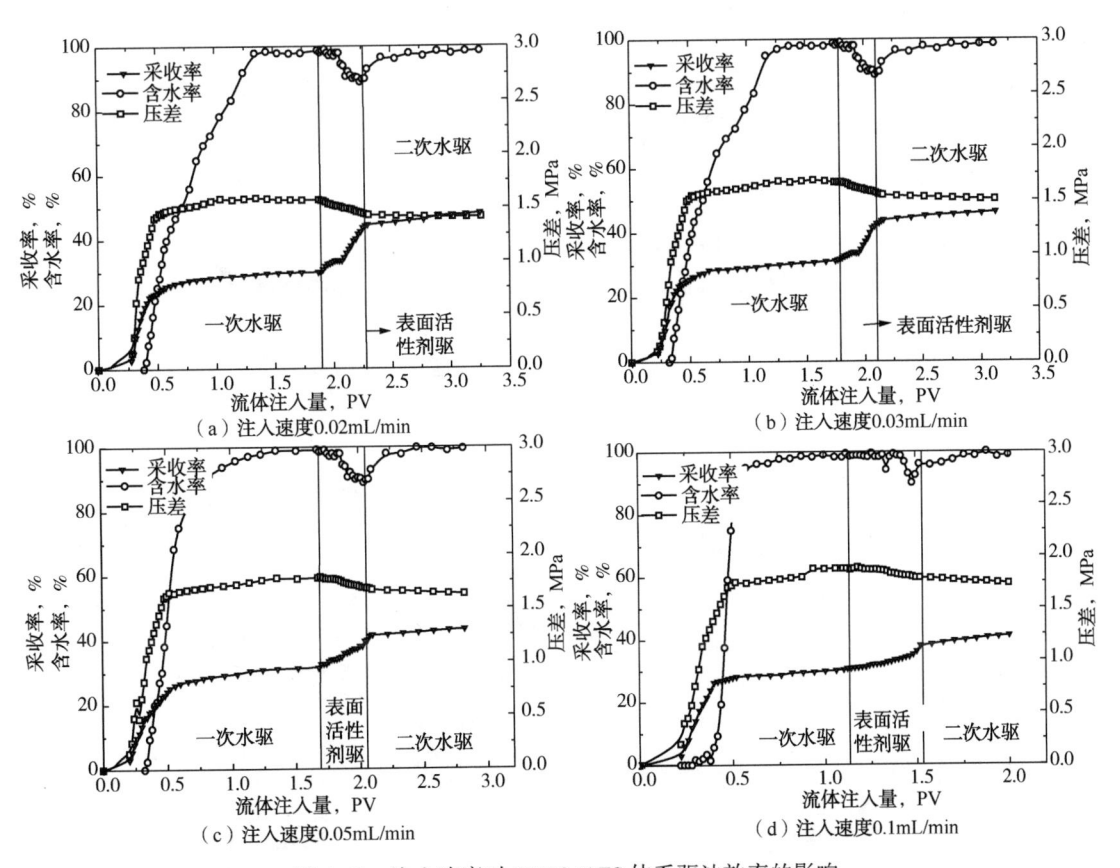

图4.19 注入速度对HABS/AES体系驱油效率的影响

(e) 注入速度0.2mL/min

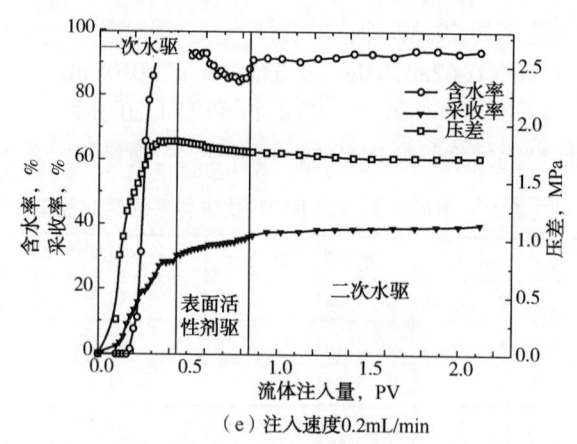

图4.19 注入速度对 HABS/AES 体系驱油效率的影响(续)

由表4.45可知，对于两种优选体系来讲，最终采收率与采收率增值皆随着注入速度的增大而减小，并且 HABS/AES 体系的驱油效率(增值)要高于 AES/合成表面活性剂体系的驱油效率(增值)。当注入速度增大时，会导致表面活性剂驱油的波及区域减小。随着注入速度增加，最终采收率逐渐下降，在现场应满足配注的前提下尽量低速注入。因此，注入速度应根据确定的注采比及一线油井动态反应和水井注水状况进行合理设计。一般来讲，采用较小的注入速度则使注入时间过长，在经济方面不划算，注入速度太大则导致流体窜流达不到预期效果，从岩心流动实验结果综合考虑，选择 0.05mL/min 为最佳注入速度。

(a) 注入速度0.02mL/min

(b) 注入速度0.03mL/min

(c) 注入速度0.05mL/min

(d) 注入速度0.1mL/min

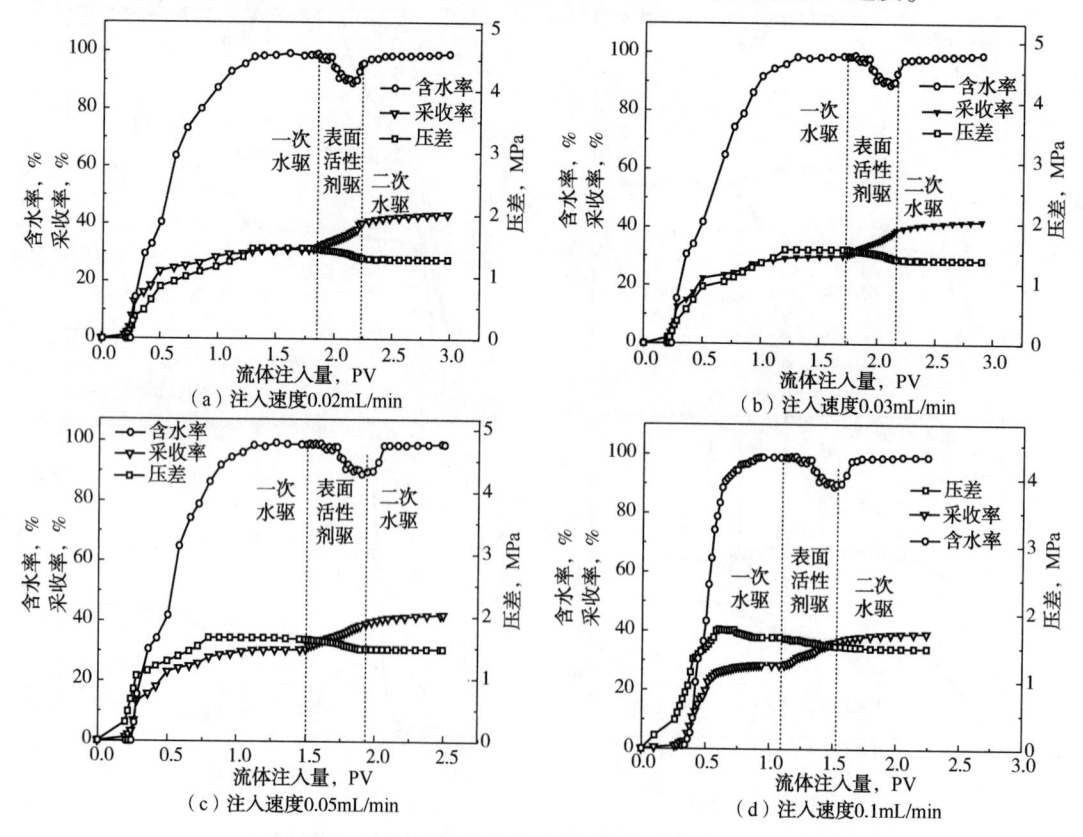

图4.20 注入速度对 AES/合成表面活性剂体系驱油效率的影响

(e) 注入速度0.2mL/min

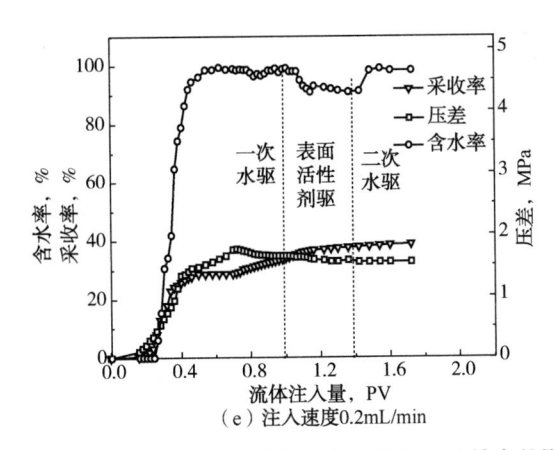

图 4.20 注入速度对 AES/合成表面活性剂体系驱油效率的影响（续）

② 段塞注入量。

为了研究段塞注入量对优选体系驱油效率的影响，在其他影响因素不变的情况下，采用长岩心模型（岩心平均渗透率为 29.30mD；注入速度为 0.05mL/min；转注时机为含水率 98%），考察了不同段塞注入量下（0.1PV、0.2PV、0.3PV、0.4PV、0.5PV）两种优选体系的驱油性能。其中，图 4.21 和图 4.22 分别是段塞注入量对 HABS/AES 体系和 AES/合成表面活性剂体系驱油效率的影响曲线，分析结果汇总见表 4.46。

表 4.46 不同注入量下两种优选体系的驱油效率

体系	流体注入量，PV	水驱采收率，%	最终采收率，%	采收率增值，%
HABS/AES	0.1	30.15	41.37	11.22
	0.2	31.15	44.56	13.41
	0.3	31.42	45.28	13.86
	0.4	31.82	46.08	14.26
	0.5	32.06	46.56	14.50
AES/合成表面活性剂	0.1	30.55	40.62	10.07
	0.2	30.59	41.15	10.56
	0.3	31.15	41.89	10.74
	0.4	31.20	42.21	11.01
	0.5	31.52	42.62	11.10

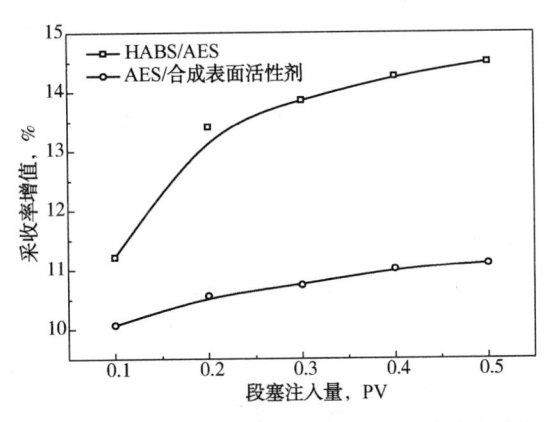

图 4.21 不同段塞注入量下两种体系的采收率增值

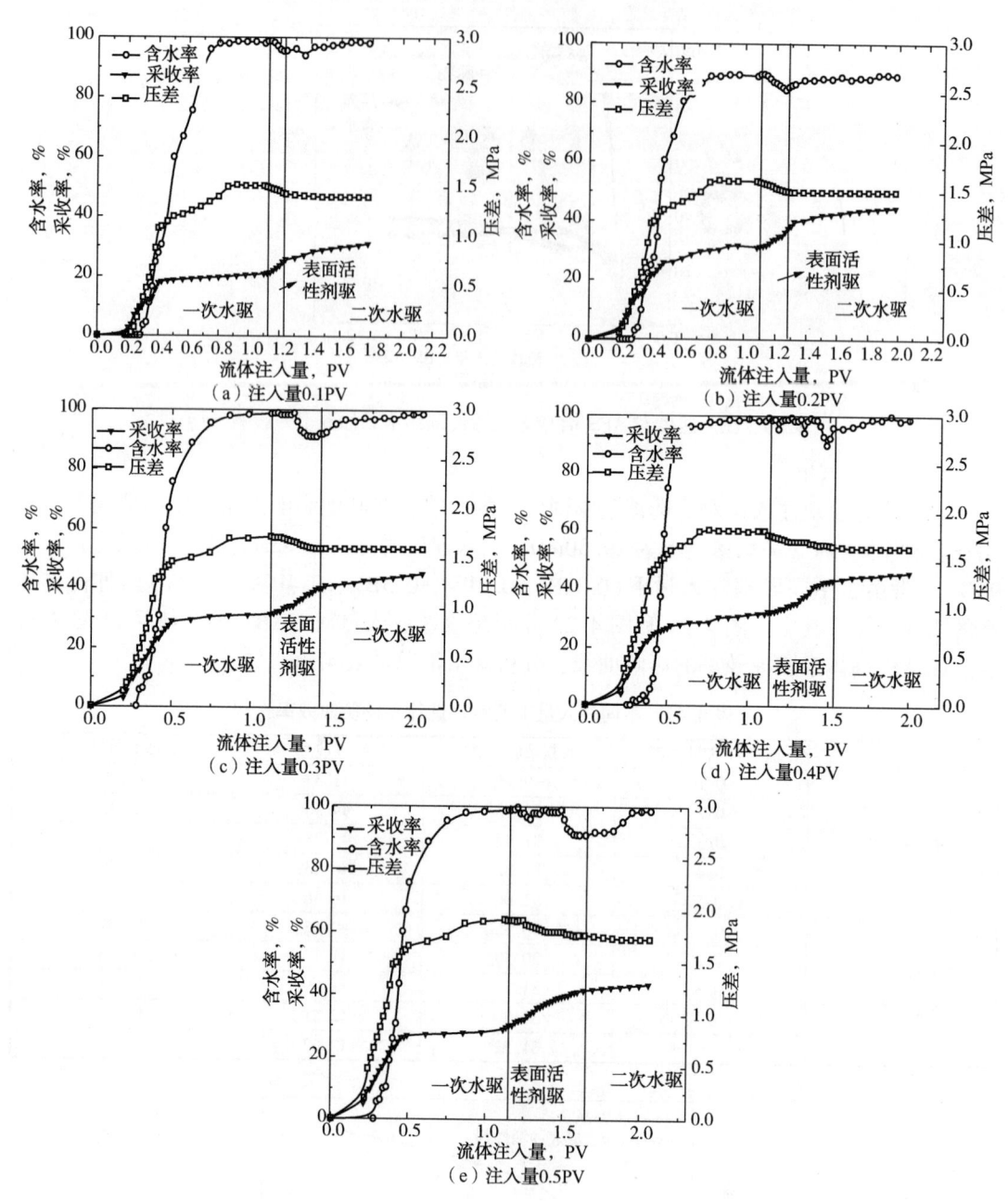

图 4.22 段塞大小对 HABS/AES 体系驱油效率的影响

段塞注入量是关系到调驱效果和经济效益的关键因素。图 4.23 为不同段塞注入量下 HABS/AES 和 AES/合成表面活性剂体系的采收率增值。结合表 4.46 可知，对于两种优选体系来讲，最终采收率与采收率增值皆随着段塞注入量的增大而增大，并且 HABS/AES 体系的驱油效率(增值)要高于 AES/合成表面活性剂体系的驱油效率(增值)。由图 4.23 可知，对于两种优选体系来讲，随着段塞注入量的增大，采收率增值的增幅逐渐减小。因此，结合现场应用和经济角度考虑，必然存在着最佳段塞注入量，结合表 4.46 和图 4.23，

— 150 —

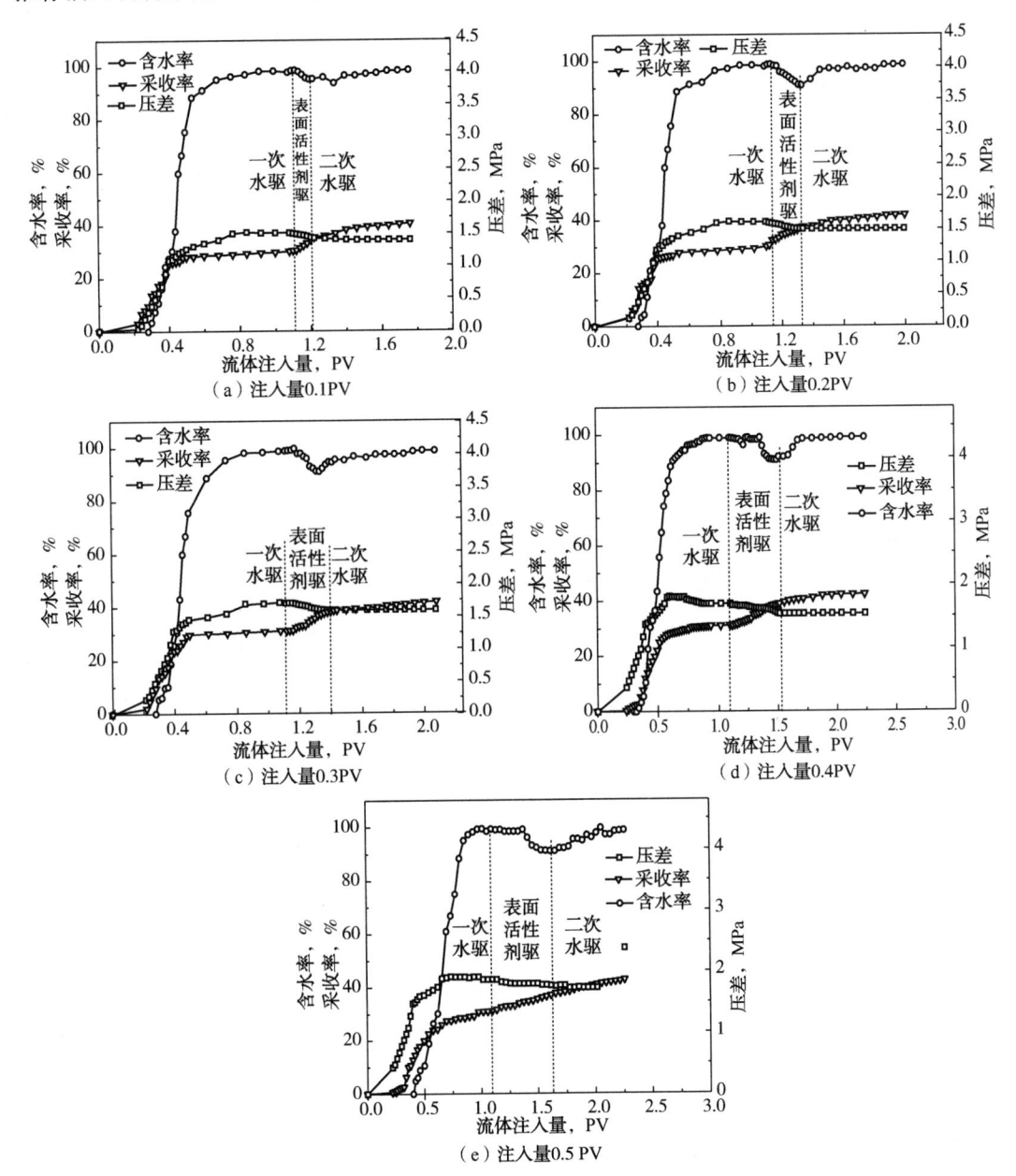

推荐油田现场采用0.4PV的段塞注入量。

图4.23 段塞大小对AES/合成表面活性剂体系驱油效率的影响

③ 渗透率。

为了研究油藏渗透率对优选体系驱油效率的影响,在其他影响因素不变的情况下(注入速度为0.05mL/min;段塞注入量为0.4PV;转注时机为含水率98%),采用4块渗透率不同的天然岩心,考察了不同渗透率下(5.62mD、28.83mD、61.48mD、99.84mD)两种优选体系的驱油性能。其中,图4.24和图4.25分别是不同渗透率下HABS/AES体系和AES/合成表面活性剂体系驱油效率的影响曲线,分析结果汇总见表4.47。

表 4.47　不同渗透率下两种优选体系的驱油效率

体系	渗透率, mD	原始含油饱和度, %	水驱采收率 %	最终采收率 %	采收率增值 %
HABS/AES	5.62	52.25	30.75	40.77	10.02
	28.83	53.80	31.41	43.28	11.87
	61.48	60.06	32.74	46.24	13.50
	99.84	64.21	33.89	51.20	17.31
AES/合成表面活性剂	5.62	52.25	30.12	39.91	9.79
	28.83	53.80	30.67	41.41	10.74
	61.48	60.06	31.82	43.52	11.70
	99.84	64.21	32.81	47.13	14.32

(a) 渗透率5.62mD

(b) 渗透率28.83mD

(c) 渗透率61.48mD

(d) 渗透率99.84mD

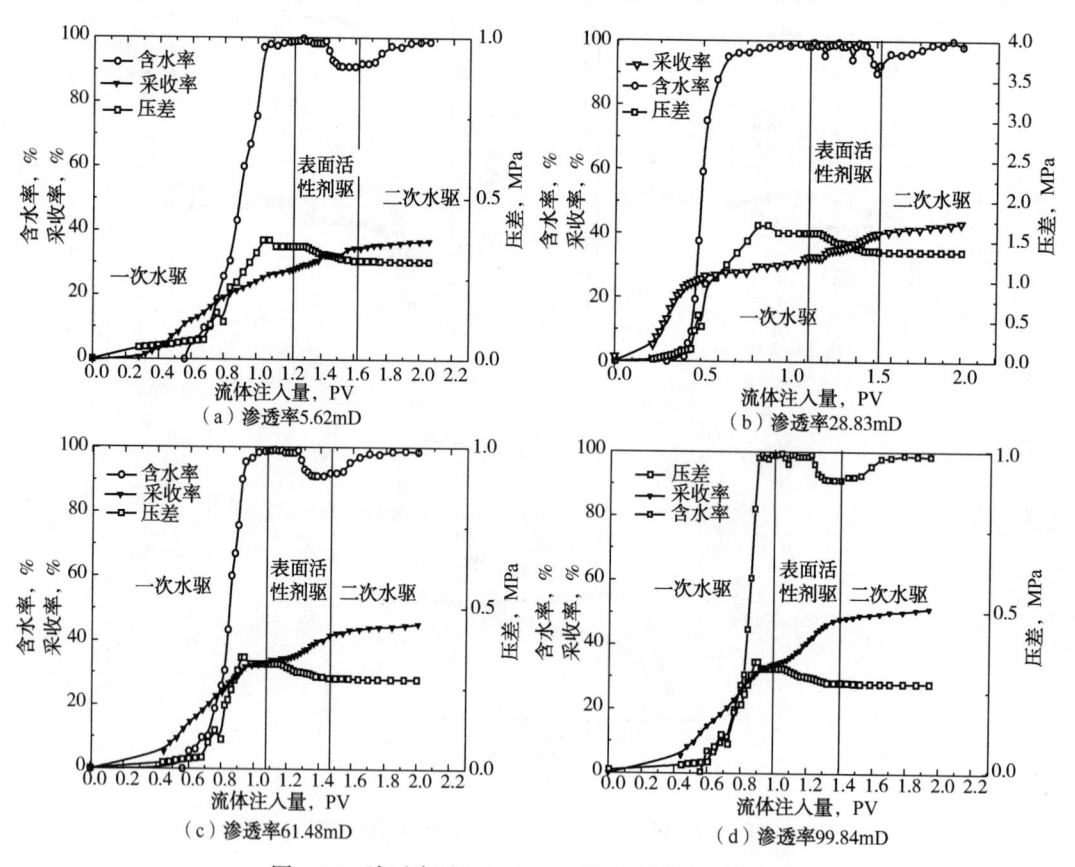

图 4.24　渗透率对 HABS/AES 体系驱油效率的影响

由表 4.47 可知，对于两种优选体系来讲，最终采收率与采收率增值皆随着渗透率的增大而增大，并且 HABS/AES 体系的驱油效率(增值)要高于 AES/合成表面活性剂体系的驱油效率(增值)。若将岩心孔隙看成一束束细小的毛细管，岩心渗透率越大，则孔隙(毛细管)半径越大。由毛细管压力计算公式可知，孔隙半径(渗透率)越大，残余油启动压力越小，驱替压力梯度便会大于残余油启动压力，残余油即容易被驱出。结合表 4.47 可知，

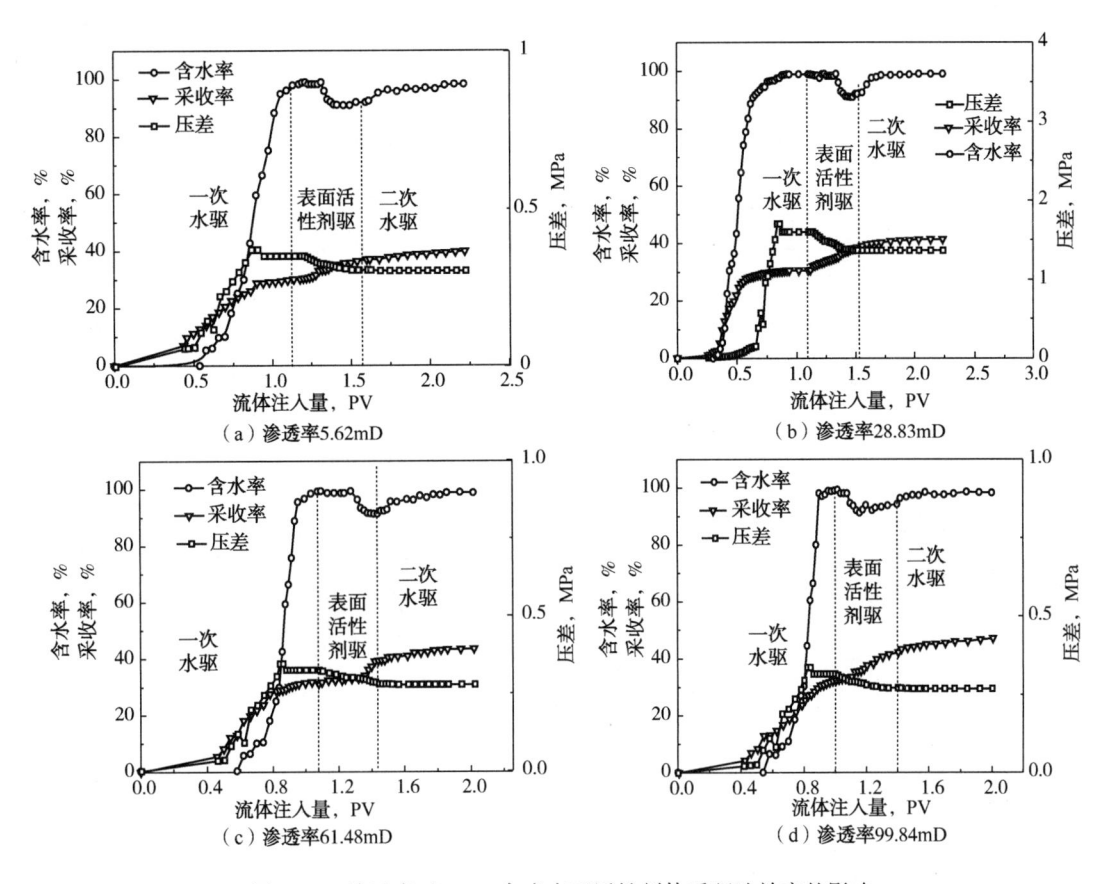

图4.25 渗透率对AES/合成表面活性剂体系驱油效率的影响

在渗透率较大的区块内可获得更高的最终采收率和采收率增值。

④ 注入时机。

为了研究表面活性剂转注时机对优选体系驱油效率的影响，在其他影响因素不变的情况下，采用长岩心模型（岩心平均渗透率为29.30mD；注入速度为0.05mL/min；段塞注入量为0.4PV），考察了不同表面活性剂转注时机下（产出液含水率65%、75%、85%、98%）两种优选体系的驱油性能。其中，图4.26和图4.27分别是表面活性剂转注时机对HABS/AES体系和AES/合成表面活性剂体系驱油效率的影响曲线，分析结果汇总见表4.48。

表4.48 不同表面活性剂转注时机下两种优选体系的驱油效率

体系	转注时机,%	水驱采收率,%	最终采收率,%	采收率增值,%
HABS/AES	65	30.41	53.50	23.09
	75	32.32	49.72	17.4
	85	34.20	47.70	13.5
	98	35.45	46.28	10.83

续表

体系	转注时机,%	水驱采收率,%	最终采收率,%	采收率增值,%
AES/合成表面活性剂	65	29.33	51.86	22.53
	75	30.17	43.37	13.20
	85	32.67	44.65	11.98
	98	33.47	43.21	9.74

由表4.48可知，对于两种优选体系来讲，表面活性剂转注时机越早，最终采收率与采收率增值越大，并且HABS/AES体系的驱油效率(增值)要高于AES/合成表面活性剂体系的驱油效率(增值)。这是由于注入时机不同，则岩心的残余油饱和度不同，驱动残余油所需的驱动力不同。注入时机越早，采收率越高。在一定的条件下，现场可尽早将驱油剂注入地层，从而获得比较高的原油采收率。

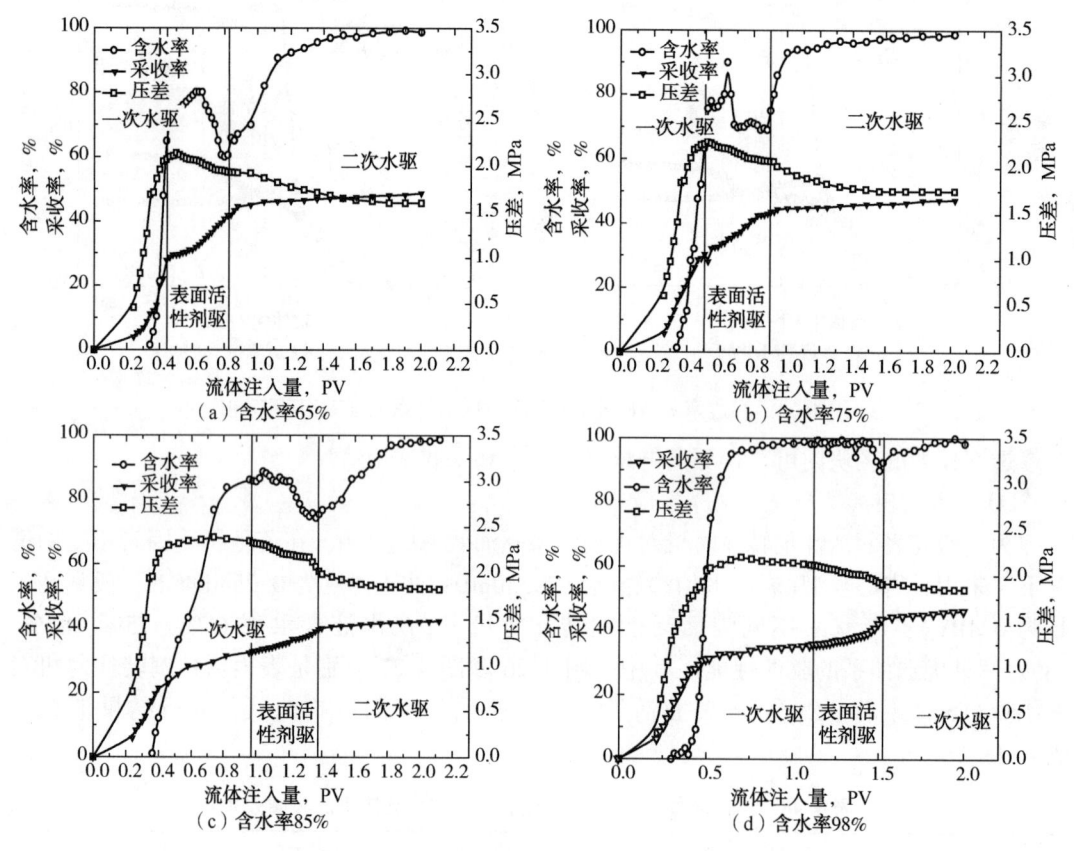

图4.26 表面活性剂转注时机对HABS/AES体系驱油效率的影响

4.3.3.2 非均质并联实验

(1)实验步骤、流程。

非均质并联实验流程如图4.28所示。

① 饱和油及建立束缚水饱和度。

饱和水之后，采用单管实验方法对两个岩心分开饱和油，重新组装好后排空，以

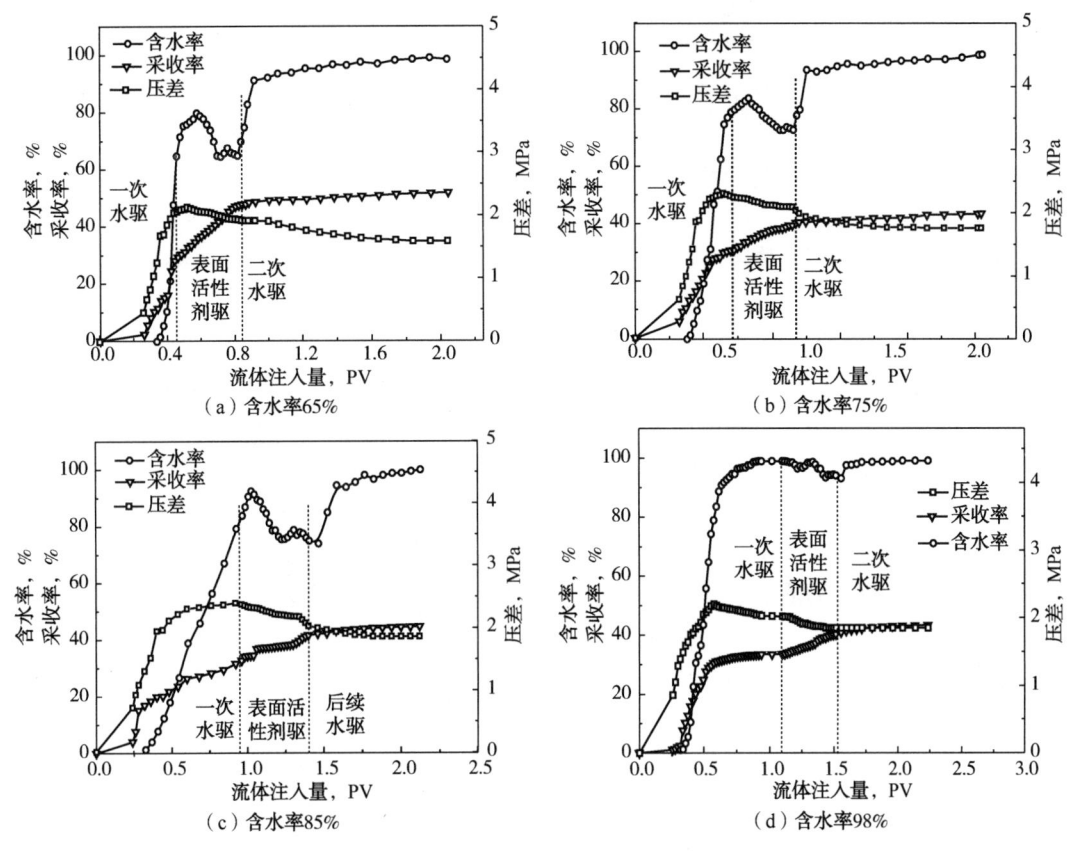

图 4.27 表面活性剂转注时机对 AES/合成表面活性剂体系驱油效率的影响

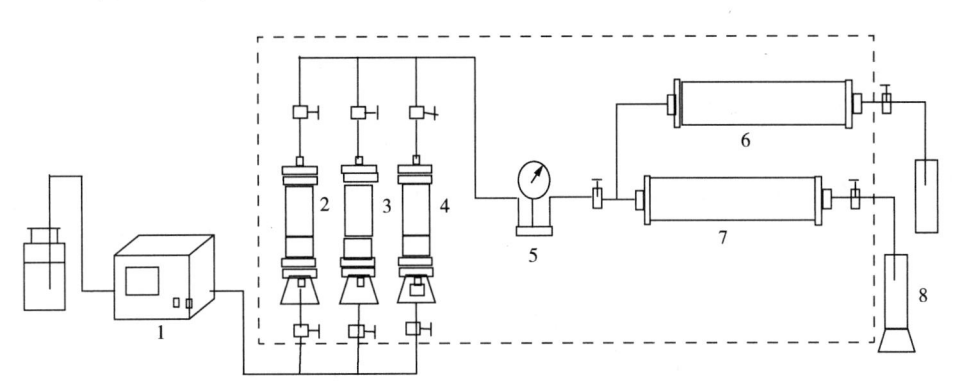

图 4.28 非均质并联实验流程示意图
1—恒流泵；2—盛水中间容器；3—盛驱替液中间容器；4—阀门；
5—压力传感器；6,7—岩心夹持器；8—量筒

0.03mL/min 的速度油驱，并记录好驱替过程中排出的水量 V_1、V_2（V_1、V_2 分别为饱和油的体积），待岩心两端驱替压差稳定及出液端不再出水为止，终止实验。分别将饱和原油的两个夹持器端口关闭后，在油藏温度下老化 24h。

② 一次水驱。

采用双管实验方法组装好后(并联)排空，以一定的驱替速度注入地层水，水驱至产出

液含水率达到98%为止,实验过程中记录注入端压力值和采出液中的油水量。

③ 转注调剖剂和表面活性剂。

一次水驱之后,转注调剖剂,24h之后待成胶液凝固之后,注入一定量的(0.4PV)最优表面活性剂复配体系溶液,实验过程中记录产出液、产出油的体积及注入压力,并计算累计产出液、产出油体积及相应的采收率。

④ 后续水驱。

转注表面活性剂复配体系溶液之后,进行后续水驱,直至产出液含水率达到100%为止。实验过程中记录注入压力、累计产出液、产出油体积及相应的采收率。

(2)油藏适应性研究。

低渗透油藏的非均质性对水驱效率的影响很大,注入水往往沿着大孔道指进,造成小孔道内的原油难以动用,本部分实验的目的就是在其他影响因素不变的情况下(转注时机为含水率98%;注入速度为0.05mL/min;段塞注入量为0.4PV),通过双管岩心并联模型,在不同渗透率级差下(3.2、5.0、10.9、19.8和35.6),评价堵剂及优选体系改善指进现象、提高波及系数和洗油效率、提高整体采出程度特别是动用低渗透层的能力,进而分析优选体系对油藏的适应性,其中图4.29为非均质驱替实验段塞示意图。

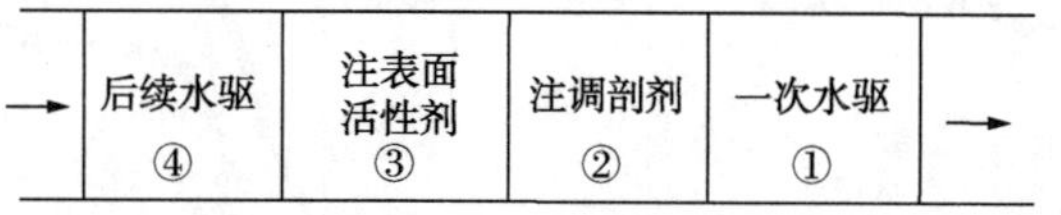

图 4.29 非均质驱替实验段塞示意图

图4.29中所采用的调剖剂为地下生成沉淀调剖剂。针对渗透率差异引起的水窜,由于地层孔隙直径小,高黏度或颗粒类调剖剂在这类地层注入性较差,注入压力上升快,而且对低吸水段地层造成的伤害较大,堵剂不能到达地层深部,影响了调剖效果,必须研究一种黏度较低、注入性能好、能够挤入地层深部、经过高温条件一定时间反应生成堵塞的调剖剂,并且要求该调剖剂在地面条件下不发生反应,为此研制了地下生成凝胶堵剂。地下生成沉淀调剖剂的作用机理为:室内优选A和B两种可溶药剂,A在高温条件下缓慢水解提供高价阳离子A^+,B在高温条件下水解提供阴离子B^-,阴阳离子在高温条件下在地层形成胶状沉淀水合物,从而达到堵塞水窜通道的目的。由于A,B两种物质在常温、低温下并不水解,因此在常温和低温条件下并不反应,不能形成沉淀,只有当温度达到90℃以上时经过10h以上才反应形成沉淀凝胶,所以调剖剂具有较好的延缓反应性能。另外,调剖剂在地面始终保持溶液低黏状态,所以注入性较好,便于调剖剂能够注入地层深部,达到深部调剖的目的。共设计了5组渗透率级差,分别是3.2、5.0、10.9、19.8和35.6,见表4.49。

表 4.49 不同渗透率级差下的岩心参数

岩心类型	高渗透	低渗透	高渗透	低渗透	高渗透	低渗透	高渗透	低渗透	高渗透	低渗透
渗透率,mD	108.01	33.4	89.12	17.66	104.94	9.65	108.10	5.45	104.98	2.95
原始含油饱和度,%	63.2	58.5	60.6	53.8	62.0	51.0	64.0	48.7	62.5	46.2
渗透率级差	3.2		5.0		10.9		19.8		35.6	

① HABS/AES 体系。

以 HABS/AES 体系、渗透率级差 3.2 为例，说明高、低渗透岩心在注调剖剂前后流量的变化，并以此分析调剖剂调整吸水剖面的效果(其他体系和级差不再赘述)。由于高渗透岩心见水后形成了水流通道，而注入水的黏度远小于原油黏度，此时低渗透岩心内部含油饱和度较高，流动阻力大，因此造成低渗透岩心产油量偏低。图 4.30 为驱替过程中低渗透岩心与高渗透岩心的单次出液量之比，可以看出，调剖剂凝固之后，转注表面活性剂的时候，低渗透岩心的出液量相比之前明显增大。注入堵剂之后，由于高渗透岩心渗流阻力小，大部分堵剂进入高渗透岩心，因此堵剂主要堵塞的是高渗透岩心，转注表面活性剂驱后，发生液流转向，低渗透岩心采出程度大幅度上升，高渗透岩心由于堵塞了大孔道，小孔道内的原油也得到了动用，因此采出程度也有所增加。堵剂的注入能够提高非均质岩心中的驱油效率，使之整体上达到较高的采出程度。

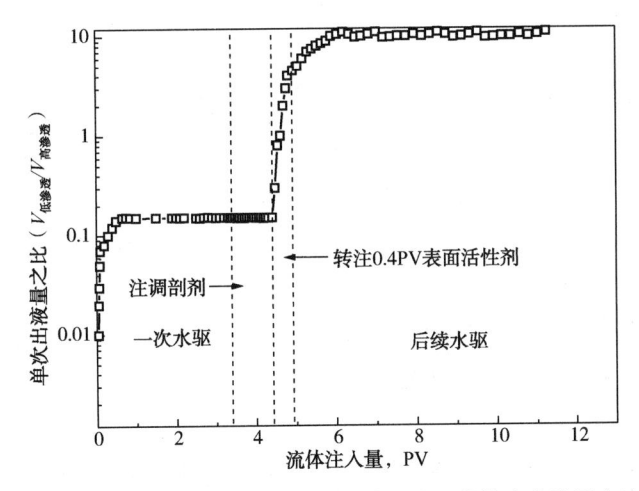

图 4.30 驱替过程低渗透岩心与高渗透岩心的单次出液量之比

表 4.50 为 HABS/AES 体系所对应的非均质实验具体结果，可以看出，注入堵剂之后继续驱替，低渗透岩心采出程度大幅度上升，综合采出程度达到 31.05%~43.20%，增加 16.89%~19.80%。

表 4.50 HABS/AES 体系所对应的非均质实验结果

岩心组	渗透率级差	单岩心渗透率, mD	一次水驱采收率,%	一次水驱综合采收率,%	调驱后水驱采收率,%	采收率增值,%	综合采收率增值,%
1	3.2	108.01	30.67	25.90	39.92	9.25	17.30
		33.4	18.21		43.24	25.03	
2	5.0	89.12	31.08	21.05	41.04	9.96	19.80
		17.66	9.55		35.12	25.57	
3	10.9	104.94	31.62	18.55	41.42	9.8	18.21
		9.65	7.75		34.58	26.83	

续表

岩心组	渗透率级差	单岩心渗透率, mD	一次水驱采收率,%	一次水驱综合采收率,%	调驱后水驱采收率,%	采收率增值,%	综合采收率增值,%
4	19.8	108.10	32.40	16.70	41.82	9.42	17.51
		5.45	4.35		32.08	27.73	
5	35.6	104.98	33.48	14.16	42.07	8.59	16.89
		2.95	3.65		32.46	28.81	

图 4.31 为不同渗透率级差下的高、低渗透岩心及其综合水驱采收率结果，由图 4.31 可见，随着渗透率级差增大，综合水驱采收率减小，高渗透岩心水驱采收率均大于低渗透岩心水驱采收率，符合现场开采情况。

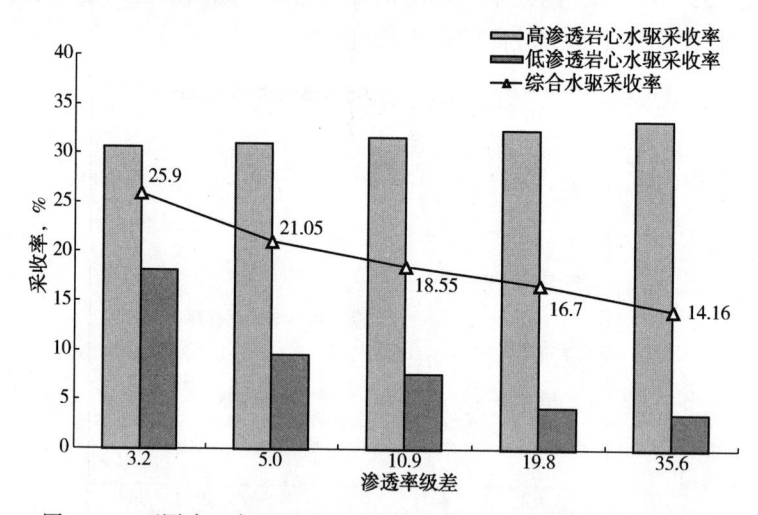

图 4.31　不同渗透率级差下的高、低渗透岩心及其综合水驱采收率

图 4.32 为采用 HABS/AES 体系时不同渗透率级差下的高、低渗透岩心及其综合提高采收率幅度结果，可以看出，随着渗透率级差增大，高渗透岩心采收率提高幅度为

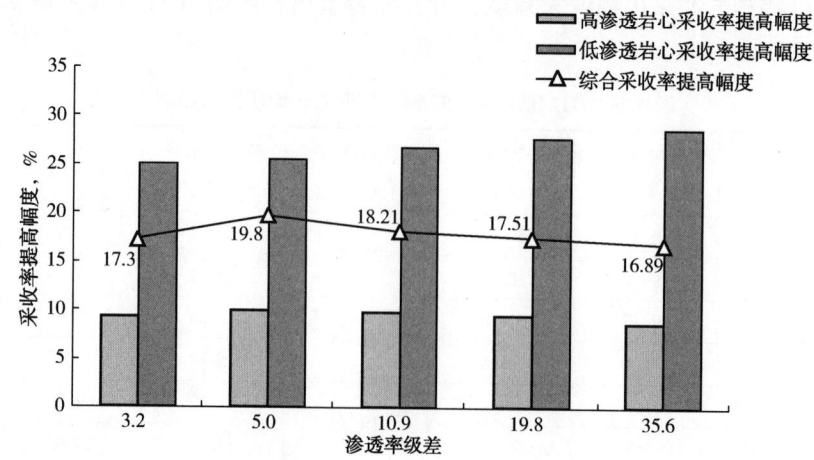

图 4.32　不同渗透率级差下的高、低渗透岩心及其综合提高采收率幅度

8.59%~9.96%；低渗透岩心采收率的提高幅度则逐渐增大，从25.03%增大到28.81%；综合采收率提高幅度先增大后减小，在渗透率级差为5.0时，体系的综合采收率提高幅度最大为19.8%；在渗透率级差为35.6时采收率增幅为16.89%。从岩心流动实验结果看，储层渗透率级差为3.2~35.6时，这种延缓沉淀凝胶类调剖剂在高温条件下可以很好地封堵水窜通道，动用低渗透层，有效地发挥了调剖剂的提高波及系数以及表面活性剂提高洗油效率的双重功效（图4.33至图4.37）。

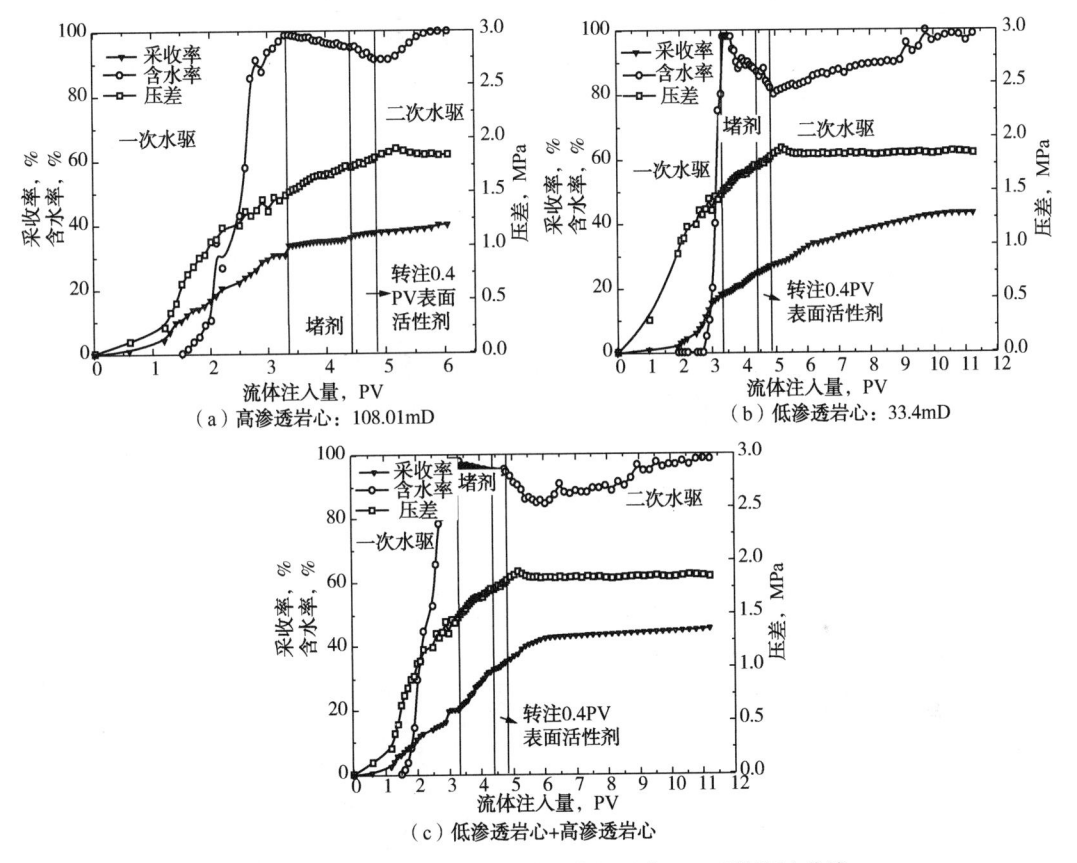

图4.33 HABS/AES体系于渗透率级差为3.2下的驱油曲线

为了对比分析调剖剂的封堵液流转向作用及其提高采收率的效果，采用HABS/AES体系做了一组空白实验，即在一次水驱之后，未注调剖剂，直接转注表面活性剂体系，随后进行二次后续水驱（以渗透率级差为35.6举例说明），具体实验结果见表4.51和图4.38。

由表4.51和图4.38可知，驱替过程中若未注调剖剂，而直接转注表面活性剂体系的话，高渗透岩心和低渗透岩心所对应的一次水驱采收率分别为31.8%和4.0%，高渗透岩心和低渗透岩心采收率增值分别为14.22%和1.02%，而综合采收率增值为8.93%。由上述实验结果可以看出，一次水驱之后，由于高渗透岩心见水后形成了水流优势通道，高渗透岩心的渗流阻力减小，此时未注调剖剂而直接转注表面活性剂体系，大部分表面活性剂溶液将进入高渗透岩心，造成低渗透岩心产油量很低。

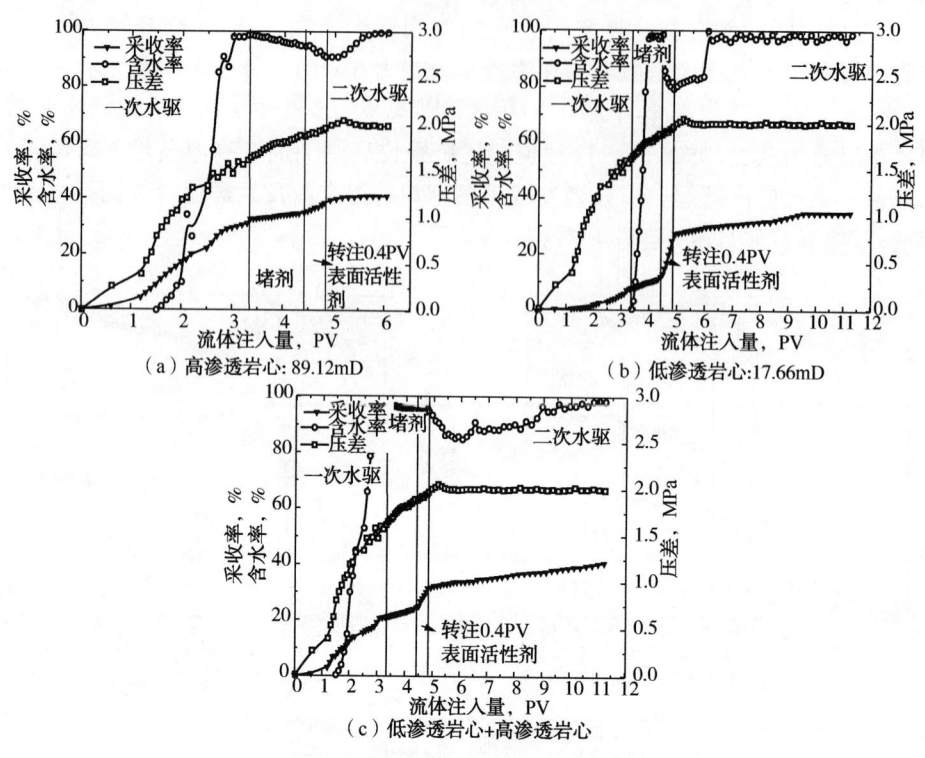

图4.34 HABS/AES体系于渗透率级差为5.0下的驱油曲线

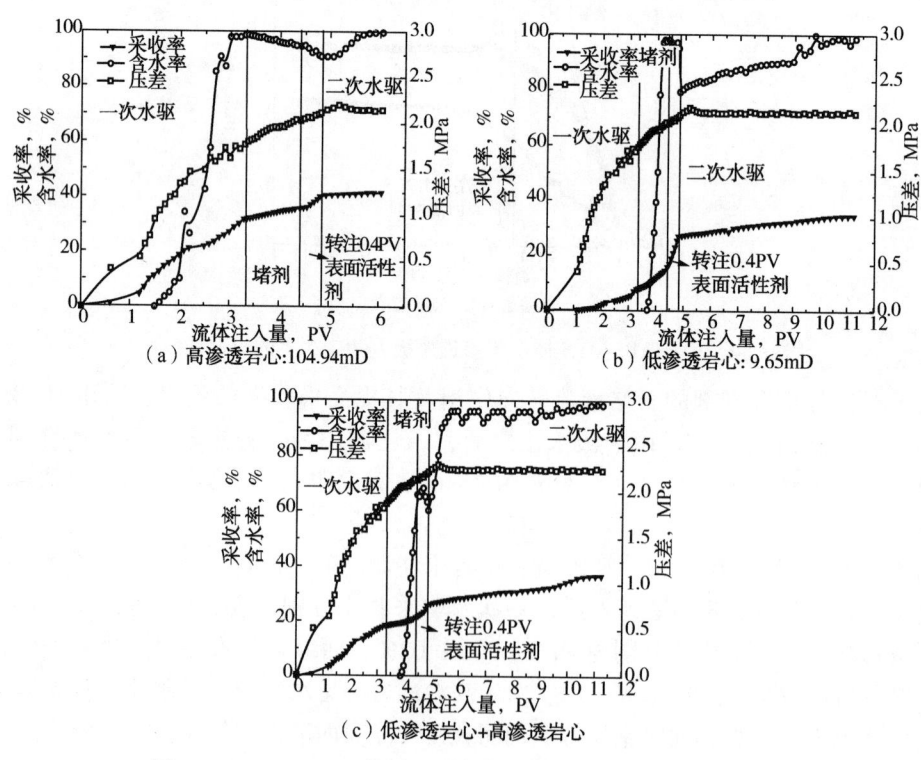

图4.35 HABS/AES体系于渗透率级差为10.9下的驱油曲线

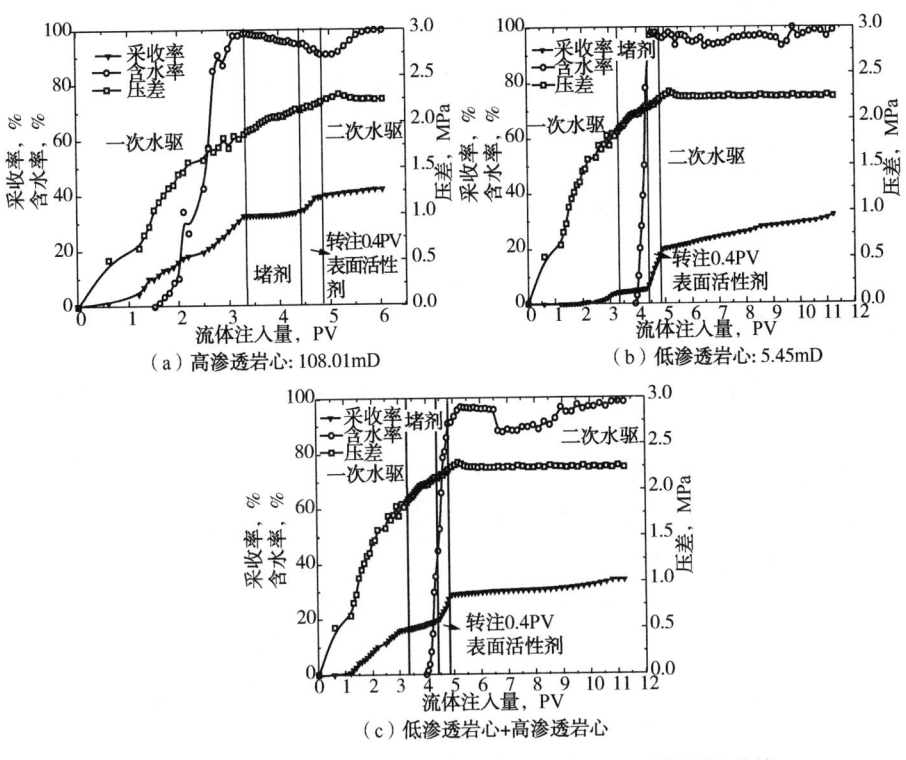

图 4.36　HABS/AES 体系于渗透率级差为 19.8 下的驱油曲线

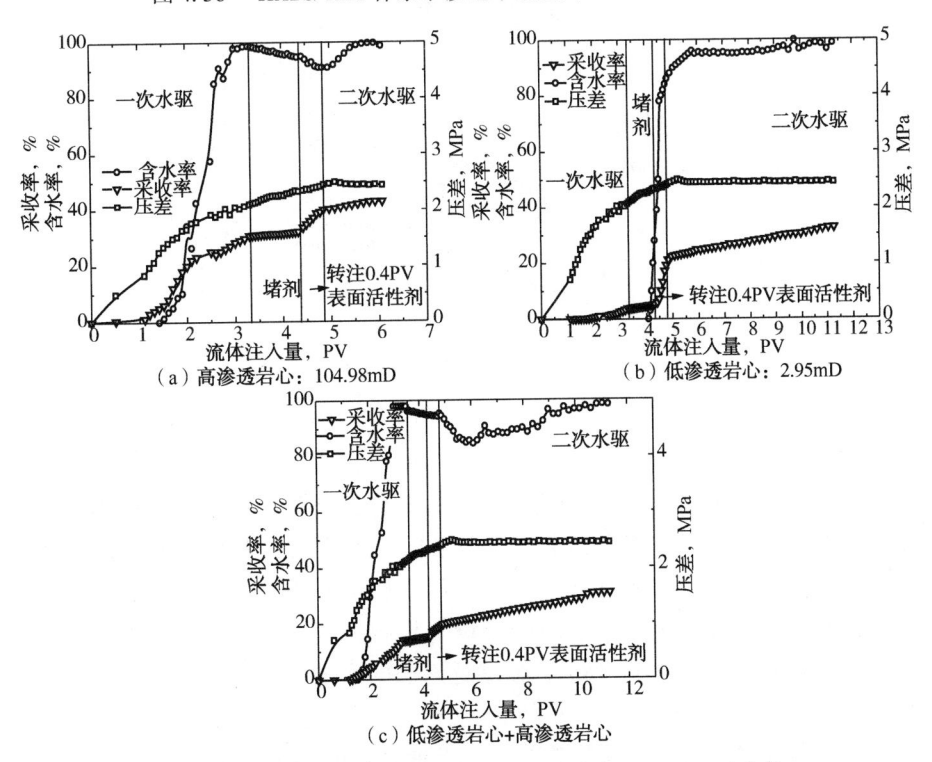

图 4.37　HABS/AES 体系于渗透率级差为 35.6 下的驱油曲线

表 4.51　未注调剖剂时的驱替实验结果

类别	一次水驱采收率,%	最终采收率,%	采收率增值,%
高渗透岩心	31.8	46.02	14.22
低渗透岩心	4.0	5.02	1.02
低渗透岩心+高渗透岩心	15.57	24.5	8.93

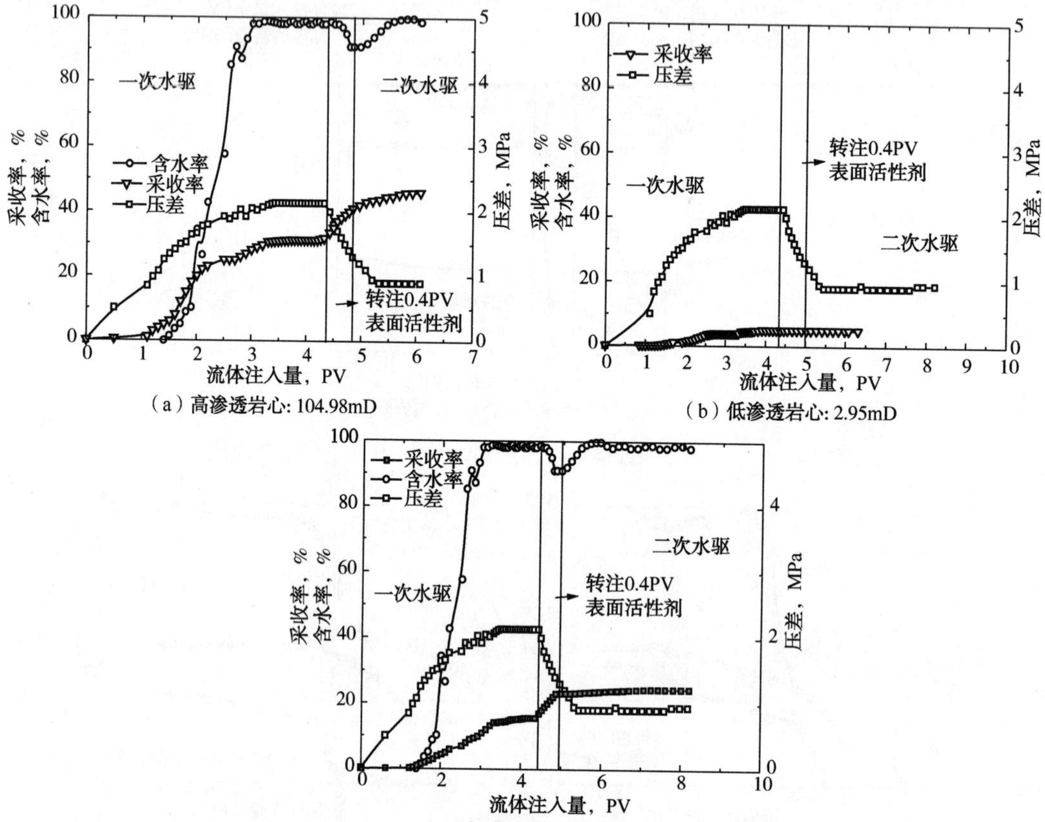

(a) 高渗透岩心: 104.98mD

(b) 低渗透岩心: 2.95mD

(c) 低渗透岩心+高渗透岩心

图 4.38　未注调剖剂时的驱替曲线

② AES/合成体系。

图 4.39 至图 4.43 分别为 AES/合成表面活性剂体系在级差 3.2、5.0、10.9、19.8 和 35.6 下所对应的采收率曲线，汇总结果见表 4.52（以级差 3.2 为例说明实验结果）。从实验结果看，由于两块岩心渗透率存在差异，开始水驱后高渗透岩心产液量高于低渗透岩心；当高渗透岩心见水后，两块岩心的产液量差异越来越大，水驱至总含水率 98% 以上时，高渗透岩心的采出程度为 30.18%，低渗透岩心的采出程度为 17.21%。由于高渗透岩心见水后形成了水流通道，而注入水的黏度远小于原油黏度，此时低渗透岩心内部含油饱和度较高，流动阻力大，因此造成低渗透岩心产油量偏低。注入堵剂之后，由于高渗透岩心渗流阻力小，大部分堵剂进入高渗透岩心，因此堵剂主要堵塞的是高渗透岩心，转注表

面活性剂后低渗透岩心采出程度大幅度上升,高渗透岩心由于堵塞了大孔道,小孔道内的原油也得到了动用,因此采出程度也有所增加。堵剂的注入能够提高非均质岩心中的驱油效率,使之整体上达到较高的采出程度。

表4.52 AES/合成表面活性剂体系所对应的非均质实验结果

岩心组	渗透率级差	单岩心渗透率,mD	一次水驱采收率,%	一次水驱综合采收率,%	调驱后水驱采收率,%	采收率增值,%	综合采收率增值,%
1	3.2	108.01	30.18	25.31	38.52	8.34	15.30
		33.4	17.21		40.24	23.03	
2	5.0	89.12	30.60	20.60	38.85	8.25	17.80
		17.66	8.55		32.42	23.87	
3	10.9	104.94	31.27	18.50	39.79	8.52	16.21
		9.65	6.75		31.58	24.83	
4	19.8	108.10	32.45	16.85	40.03	7.58	15.51
		5.45	3.35		29.78	26.43	
5	35.6	104.98	33.40	15.70	41.49	8.09	14.89
		2.95	2.85		29.66	26.81	

(a) 高渗透岩心:108.01mD

(b) 低渗透岩心:33.4mD

(c) 低渗透岩心+高渗透岩心

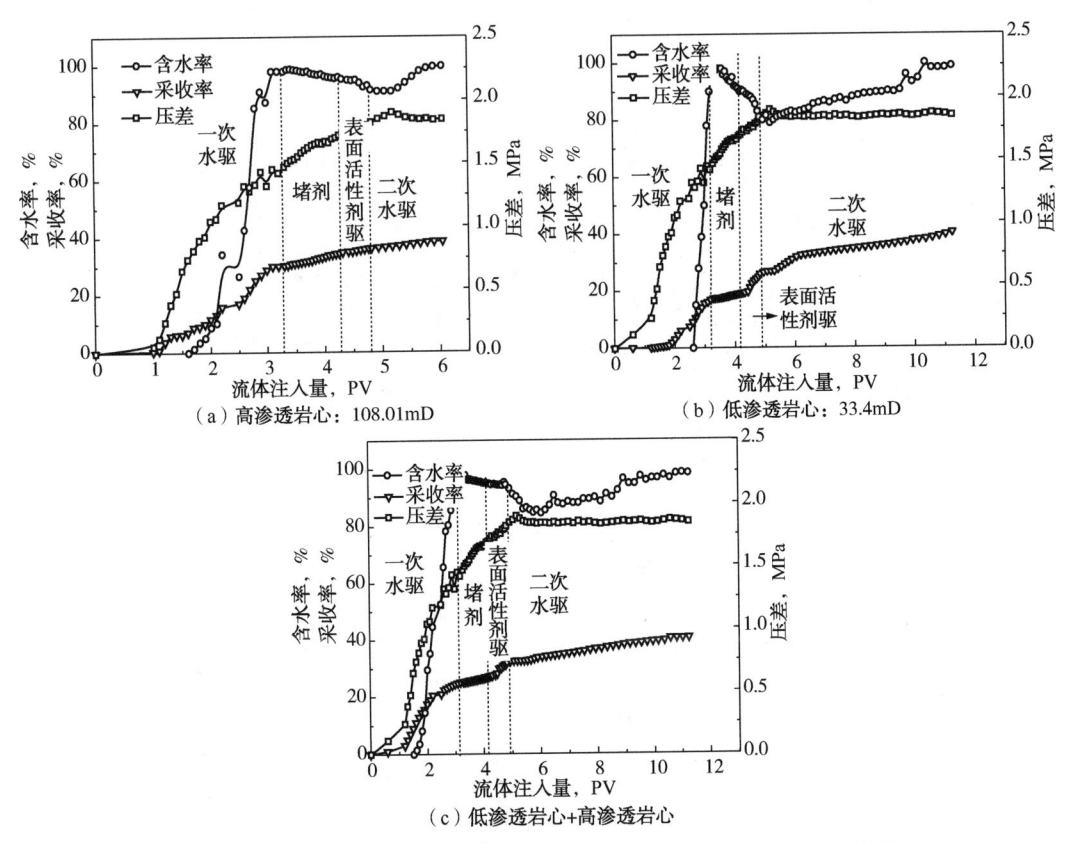

图4.39 AES/合成表面活性剂体系于渗透率级差为3.2下的驱油曲线

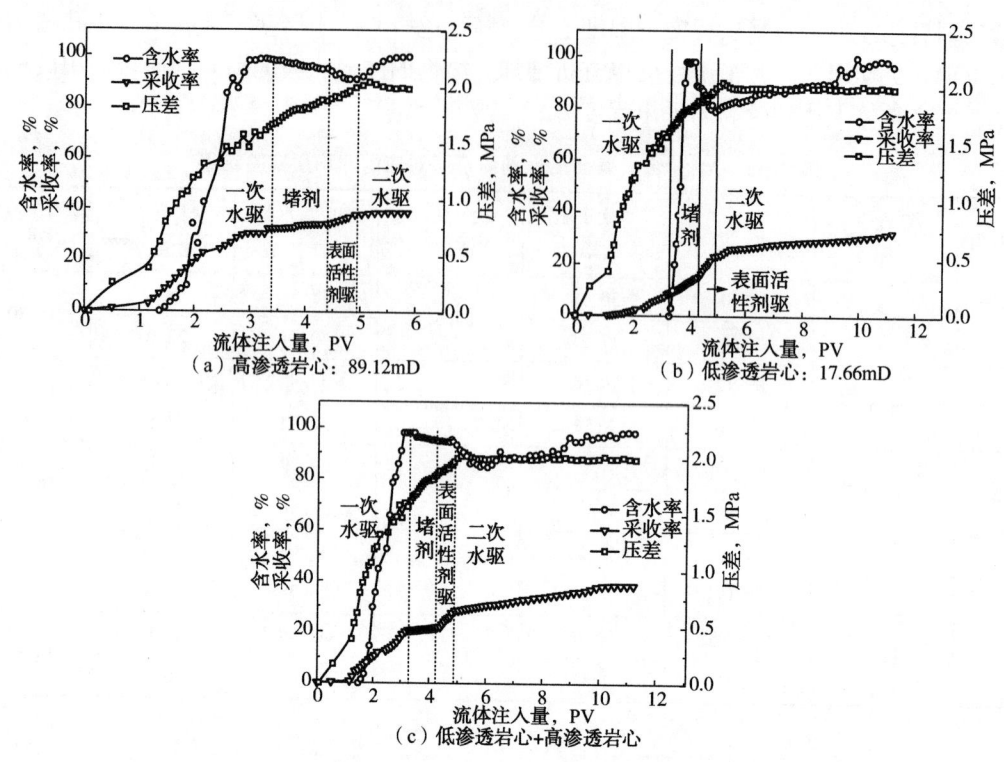

图 4.40　AES/合成表面活性剂体系于渗透率级差为 5.0 下的驱油曲线

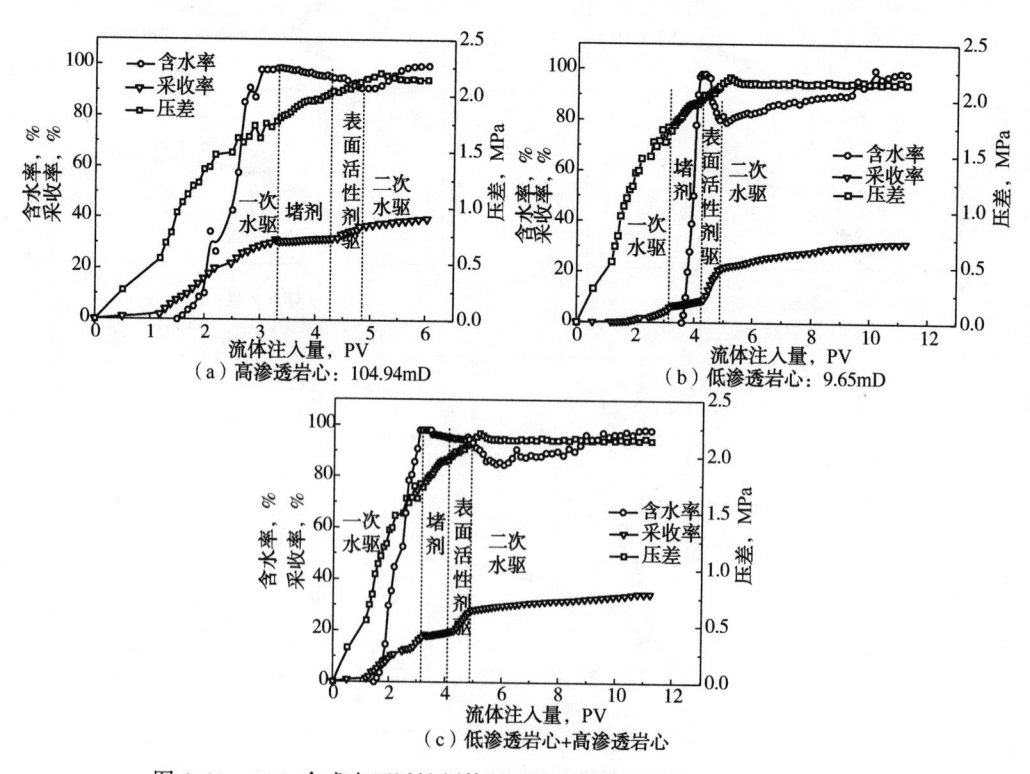

图 4.41　AES/合成表面活性剂体系于渗透率级差为 10.9 下的驱油曲线

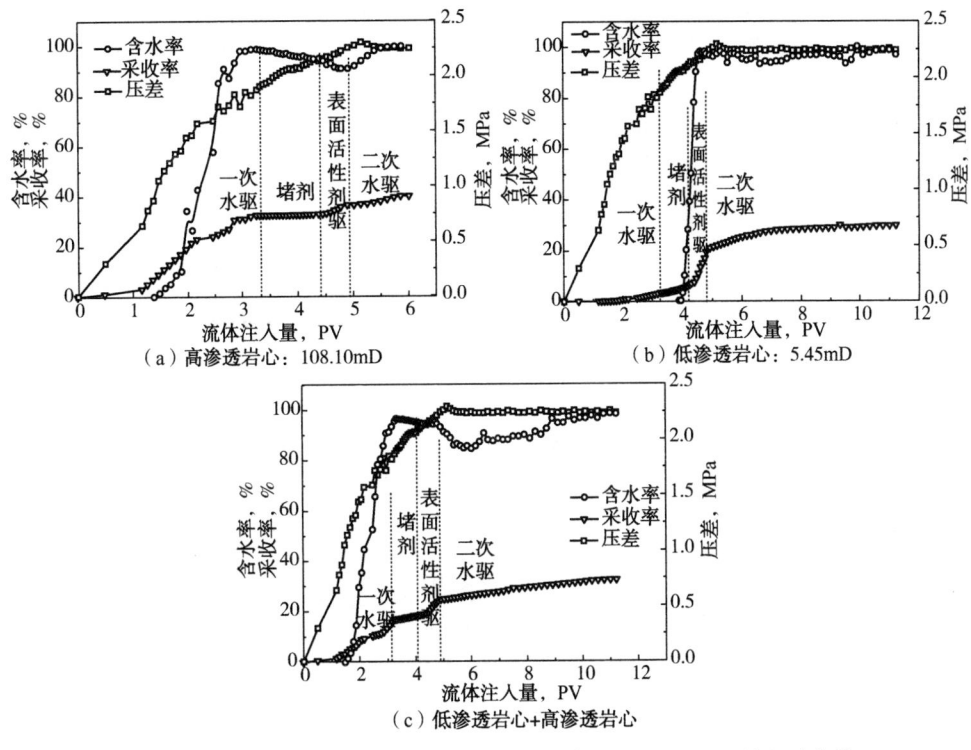

图 4.42　AES/合成表面活性剂体系于渗透率级差为 19.8 下的驱油曲线

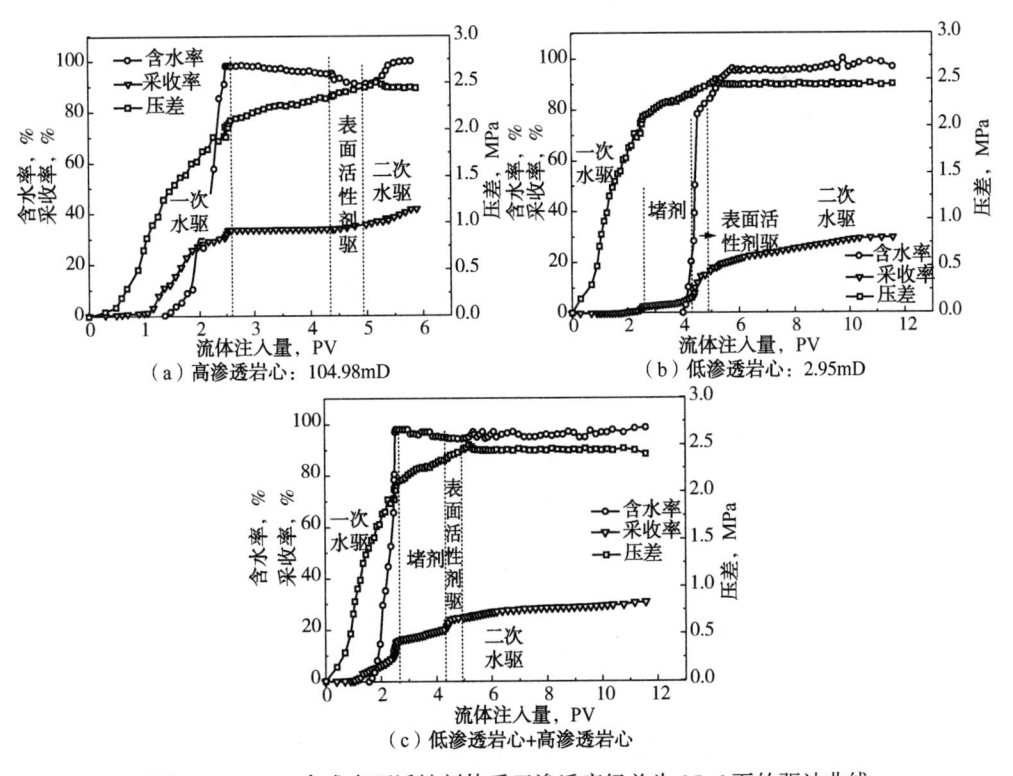

图 4.43　AES/合成表面活性剂体系于渗透率级差为 35.6 下的驱油曲线

表 4.52 为 AES/合成表面活性剂体系所对应的非均质实验具体结果，由表 4.52 可以看出，注入堵剂之后继续驱替，低渗透岩心采出程度大幅度上升，综合采出程度达到 30.59%~40.61%，增加 14.89%~17.80%。

图 4.44 为不同渗透率级差下的高、低渗透岩心及其综合水驱采收率结果，与 HABS/AES 体系的结果类似：随着渗透率级差的增大，综合水驱采收率减小，高渗透岩心水驱采收率均大于低渗透岩心水驱采收率，符合现场开采情况。

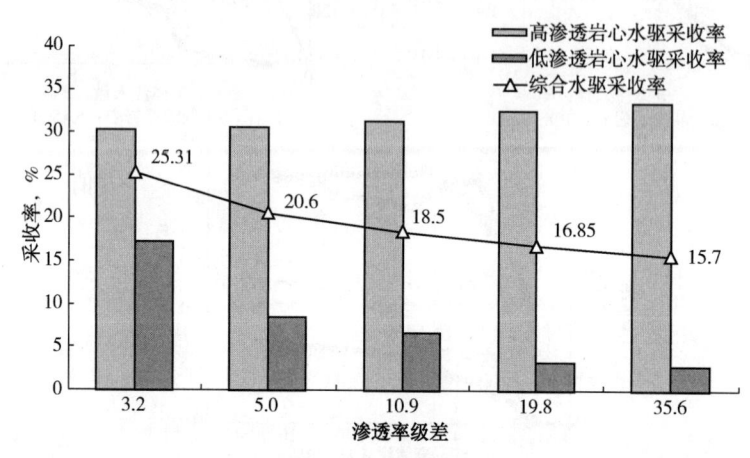

图 4.44 不同渗透率级差下的高、低渗透岩心及其综合水驱采收率

图 4.45 为采用 AES/合成表面活性剂体系时不同渗透率级差下的高、低渗透岩心及其综合提高采收率幅度结果，可以看出，随着渗透率级差的增大，高渗透岩心采收率提高幅度为 7.58%~8.52%；低渗透岩心采收率的提高幅度则逐渐增大，从 23.03% 增大到 26.81%；综合采收率提高幅度先增大后减小，在渗透率级差为 5.0 时，体系的综合采收率提高幅度最大为 17.8%；在渗透率级差为 35.6 时，采收率增幅为 14.89%。从岩心流动实验结果看，储层渗透率级差为 3.2~35.6 时，这种延缓沉淀凝胶类调剖剂在高温条件下可以很好地封堵水窜通道，动用低渗透层，有效地发挥了调剖剂的提高波及系数以及表面

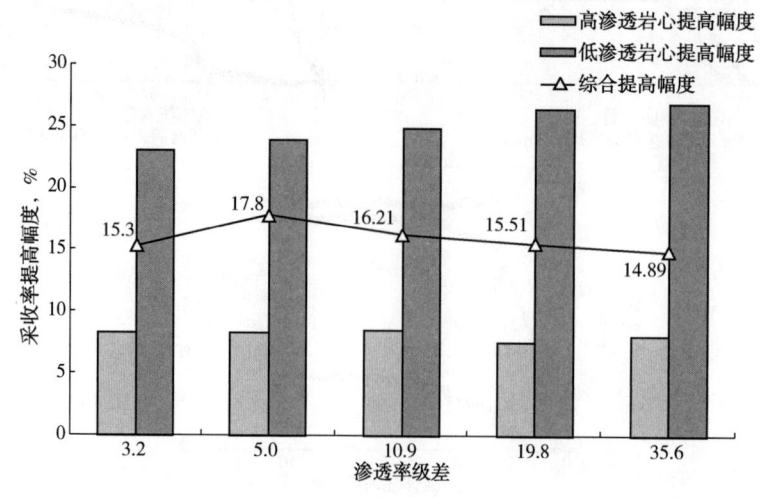

图 4.45 不同渗透率级差下的高、低渗透岩心及其综合提高采收率幅度

活性剂提高洗油效率的双重功效。

4.3.4 小结

本节主要介绍新型耐温抗盐表面活性剂复配体系的相关性能评价，得出以下结论：

(1) 当温度为 20~140℃，总矿化度为 0~300000mg/L、Ca^{2+} 浓度为 0~3000mg/L 时，两种优选表面活性剂体系与原油之间的界面张力始终维持在 10^{-2} mN/m 或以下的级别，可满足周 16 井区对耐温抗盐性表面活性剂的使用需求。

(2) 在不断注入表面活性剂的过程中，HABS/AES 体系的动态吸附量一直高于 AES/合成表面活性剂体系的动态吸附量，其中复配体系 HABS/AES(1:2)0.1% 和 AES/合成表面活性剂(1:1)0.1% 的动态饱和吸附量分别为 0.076mg/g(砂) 和 0.097mg/g(砂)。

(3) 对于均质驱替实验，两种优选体系的最终采收率与采收率增值皆随着渗透率的增大而增大，并且 HABS/AES 体系的驱油效率(增值)要高于 AES/合成表面活性剂体系的驱油效率(增值)。随着注入速度增加，最终采收率逐渐下降，现场应在满足配注前提下尽量低速注入。一般来讲，采用较小的注入速度会使注入时间过长，在经济方面不划算，注入速度太大则导致流体窜流达不到预期效果，从岩心流动实验结果综合考虑，可选择 0.05mL/min 为最佳注入速度。对于两种优选体系，最终采收率与采收率增值皆随着段塞注入量的增大而增大，结合现场应用和经济角度考虑，必然存在着一最佳段塞注入量，推荐油田现场采用 0.4PV 的段塞注入量；油田现场表面活性剂的注入时机越早，采收率越高。

(4) 对于非均质驱替实验，随着渗透率级差的增大，综合采收率提高幅度先增大后减小，当渗透率级差为 5.0 时，体系的综合采收率提高幅度最大为 17.8%；在渗透率级差为 35.6 时，采收率增幅为 14.89%。储层渗透率级差为 3.2~35.6 时，延缓沉淀凝胶类调剖剂在高温条件下可以很好地封堵水窜通道，动用低渗透层，有效地发挥了调剖剂的提高波及系数以及表面活性剂提高洗油效率的双重功效。

4.4 现场应用

4.4.1 复配体系

目前，江汉油田周 16 井区油藏温度达到 107℃ 左右，地层水的矿化度为 300000mg/L，其中二价阳离子(以钙为主)含量 1000mg/L。为了探索高温高盐油藏高含水后期挖潜增产技术途径，急需研发相关耐温抗盐表面活性剂体系来解决目前产生的问题和矛盾。针对周 16 井区存在的上述问题，研发了一种耐温抗盐的表面活性剂复配体系，体系界面活性良好，原油与溶液之间能达到超低界面张力。

4.4.1.1 试剂和设备清单

(1) 试剂清单。

表 4.53 为制备复配体系所需要的试剂清单。

表 4.53　复配体系产品的试剂清单

试剂	厂家	单价，元/t	备注
重烷基苯磺酸钠	湖北鑫润德化工有限公司	5000	有效含量50%
AES	湖北摆渡化学有限公司	14000	有效含量70%

优选的最佳体系为GWH-1：重烷基苯磺酸钠/AES=1∶2(0.1%)。基于上述各种试剂单价，制备1t复配体系，基本成本构成如下(不计地层水成本且不考虑其他成本因素)：

重烷基苯磺酸钠：0.666/1000×5000元/t=3.33元/t

AES：0.9524/1000×14000元/t=13.33元/t

合计：3.33元/t+13.33元/t=16.66元/t

（2）设备清单。

表4.54和图4.46分别为制备复配体系所需要的设备清单和配注流程示意图。

表 4.54　复配体系产品的设备清单

设备	设备容积，m^3	备注
搅拌釜	≥1.0	长度≥6m，宽度≥4m，高度≥4m

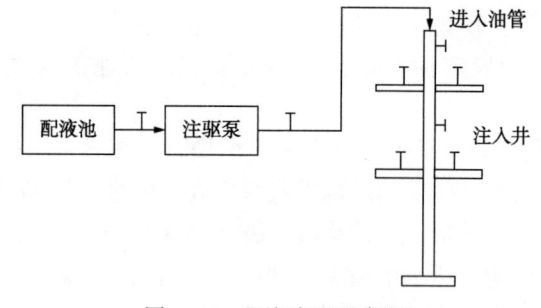

图 4.46　配注流程示意图

4.4.1.2　技术方案

制备思路：先制备表面活性剂有效浓度为20.0%的浓缩复配体系产品，后将浓缩复配体系产品稀释成最终需要的体系 GWH-1：重烷基苯磺酸钠/AES=1∶2（有效浓度：0.1%）。

1t浓缩复配体系产品配制过程如下：

首先将一定量的清水(676.19kg/ 676.19L)通入恒温搅拌反应釜，反应釜温度恒定在40~50℃。然后，在搅拌情况下缓慢加入重烷基苯磺酸钠(133.334kg)，搅拌一定时间(不大于12h)直至完全溶解(溶液呈均相分散状)之后，添加一定量的AES(190.476kg)搅拌直至完全溶解(不大于12h)，从而获得1t浓缩复配体系产品。最后，将浓缩复配体系产品按50kg一桶装入塑料桶中密封备用(浓缩产品具体组成见表4.55)。

注：上述配制过程所用工业级重烷基苯磺酸钠的有效含量为50%(质量分数，下同)，工业级AES的有效含量为70%。上述质量为换算后的质量(即除以50%或70%后得到的质量)，将其折算成有效含量之后，二者质量之比即为1∶2。

表 4.55　1t 浓缩复配体系产品基本组成

组成物质	所需质量, kg	备注
清水	676.19	各种试剂规格、厂家及单价见表 4.53；浓缩产品合计 3333.3 元/t
重烷基苯磺酸钠	133.334	
AES	190.476	
合计	1000	

浓缩复配体系产品表面活性剂有效含量为 20.0%，而最终需要的复配体系表面活性剂有效含量为 0.1%，故获得浓缩复配体系之后，将其稀释 200 倍即可(1t 浓缩复配体系产品加入 199t 江汉地层水稀释)。

4.4.1.3　注意事项

(1) 溶解重烷基苯磺酸钠时，可分批投料，慢慢溶解，搅拌时间宜长一些(不大于 12h)，切忌重烷基苯磺酸钠溶解还余留结块时就进行下一步的配制。

(2) 投加 AES 时，可分批投料，慢慢溶解，搅拌时间宜长一些(不大于 12h)。

(3) 配制重烷基苯磺酸钠时，先以一定量的淡水或较低矿化度水溶解，切忌以江汉地层水直接配制。

4.4.2　合成/复配体系

经测定，合成表面活性剂产物溶液与油之间的界面张力可达到 5.65×10^{-2} mN/m，为了进一步改善表面活性剂体系的界面活性，在合成表面活性剂的基础之上复配其他表面活性剂，以达到现场的要求。

4.4.2.1　试剂和设备清单

(1) 试剂清单。

表 4.56 为合成表面活性剂/复配体系产品的试剂清单。

表 4.56　合成表面活性剂/复配体系产品的试剂清单

试剂	厂家	单价, 元/t	备注
苯乙烯化苯酚	南通市谦和化工有限公司	14800	环氧丙烷醚化
环氧丙烷	湖北七八九化工有限公司	7800	环氧丙烷醚化
环氧乙烷	武汉鑫伟烨化工有限公司	17000	环氧乙烷醚化
氢氧化钾	武汉欣如意化工有限公司	8600	醚化反应催化剂
发烟硫酸	武汉青江化工黄冈有限公司	1200	硫酸酯化
1,2-二氯乙烷	淄博永宁化工销售有限公司	2600	硫酸酯化反应溶剂
氢氧化钠	武汉亿兴达化工有限公司	2600	中和试剂

以苯乙烯化苯酚为反应初始中间体，经环氧丙烷和环氧乙烷的醚化反应及其后续的硫酸酯化反应和中和反应，制备出聚氧丙烯聚氧乙烯嵌段聚醚类阴—非离子两性耐温抗盐表面活性剂。

经计算，合成 1t 目标产物，需要氢氧化钠 8900g，发烟硫酸 22031g，1,2-二氯乙烷 277590.6g，环氧乙烷 869671.7g，环氧丙烷 558014.7g，氢氧化钾 4491.1g，苯乙烯化苯酚 116221g。

合成 1t 目标产物成本(不计地层水成本且不考虑其他成本因素)为：8.9/1000×2600+0.022031×1200+0.2775906×2600+0.8696717×17000+0.5580147×7800+4.4911/1000×8600+0.116221×14800=21666.9(元/t)

经优选，最佳的合成复配体系为 GWH-2：AES/合成表面活性剂＝1∶1(0.1%)。基于各种试剂单价，制备 1t 复配体系，基本成本构成(不计地层水成本且不考虑其他成本因素)如下：

合成表面活性剂：0.5/1000×21666.9=10.83(元)

AES：0.5/(1000×0.7)×14000=10(元)

合计：10.83+10=20.83(元/t)

(2)设备清单。

合成/复配体系产品的设备清单见表 4.57，表面活性剂合成工艺流程和配注流程分别如图 4.47 和图 4.48 所示。

表 4.57　合成表面活性剂/复配体系产品的设备清单

设　备	设备规格	备　注
高温高压反应釜	容积≥1m³	
精细控温系统	±0.50℃	控制反应体系温度
环氧丙烷、环氧乙烷注入釜	容积≥1m³	环氧丙烷、环氧乙烷由此釜被氮气压入反应釜
氮气储存罐	容积≥5000L	提供氮气
大型减压装置	Max：-0.10MPa	使得体系获得负压及真空环境
反应釜冷却系统		使得反应釜及时冷却，以便进行后续反应

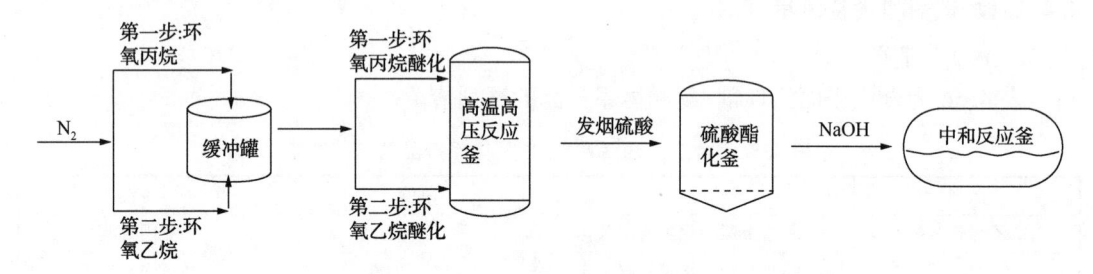

图 4.47　表面活性剂合成工艺流程示意图

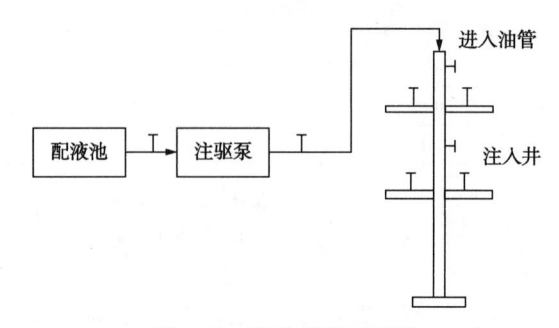

图 4.48　配注流程示意图

4.4.2.2 技术方案

为了探索高温、高盐油藏高含水后期挖潜增产技术途径，急需研发相关耐温抗盐表面活性剂来解决目前产生的问题和矛盾。针对周16井区存在的问题，从单体苯酚和苯乙烯的合成出发，以苯乙烯化苯酚为反应初始中间体，经环氧丙烷和环氧乙烷的醚化反应及其后续的硫酸酯化中反和中和反应，制备出聚氧丙烯聚氧乙烯嵌段聚醚类阴—非离子两性耐温抗盐表面活性剂，以期为现场提供一定的理论指导。

(1) 环氧丙烷醚化反应。

第一步醚化反应：将一定比例的酚、环氧丙烷和酚摩尔分数8.0%的KOH(催化剂)加入反应釜中，将反应釜抽真空和通氮气循环三次保证其真空环境，150℃下反应5.0h，磁力搅拌转速500r/min。相应的反应方程式如图4.49所示。中间体产物的收率为85.6%。

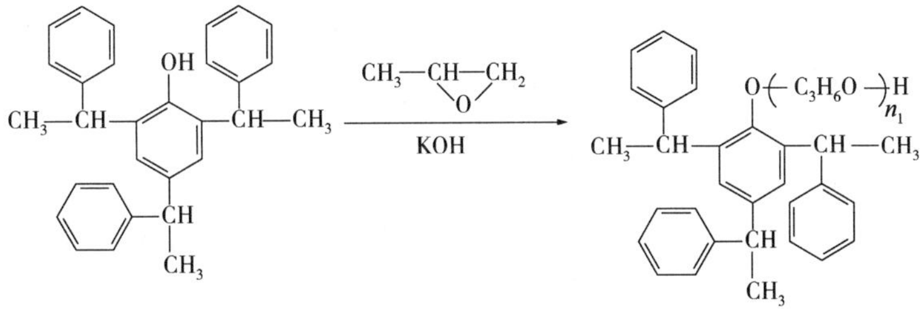

图4.49 苯乙烯化苯酚中间体和环氧丙烷的醚化反应方程式

(2) 环氧乙烷醚化反应。

第二步醚化反应：将反应釜抽真空和通氮气循环三次保证其真空环境，以一定比例加入0.05mol醚化中间体和3mol环氧乙烷，随后注入酚摩尔分数15%的KOH于反应釜中(图4.50)。120℃下反应5h，磁力搅拌转速500r/min。相应的反应方程式如图4.48所示。中间体产物的收率为83.6%。

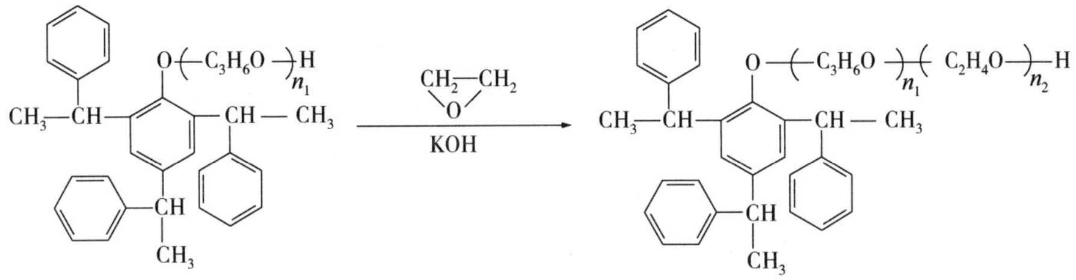

图4.50 嵌段聚醚类非离子表面活性剂的合成

(3) 发烟硫酸酯化反应。

选用发烟硫酸作为硫酸酯化试剂，无水1,2-二氯乙烷(先经无水硫酸钠干燥之后，过滤得无水1,2-二氯乙烷)作为反应溶剂；实验中发烟硫酸置于恒压滴液漏斗中，在冰盐浴的条件下1.5h之内逐滴滴加完毕。滴加完毕之后，将一定物质的量比的醚化中间体与发烟硫酸于室温25℃下反应48h。具体涉及的反应方程式如图4.51所示。在上述最优化条件下，中间体产物的收率为80.8%。反应完毕，采用旋转蒸发仪将溶剂1,2-二氯乙烷和发烟硫酸蒸掉，得到苯乙烯酚嵌段聚醚中间体。

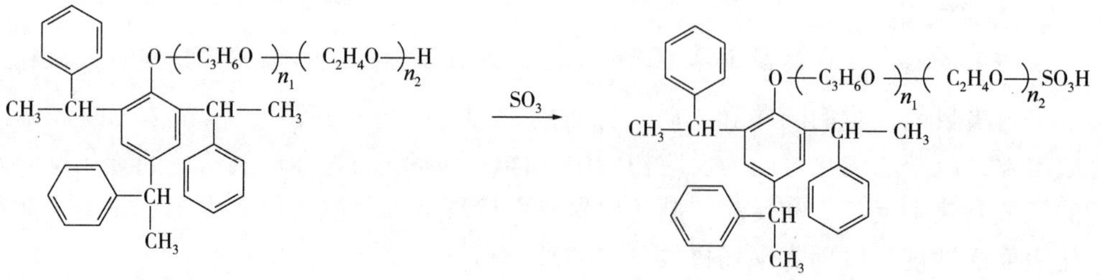

图 4.51　硫酸酯化反应方程式

(4) 中和反应。

将苯乙烯酚嵌段聚醚中间体置于冰水浴中，随后采用恒压滴液漏斗将预先配好的50%（质量分数）NaOH溶液逐滴缓慢地加入苯乙烯酚嵌段聚醚中间体当中，让体系缓慢进行中和反应，反应过程保持匀速搅拌。整个过程保持pH值实时监测，直至pH值为8~9时，停止反应。加入少量的甲苯与产物当中，采用旋转蒸发仪将多余水分蒸掉即得最终产物（图4.52）。

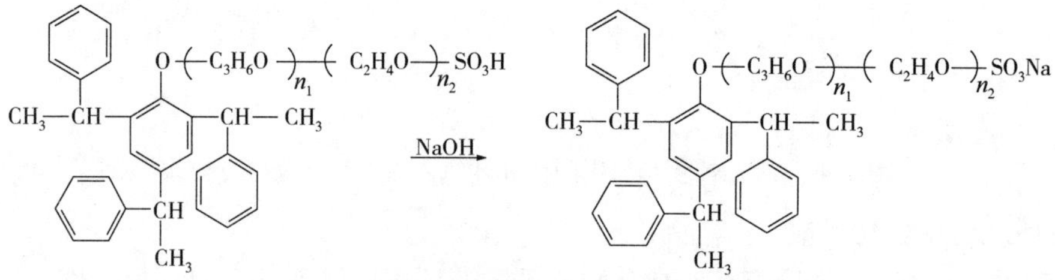

图 4.52　阴—非两性离子表面活性剂的合成

综上所述，基于两步醚化反应、硫酸酯化反应和中和反应的反应收率，可得产物的最终总产率为：85.6%×83.6%×80.8%=57.82%。

1t 合成/复配体系（GWH-2）配制过程为：首先以一定量的淡水或较低矿化度水溶解合成表面活性剂（0.5kg）（宜加热溶解），搅拌一定时间直至完全溶解（溶液呈均相分散状）之后，添加一定量的 AES（0.714kg）直至完全溶解，最后补加江汉地层水。

1t 合成/复配体系（GWH-2）基本组成：一定量的淡水或较低矿化度水 + 0.5kg 合成表面活性剂 + 0.714kg AES + 剩余江汉地层水。

注：如果试剂加入量比较多，适宜分批投料。

4.4.2.3　注意事项

合成目标产物涉及的化学试剂及其操作很多，相关的注意事项如下：

(1) 环氧丙烷相关注意事项。

环氧丙烷可装于干燥、清洁和密封性好的镀锌铁桶内，或采用专用槽车运输，均应符合有关的安全规定。环氧丙烷产品是易燃品，应储存于25℃以下的阴凉、通风、干燥处，不得于日光下直接曝晒并隔绝火源。

环氧丙烷有毒性，液态的环氧丙烷会引起皮肤及眼角膜灼伤，其蒸气有刺激和轻度麻醉作用，长时间吸入环氧丙烷蒸气会导致恶心、呕吐、头痛、眩晕和腹泻等症状。所有接触环氧丙烷的人员应穿戴规定的防护用品，工作场所应符合国家的安全和环保规定。

环氧丙烷是易燃易爆化学品,其蒸气会分解。应避免用铜、银、镁等金属处理和储存环氧丙烷。也应避免酸性盐(如氯化锡、氯化锌)、碱类、叔胺等过量地污染环氧丙烷。环氧丙烷发生的火灾应用特殊泡沫液来灭火。

环氧丙烷的注入,需用到缓冲注入釜,切忌直接注入反应釜,否则对人的危害性很大,同时需要缓慢注入,切忌速度过快。

(2)环氧乙烷相关注意事项。

环氧乙烷易燃易爆,有毒,为致癌物,具刺激性及致敏性。

操作注意事项:密闭操作,局部排风。操作人员必须经过专门培训,严格遵守操作规程。建议操作人员佩戴自吸过滤式防毒面具(全面罩),穿防静电工作服,戴橡胶手套。远离火种、热源,工作场所严禁吸烟。使用防爆型的通风系统和设备,防止气体泄漏到工作场所空气中,避免与酸类、碱类、醇类接触。在传送过程中,钢瓶和容器必须接地和跨接,防止产生静电,禁止撞击和震荡。配备相应品种和数量的消防器材及泄漏应急处理设备。

储存注意事项:储存于阴凉、通风的库房,远离火种、热源,避免光照。库温不宜超过30℃。应与酸类、碱类、醇类、食用化学品分开存放,切忌混储。采用防爆型照明、通风设施。禁止使用易产生火花的机械设备和工具。储区应备有泄漏应急处理设备。应严格执行极毒物品"五双"(双人收发、双人记账、双人双锁、双人运输、双人使用)管理制度。

环氧乙烷的注入,需用到缓冲注入釜,切忌直接注入反应釜,否则对人的危害性很大,同时需要缓慢注入,切忌速度过快。

(3)发烟硫酸相关注意事项。

发烟硫酸为无色或微有颜色稠厚液体,能发出窒息性的三氧化硫烟雾,是一种含有过量三氧化硫的硫酸。遇水、有机物和氧化剂易引起爆炸,有强烈腐蚀性。

操作注意事项:密闭操作,注意通风。操作尽可能机械化、自动化。操作人员必须经过专门培训,严格遵守操作规程。建议操作人员佩戴自吸过滤式防毒面具(全面罩),穿橡胶耐酸碱服,戴橡胶耐酸碱手套。远离易燃、可燃物。防止蒸气泄漏到工作场所空气中。避免与碱类、活性金属粉末、还原剂接触。搬运时要轻装轻卸,防止包装及容器损坏。配备泄漏应急处理设备。倒空的容器可能残留有害物。

储存注意事项:储存于阴凉、通风的库房。库温不超过25℃,相对湿度不超过75%。保持容器密封。应与易(可)燃物、碱类、活性金属粉末、还原剂等分开存放,切忌混储。储区应备有泄漏应急处理设备和合适的收容材料。

反应过程中,发烟硫酸需要缓慢逐滴加入反应釜,切忌注入速度过快。

(4)中和反应过程中,应及时移除反应产生的大量热量,防止爆炸事故发生。

(5)环氧丙烷和环氧乙烷醚化反应,需要维持高压反应环境。反应过程中,需全程密切关注反应釜的压力值,防止系统压力的不可控性。

(6)1,2-二氯乙烷相关注意事项。

1,2-二氯乙烷是一种工业上广泛使用的有机溶剂,易燃、高毒,对眼睛及呼吸道有刺激作用;吸入可引起肺水肿;抑制中枢神经系统,刺激胃肠道和引起肝、肾和肾上腺损害。

操作注意事项：密闭操作，局部排风。操作人员必须经过专门培训，严格遵守操作规程。建议操作人员佩戴过滤式防毒面具（半面罩），戴化学安全防护眼镜，穿防静电工作服，戴橡胶耐油手套。远离火种、热源，工作场所严禁吸烟。使用防爆型的通风系统和设备。防止蒸气泄漏到工作场所空气中。避免与氧化剂、酸类、碱类接触。灌装时应控制流速，且有接地装置，防止静电积聚。搬运时要轻装轻卸，防止包装及容器损坏。配备相应品种和数量的消防器材及泄漏应急处理设备。倒空的容器可能残留有害物。

储存注意事项：储存于阴凉、通风的库房，远离火种、热源。库温不宜超过30℃。保持容器密封。应与氧化剂、酸类、碱类、食用化学品分开存放，切忌混储。采用防爆型照明、通风设施。禁止使用易产生火花的机械设备和工具。储区应备有泄漏应急处理设备和合适的收容材料。应严格执行极毒物品"五双"管理制度。

4.4.3 现场试验效果

选择江汉油田周16井区z16斜-6-6井组为试验井组。该井组无套管漏失、窜槽现象，无大孔道、严重水淹层，含油饱和度高于32%；井组中油水井间连通性较好，且近期未采取化学处理措施。注水井z16斜-6-6井油层渗透率级差约为5.8，在室内实验获得的提高驱油效率的最优渗透率级差范围之内。

2017年10月15日，在z16-斜-6-6井开始转注嵌段聚醚类表面活性剂调驱体系，采用段塞接替注入。Ⅰ段塞为6000mg/L的CDX调剖剂；Ⅱ段塞为2000mg/L CDX + 5000mg/L PPS/AES（1∶1）调驱体系，注入情况见表4.58。

表4.58 嵌段聚醚类表面活性剂调驱体系注入情况

阶段	日注入量，m³	注入时间，d	药剂用量，t	注入体积，PV	注入压力，MPa
未注入调驱体系	50	—	—	—	14
Ⅰ段塞	50	61	18	0.1	16.8
Ⅱ段塞	50	90	31.5	0.3	18
2018年6月	50	—	—	—	18.7
合计	—	151	49.5	0.4	—

由表4.58可知，注入Ⅰ段塞过程中，注入压力上升1.8MPa，说明主力层现存水流优势通道受到CDX调剖剂良好的封堵，使得Ⅱ段塞注入的调驱体系较多进入低渗透带；注入Ⅱ段塞过程中，注入压力继续上升，说明调驱体系进入地层后，继续对较小的孔道进行封堵，使得注水转向，提升了波及系数。转注5个月后，主向油井z16斜-5-5井、z16斜-5-6井受效明显，侧向油井z16斜-5-4和z16斜-6井略有改善（表4.59），井组所有油井均表现出含水率下降、产液量上升的现象，生产动态曲线见图4.53。截至2018年6月，井组日产液量由38.37t上升至47.75t，日产油量由3.00t上升至6.53t（最高日产油量为8.43t），综合含水率由92.18%下降至86.32%，累计产油量为2212.43t，累计增油量为953.20t，见到增油效果。

表 4.59 井组各油井生产动态变化

井号	转注调剖体系前				转注调剖体系后(最高)			
	日产液 t	日产油 t	含水率 %	流压 MPa	日产液 t	日产油 t	含水率 %	流压 MPa
z16斜-5-5	12.41	1.29	89.60	1.21	16.54	3.37	79.62	4.02
z16斜-5-6	10.82	0.83	92.30	1.32	13.90	2.71	80.48	3.98
z16斜-5-4	8.82	0.60	93.20	1.05	10.24	1.48	85.52	1.37
z16斜-6	6.32	0.27	95.70	1.15	8.88	0.86	90.27	1.28

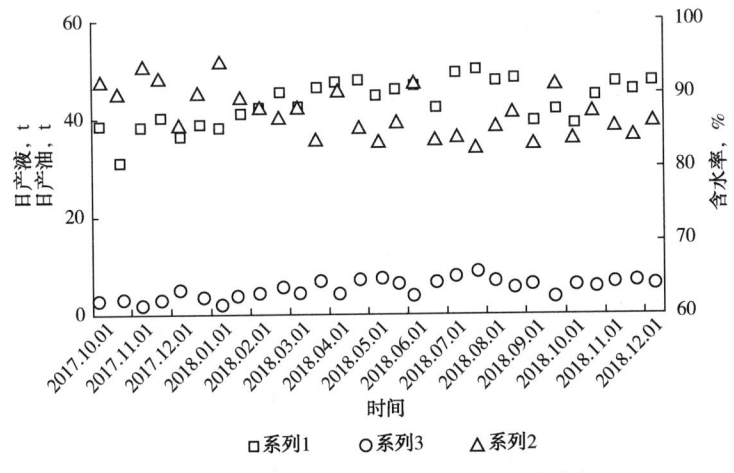

图 4.53 转注复合体系后试验井组生产数据

4.4.4 小结

经对两种体系的产品中试放大设计，主要得到以下结论：

(1) 基于优选的体系 GWH-1——重烷基苯磺酸钠/AES=1:2(0.1%)，若不计地层水成本且不考虑其他成本因素，制备1t复配体系，基本成本构成如下：重烷基苯磺酸钠 0.666/1000×5000=3.33元，AES 0.9524/1000×14000=13.33元，合计16.66元/t复配体系。

(2) 基于优选的体系 GWH-2——AES/合成=1:1(0.1%)，若不计地层水成本且不考虑其他成本因素，制备1t复配体系，基本成本构成如下：合成表面活性剂 0.5/1000×21666.9=10.83元，AES 0.5(1000×0.7)×14000=10元，合计20.83元/t复配体系。

第5章 AM/AMPS 酚醛凝胶堵剂体系研发及机理研究

丙烯酰胺/2-丙烯酰氨基-2-甲基丙磺酸共聚物(AM/AMPS)由于分子结构中引入了甲基丙磺酸基团,使得分子的空间位阻显著增大,聚合物的水解与降解受到抑制,因而耐温抗盐性能大幅度提高,为采用 AM/AMPS 配制耐温耐盐凝胶奠定了基础。

5.1 塔河油田区块概况

塔河油田位于塔里木盆地北部沙雅隆起南侧阿克库勒凸起西南斜坡,发现于1990年,部署在奥陶系潜山的 S46 井、S48 井相继于中—下奥陶统获得重大油气突破,揭开了塔河大型油气田勘探开发的序幕。塔河油田平面上井控含油面积达到 2800km²,是我国发现的第一个陆上海相古生界大油田。截至 2005 年底,塔河地区已在奥陶系、志留系、泥盆系、石炭系、三叠系、白垩系 6 个层位获得油气突破,基本查明了油气富集规律。投入开发或试采有 11 个油气藏,即塔河油田的 1、2、9 区三叠系油气藏,3、4、6、7、8、9、10、11 区奥陶系油藏。提交探明储量 7.0586×10^8t 油当量,保有控制储量 1.4798×10^8t 油当量,保有预测储量 6.15×10^8t 油当量,是塔里木盆地迄今为止第一个超亿吨级的大油田,具有广阔的勘探开发前景。其主力油藏为古生界奥陶系缝洞型碳酸盐岩油藏,其保有储量为 13.144×10^8t 油当量,占整个探区保有储量的 96%。

塔河油田 4 区地层原油平均密度为 0.8716g/cm³,地层原油平均黏度为 24mPa·s。原油物性具有相对密度高、动力黏度高、凝固点高、含盐量高、含硫量和含蜡量中等的特点。原油饱和烃含量较低,芳烃、非烃和沥青质含量较高,为胶质—多胶原油。对温度样点进行线性回归,折算处 5450m 处 4 区奥陶系碳酸盐岩油藏的地层温度为 125℃。塔河油田 4 区油藏原油为凝固点高、初馏点低的高硫、高蜡、低黏、重质原油。因此,4 区奥陶系油藏属低饱和黑油油藏。

塔河油田 6 区油藏地层温度为 128.4℃(对应埋藏深度 5660m),塔河油田 7 区油藏地层温度为 128℃(对应埋藏深度 5600m)。塔河油田 6、7 区地层原油油藏原油密度介于 0.8849~1.0575g/cm³,平均为 0.9632g/cm³,中质、重质、超重质原油均有分布,其中中质原油占 10.6%,重质原油占 80.5%,超重质原油占 8.9%。从平面分布来看,原油北重南轻,北部原油平均密度在 0.97g/cm³ 以上,而南部原油平均密度在 0.96g/cm³ 以下,局部井区也具有轻质油。整体上具有密度高、黏度高、凝固点高、含盐量高、含硫量和含蜡量高的共性。

塔河油田 8 区地层原油密度平均为 0.8048g/cm³,地层原油黏度平均为 11.87mPa·s,

原油既有轻—中质原油，也有重质原油。该区原油黏度分布区间较大，平均为2413.63mPa·s，属于低黏度—稠油。地层温度为122.45~130.5℃，从原油高压物性资料看，油藏具有较高的饱和压力、较高体积系数、较高单脱气油比、较高收缩率、较低地层原油密度、较低黏度的低饱和油藏的特点。

塔河油田缝洞型碳酸盐岩油藏具有超深、高温、高矿化度、非均质性极强等特点，受构造作用和古岩溶作用的影响，储渗空间形态多样、大小悬殊、分布不均，其复杂的地质条件及开采难度在世界上都非常少见。

5.1.1 地层层序及分布特征

塔河油田位于塔里木盆地沙雅隆起阿克库勒凸起。凸起的基底是前震旦纪浅变质岩，其上震旦系至奥陶系为碳酸盐岩；志留系至泥盆系为海相砂泥岩；石炭纪早期在凸起东西两侧的凹陷内沉积了石英砂岩，之后沉积了台地相的碳酸盐岩与潟湖相的盐岩；早石炭世末区域抬升，缺失了上石炭统—下二叠统。中—新生代为陆内坳陷湖盆发展阶段。

中—下奥陶统是主力产层。中奥陶统—间房组纵向上分为两套旋回组合，上部以浅滩含礁建造为主，下部则以深水台地相灰岩为主；厚度相对较稳定，一般在100m左右，北部尖灭线附近厚度变化剧烈。中—下奥陶统鹰山组厚度较大，北部被严重剥蚀，南部保存完整，下部白云岩含量增高，各段溶蚀差异较大。

根据岩性和古生物特征，将塔河油田上奥陶统自上而下划分为桑塔木组、良里塔格组和恰尔巴克组，中—下奥陶统自上而下分为一间房组、鹰山组和蓬莱坝组（表5.1）。其奥陶系油藏的产层为鹰山组，盖层为致密的下石炭统巴楚组泥岩，厚30~50m。

表5.1 塔河油田地层简表

地层系统			波组	厚度，m	岩性描述
系	统	组（群）	代号			
石炭系	下统	卡拉沙依组	C_1k_1	$-T_5^6-$	370~537	灰色、棕褐色泥岩与灰白色砂岩、粉砂岩呈薄互层，底部夹灰岩、泥灰岩薄层
		巴楚组	C_1b	$-T_7^0-$	76~235	顶部为10~25m灰色泥晶灰岩夹泥岩（"双峰灰岩"），中上部为杂色泥岩夹灰岩薄层，部分地区相变为膏盐岩，下部为砂岩、砾岩、粉砂岩夹泥岩，西部为灰白色细砂岩夹泥岩
奥陶系	上统	桑塔木组	O_3s		0~251	灰色、灰绿色中厚—巨厚层状泥岩、灰质泥岩夹中厚层状灰岩、泥质灰岩、砂质灰岩、沥青质砂质灰岩
		良里塔格组	O_3l		0~200	浅灰色、棕褐色泥微晶灰岩、含砂屑泥微晶灰岩、粉晶灰岩、局部夹薄层灰绿色泥岩
		恰尔巴克组	O_3q	$-T_7^4-$	0~250	浅灰色泥晶灰岩、棕褐色泥质灰岩、灰质泥岩
	中统	一间房组	O_2yj		0~250	浅灰色砂屑泥晶灰岩、生物屑泥晶灰岩、亮晶生物屑灰岩
		鹰山组	$O_{1-2}y$		0~250	黄色灰泥、微晶灰岩，局部夹浅灰色砂屑泥晶灰岩
	下统	蓬莱坝组	O_1p		0~255	浅白色、灰白色泥微晶纹层藻云岩、砂砾屑云岩、粉细晶云岩

5.1.2 油藏储集体划分及特征

塔河油田下奥陶统储层的储集空间类型有基质孔隙、溶蚀孔洞和裂缝三大类。其中，基质孔隙包括晶间孔、残余粒间孔、粒内和粒间溶孔等。晶间孔径一般为 0.01~0.2mm，残余粒间孔仅在塔河油田南缘礁滩型颗粒灰岩中发育，粒内和粒间溶孔主要见于颗粒灰岩中。被溶蚀的颗粒常为砂屑和鲕粒，是颗粒间胶结物被选择性溶蚀的结果。溶蚀孔洞大小一般为 5~100mm，形状各异，常被方解石部分充填，可在岩心上被完整地识别。直径大于 100mm 的大型洞穴是研究区内极为重要的一类储渗空间，并常常被岩溶角砾及碎屑岩部分充填。储层中的裂缝包括构造缝、构造溶缝及缝合线三类，裂缝的发育程度及空间分布主要受构造运动、岩溶作用及成岩作用控制。以中—高角度缝为主，其中立缝占 54.92%，斜缝占 40.6%，张开度小于 0.1mm 的裂缝约占 70.47%，裂缝宽度多数为 0.005~0.02mm。

根据塔河油田的野外露头特征、储集空间特征及储层物性特征，结合油田的生产特征，按照流体流动的动力学特征及驱油机理，把塔河油田分为 4 种类型：溶洞为主的低饱和缝洞型油藏、缝洞为主的低饱和缝洞型油藏、缝孔为主的低饱和缝洞型油藏、具气顶的过饱和缝洞型油藏。

5.1.2.1 溶洞为主的低饱和缝洞型油藏

（1）储层特征。

这类储层以溶洞发育为主，同时高角度裂缝及溶蚀孔发育，以 S48 井缝洞单元的特征最为明显。溶洞的发育可通过钻井放空、钻井液漏失、地层微电阻率扫描成像（FMI）测井、野外露头及地震等手段识别。张达景通过测井、岩心、放空、井漏等资料绘制了奥陶系良里塔格组、一间房组及鹰山组的洞穴发育图。从宏观上来看，塔河油田整体以溶洞发育为主，裂缝次之。通过统计，目前未充填的溶洞有 35 口井。较大的溶洞有 T705 井 5841~5873m，一间房组洞穴高度 32m；T807 井 5696~5739m，鹰山组洞穴高度 43m；T701 井 5641~5671m，恰尔巴克组洞穴高度 30m 等。一般洞穴高度也在 10m 左右。

通过野外露头，结合现代溶蚀理论及地震识别等手段，对洞穴的形态和规模也有了较好的认识。从巴楚一间房组的野外露头观察可以看出，溶蚀的主要特征为：①溶蚀的作用大，可形成横向上近百米、纵向多层的大型溶蚀洞；②横向的溶蚀作用大于纵向，单层的洞穴横纵长度比例最大为 40∶1，一般为 20∶1；③溶蚀洞呈层状发育，由于纵向上岩性的差异性，同时灰质含量高的岩石易溶蚀，这样就形成了纵向上呈层状分布的溶洞。地震也是识别溶洞的有力手段。结合测井、FMI 测井及岩心资料，应用地质统计学方法，可以看出溶洞横向具有较好的连续性。

（2）流动机理。

这类油藏流体流动的能量包括缝洞基质的弹性能、原油的弹性能、底水的驱动能及井底的压力差等。

这类储层由于大型溶洞的存在，溶洞内流体流动速度较快，远大于裂缝的流动，更大于洞孔内的渗流。同时，由于后期底水的介入，介质间流动速度会发生变化。开采早期由于溶洞内流动呈管流形态，流动阻力小，流动速度快，远大于近垂向或平面裂缝内的流动。

早期流体的流动主要在溶洞内，呈层状流，而垂向上高角度裂缝内的流体流动量相对少。开发中期(图5.1)，从生产曲线特征来看，溶洞表现为一个定容油藏特征，随着地层压力下降，底水沿高角度裂缝向上窜流。至开发后期，底水进一步窜进，在部分溶洞体内形成一定规模的次生底水。

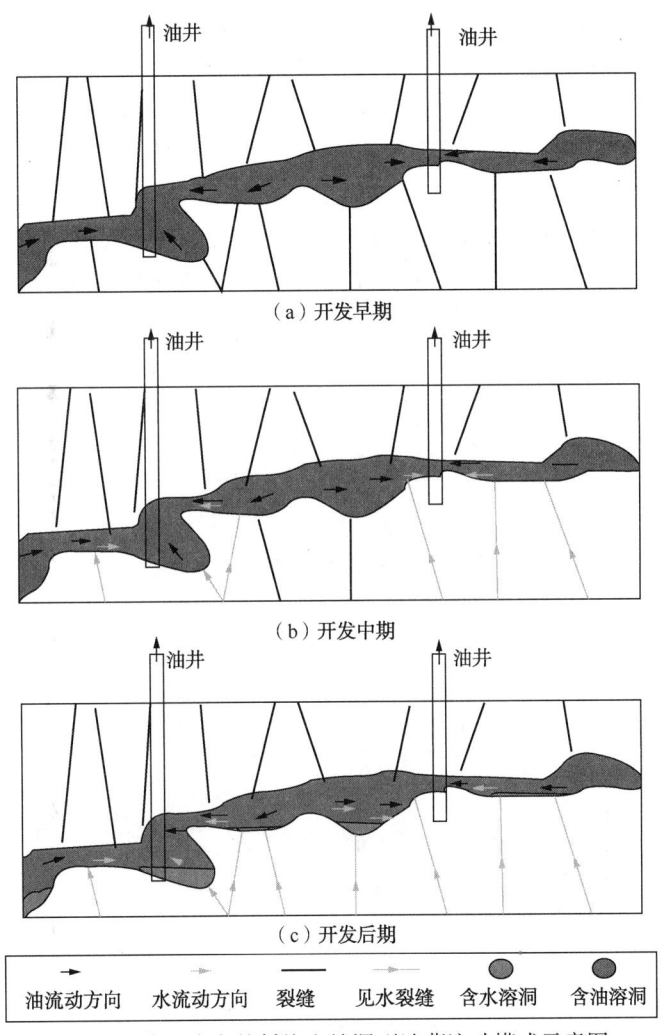

图 5.1　溶洞为主的低饱和缝洞型油藏流动模式示意图

（3）动态特征。

此类油藏动态特征与砂岩油藏有较大的差别，主要表现如下：

① 油藏中不存在过渡带。油水或油气两相接触面在溶洞油藏中都表现为清晰的分界线，而不是像在常规砂岩油藏中那样有一个较大的过渡带。在生产过程中，界面上的流体变化将很快重新达到新的平衡。

② 采出单位油量条件下压力下降速度慢。由于地下缝溶网络中流体流动性强，油藏内压力易平衡。与砂岩油藏相比，采出单位体积油量压力下降速度慢。

③ 生产井周围不易形成压降漏斗。在溶洞、裂缝油藏中，生产井周围的压力降十分低，甚至在油井产量很高时也不会出现明显的压降漏斗。

5.1.2.2 缝洞为主的低饱和缝洞型油藏

(1) 储层特征。

这类油藏的储层由不连续小型溶洞与较发育裂缝网络组成。裂缝把溶洞连接起来，形成相互连通的储集体。裂缝在这类油藏中起着重要的通道作用。

(2) 流动机理。

这类油藏的驱动能量包括缝洞介质的弹性能、原油的弹性能、底水的驱动能及井底的压力差。与溶洞型油藏的主要区别是，由于没有大型的溶洞体，小型溶洞之间的连通性差，主要通过横向裂缝连通，流体水平流动速度与高角度裂缝内流动速度近似或略高，单井采油强度过高时底水易窜进。

这类油藏开发早期，原油主要从局部小型溶洞通过裂缝向井底流动，初期产能比溶洞型产能低。随着地层压力的下降，沿裂缝远处溶洞的油也可向井筒内流动，同时底水也沿高角度裂缝向上流动。到开发中期，底水已形成一定的水流通道，水稳定地向井底流动。开发后期，底水大量窜进，井底周围小型溶洞的油被大量洗出，但在离井较远的小型溶洞内仍存在一定量的剩余油(图5.2)。

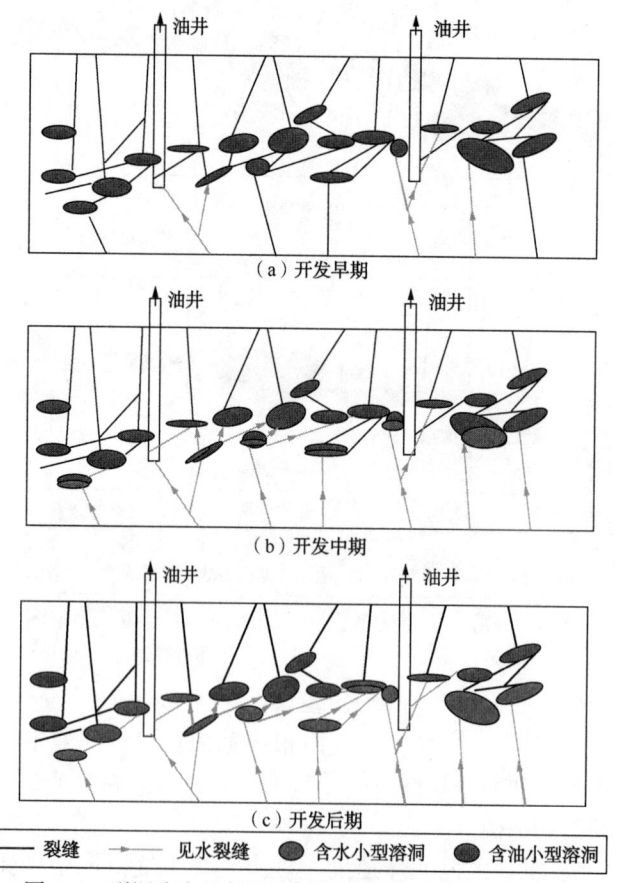

图5.2 裂洞为主的低饱和缝洞型油藏流动模式示意图

(3) 动态特征。

这类油藏的动态特征表现为：①油藏中不存在过渡带；②采出单位油量，压力下降速度慢;③生产井周围不易形成压降漏斗;④无水采油期与采油速度有关,与常规油藏有较大差别;⑤底水窜进,在开发后期井与井之间形成大量的死油区。

5.1.2.3 缝孔为主的低饱和缝洞型油藏

这类油藏也可称为裂缝—溶孔型低饱和度油藏,储层以裂缝和溶蚀孔为主,油藏特征及流动机理与常见的双重介质油藏类似。

(1) 储层特征。

在野外露头观察到具有大量溶蚀孔的岩石,溶蚀孔大都均匀分布。溶蚀孔大的有10cm,小的有1cm,平均在4cm左右。这种溶蚀孔之间连通性差,在地层中只有通过裂缝,溶蚀孔中的流体才能流动。这类储层通过测井解释、岩心观察进行物性的定量解释和判定。

(2) 流动机理。

这类储层中的流体是依靠裂缝来流动的。溶孔类似于基质,由基质渗流到裂缝中,再由裂缝流到井底。这类油藏的驱动能量包括基质的弹性能、原油的弹性能、底水的驱动能、井底的压力差及毛管力。毛管力是指存在于溶孔中的毛细管压力,裂缝毛管力十分小。

开采早期(图5.3),产出的主要是裂缝中的油,溶孔中的油通过裂缝向井底供液,产能明显没有大型溶洞及小型溶洞的产能高。开发中期,由于水油的流度比,水沿高角度裂缝迅速窜进。此时,基质与裂缝间也存在物质交换,这种物质交换的力包括毛管力、俘获力,还有分子间的范德华力。开发后期,底水沿高角度裂缝大量窜进,油井底部形成水锥状,油井之间形成一定范围的剩余油区。这些区域属于难采储量区。

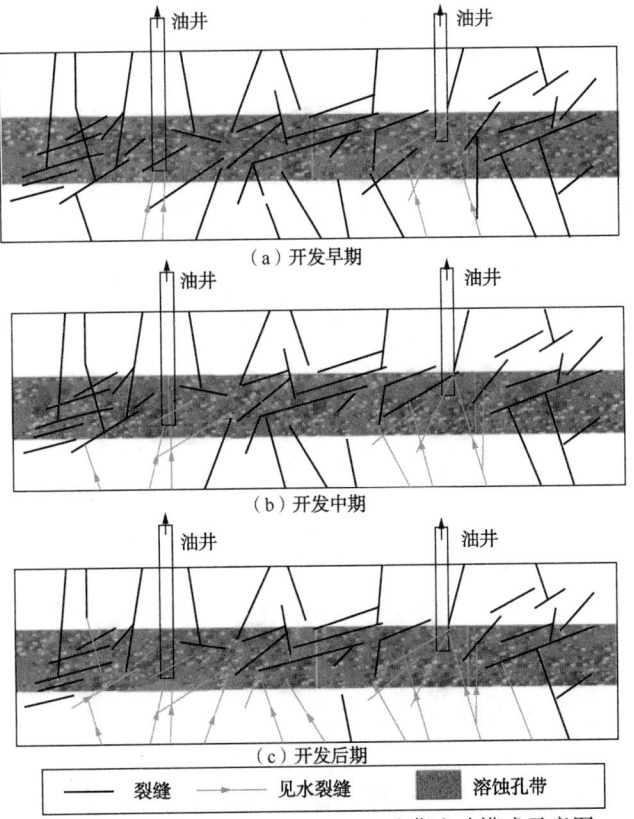

图 5.3 裂孔为主的低饱和缝洞型油藏流动模式示意图

（3）动态特征。

① 采油速度与底水窜进速度有关。这类油藏属于两孔单渗型油藏，如果采油速度过快，溶孔内的油没有及时地补给裂缝，则底水沿裂缝快速窜进，使油藏过早地进入高含水期。减小开采强度是此类油藏开发的关键。

② 不易形成压降漏斗。在两重介质油藏中，生产井周围的压力降也十分低。因为裂缝的渗透率高，甚至在油井产量很高时也不会出现明显的压降，所形成的小压力梯度足够使油在裂缝中流动，但是要控制基质和裂缝网络间的流体交换就稍显不足。这是因为，基质岩块的采油过程不是由生产井产生的压力梯度所控制，而是由于裂缝和基质岩块中流体饱和度不同产生的毛管力和重力所引起的。

5.1.2.4　具气顶的过饱和缝洞型油藏

这类油藏与低饱和度油藏有较大的区别，它具有较好的气顶气驱和溶解气驱。这种气顶气驱和溶解气驱与常规砂岩的气驱差别较大。由于溶洞和裂缝的存在，垂直向上的流动性增大，气顶气、溶解气作为自由气将快速地向油藏的顶部流动，而不是像砂岩一样向井筒流动。这种自由气向上的流动趋势在远离井筒周围更加明显。这种自由气驱是一种有力的驱动力。

这类油藏的驱动能量与低饱和度油藏不同，除了基质的弹性能、原油的弹性能、底水的驱动能和井底的压力差外，还存在气顶的凝析气驱和溶解气驱。开发早期，井周围的凝析气被部分采出，存在凝析油析出；同时随着压力下降，溶解气大量析出（图5.4）。开发中期，凝析油析出，向下、向井底流动；溶解气析出，向油藏顶部流动，形成次生气顶，远离井筒周围的溶解气也向顶部流动。溶解气与凝析气顶联合形成向下的驱油力。开发后期，溶解气驱继续维持，同时底水沿高角度裂缝窜进。这类油藏具有较高的采收率。

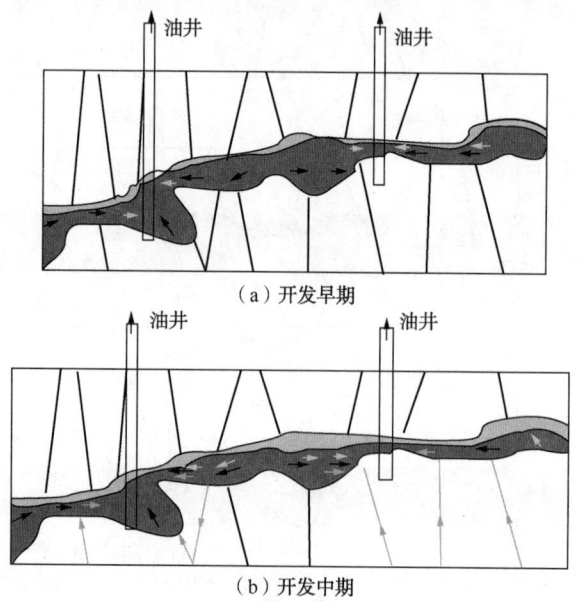

（a）开发早期

（b）开发中期

图5.4　具气顶的过饱和缝洞型油藏流动模式示意图

（c）开发后期

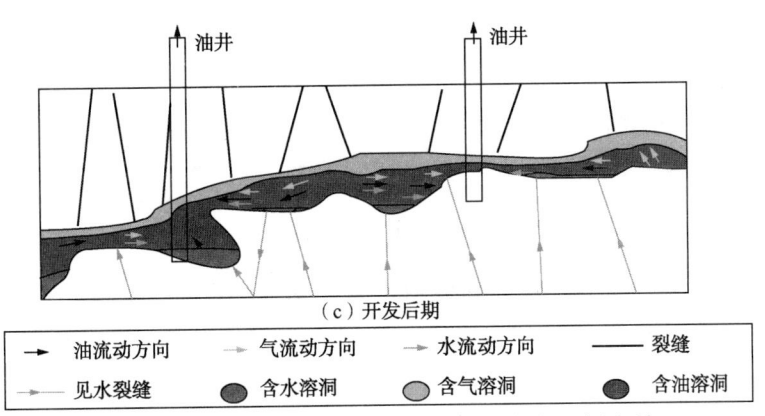

→ 油流动方向　→ 气流动方向　→ 水流动方向　── 裂缝
→ 见水裂缝　■ 含水溶洞　■ 含气溶洞　■ 含油溶洞

图 5.4　具气顶的过饱和缝洞型油藏流动模式示意图（续）

5.1.3　塔河油田开发现状

在塔河油田现场挑选塔河 TH 井、塔河 TK 井、塔河 S 井和塔河 Y 井 4 口井之一作为堵水施工作业井，其中塔河 TH 井、塔河 TK 井和塔河 S 井为施工候选井，塔河 Y 井为备选井。

5.1.3.1　塔河 TH 井

塔河 TH 井于 2012 年 6 月 16 日完钻，完钻井深 5693m，完井方式为裸眼酸压，其中酸压井段 5581.5~5620m（上部 38.5m），5600~5610m 时，温度较为稳定，近 127℃。

塔河 TH 井自 2012 年 7 月 13 日开井生产以来，初期无水自喷生产，累计产油 3971t。2012 年 10 月 15 日见水，6 天含水率上升至 100%，间开生产，关井 15d。2012 年 11 月 1 日开井，间开初期有一定效果，后期含水率快速升至 100%，间开效果差。2015 年 7 月，转入机抽，漏失钻井液 71m³，开井后生产仍高含水。2015 年 9 月，首轮注气 48×10⁴m³，注水 425m³+300m³，开井初期日产液 8.9t，日产油 5t，后期效果变差，含水率上升至 100%。目前高含水关井，周期产液 1132t，产油 741t。截至 2018 年 8 月 21 日，累计产液 25407t，累计产油 16251t，累计产水 9156t。生产曲线如图 5.5 所示。

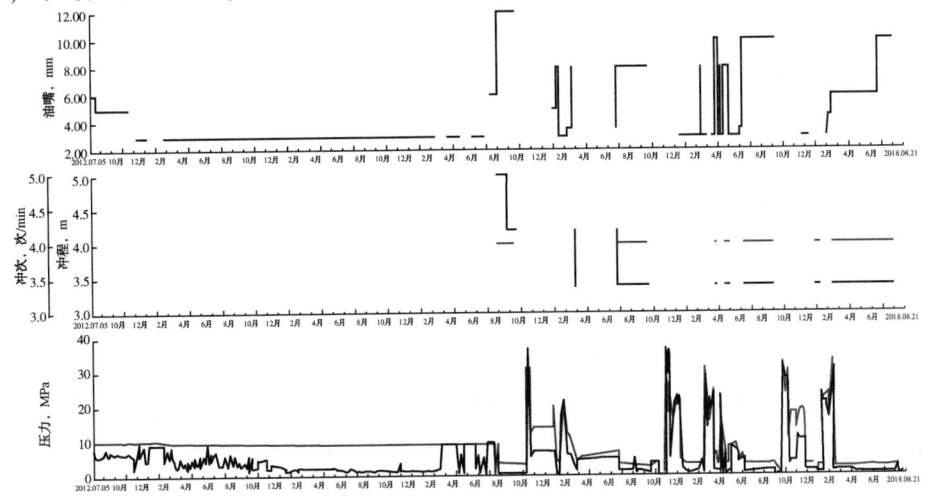

图 5.5　塔河 TH 井生产数据曲线图

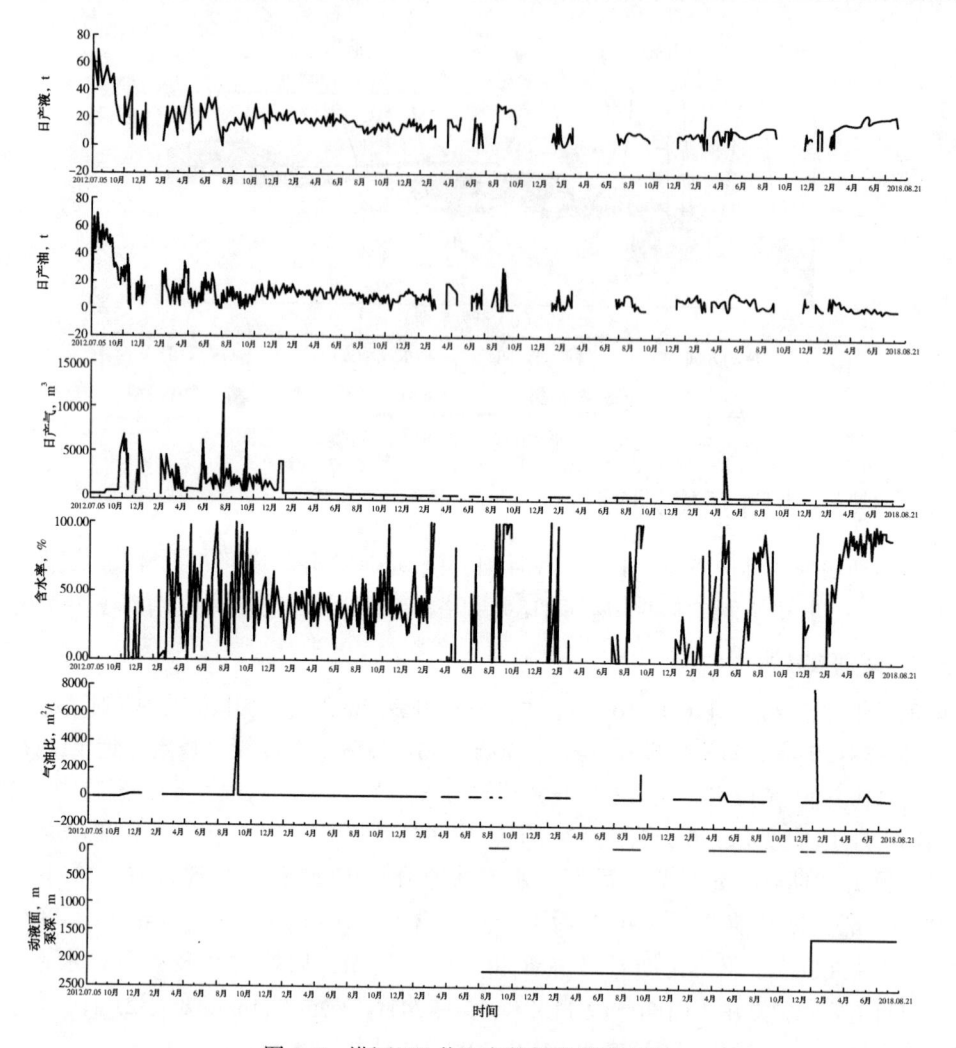

图 5.5　塔河 TH 井生产数据曲线图(续)

存在的问题是由于边底水锥进导致注气末期油井高含水,且生产层段较短。塔河 TH 井具有良好的生产潜力:

(1) 位于残丘翼部,具串珠状反射特征,周围断裂较发育,是储层发育的有利部位。
(2) 该井见水后含水率快速上升,底水能量较强,但间开生产效果好。
(3) 见水前日产油 28t 左右,有丰富的剩余油。
(4) 区域内局部有一定水体,累计产油 2×10^4t 以上。

5.1.3.2　塔河 TK 井

塔河 TK 井于 2002 年 4 月 28 日完钻,完钻井深 5710.0m,完井方式为裸眼酸压,其中酸压井段 5567~5604m(进山 37m),2016 年 5 月井段 5567~5709.65m 钻塞酸化。

2002 年 5 月 24 日—2007 年 5 月 24 日,塔河 TK 井无水自喷生产,日产液 162t。2002 年 11 月 27 日见水后缓慢上升,无水采油共计 218d,产油 33432t。2007 年 5 月 24 日停喷,自喷期间产液 129296t,产油 117294t,产水 12002t。2007 年 5 月 25 日后开始转入机抽,至 2008 年 4 月 29 日期间，含水率为 30%较稳定。2007 年 7 月 26 日换大泵，形成高含水。转抽后累计产液 11581t，产油 4200t，产水 7381t。2008 年 4 月 30 日进行水泥堵水施工，至 2008 年 12 月 4 日期间探底深 5596.2m，打塞至 5595m，酸化气举未能自喷，机抽完井，堵水效果差。2009 年 4 月 18 日，首轮次注水压锥效果好。累计注水 3 轮次，共 39726m³。阶段累计产液 26660t，累计产油 8454t，累计产水 18206t。2012 年 4 月—2013 年 3 月，钻塞酸化打塞至 5710.1m，对 5630.00~5710.00m 井段酸化，规模 110m³，修井期间漏失压井液 332m³，排液 18m³ 后停喷。2013 年 4 月 9 日试抽，高含水，关井压锥效果较好。阶段累计产液 1758t，累计产油 181t，累计产水 1577t。从 2013 年 3 月至 2016 年 5 月，累计注气两轮，首轮注 64×10⁴m³，二轮注 70×10⁴m³，注气效果差，阶段累计产液 22705t，累计产油 1563t，累计产水 26141t。截至 2016 年 5 月，累计产液 212195t，累计产油 135844t，累计产水 76351t。生产曲线如图 5.6 所示。

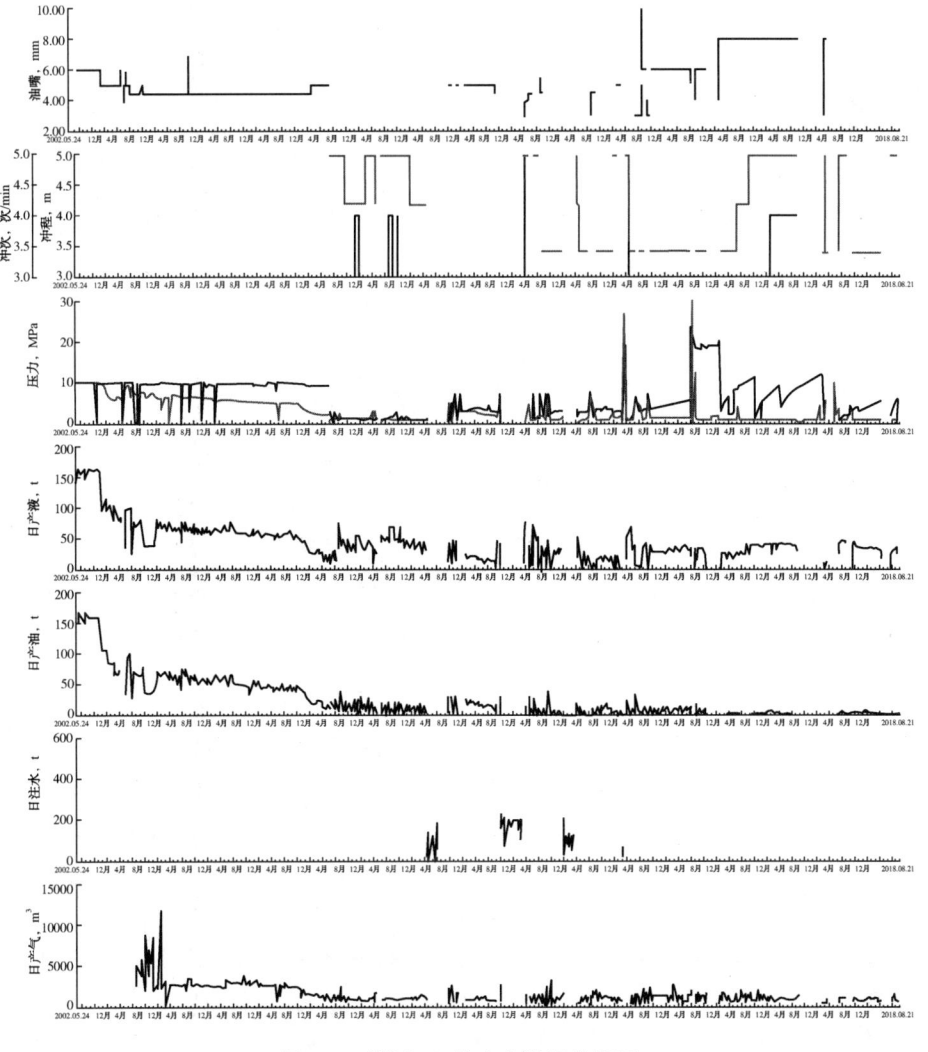

图 5.6　塔河 TK 井生产数据曲线图

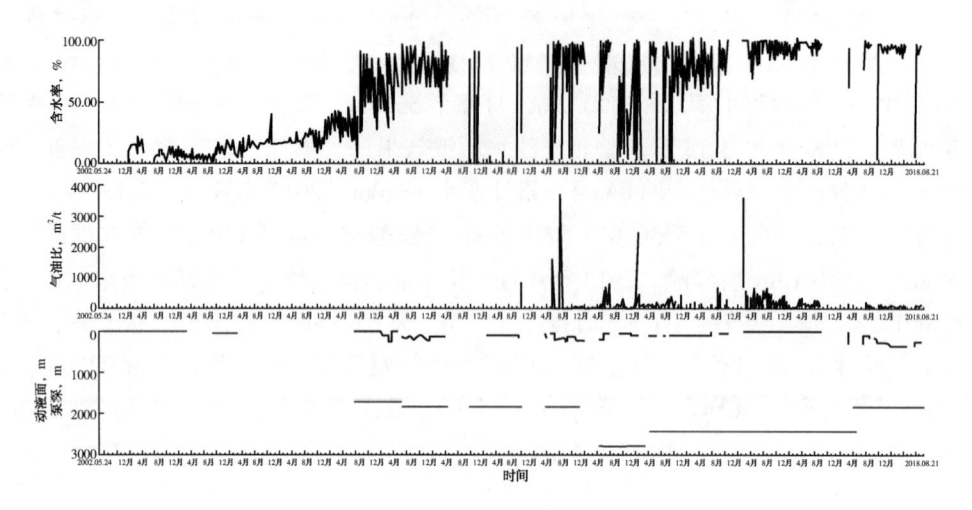

图 5.6 塔河 TK 井生产数据曲线图(续)

存在的问题是由于生产高含水，注气效果差。塔河 TK 井具有良好的生产潜力：

(1) 构造斜坡，串珠状反射特征，近井地震有明显异常体。

(2) 前期注水压锥有一定效果，表明压制底水能量，动用水锥封存阁楼油具备潜力。

(3) 邻井累计产油较高，区域剩余油丰富，S80 井 14.3×10⁴t，TK648 井 10.6×10⁴t。

(4) 区域水淹井，均表现为含水率缓慢上升，表明底水与油层具有一定高度，深部调堵后能有效阻断底水。

5.1.3.3 塔河 S 井

塔河 S 井于 2011 年 3 月 29 日完钻，完钻井深 5945m(斜)/5857.49m(垂)，完井方式为裸眼酸压，其中酸压井段 5859.17~5945m。5840~5940m，静温 114~116℃，流温 108~116℃，5940m 时最高温度 118.3℃。塔河 S 井生产动态参数见表 5.2。

表 5.2 塔河 S 井生产动态参数

井段 m	吸水量 m³/d	视速度 m/min	温度 ℃	压力 MPa	配注速度 m³/h
5908.0~5915.0	404	16.4	111.7	51.7	15
	280	11.0	109.4	51.7	10

塔河 S 井自 2011 年 4 月 14 日起，初期自喷生产，无水日产液 65.5t，日掺稀 73.7t。2011 年 6 月 27 日开始下电加热杆生产，累计产液 5502t，累计产油 5466t，累计产水 42t。2011 年 10 月后转抽稠泵，泵挂 2414.47m，漏失 315m³。2012 年 6 月 8 日见水，暴性水淹，后间开 2 轮，效果差。见水前累计产油 1.13×10⁴t。2013 年 1 月开始进行化学堵水施工，5905~5918m 为唯一吸水层，套管无漏，挤堵打塞至 5886m，修井漏失 1262.5m³。堵后产油 2282t，含水率再升。间开效果差，周期产液 3104t，产油 2310t。2014 年 3 月上钻塞化学堵水，3 次挤堵不起压，最终塞面 5908.54m。测吸不起压，机抽完井。堵后排水 11t，无水生产，效果较好，产油 2924t，含水率再升，高含水。截至 2016 年 8 月，堵水后

阶段产液 8127t，产油 4847t。2016 年 2 月 12 日，注氮气 50×10⁴m³，焖井 115d，开井后高含水，间开效果差。2017 年 12 月进行化学堵水施工，使用堵水配方：高温凝胶 108m³（携带 3% 浓度 1~2mm 弹性颗粒堵漏剂 250m³）+高温封窜剂 419m³+纳米堵剂 42m³，完井。2018 年 1 月 8 日开井，含水率速升至 90%，其间液面缓降，目前高含水关井中。该井累计产液 31365t，累计产油 19999t，累计产水 11366t。生产曲线如图 5.7 所示。

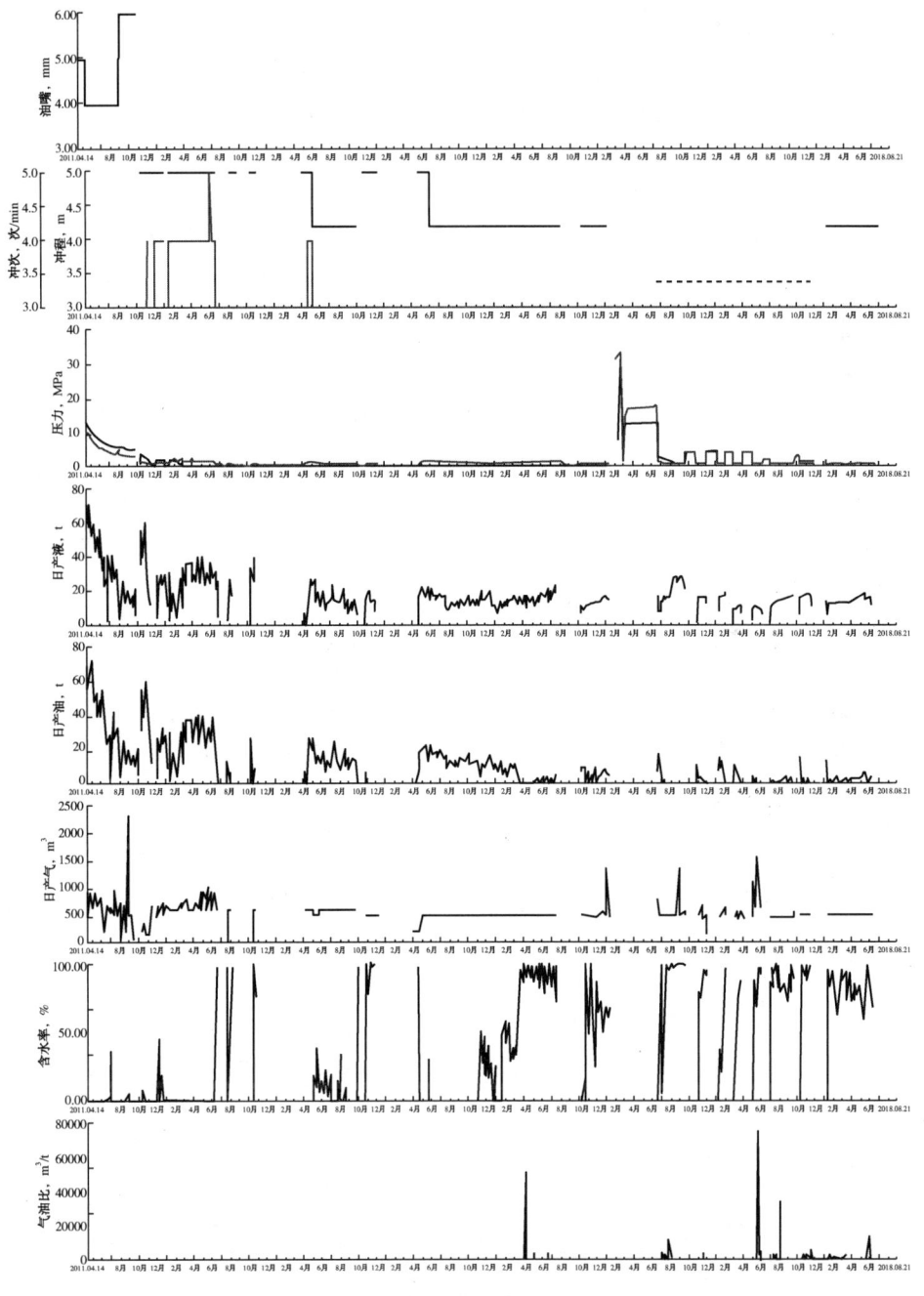

图 5.7　塔河 S 井生产数据曲线图

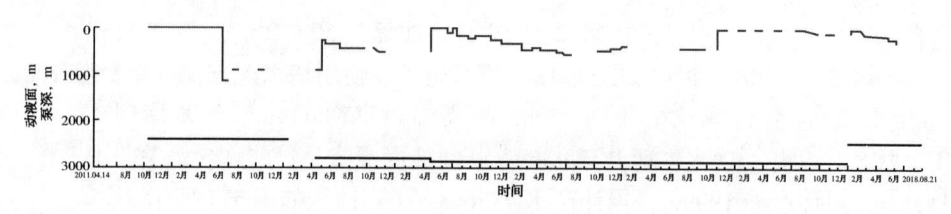

图 5.7 塔河 S 井生产数据曲线图(续)

存在的问题是前期两次堵水效果好,注气无效后化学堵水效果差,生产高含水。塔河 S 井具有良好的生产潜力:

(1) 塔河 S 井位于斜坡部位,且附近断裂发育,是储层发育的有利部位。

(2) 产油 11380t 后底水锥进,暴性水淹,堵水后无水生产,井周剩余油丰富。

(3) 第三次堵水,打塞后测吸水效果好,存在塞面不实的可能。

(4) 前期两次堵水有效,堵水后分别产油 2310t、4318t。该井区整体上表现为:油气富集、地层能量比较充足,水体规模较发育。邻井 TH12148 累计产油 7.8×10^4t。

5.1.3.4 塔河 Y 井

塔河 Y 井于 2013 年 4 月 8 日完钻,完钻井深 7202m,在井深 7136m 处发生井漏,每小时漏失钻井液 $8 \sim 10 m^3$,20:30 强钻至完钻井深 7202m 后未见漏失,总漏失量为 $84m^3$。完井方式为裸眼酸压,其中酸压井段 $7128 \sim 7202m$。

塔河 Y 井自 2013 年 4 月 29 日起进行清蜡解堵施工,酸压 $7128 \sim 7202m$,注液 $760m^3$,效果较好。2013 年 5 月 3 日 8:00,每小时产液 $2.8m^3$,日产气 $21491m^3$,化验含水率为零。2013 年 10 月 26 日对井清蜡。2013 年 11 月 15 日—12 月 8 日进行打捞作业,捞出落鱼。2014 年 1 月 7 日刮蜡,上提解卡时落鱼落井。2014 年 10 月 6 日清蜡遇卡,落鱼落井。2014 年 10 月 18 日至 11 月 16 日进行检管作业。累计漏失压井液 $4433.2m^3$($1.16 \sim 1.25g/cm^3$)。本井初期,出口为油气混合物,不含水。2016 年 1 月 16 日测压,层中部流压由上次测的 77.65MPa 降至 73.49MPa,井口油压由 35.5MPa 降至 24.7MPa。2016 年 1 月 27 日开始见水,含水率13%,控液后降至 0,判断该井积液。截至 2017 年 4 月 11 日,日产液 15.3t,日产油 11.74734t,日产水 23.22t,日产气 4374t。累计产液 44503t,累计产油 43134.66t,累计产水 1368.344t,累计产气 22105723t。生产曲线如图 5.8 所示。

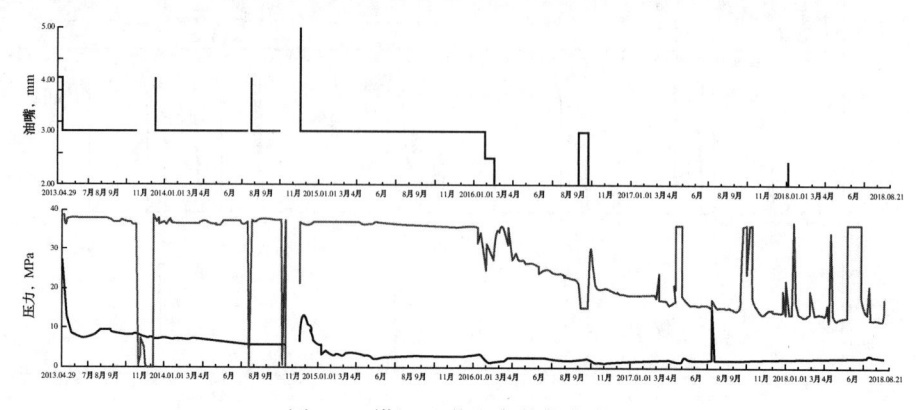

图 5.8 塔河 Y 井生产数据曲线图

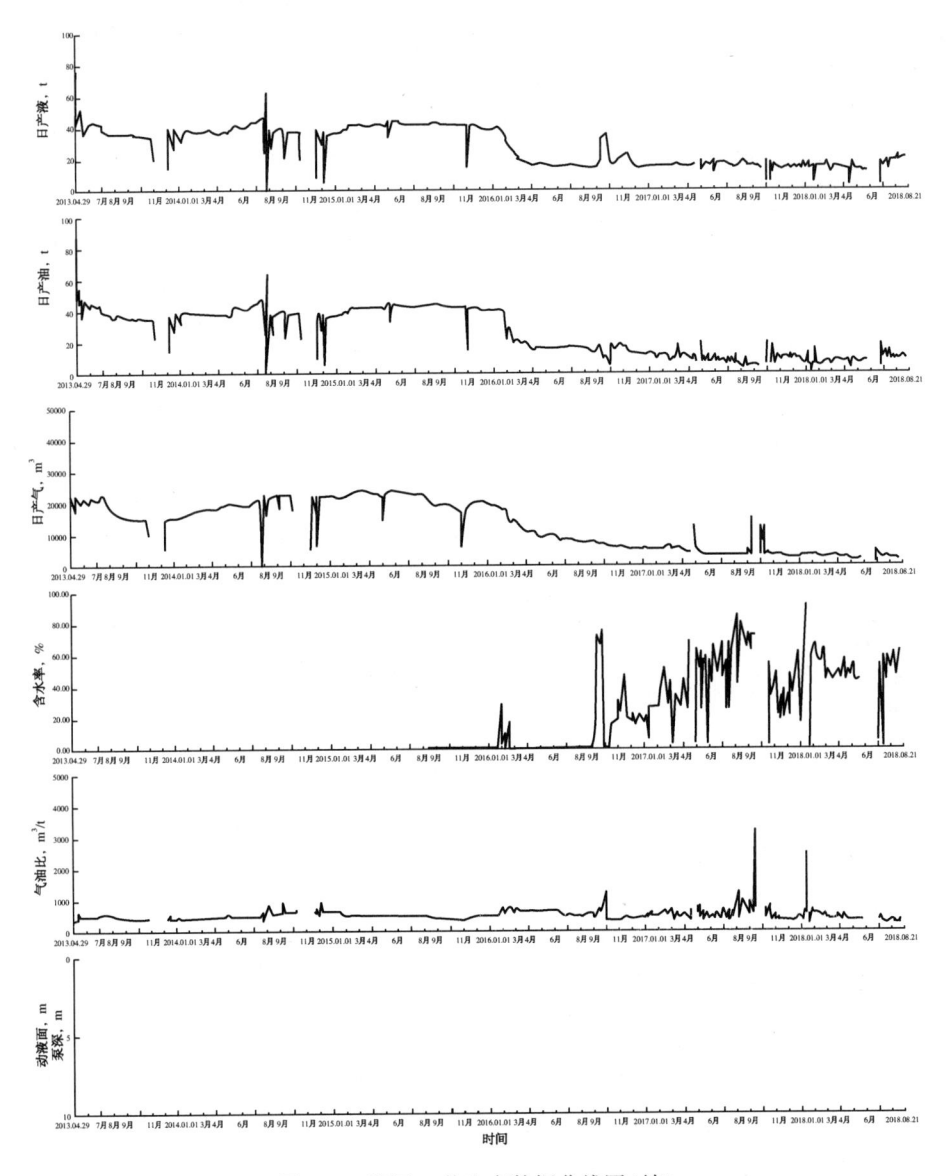

图 5.8　塔河 Y 井生产数据曲线图(续)

5.2　耐温耐盐油水选择性堵剂的合成及基础性能评价

丙烯酰胺/2-丙烯酰氨基-2-甲基丙磺酸共聚物(AM/AMPS)由于分子结构中引入了甲基丙磺酸基团,使得分子的空间位阻显著增大,聚合物的水解与降解受到抑制,因而耐温抗盐性能大幅度提高,为由 AM/AMPS 配制的耐温耐盐凝胶奠定了基础。与金属交联剂相比,有机酚醛交联剂配制的凝胶具有更好的耐温抗盐性能,因此拟通过采用对苯二酚、乌洛托品作为交联剂,与 AM/AMPS 配制凝胶。实验方法如下:

凝胶配制：将聚合物配制成一定浓度的母液，按照一定比例用自配塔河模拟地层水（地层水离子组成见表5.3）溶解交联剂，然后向交联剂溶液中加入一定比例的聚合物母液，用搅拌器搅拌均匀，通过天平称取20g上述成胶液注入安瓿瓶中，利用酒精喷灯将安瓿瓶封口，最后将其置于恒温箱中，考察凝胶成胶时间及脱水率。

表5.3　模拟地层水离子组成

离子含量，mg/L							总矿化度 mg/L	pH值	水型
Cl^-	HCO_3^-	CO_3^{2-}	Ca^{2+}	Mg^{2+}	SO_4^{2-}	$Na^+ + K^+$			
137529.5	183.6	0	11272.5	1518.8	0	73298.4	223802.8	6.8	$CaCl_2$

凝胶强度及成胶时间测定：凝胶强度通过Sydansk的Gel Strength Codes定性测定，具体强度级别见表5.4。本书将强度达到F级的时间称为成胶时间，如果凝胶强度无法达到F级，则将达到凝胶最终强度的初始时间作为该凝胶的成胶时间。

表5.4　凝胶强度级别

代码	说明
A	体系黏度与不加交联剂时相同浓度聚合物溶液的黏度相同
B	体系黏度与不加交联剂时相同浓度聚合物溶液的黏度相比略有增加
C	将试剂瓶倒置时，大部分凝胶流至瓶盖
D	将试剂瓶倒置时，只有少部分凝胶不易流至瓶盖
E	将试剂瓶倒置时，凝胶很缓慢地流至瓶盖或很大一部分不流至瓶盖
F	将试剂瓶倒置时，凝胶不能流至瓶盖
G	将试剂瓶倒置时，凝胶向下流至约一半位置处
H	将试剂瓶倒置时，只有凝胶表面发生轻微变形
I	将试剂瓶倒置时，凝胶表面不发生变形

脱水率测定：将配成的成胶液装在多个安瓿瓶中，待其成胶后在设置时间节点从恒温箱中取出。将安瓿瓶打开，用天平称量凝胶脱出水的质量，该质量与初始成胶液的质量（20g）之比即为脱水率。

与HPAM相比，丙烯酰胺共聚物具有较好的耐温抗盐性能，首先在140℃下考察了三种丙烯酰胺共聚物在塔河模拟地层水中的热稳定性，结果见表5.5。D212和AM/DMDAAC（丙烯酰胺/二甲基二烯丙基氯化铵共聚物）在高温高盐条件下的稳定性较差，特别是D212，老化6h后其黏度保留率即降至10.51%。相比之下，AM/AMPS（丙烯酰胺/2-丙烯酰氨基-2-甲基丙磺酸共聚物）的稳定性较好，老化6h后其黏度保留率为87.28%，老化24h后其黏度保留率仅降至60.05%，因此选用AM/AMPS研制能适用于塔河地层条件的凝胶。

以质量比为1:1的苯酚/乌洛托品作为交联剂，选择0.3%作为硫脲的使用浓度，对凝胶配方进行了筛选，结果见表5.6。

表5.5 不同时刻聚合物的黏度保留率

聚合物		D212	AM/DMDAAC	AM/AMPS
黏度保留率,%	6h	10.51	28.98	87.28
	12h	7.14	16.45	72.07
	24h	5.35	7.61	60.05

表5.6 AM/AMPS、苯酚质量分数对凝胶脱水率(5d)的影响

AM/AMPS质量分数,%	苯酚质量分数,%				
	0.03	0.05	0.1	0.15	0.2
	脱水率,%				
0.6	65.5	35.5	40.1	60.8	90.9
0.7	52.5	32.5	34.6	52.4	89.1
0.8	38.4	28.4	30.8	51.3	90.5
0.9	35.6	25.6	27.9	45.3	88.6
1.0	34.8	24.8	26.4	44.6	85.5
1.1	34.1	23.9	25.3	43.3	82.7

当交联剂质量分数一定时，AM/AMPS 质量分数增大，凝胶脱水率降低，当 AM/AMPS 质量分数达到 1% 时，继续增加 AM/AMPS 的量，凝胶脱水率下降幅度不大，故选择 AM/AMPS 质量分数为 1%；当 AM/AMPS 质量分数一定时，交联剂质量分数增大，凝胶脱水率先减小后增大，当苯酚质量分数为 0.05% 时，凝胶脱水率最低。这是因为交联剂质量分数较低时，凝胶的交联密度过低，凝胶的持水能力较差，从而使得凝胶脱水率较高；当交联剂质量分数较高时，凝胶的交联密度过大，交联体系亲水性降低，导致凝胶中的水易于脱出。

由表 5.7 可知，仅用苯酚、乌洛托品两种交联剂，凝胶 5d 脱水率均大于 20%，凝胶稳定性较差，因此，选择 0.05% 作为苯酚/乌洛托品的使用浓度。向成胶液中加入 0.05% 的助交联剂，以期提高凝胶的稳定性，加入 0.05% 的间苯二酚或对苯二酚后，可以看出凝胶 5d 的脱水率均可显著降低，选择对苯二酚作为凝胶的第三种交联剂。由于苯酚在塔河水中的溶解性能较差，后续实验中选用对苯二酚替代苯酚，采用以质量比为 1:1 的对苯二酚/乌洛托品作为凝胶的交联剂。

表5.7 助交联剂(0.05%)对凝胶脱水率(5d)的影响

AM/AMPS质量分数,%	脱水率,%				
	间苯二酚	对苯二酚	邻苯二胺	聚乙烯亚胺	多乙烯多胺
0.6	25.3	23.4	67.3	40.1	83.2
0.8	9.4	10.9	55.1	30.5	71.3
1.0	5.8	5.9	39.9	26.8	66.2

将对苯二酚、乌洛托品的用量比定为1:1，选择1%作为AM/AMPS的使用浓度，进一步考察了交联剂对苯二酚、乌洛托品质量分数对凝胶强度、成胶时间和脱水率的影响，结果见表5.8。随着凝胶中交联剂质量分数的增大，凝胶强度增大，凝胶成胶时间缩短，脱水率先降低后升高，当交联剂用量为0.05%时，凝胶脱水率最低，因此选择0.05%作为对苯二酚/乌洛托品的使用浓度。

表5.8 交联剂质量分数对冻胶性能的影响

交联剂质量分数,%	30d脱水率,%	90d脱水率,%
0.03	18.8	58.8
0.04	11.6	43.6
0.05	8.9	40.6
0.06	13.3	53.3
0.07	18.4	62.4

虽然由配方AM/AMPS+对苯二酚+乌洛托品+硫脲制得的凝胶30d脱水率较低，但其90d脱水率高达40.6%，因此需向凝胶中加入CAD，提高凝胶稳定性。考察CAD质量分数对脱水率的影响，结果见表5.9。随着CAD质量分数的增大，凝胶脱水率降低，当CAD质量分数为0.5%时，90d脱水率为14.1%，继续增大CAD质量分数，脱水率几乎不再降低，因此选择0.1%作为CAD的使用浓度。

表5.9 CAD质量分数对脱水率的影响

CAD质量分数	30d脱水率,%	90d脱水率,%
0	8.9	40.6
0.1	8.7	28.2
0.2	8.2	19.6
0.3	7.8	14.7
0.4	7.4	14.4
0.5	7.1	14.1
0.6	7.1	13.9

根据上述实验结果，获得了凝胶的最佳配方：AM/AMPS+对苯二酚+乌洛托品+硫脲+CAD。考察最佳配方中AM/AMPS质量分数变化对凝胶强度和脱水率的影响，结果见表5.10。

随着AM/AMPS质量分数的增大，凝胶强度由E级增大至H级，30d脱水率由18.1%降至4.4%，因此，AM/AMPS质量分数在0.8%~1.1%范围内变化时，其对凝胶强度及脱水率的影响较小。

第 5 章　AM/AMPS 酚醛凝胶堵剂体系研发及机理研究

表 5.10　AM/AMPS 质量分数对凝胶强度及脱水率的影响

AM/AMPS 质量分数,%	凝胶强度	30d 脱水率,%
0.6	E	18.1
0.7	F	12.9
0.8	G	7.3
0.9	G	5.5
1.0	H	4.7
1.1	H	4.4

考察了最佳配方中交联剂质量分数变化对凝胶强度、成胶时间和脱水率的影响，结果见表 5.11。随着凝胶中交联剂质量分数的增大，凝胶强度增大，成胶时间缩短，30d 脱水率先降低后升高。当交联剂质量分数在 0.03%～0.07% 范围内时，凝胶强度均不小于 E 级，30d 最大脱水率为 16.4%。因此，凝胶中交联剂质量分数在以上范围内发生变化时，其对凝胶强度、成胶时间及脱水率的影响较小。

表 5.11　交联剂质量分数对凝胶性能的影响

交联剂质量分数,%	凝胶强度	30d 脱水率,%
0.03	E	16.4
0.04	G	7.3
0.05	G	8.6
0.06	G	11.2
0.07	H	15.7

考察了不同温度对最优配方凝胶性能的影响，结果见表 5.12。

表 5.12　温度对凝胶性能的影响

温度,℃	凝胶强度	30d 脱水率,%
90	E	0
110	F	0.8
120	G	3.2
130	G	7.3
140	G	18.7
150	G	28.3

随着温度的升高，凝胶成胶时间缩短，凝胶强度增大，30d 脱水率不断升高，当温度不超过 140℃时，脱水率小于 10%。因此，该凝胶适合在 140℃以下的油藏中使用。

在 140℃下考察了矿化度对最优配方凝胶性能的影响，结果见表 5.13。随着矿化度的增大，凝胶成胶时间缩短，凝胶强度不变，30d 脱水率升高，在所考察的矿化度范围内，凝胶 30d 脱水率均小于 15%，说明该凝胶适用于矿化度小于"100%塔河+30000mg/L NaCl"的油藏。

表 5.13 矿化度对凝胶性能的影响

矿化度	凝胶强度	30d 脱水率,%
50%塔河水稀释液	G	0.9
70%塔河水稀释液	G	1.1
90%塔河水稀释液	G	2.3
100%塔河水	G	7.3
100%塔河水+10000mg/L NaCl	G	11.4
100%塔河水+30000mg/L NaCl	G	14.9

5.3 耐温耐盐油水选择性堵剂化学结构表征

AM/AMPS 酚醛凝胶合成反应机理如图 5.9 所示。AM/AMPS 酚醛凝胶红外光谱如图 5.10所示。在红外光谱图中，1203cm^{-1}处出现了明显的振动吸收峰，该峰归属于苯环中的 C—H 振动吸收峰，由此说明芳环交联剂成功引入凝胶结构；同时，正常情况下酰氨基中的 C=O 的振动吸收峰在 1600cm^{-1}处，但该图谱中酰氨基中的 C=O 的振动吸收峰移至 1629cm^{-1}处，发生明显的移动，由此说明 AM/AMPS 中的酰氨基与交联剂发生了交联反应。

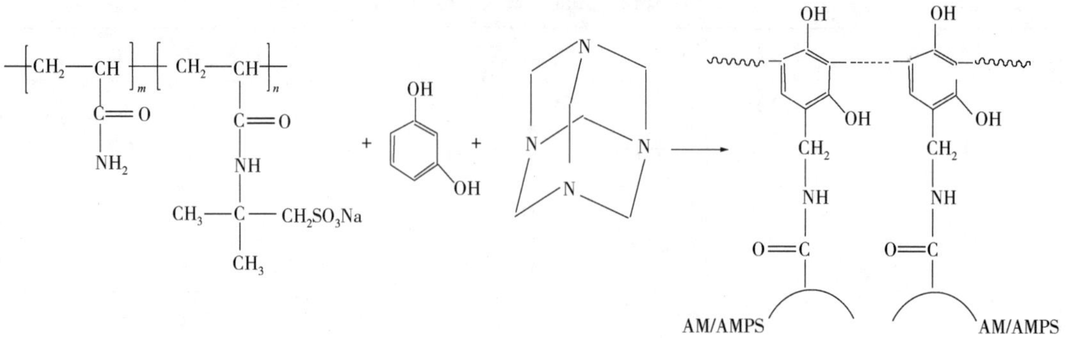

图 5.9 AM/AMPS 酚醛凝胶合成反应机理

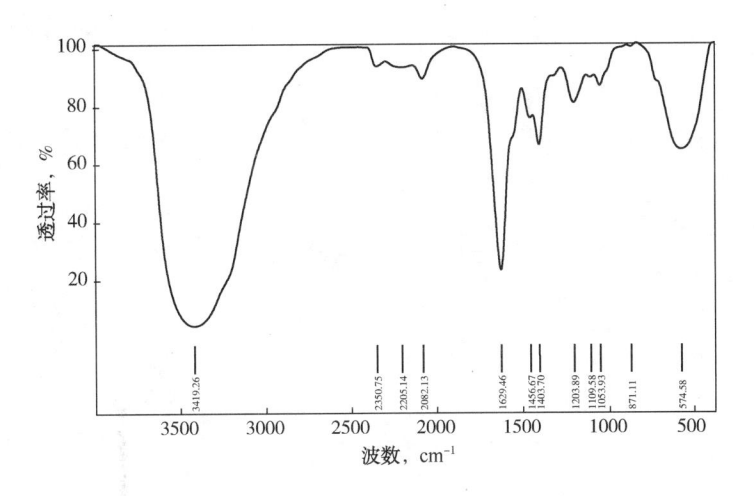

图 5.10　AM/AMPS 酚醛凝胶红外光谱图

5.4　耐温耐盐油水选择性堵剂配方优化

虽然由最优配方制得的凝胶 60d 脱水率较低,但其脱水率达 10.6%,第 90 天时,凝胶彻底破胶(图 5.11)。因此,以最优配方为基础配方,向凝胶中加入增强剂提高凝胶稳定性。各种增强剂对凝胶稳定性的影响如图 5.12 至图 5.22 所示。

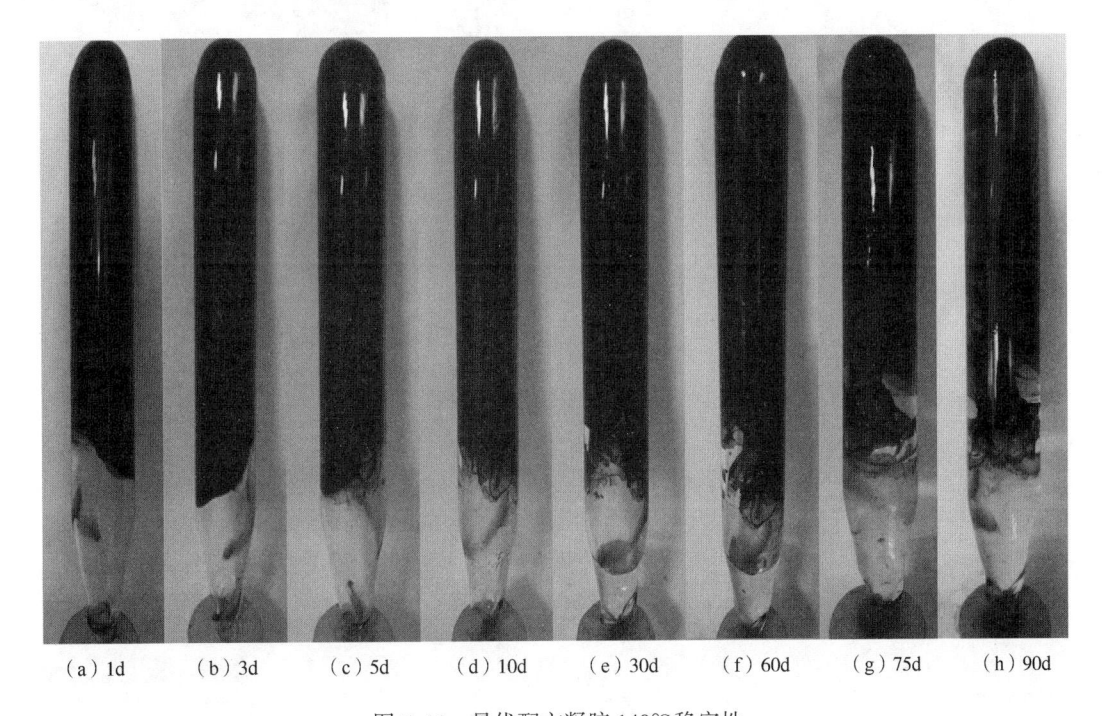

(a) 1d　(b) 3d　(c) 5d　(d) 10d　(e) 30d　(f) 60d　(g) 75d　(h) 90d

图 5.11　最优配方凝胶 140℃ 稳定性

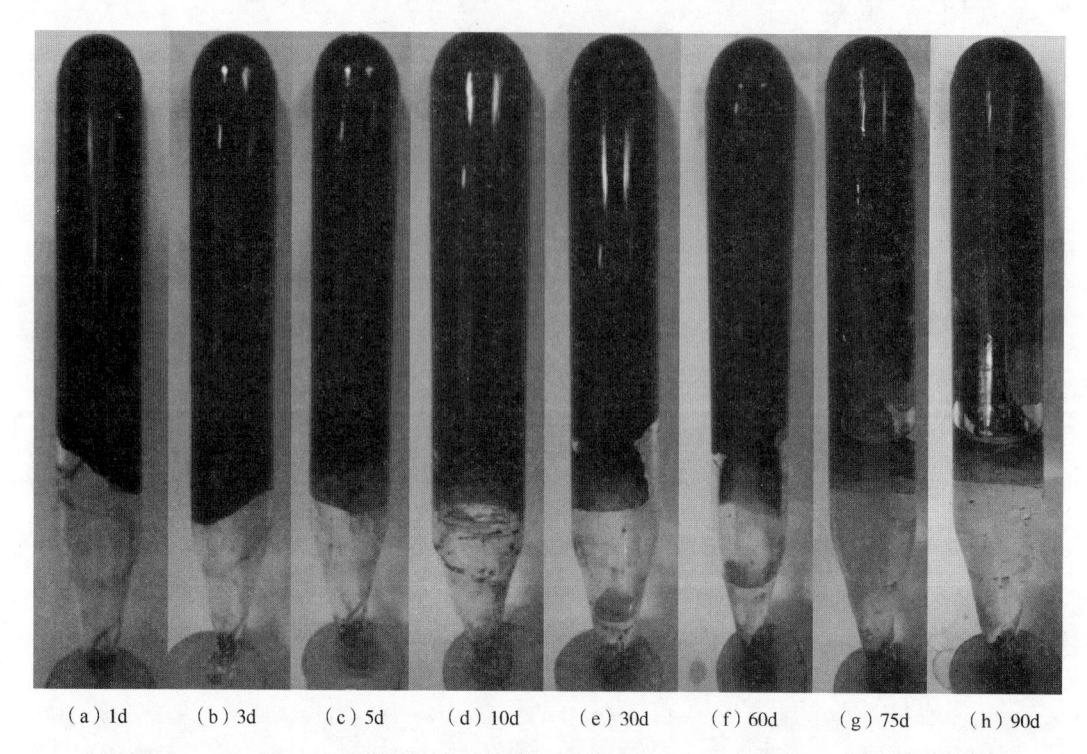

(a) 1d　(b) 3d　(c) 5d　(d) 10d　(e) 30d　(f) 60d　(g) 75d　(h) 90d

图 5.12　(基础配方+聚丙烯腈短纤维)凝胶 140℃稳定性

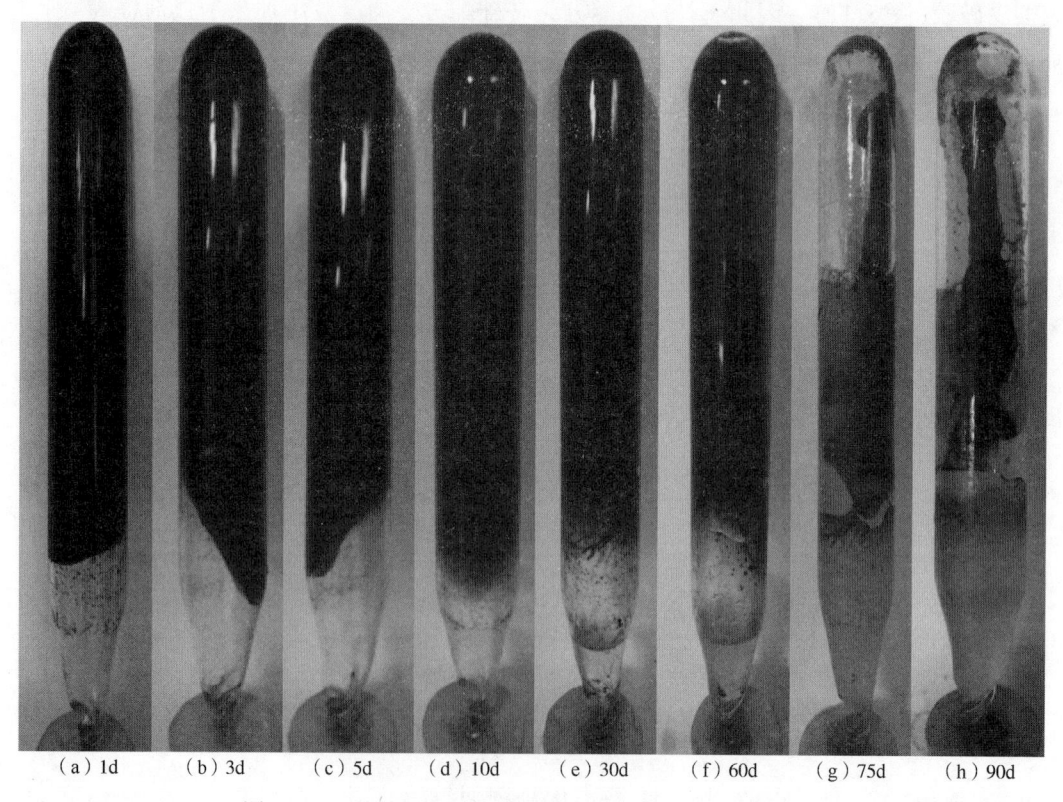

(a) 1d　(b) 3d　(c) 5d　(d) 10d　(e) 30d　(f) 60d　(g) 75d　(h) 90d

图 5.13　(基础配方+聚乙烯醇缩丁醛)凝胶 140℃稳定性

第 5 章 AM/AMPS 酚醛凝胶堵剂体系研发及机理研究

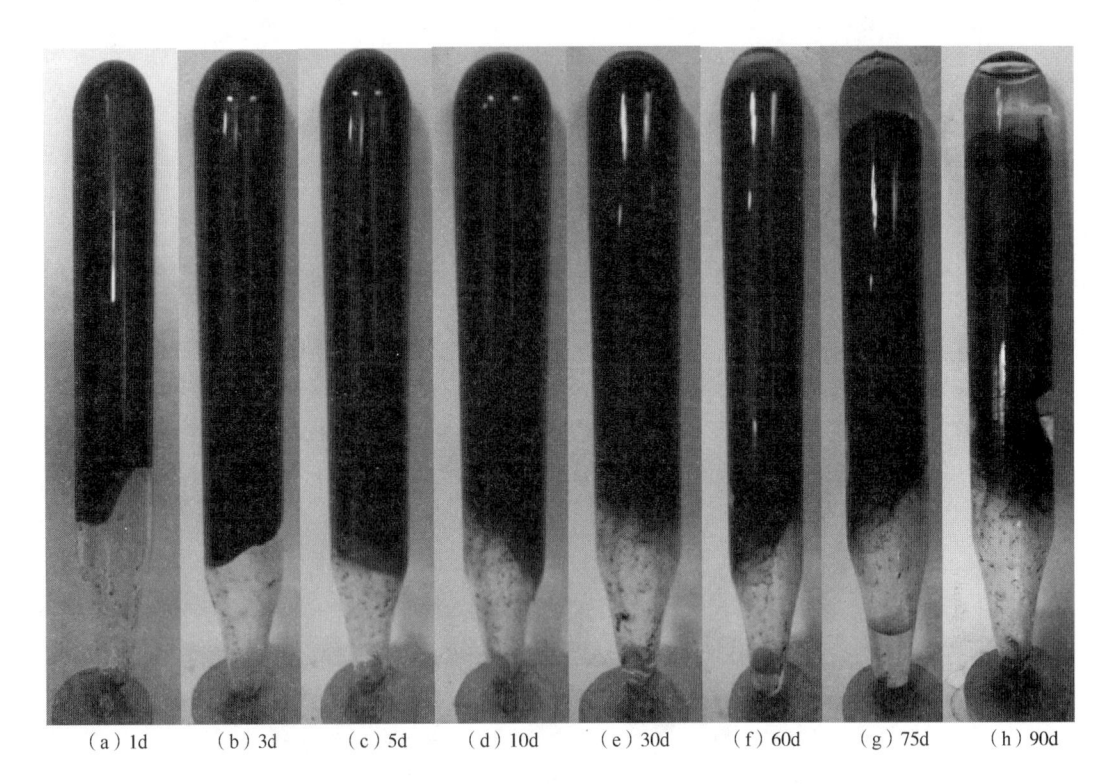

(a) 1d　(b) 3d　(c) 5d　(d) 10d　(e) 30d　(f) 60d　(g) 75d　(h) 90d

图 5.14 （基础配方+木质素纤维）凝胶 140℃稳定性

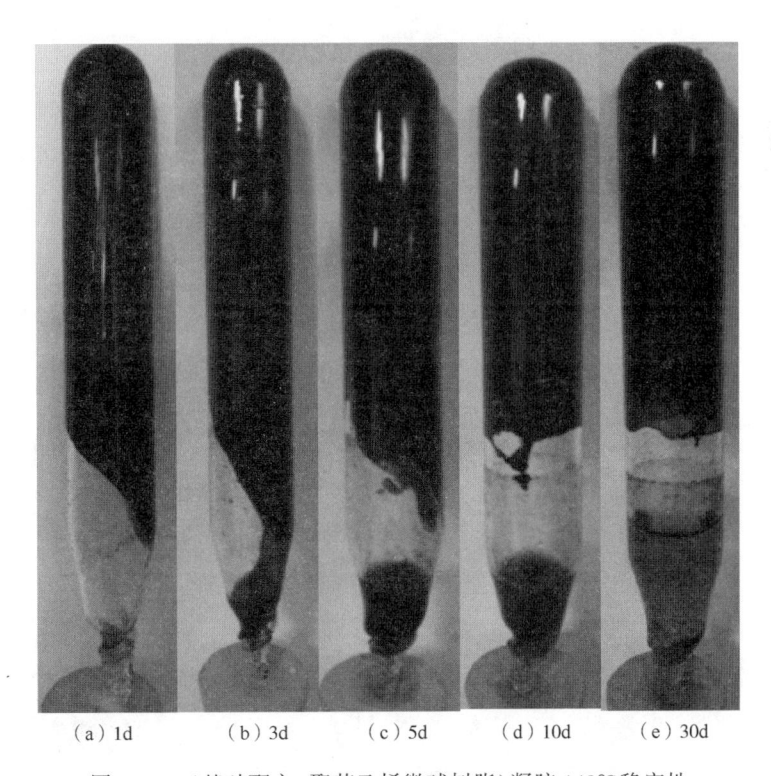

(a) 1d　(b) 3d　(c) 5d　(d) 10d　(e) 30d

图 5.15 （基础配方+聚苯乙烯微球树脂）凝胶 140℃稳定性

— 197 —

(a) 1d　　(b) 3d　　(c) 5d　　(d) 10d　　(e) 30d

图 5.16　（基础配方+橡胶粉）凝胶 140℃稳定性

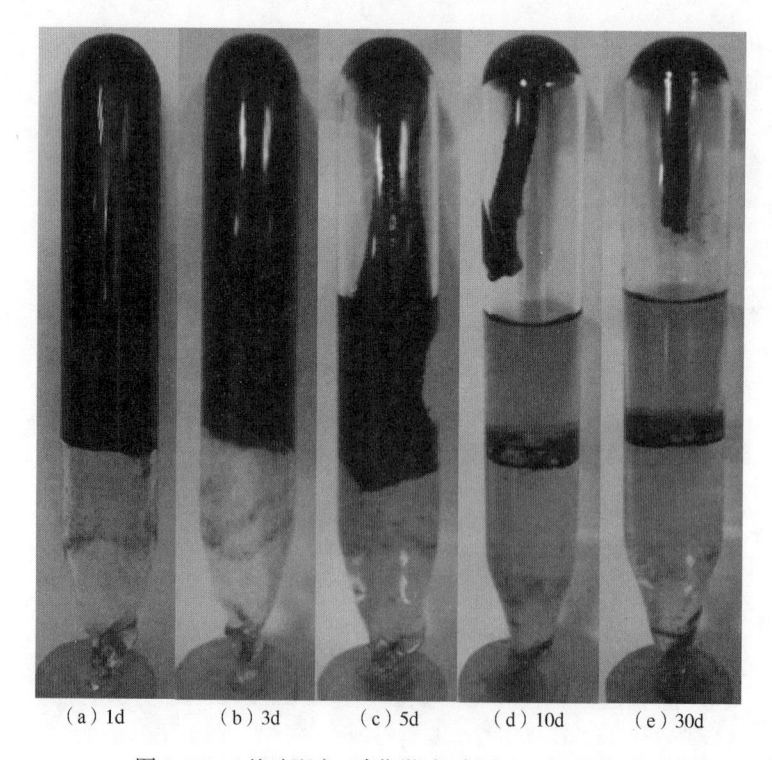

(a) 1d　　(b) 3d　　(c) 5d　　(d) 10d　　(e) 30d

图 5.17　（基础配方+玻化微珠）凝胶 140℃稳定性

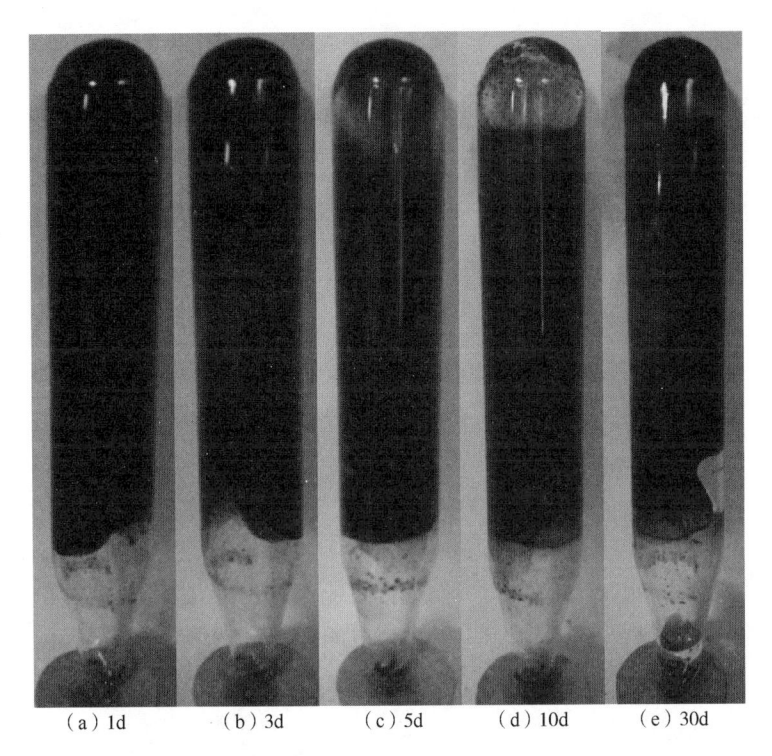

(a) 1d　　(b) 3d　　(c) 5d　　(d) 10d　　(e) 30d

图 5.18　(基础配方+超细尼龙 6 粉)凝胶 140℃稳定性

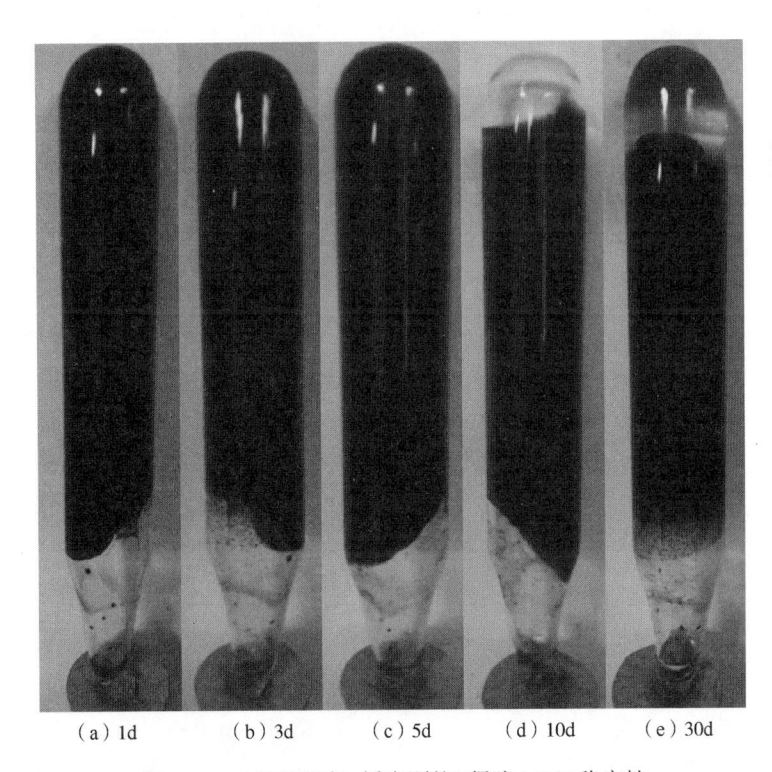

(a) 1d　　(b) 3d　　(c) 5d　　(d) 10d　　(e) 30d

图 5.19　(基础配方+缓膨颗粒)凝胶 140℃稳定性

(a) 1d　　(b) 3d　　(c) 5d　　(d) 10d　　(e) 30d

图 5.20　（基础配方+木质纤维）凝胶 140℃稳定性

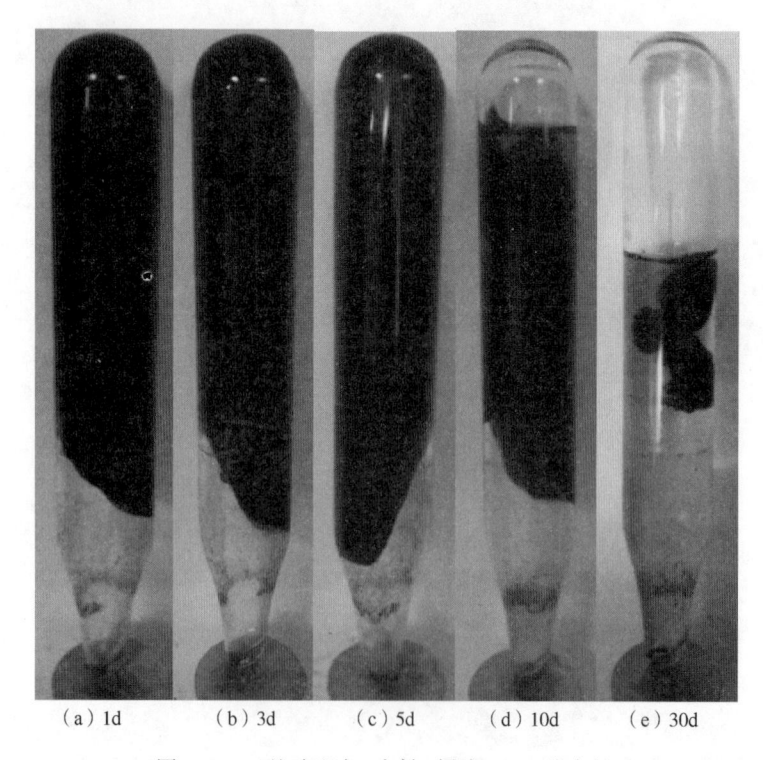

(a) 1d　　(b) 3d　　(c) 5d　　(d) 10d　　(e) 30d

图 5.21　（基础配方+木粉）凝胶 140℃稳定性

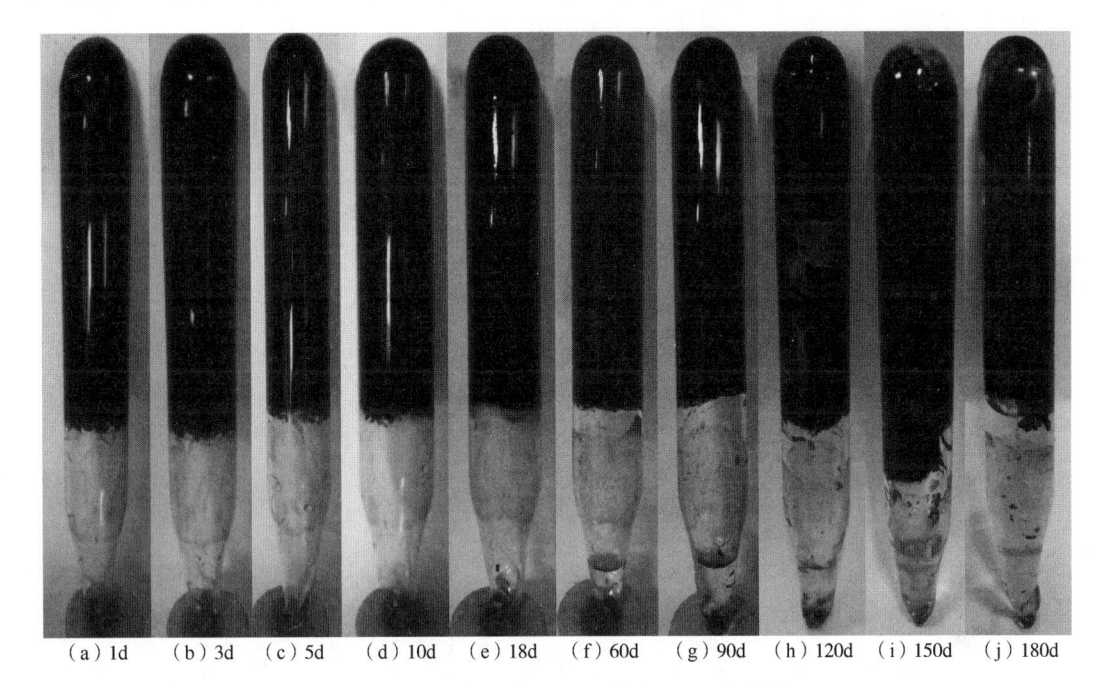

(a) 1d　　(b) 3d　　(c) 5d　　(d) 10d　　(e) 18d　　(f) 60d　　(g) 90d　　(h) 120d　　(i) 150d　　(j) 180d

图 5.22　(基础配方+CAD)凝胶 140℃稳定性

由以上结果可知，CAD 可将凝胶 60d 脱水率降至 1.6%，120d 脱水率降至 8.3%，凝胶稳定时间显著延长，由此说明该增强剂能改善凝胶的热稳定性，而其他常用凝胶增强剂效果较差。故最后优选出的 AM/AMPS 酚醛凝胶堵剂的最优配方为：AM/AMPS+对苯二酚+乌洛托品+硫脲+CAD。

5.5　耐温耐盐油水选择性堵剂封堵性能评价

5.5.1　油水选择性封堵实验

(1) 实验方法。

① 基于岩心流动实验对酚醛凝胶的油水选择性(堵水率、堵油率)进行评价。

② 选裂缝宽度 2mm 的岩心，抽真空、饱和地层水，测量岩心孔隙体积和孔隙度。

③ 对岩心进行水驱(油驱)实验，记录出液后的稳定压力，计算堵剂注入前的水相渗透率 K_w(油相渗透率 K_o)。

④ 反向注入一定段塞的堵剂成胶液，在 140℃ 高温下候凝成胶。

⑤ 对堵后的岩心重新水驱(油驱)，记录突破压力并待压力稳定后，计算岩心堵后的水相渗透率 K'_w(油相渗透率 K'_o)。

⑥ 计算酚醛凝胶堵剂的堵水率(堵油率)。

(2) 堵水率实验。

堵水率 $\Phi_w = (K_w - K'_w)/K_w \times 100\% = 99.76\%$；突破压力梯度 $G_p = 11.3\text{MPa/m}$。

实验中的注入速度为 0.05mL/min。随着注水量的增加，压力逐渐增大，最大突破压力为 1.7MPa。此后压力先急剧下降，再逐渐增加，最后达到平衡(图 5.23)，说明酚醛凝胶被突破后，在裂缝中发生了运移，形成了再次封堵。

（3）堵油率实验。

堵油率 $\varPhi_o = (K_o - K'_o)/K_o \times 100\% = 19.73\%$；突破压力梯度 $G_p = 23\text{MPa/m}$。

随着注油量的增加，压力逐渐增大，岩心出口端见油，最大突破压力为 3.5MPa，然后压力急剧降低，最后达到平衡(图 5.24)。

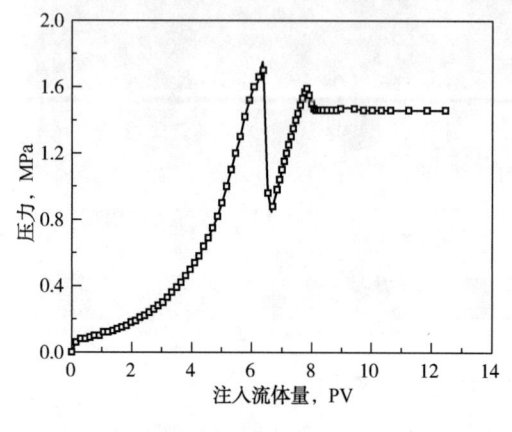

图 5.23 注入酚醛凝胶后水驱岩心两端压力变化曲线

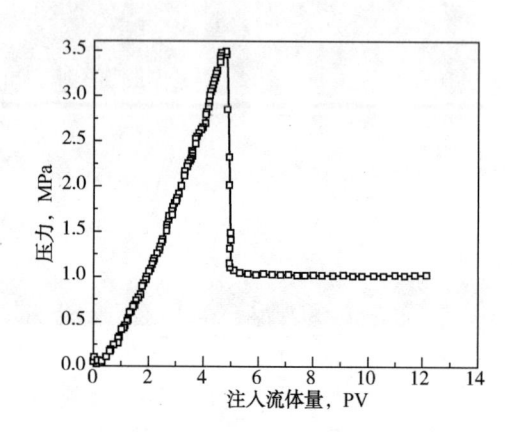

图 5.24 注入酚醛凝胶后油驱岩心两端压力变化曲线

综上所述，酚醛凝胶的堵水率达到了 99.76%；堵油率为 5.78%，说明酚醛凝胶具有很好的油水选择性。

5.5.2 双管并联分流率实验

实验流程与油水选择性封堵实验(见 5.5.1 节)基本相同，将裂缝宽度分别为 2mm、1mm 的两根岩心双管并联，分别饱和油再并联水驱，考察分流率；然后，反向注堵剂—成胶—正向水驱，考察分流率变化。

如图 5.25 所示反向注入 0.2PV 的酚醛凝胶，正向水驱，随着注水量的增加，高渗透岩心分流率持续下降，最终分流率降为 24.22%；而低渗透岩心分流率逐渐增加，最终分流率达到 75.78%。

实验结果表明，由于两根岩心存在渗透率级差，注入的成胶液会选择性进入高渗透岩心中，由于成胶液的流度小，注入压力升高，采收率有所提高。凝胶成胶后会封堵高渗透岩心，随着后续注入水体积增加，迫使注入压力升高，实现了高渗透岩心和低渗透岩心的液流

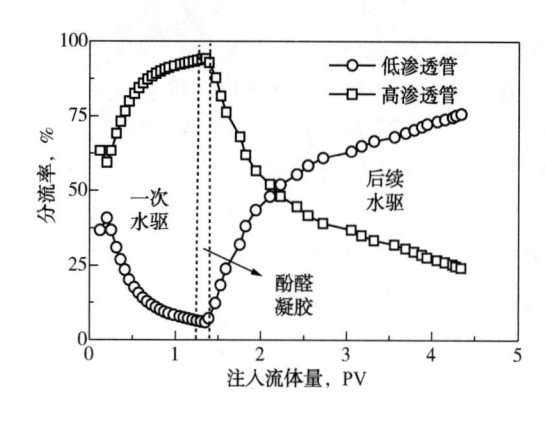

图 5.25 双岩心并联酚醛凝胶分流率曲线

5.6 可视化选择性堵水机理研究

通过可视化驱替装置(图 5.26)考察凝胶选择性堵剂体系在裂缝模型中的封堵规律,明确凝胶堵剂体系的选择性堵水机理。

图 5.26 堵剂体系微观可视化驱替体系

实验系统由微量注入泵、显微镜、图像采集设备、佳能数码相机以及其他容器等组成。

通过已有的关于塔河油田地层研究的相关文献和本项目的讨论研究,根据模型和油藏的相似性原则:(1)模型裂缝直径与油藏实际裂缝直径、模型孔洞尺寸与油藏实际孔洞尺寸、模型孔洞充填形态与实际油藏孔洞充填形态相似;(2)油藏原油性质和裂缝饱和模拟油性质相似;(3)注入流体性质相似,设计了裂缝模型、缝洞模型和溶洞模型。模型制作采用玻璃酸化刻蚀和造缝胶结两种方式,先用金属板按照设计好的裂缝排列形式和各缝宽用激光技术加工好,然后采用耐温耐压、透明的特殊胶液将可视玻璃和金属模型胶结、固化,放置到专用的模型中进行实验。裂缝模型(未饱和油)如图 5.27 所示(大裂缝宽 2.0mm,中裂缝宽 1.0mm,小裂缝宽 0.5mm)。

用 3#白油+苏丹红配制成模拟油(驱替速度:0.01mL/min),将裂缝模型饱和油,随后水驱在宽缝中形成优势通道,再注入酚醛凝胶的成胶液,关闭进出口并升温固化。继续水驱,观察油水驱替前沿和凝胶段塞的运移情况。实验结果如图 5.28 至图 5.31 所示。

图 5.29 为一次水驱后的油水分布(驱替方向从左至右,下同)。在油水运移过程中,裂缝宽度是主要控制因素,宽裂缝对窄裂缝有很强的抑制作用,油相主要的流动通道是宽缝,窄缝基本不参与油相运移。因油水黏度比差异,当底水通过宽裂缝时,将会导致窄裂缝中的原油不能动用。

图 5.27　裂缝模型(未饱和油)

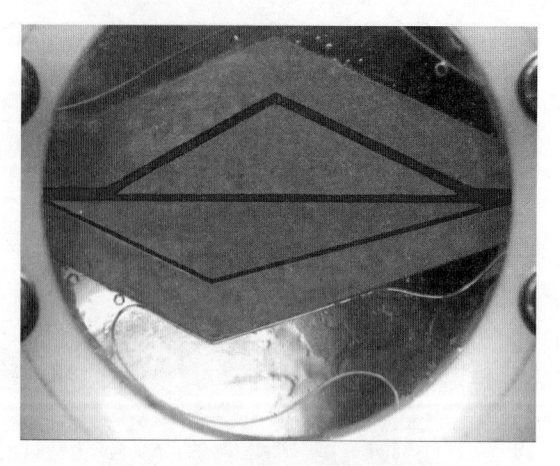

图 5.28　非均质裂缝模型(饱和油)

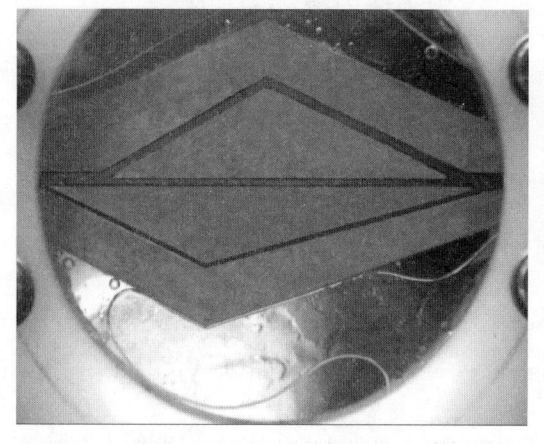

图 5.29　非均质裂缝模型一次水驱后油水分布

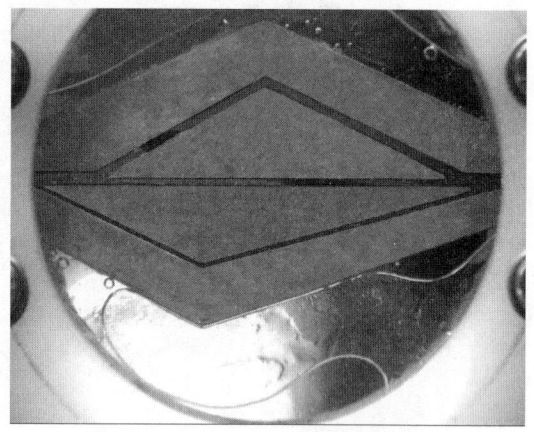

图 5.30　非均质裂缝模型注入凝胶候凝液成胶初始状态

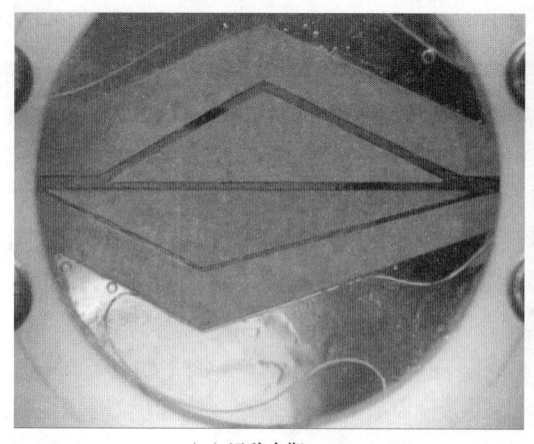

(a) 运移中期

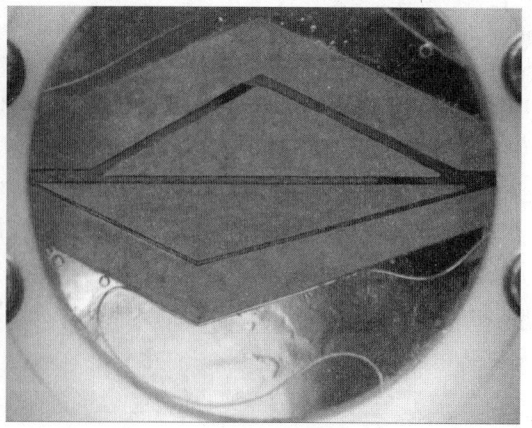

(b) 运移后期

图 5.31　凝胶堵剂运移中后期

凝胶体系在多孔介质中流动，理论上可以改善流体的分布和运移方式，凝胶的流动过程是一个物理因素起作用的过程，温度不是决定因素，AM/AMPS 酚醛凝胶注入的选择性好，注入微观模型时，能优先进入渗透率高的宽裂缝，宽裂缝产液随着凝胶的注入逐渐减少。

未注凝胶时窄裂缝里的剩余油未被注入水波及，随着后续 AM/AMPS 酚醛凝胶成胶液的注入和注入压力的升高，窄裂缝里的剩余油被驱替出来，实现"抑制高渗，启动低渗"这一功能，改善储层的非均质性。

在高渗透宽裂缝中，黏度较高的 AM/AMPS 酚醛凝胶成胶前溶液推进比较顺利，成胶后胶体的黏弹性更好，活塞式驱替的可能性更大，时间更长，因而调驱效果会更佳。将胶状段塞挤入高渗透带，借助胶状段塞降低目的层渗透率，凝胶堵剂封堵优势通道，从而调整注入剖面，使注入水转向剩余油较多的低渗透油层，扩大波及系数，提高采收率。

综上可知，可得到以下结论：

（1）制备了耐温耐盐油水选择性堵剂——AM/AMPS 酚醛凝胶堵剂，最优凝胶配方为 AM/AMPS+对苯二酚+乌洛托品+硫脲+CAD。

（2）加入增强剂能改善凝胶的热稳定性，CAD 可将凝胶 120d 脱水率降至 8.3%。

（3）填砂管物理模拟和可视化实验研究表明，AM/AMPS 酚醛凝胶能够封堵优势通道，调整吸水剖面，使注入水转向剩余油较多的低渗透油层，从而扩大波及系数，最终提高原油采收率。

第6章 AM/AMPS 萘酚凝胶堵剂体系研发及机理研究

实验所用到的聚合物相关参数见表6.1，配制聚合物用的模拟地层水同表5.3。所用到的实验方法如下：

表 6.1 实验所用聚合物物性参数、来源

聚合物代码	聚合物类型	水解度(离子度),%	分子量	固含量,%
1#	阴离子	—	2000万	≥89.0
2#	阴离子	—	1800万	≥89.0
3#	阴离子	—	300万~3000万	≥88.0
AP519C	阴离子	25	1700万	≥88.0
A190	阴离子	25	1900万	≥90.0
8880C	阳离子	40	1000万	≥88.0
7760	阴离子	27	1500万	≥90.0

（1）成胶时间测定。

通过目测确定凝胶的成胶时间：盛有安瓿瓶的高温罐在恒温箱中加热一段时间后，将其取出并迅速冷却；将安瓿瓶水平放置，观察胶面与壁面所成角度是否大于45°，若大于45°则认为其成胶；若已成胶，则需要缩短加热时间；若未成胶，则延长加热时间。如此反复测定，直至得到较准确的成胶时间。

（2）凝胶强度测定。

成胶液成胶后采用强度代码法来测试凝胶强度(表6.2)。

表 6.2 凝胶强度代码表

代码	名称	说明
A	检测不出连续凝胶形式	体系黏度与不加交联剂时相同浓度聚合物溶液的黏度相同
B	高度流动凝胶	体系黏度与不加交联剂时相同浓度聚合物溶液的黏度相比略有增加
C	流动凝胶	将试剂瓶倒置时，大部分凝胶流至瓶盖
D	中等流动凝胶	将试剂瓶倒置时，只有少部分凝胶不易流至瓶盖
E	难流动凝胶	将试剂瓶倒置时，凝胶很缓慢地流至瓶盖，或很大一部分不流至瓶盖
F	高度变形不流动凝胶	将试剂瓶倒置时，凝胶不能流至瓶盖
G	中等变形不流动凝胶	将试剂瓶倒置时，凝胶向下流至约一半位置处

续表

代码	名称	说明
H	轻微变形不流动凝胶	将试剂瓶倒置时，只有凝胶表面发生轻微变形
I	刚性凝胶	将试剂瓶倒置时，凝胶表面不发生变形

（3）热稳定性评价。

凝胶高温稳定性的评价方法（SY/T 5590—2004《调剖剂性能评价方法》，下同）为：①将配好的溶液注入安瓿瓶中，用酒精喷灯将安瓿瓶封口；②把安瓿瓶装入高温罐中；③将高温罐置于烘箱中，烘箱温度保持恒定（140℃）；④每隔一段时间拿出高温罐，取出一支安瓿瓶，观察体系的脱水情况并拍照。

（4）凝胶脱水率的测定方法。

将加热一段时间取出的安瓿瓶打开，用天平称量脱水质量 m。脱水率可按下式计算：

$$脱水率 = (m/20) \times 100\%$$

其中，20 是指安瓿瓶中装入的溶液质量 20g。

6.1 耐温耐盐油水选择性堵剂的合成及优化

与普通的酚醛树脂型凝胶相比，由于体系当中采用了萘酚/乌洛托品（醛）型交联剂，AM/AMPS 萘酚凝胶具有更优越的耐温抗盐性。

常见的萘酚为 α-萘酚[图 6.1(a)]，其结构的 B 环当中的 2 号位和 4 号位是化学反应的活性点，也就是说，羟基的邻、对位才能生成羟甲基，并进一步与酰氨基上的氢发生脱水缩聚反应。A 环相对 B 环来讲，化学反应偏差，所以要想生成网络状凝胶结构比较困难。

基于 α-萘酚较低的反应活性及其与乌洛托品（甲醛）生成交联剂反应的难度，采用 1,5-二羟基萘代替 α-萘酚以促进酚醛树脂交联剂的生成。1,5-二羟基萘[图 6.1(b)]中，由于两个苯环各含有一个羟基，因此两个苯环均得到了活化，两个环中的邻、对位均是化学反应活性点（2、4、6、8 号位）。1,5-二羟基萘酚相比于 α-萘酚多一个萘环，在过量甲醛环境下更容易形成游离的羟甲基，从而更好地与 AMPS 聚合物交联，使其很容易得到一种骨架结构向 4 个方向发展延伸的网络状的凝胶结构。

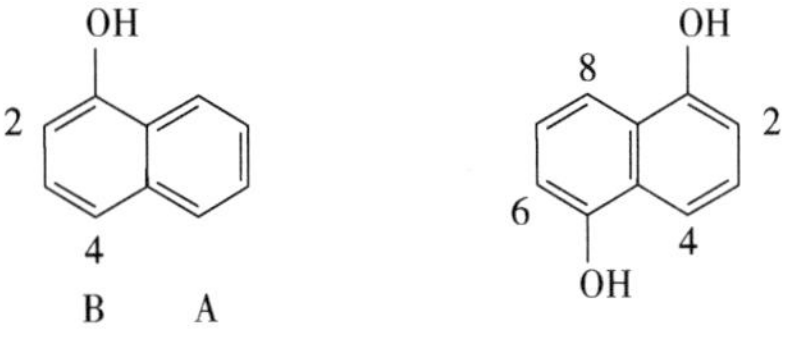

(a) α-萘酚　　(b) 1,5-二羟基萘

图 6.1　α-萘酚、1,5-二羟基萘结构示意图

一步法：首先基于单因素实验，采用一步法对萘酚凝胶油水选择性堵剂进行了相应的合成。一步法顾名思义，即将各种试剂（1,5-二羟基萘酚、AM/AMPS 共聚物、乌洛托品、甲醛、乙二醇丁醚、硫脲等）一起加入密闭容器中，并进行相应的高温（140℃）处理，从而获得 AM/AMPS 萘酚凝胶。

基于上述思路，通过单因素实验进行了一系列的考察和探究实验。其中，双羟基萘所对应的酚醛树脂交联剂合成反应机理如下：

（1）碱催化生成具有更强亲核性的氧负离子。

（2）与甲醛初步反应生成二羟甲基萘二酚。

（3）碱催化继续生成二羟甲基萘氧负离子。

（4）继续与甲醛反应生成四羟甲基萘二酚、含亚甲基的多羟甲基萘二酚以及水溶性甲阶酚醛树脂。

双羟基萘酚凝胶合成方法如下所示：

采用单因素实验，逐一考察了不同因素（聚合物浓度、交联剂浓度、萘酚和甲醛的配比、体系 pH 值、聚合物种类等）对萘酚体系是否成胶的影响。本研究采用黏度法、针入度法来考察体系的成胶时间；利用强度代码表法来表征凝胶的强度；采用脱水率及黏度损失率等参数来表征凝胶成胶后的稳定性。

（1）聚合物种类。

在其他物质浓度不变的情况下（体系 pH 值为 8.0，1,5-二羟基萘与甲醛物质的量比为 1∶6，考察时间 24h），考察了不同聚合物（聚合物代码：1#、2#、3#、AP519C、A190、8880C、7760）对 1,5-二羟基萘候凝体系是否成胶的影响。不同聚合物对 1,5-二羟基萘候凝体系成胶的影响见表 6.3。

表 6.3　聚合物种类对 1,5-二羟基萘候凝体系成胶的影响

体系编号	1,5-二羟基萘 %(质量分数)	1,5-二羟基萘与甲醛物质的量比	乙二醇丁醚 %(质量分数)	聚合物 %(质量分数)	聚合物代码	体系成胶强度代码
1	0.30	1:6	0.30	1.0	1#	A
2	0.30	1:6	0.30	1.0	2#	A
3	0.30	1:6	0.30	1.0	3#	H
4	0.30	1:6	0.30	1.0	AP519C	A
5	0.30	1:6	0.30	1.0	A190	A
6	0.30	1:6	0.30	1.0	8880C	G
7	0.30	1:6	0.30	1.0	7760	B

由表 6.3 可知，体系 3 和体系 6 成胶，可见聚合物 3#和 8880C 在实验条件下可以有效成胶，成胶强度并分别达到 H 和 G 级别。初步优选聚合物 3#为进一步的考察研究对象。

（2）聚合物浓度。

鉴于 1,5-二羟基萘溶于醚和丙酮，微溶于醇和乙酸，难溶于水，通过添加一定量的互溶剂乙二醇丁醚来增加 1,5-二羟基萘的溶解度，使得体系呈均相。在其他条件不变的情况下（体系 pH 值为 8.0，聚合物 3#，二羟基萘与甲醛物质的量比为 1:6，考察时间 24h），考察了不同聚合物浓度（0.1%、0.2%、0.3%、0.5%、1.0%、1.5%）对 1,5-二羟基萘候凝体系是否成胶的影响。不同聚合物浓度对 1,5-二羟基萘候凝体系成胶的影响（见表 6.4）。

表 6.4　聚合物浓度对 1,5-二羟基萘候凝体系成胶的影响

体系编号	1,5-二羟基萘 %(质量分数)	1,5-二羟基萘与甲醛物质的量比	乙二醇丁醚 %(质量分数)	聚合物(3#) %(质量分数)	体系成胶强度代码
1	0.30	1:6	0.30	0.1	F
2	0.30	1:6	0.30	0.2	F
3	0.30	1:6	0.30	0.3	G
4	0.30	1:6	0.30	0.5	G
5	0.30	1:6	0.30	1.0	H
6	0.30	1:6	0.30	1.5	H

由表 6.4 可知，在一定浓度范围内，随着聚合物（3#）浓度的升高，体系成胶强度逐渐增大。当聚合物浓度达到 1.0%时，体系成胶强度达到 H 级别，聚合物浓度继续升高，体系成胶强度依然保持在 H 级别。基于技术和经济成本两个方面的考虑，初步优选 1.0%为聚合物最佳浓度。

（3）交联剂浓度。

在其他物质浓度不变的情况下（体系 pH 值为 8.0，1,5-二羟基萘与甲醛物质的量比为 1:6，考察时间 24h），考察了不同交联剂浓度（1,5-二羟基萘的浓度分别为 0.05%、0.1%、0.15%、0.2%、0.3%、0.4%、0.5%）对 1,5-二羟基萘候凝体系是否成胶的影响。不同交联剂浓度对 1,5-二羟基萘候凝体系成胶的影响见表 6.5。

第6章 AM/AMPS萘酚凝胶堵剂体系研发及机理研究

表6.5 交联剂浓度对1,5-二羟基萘候凝体系成胶的影响

体系编号	1,5-二羟基萘%(质量分数)	1,5-二羟基萘与甲醛物质的量比	乙二醇丁醚%(质量分数)	聚合物(3#)%(质量分数)	体系成胶强度代码
1	0.05	1:6	0.30	1.0	F
2	0.10	1:6	0.30	1.0	F
3	0.15	1:6	0.30	1.0	G
4	0.20	1:6	0.30	1.0	G
5	0.30	1:6	0.30	1.0	H
6	0.40	1:6	0.30	1.0	H
7	0.50	1:6	0.30	1.0	H

由表6.5可知，在一定浓度范围内，随着交联剂浓度的升高，体系成胶强度逐渐增大。当二羟基萘浓度达到0.3%时，体系成胶强度达到H级别，交联剂浓度继续升高，体系成胶强度依然保持在H级别。基于技术和经济成本两个方面的考虑，初步优选0.3%为交联剂最佳浓度。

(4) 1,5-二羟基萘与甲醛的配比。

酚醛树脂是酚类与醛类反应合成的产物，所以两者必须有适当的物质的量比。任何一种原料足够过量，都不可能生成酚醛树脂。若反应中醛过量，即两者物质的量比大于1，则反应初期的加成反应易于形成二元及多元羟甲基酚。只有在醛过量达到一定水平，能够保证生成较多量的多羟甲基酚的情况下，反应初期才能有一定支链结构的大分子，也才有可能继续进行交联反应最终形成网状结构。在采用乌洛托品和甲醛两种情况下，分别考察了不同酚醛比对体系成胶的影响。

采用甲醛水溶液代替乌洛托品，在其他实验条件不变的情况下(体系pH值为8.0，考察时间24h，聚合物3#)，考察了不同1,5-二羟基萘与甲醛物质的量比(2:1、1:1、1:2、1:3、1:6、1:12、1:24)对1,5-二羟基萘候凝体系是否成胶的影响。不同酚醛比对1,5-二羟基萘候凝体系成胶的影响见表6.6。

表6.6 1,5-二羟基萘与甲醛物质的量比对1,5-二羟基萘候凝体系成胶的影响

体系编号	1,5-二羟基萘%(质量分数)	物质的量比(1,5-二羟基萘:甲醛)	乙二醇丁醚%(质量分数)	聚合物(3#)%(质量分数)	体系成胶强度代码
1	0.30	2:1	0.30	1.0	F
2	0.30	1:1	0.30	1.0	F
3	0.30	1:2	0.30	1.0	F
4	0.30	1:3	0.30	1.0	G
5	0.30	1:6	0.30	1.0	H
6	0.30	1:12	0.30	1.0	G
7	0.30	1:24	0.30	1.0	F

由表6.6可知,体系4、5、6均成胶,其中体系5成胶强度最高(H级别)。初步优选1,5-二羟基萘与甲醛物质的量比1∶6为最佳配比。

(5) 体系pH值。

人们根据多年研究和实践,普遍认为酚醛树脂合成介质的pH值有两个比较适用的范围,即pH值小于3和pH值为7~11。当pH值小于3时反应介质呈强酸性,这时更有利于形成线型结构大分子;当pH值为7~11时,反应介质呈强碱性,与前述情况相反,更有利于生成二元及多元羟甲基酚,它们经缩聚反应就会形成带支链的体型树脂分子,如不加控制甚至会发生深度反应,形成交联的网状结构,并失去熔融流动性和可加工性。

采用甲醛水溶液代替乌洛托品,采用3#聚合物,固定1,5-二羟基萘与甲醛物质的量比为1∶6,实验考察时间24h,考察了不同pH值(7.0、7.5、8.0、8.5、9.0、10.0、11.0)对1,5-二羟基萘候凝体系是否成胶的影响。不同pH值对1,5-二羟基萘候凝体系成胶的影响见表6.7。

表6.7 体系pH值对1,5-二羟基萘候凝体系成胶的影响

体系编号	1,5-二羟基萘%(质量分数)	物质的量比(1,5-二羟基萘∶甲醛)	乙二醇丁醚%(质量分数)	聚合物3#%(质量分数)	体系pH值	体系成胶强度代码
1	0.30	1∶6	0.30	1.0	7.0	H
2	0.30	1∶6	0.30	1.0	7.5	F
3	0.30	1∶6	0.30	1.0	8.0	G
4	0.30	1∶6	0.30	1.0	8.5	G
5	0.30	1∶6	0.30	1.0	9.0	G
6	0.30	1∶6	0.30	1.0	10.0	F
7	0.30	1∶6	0.30	1.0	11.0	F

由表6.7可知,体系1、3、4、5均成胶,且体系1成胶强度最高(H级别)。鉴于此,初步优选7.0为最佳溶液pH值。

综上所述,初步确定基础配方为:1,5-二羟基萘+甲醛+乙二醇丁醚+聚合物。

6.2 耐温耐盐油水选择性堵剂基础性能评价

首先对上述基础配方(基础配方:二羟基萘+甲醛+乙二醇丁醚+聚合物)的成胶性能(热稳定性)进行了评价,实验温度140℃。

图6.2为高温下基础配方体系不同时间处理后的热稳定性情况。由图6.2可知,在140℃下,基础配方成胶体系1d后完全成胶,5d后成胶体系有一定程度破胶脱水现象的发生,故需对基础配方体系进一步完善。

第6章 AM/AMPS萘酚凝胶堵剂体系研发及机理研究

鉴于基础配方体系较差的长期热稳定性，又进行了大量的筛选和优化工作，初步确定了最优配方体系：1,5-二羟基萘+对苯二酚+甲醛+乙二醇丁醚+AM/AMPS聚合物+硫脲+A纤维，并于140℃高温下对上述最优体系进行了长期热稳定性考察，具体结果如图6.3所示。

A纤维在整个调剖体系中不参与化学交联，只是为萘酚凝胶体系提供了依附的骨架，纤维与凝胶分子链以氢键接触，在泵注过程中氢键断裂，调堵液的黏度不升高，不影响原调堵剂泵注，当调堵剂到达目的地层后，A纤维与高分子链静态氢键结合，增加了凝胶体系的结合点，提高了体系抗拉强度和抗压强度，同时因为纤维性能稳定，不与调堵液体系中的物质发生化学反应，对使用环境没有特殊要求。

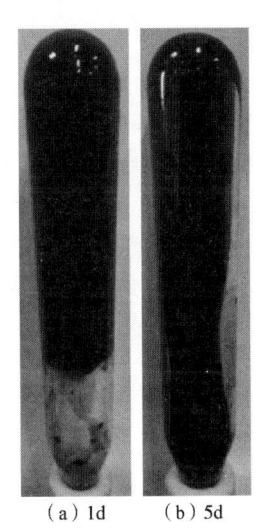

(a) 1d　(b) 5d

图6.2 高温下基础配方体系不同时间处理后的热稳定性情况

图6.3为高温140℃下最优配方体系不同时间（1~150d）处理后的热稳定性情况。由图6.3所知，在1~5d之内，随着时间的延长，最优候凝体系成胶强度越来越高；最优配方体系于140℃下分别处理5d、10d、20d、50d、100d之后，均未出现破胶脱水现象，1,5-二羟基萘凝胶保持了较好的热稳定性；最优配方体系于140℃下处理150d之后，1,5-二羟基萘凝胶出现一定的脱水现象，但脱水率仅为4.6%，满足了塔河油田高温高盐（140℃，200000mg/L）油藏的使用条件。

(a) 1d　(b) 2d　(c) 5d　(d) 10d　(e) 20d　(f) 50d　(g) 100d　(h) 150d

图6.3 高温下最优配方体系不同时间处理后的热稳定性情况

6.3 耐温耐盐油水选择性堵剂化学结构表征

采用红外分析方法对所研究的最优萘酚凝胶堵剂体系结构组分进行了简单的表征和分析，具体结果如图6.4所示。

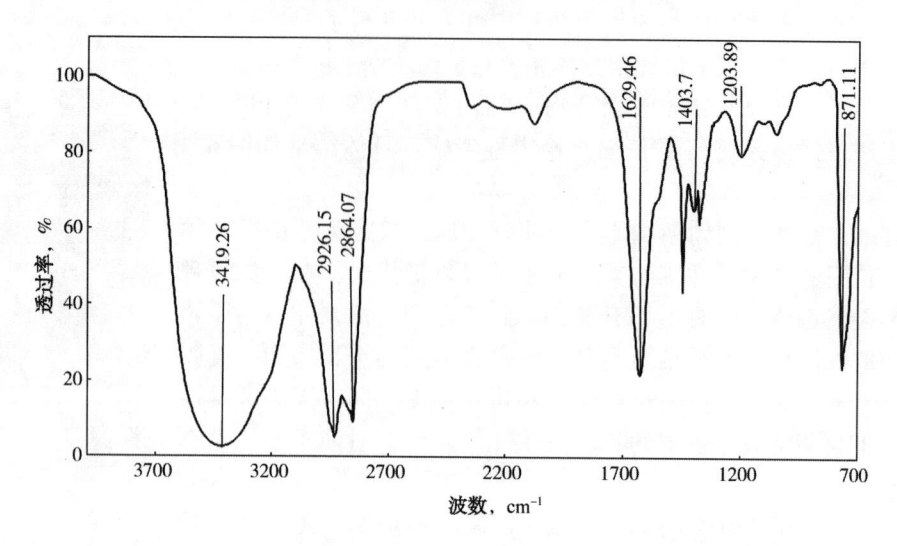

图 6.4 双羟基萘酚复合凝胶红外分析

由图 6.4 分析可知，3419.26cm^{-1} 是伯氨基的吸收峰，吸收类型为反对称伸缩振动；2926.15cm^{-1} 和 2864.07cm^{-1} 是双羟基萘环特征峰；1629.46cm^{-1} 是伯酰胺吸收峰，吸收类型为伸缩振动；1403.7cm^{-1} 是羧酸盐（C—O）吸收峰，吸收类型为对称伸缩振动；1203.89cm^{-1} 是酚类（C—O）吸收峰（1000~1260cm^{-1}），吸收类型为伸缩振动；871.11cm^{-1} 是 1，2，3，4-四元苯环取代吸收峰，吸收类型为面外弯曲。

6.4 耐温耐盐油水选择性堵剂封堵性能评价

6.4.1 油水选择性封堵实验

实验方法和步骤与 5.5.1 节基本相同。

（1）堵油率实验。

堵油率 $\Phi_o = (K_o - K'_o)/K_o \times 100\% = 11.27\%$；实验中的注入速度为 0.05mL/min。由图 6.5 可见，随着注入量增加，岩心注入端压力逐渐增加。当注入压力达到 7.86MPa 时，模拟油突破凝胶，突破后压力急剧降低，最后趋于稳定，测得堵油率为 11.27%。

（2）堵水率实验。

堵水率 $\Phi_w = (K_w - K'_w)/K_w \times 100\% = 99.82\%$；突破压力梯度 $G_{p_1} = 14.7$MPa/m，$G_{p_2} = 12.7$MPa/m。

根据图 6.6 可知，初期随着注水量增加，注入端压力逐渐升高。当压力达到 2.2MPa（注水量在 6PV 左右）时开始骤降，之后开始逐渐回升（6.5~8PV），当压力升至 1.9MPa 时再次骤降，直至趋于稳定。分析认为，压力回升是由于岩心内部的萘酚凝胶在暂堵后发生了突破，向深处运移产生封堵。经测定，萘酚凝胶的堵水率高达 99.82%，G_{p_1} 为 14.7MPa/m，G_{p_2} 为 12.7MPa/m，封堵效果较好。

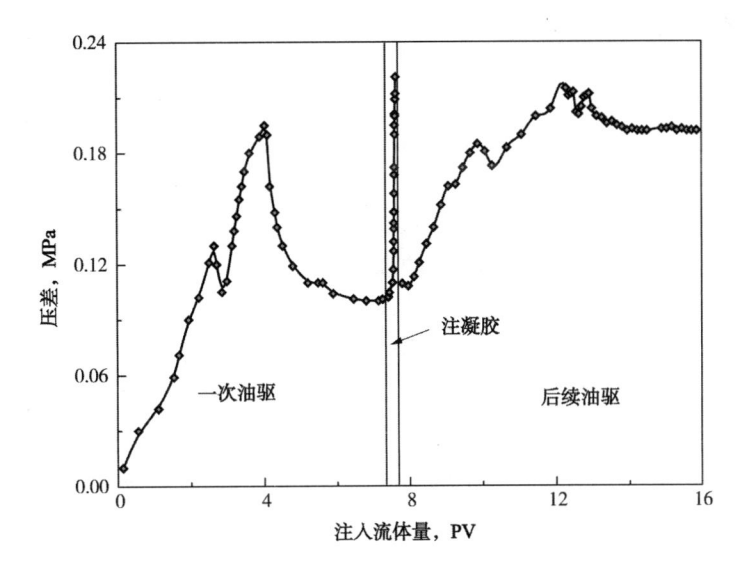

图 6.5　注入萘酚凝胶后油驱岩心两端压力变化曲线
（注入速度为 0.05mL/min）

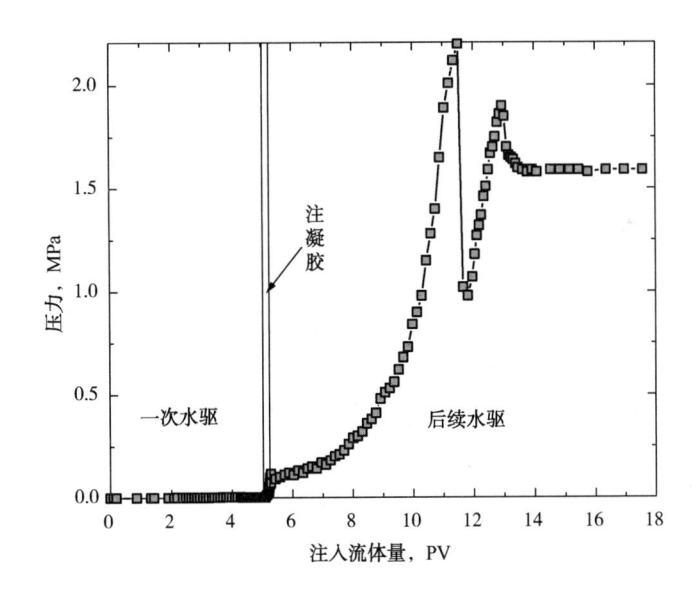

图 6.6　注入萘酚凝胶后水驱岩心两端压力变化曲线
（注入速度为 0.05mL/min）

当堵剂能够承受的最大压差高于其在地层中所承受的压差，便可实现对高渗透层的有效封堵。因此，施工现场可以通过比较堵剂突破压力梯度与油藏中压降梯度，大致确定堵剂于地层中的最终封堵位置。

由封堵实验测得，研发的萘酚凝胶堵水率高达 99.82%，堵油率为 4.55%，具有优良的油水选择性。

6.4.2 双管并联分流率实验

将裂缝宽度为 2mm、裂缝宽度为 1mm 的两根裂缝型岩心双管并联,分别饱和油后再并联水驱,考察分流率,观察大裂缝是否能屏蔽小裂缝;然后,反向注堵剂—成胶—正向水驱,考察分流率变化。

由图 6.7 可见:一次水驱初始时,高渗透岩心与低渗透岩心分流率分别为 66.67% 和 33.33%;随着注水量的增加,缝宽 2mm 的高渗透管岩心分流率持续增加,缝宽 1mm 的低渗透岩心分流率持续降低;一次水驱即将结束时,高渗透岩心分流率增至 96.89%,含水率高达 98%,同时低渗透岩心分流率也降至 3.11%,岩心末端几乎不再见有油流出,更未见水,且采油量很少。此现象表明,双管并联水驱时注入水主要沿宽裂缝流动,同时宽裂缝对窄裂缝具有一定屏蔽作用,特别是在高渗透岩心末端出水后,屏蔽作用更强。

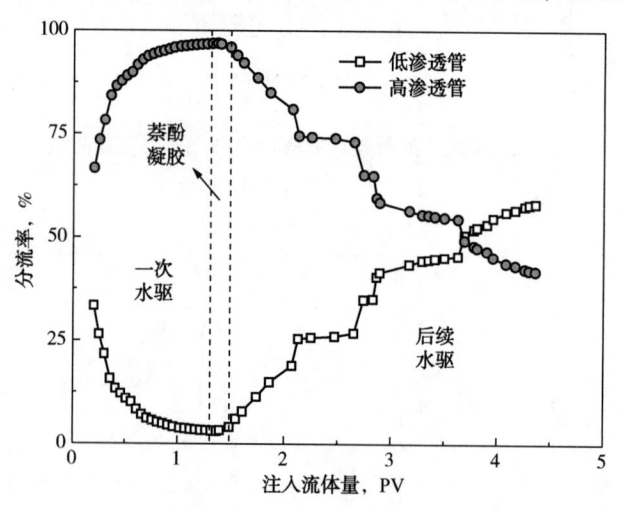

图 6.7 双岩心并联萘酚凝胶分流率变化曲线(注入速度为 0.05mL/min)

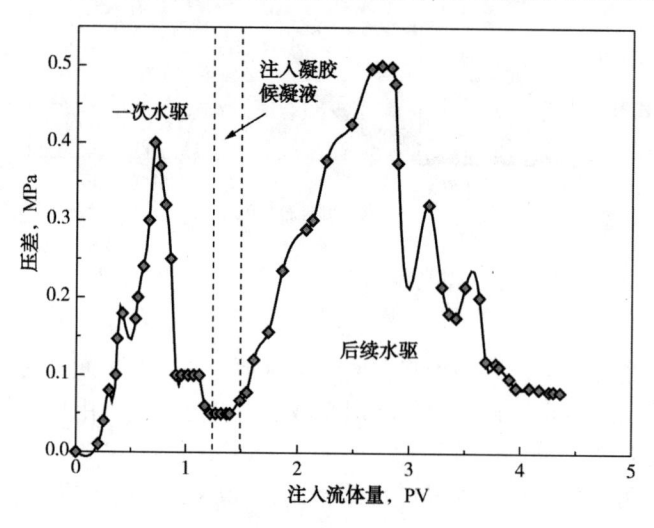

图 6.8 双岩心并联萘酚凝胶压力变化曲线(注入速度为 0.05mL/min)

反向注入0.2PV的萘酚凝胶,待凝胶后正向水驱。在二次水驱过程中发现,随着注水量的增加,高渗透岩心末端产水速度变缓,而低渗透岩心末端也开始有油流出。同时高渗透管岩心分流率开始下降,最终降至41.81%;而低渗透管分流率则逐渐增加,最终升至58.19%。这说明凝胶在高渗透裂缝内形成了有效封堵,增加了注入水流动阻力,迫使注入水转向进入了窄裂缝岩心,开始沿窄裂缝流动(图6.8)。

6.5 可视化选择性堵水机理研究

通过可视化驱替装置(图5.26),考察凝胶选择性堵剂体系在裂缝模型中的封堵规律,明确凝胶堵剂体系的选择性堵水机理。实验结果如图6.9至图6.12所示。

图6.9为裂缝模型饱和油之后的状态,可以看出,裂缝模型为非均质模型,具有大、中、小三种孔道。

图6.10为裂缝模型一次水驱之后的油水分布状态(驱替方向由左至右,下同),可以看出,水沿大孔道(优势通道)驱替模拟油,中裂缝部分模拟油被部分驱替,小裂缝(劣势通道)中的模拟油未被波及。

图6.9 裂缝模型饱和油之后的状态

图6.11为裂缝模型注入凝胶候凝液成胶初始状态,图中虚线圈里的凝胶条带即为双羟基萘酚复合凝胶。注入双羟基萘酚复合凝胶候凝液时,候凝液优先进入优势通道并在高温下成胶,从而封堵优势通道,达到使液流转向的目的。

图6.10 裂缝模型一次水驱之后的油水分布状态

图6.11 裂缝模型注入凝胶候凝液成胶初始状态

图6.12为选择性萘酚凝胶堵剂封堵优势通道之后,液流转向进而驱替较小孔道(图中最上方裂缝);液流在优势通道中遇到堵剂的阻碍作用时,会对堵剂条带形成一定的挤压

作用,使得堵剂条带缓慢前移:图中堵剂条带由于受水的驱替作用,逐渐前移到模型出口端(图中圈示部分)。

(a)驱替前期　　　　　　　(b)驱替中期　　　　　　　(c)驱替后期

图 6.12　凝胶堵剂封堵优势通道,驱替较小孔道

第 7 章 IPN 凝胶选择性堵剂体系研发及机理研究

IPN 凝胶的预聚体是由耐温抗盐水溶性聚合物(KY)与水溶性酚醛树脂(WPF)混合而成的预聚体成胶液。由于凝胶体系中同时存在亲水和疏水两种交联网络，可实现凝胶的选择性堵水。

7.1 IPN 堵剂的合成

在互穿网络结构复合材料中，每一种组成相的特性都能够被保留，因而具有单相材料所不具备的优良的综合性能。IPN 凝胶的预聚体是由耐温抗盐水溶性聚合物(KY)与水溶性酚醛树脂(WPF)混合而成的预聚体成胶液。在油藏条件下，WPF 既可以作为 KY 的交联剂，促使 KY 形成柔性亲水性交联网络，又可以自身发生缩聚反应形成高强度刚性网络结构。两种网络结构均匀分布在整个凝胶体系中形成互穿弹性体，因而可显著增加凝胶的耐温抗盐性能和凝胶强度；同时，由于凝胶体系中同时存在亲水和疏水的两种交联网络，可实现凝胶的选择性堵水。

WPF 合成所需试剂包括甲醛、苯酚、间苯二酚、氢氧化钠、丙烯酰胺、丙烯酸、盐酸、AMPS、NVP、疏水单体和过硫酸钾，除疏水单体为工业纯外，其余试剂均为分析纯。

WPF 合成所需仪器主要包括电动搅拌器、恒温加热磁力搅拌器和电子天平。

7.1.1 水溶性聚合物 KY 的合成

采用经典自由基溶液聚合的方法制备，为提高其水溶性使用了丙烯酰胺、丙烯酸等单体；为提高其耐温抗盐性能，使用 AMPS(2-丙烯酰氨基-2-甲基丙磺酸)、NVP(N-乙烯基吡咯烷酮)、疏水单体(MJ-16)等功能单体，反应机理如图 7.1 所示。

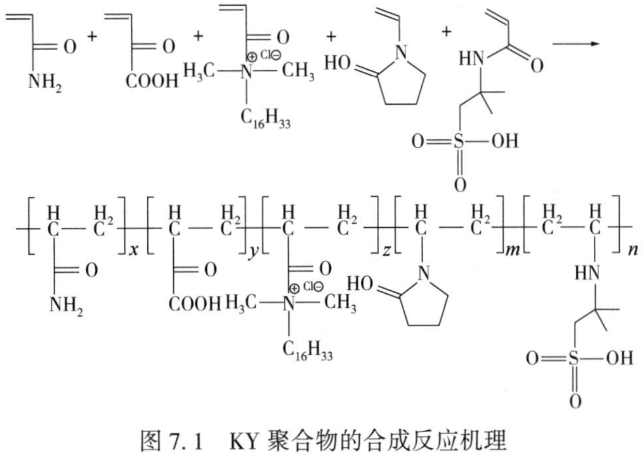

图 7.1 KY 聚合物的合成反应机理

合成过程：称取定量单体配制成 25%的水溶液，搅拌至完全溶解，通氮排氧 30min 后升温至 60℃加入引发剂；恒温聚合 2h 后取出聚合物胶体，用无水乙醇沉淀并用纯水洗涤除去未反应的单体，聚合物样品在 70℃真空干燥 6h 至恒重，获得 KY 白色固体粉末。

在塔河油藏条件下，KY 聚合物的水溶液老化 7d 后，黏度保留率大于 70%，显示其具有较好的耐温抗盐性能。

7.1.2　水溶性酚醛树脂 WPF 的合成

常规的甲阶酚醛树脂不具有水溶性，采用碱性催化剂制备的甲阶酚醛树脂具有较好的水溶性和抗盐能力，因此可以作为树脂的主要组成。甲阶酚醛树脂的合成机理较为复杂，一般认为通过以下几个步骤完成反应。

第一步：碱催化生成亲核性的苯氧负离子。

第二步：与甲醛初步反应生成一羟甲基苯酚。

第三步：碱催化继续生成一羟甲基苯氧负离子。

第四步：继续与甲醛反应生成二羟甲基苯酚或三羟甲基苯酚。

第五步：二羟甲基苯酚之间或与三羟甲基苯酚反应生成含亚甲基的多羟甲基苯酚和含二亚甲基醚的多羟基苯酚以及甲阶酚醛树脂。

合成过程：称取定量苯酚于三口烧瓶中，50℃搅拌；称取定量NaOH溶于水中，配成NaOH溶液加入反应体系，50℃搅拌反应20min。用恒压滴液漏斗加入甲醛，升温到90℃，恒温反应30min。得到亮红棕色透明液体产物。其合成过程如图7.2所示。

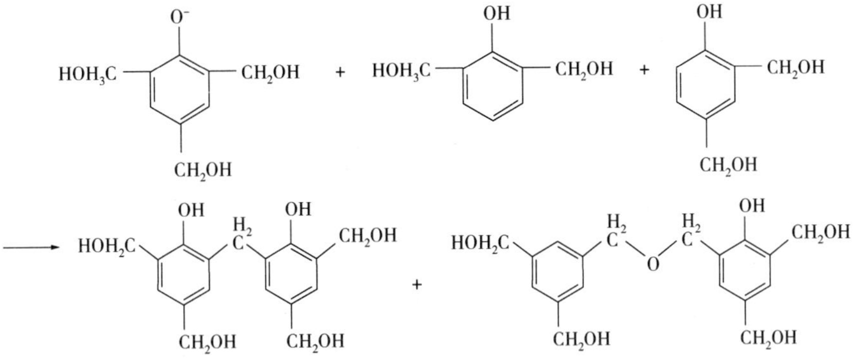

图7.2 水溶性酚醛树脂WPF的合成机理

所合成的WPF树脂，固含量为43.6%，在塔河模拟水中溶解性良好，无明显不溶物析出；自身高温固化性能良好，其水溶液在塔河油藏温度140℃时可形成高强度树脂。

7.1.3 IPN凝胶的制备

IPN凝胶的制备包括甲阶酚醛树脂自身的固化反应，以及甲阶酚醛树脂与KY聚合物的交联反应两个过程，这两个反应同时发生，其反应机理如下：

甲阶酚醛树脂预聚体的固化反应由酚类物质的羟甲基缩合实现，其反应机理如图7.3所示。

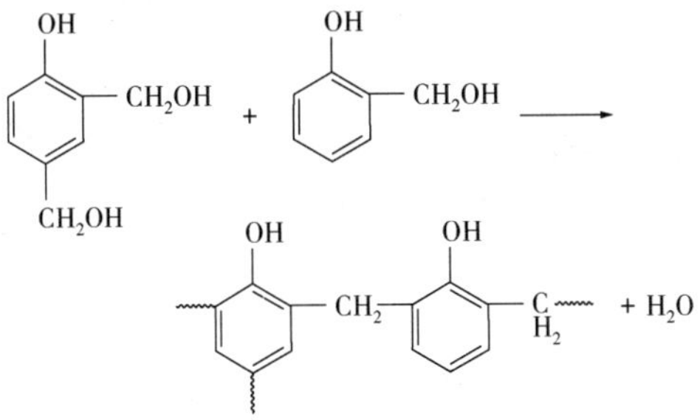

图7.3 WPF的固化反应机理

甲阶酚醛树脂与聚丙烯酰胺类聚合物的交联反应主要是通过羟基苯酚或甲阶酚醛树脂结构上的羟甲基与聚丙烯酰胺的酰胺基团发生缩合反应来实现的，其反应机理如图7.4所示。

合成过程：首先将自制的耐抗型聚合物KY、酚醛树脂WPF分别用塔河模拟水配成一定浓度的水溶液，按预先设定的比例将二者与塔河模拟水混合，获得IPN凝胶预聚体。随后将该预聚体放入老化罐中密封，并存放在高温烘箱中加热。IPN凝胶预聚体在高温高盐条件下同时发生WPF树脂自身的固化反应，以及与水溶性聚合物KY的交联反应，制得IPN凝胶堵剂。

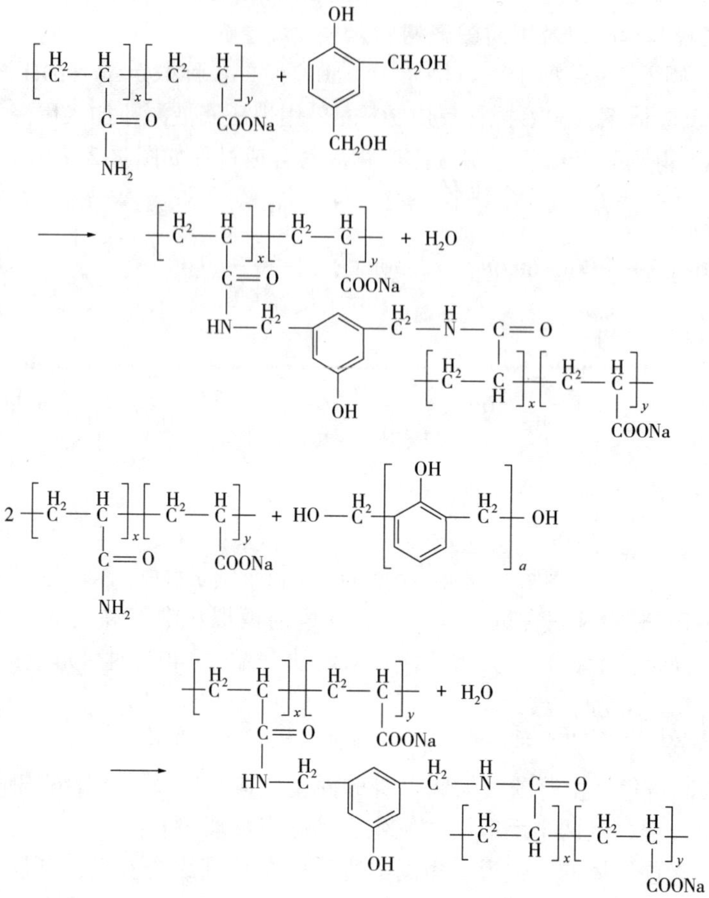

图7.4　WPF与KY的交联反应机理

7.2　IPN堵剂的基础性能评价

7.2.1　评价方法

7.2.1.1　凝胶强度和成胶时间的评价方法

采用国内外广泛使用的凝胶代码法描述凝胶强度，为便于定量描述成胶时间，按照通用的数据处理方法，将凝胶强度由A~J级分别定义为对应的强度数值1~10。其中，凝胶从混合到不可流动(F级)所需时间为成胶时间。强度代码表见表6.2。

7.2.1.2　脱水率评价方法

将配成的成胶液装在多个安瓿瓶中，待其成胶后在指定时间从恒温烘箱中取出。将安瓿瓶打开，用天平称量凝胶脱出水的质量，该质量与初始成胶液的质量(20g)之比即为脱水率。

7.2.1.3 KY聚合物分子量的测定方法

使用1mol/L氯化钠溶液配制KY聚合物的水溶液，使用乌式黏度计按黏均分子量测定方法测定其黏均分子量。

7.2.2 IPN凝胶的性能评价

7.2.2.1 KY聚合物单体组成对IPN凝胶性能的影响

改变合成KY聚合物时功能单体AMPS和NVP的用量，制备出系列KY聚合物，用模拟水配制1%的KY聚合物和2.5%的WPF，二者混合后在140℃下成胶10h，对IPN凝胶的基础性能进行评价。

AMPS和NVP是两种耐温抗盐的功能单体，由表7.1可见，随着功能单体含量增加，所合成的KY聚合物分子量下降，进而导致成胶强度下降，但IPN凝胶的脱水率会随着功能单体含量的增加而降低，这主要是由于功能单体具有一定的缓聚效应，进而会不同程度地影响所制备聚合物的分子量。综上所述，KY聚合物中功能单体AMPS为2.0%、NVP为1.0%时，成胶强度可以达到I级，且脱水率小于10%，因此选择该配方为KY聚合物的合成配方。

表7.1　单体用量对凝胶性能的影响

样品代号	AMPS用量,%	NVP用量,%	分子量	成胶强度	30d脱水率,%
1#	0.5	0.5	1500万	G	35
2#	1.0	0.5	1300万	I	28
3#	2.0	0.5	1200万	I	15
4#	2.5	0.5	900万	F	8
5#	2.0	1.0	1100万	I	8
6#	2.0	2.0	700万	F	8

7.2.2.2 WPF合成条件对IPN凝胶性能的影响

改变WPF合成中苯酚和甲醛的比例，制备出系列水溶性酚醛树脂，考察所制备的WPF在盐水中的溶解性和与KY的成胶性能。

苯酚与甲醛在氢氧化钠溶液催化作用下，可以生成水溶性酚醛树脂。由于苯酚呈酸性，在碱作用下生成亲核性的苯氧阴离子，进而与甲醛发生羟甲基化反应，并缩聚成甲阶酚醛树脂。当反应程度较大时，生成的甲阶酚醛树脂分子量较大，在盐水中会发生盐析现象，影响成胶效果。由表7.2可见，酚醛比为1:3时所制得的酚醛树脂可溶于塔河模拟水，并与KY聚合物形成I级凝胶。因此，选择该配方为WPF的合成配方，便于形成IPN凝胶。

表 7.2　酚醛比例对 WPF 溶解性和与 KY 成胶性能的影响

样品代号	苯酚与甲醛的物质的量比	WPF 在盐水中的溶解性	成胶强度	30d 脱水率,%
1#	1:1.1	盐析	不成胶	无
2#	1:1.3	盐析	不成胶	无
3#	1:1.5	盐析	不成胶	无
4#	1:2.0	可溶	D	32
5#	1:2.5	可溶	G	16
6#	1:3.0	可溶	I	8

7.3　IPN 堵剂的化学结构表征

如图 7.5 所示，3423cm^{-1} 处属于 O—H 的伸缩振动或 N—H 的伸缩振动，2922cm^{-1} 处属于—CH$_2$ 的不对称伸缩振动或 O—H 的伸缩振动；2305cm^{-1} 处属于三键和累积双键伸缩振动区，1634cm^{-1} 处属于酰胺基团的 C=O 羰基的伸缩振动区，1470cm^{-1} 处属于主链上的饱和 C—H 面内弯曲振动区。1121cm^{-1} 处、1143cm^{-1} 处与 1021cm^{-1} 处属于 C—OH 中 C—O 的伸缩振动，872cm^{-1} 处与 774cm^{-1} 处属于苯环上 C—H 的面外弯曲振动。由此可见，IPN 凝胶中含有酰胺基团、羧酸基团、磺酸基团、苯环及酚羟基基团。

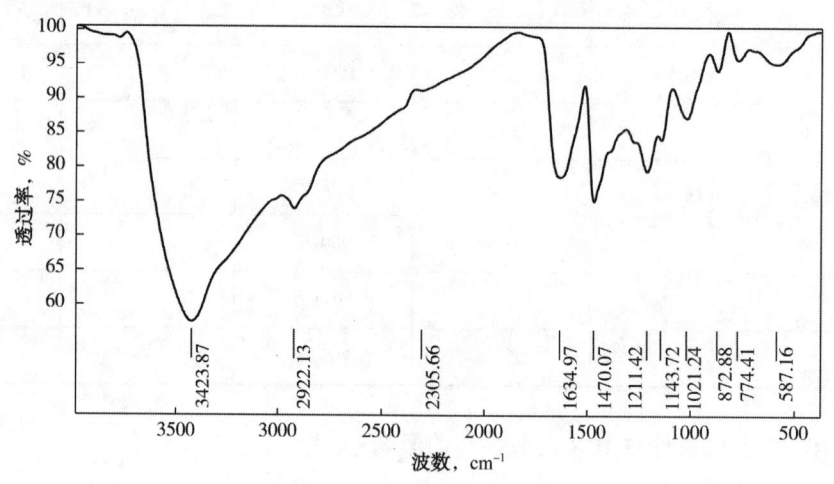

图 7.5　IPN 凝胶的红外光谱图

7.4　IPN 堵剂的配方优化

7.4.1　凝胶组成对成胶效果的影响

为考察凝胶配方对成胶效果的影响，将 WPF 树脂与 KY 聚合物按表 7.3 所示比例混合，密闭后放入烘箱一定时间，观察其成胶时间和凝胶强度。IPN 凝胶反应时间与凝胶强度的关系如图 7.6 所示。

表 7.3 IPN 凝胶组成对成胶效果的影响

样品代号	树脂用量,%	聚合物用量,%	温度,℃	时间	成胶级别
1#	1.5	0.1	110	7d	B
2#	1.5	0.3	110	7d	C
3#	5	0.1	140	30h	G
4#	5	0.3	140	20h	I
5#	10	0.6	140	10h	I
6#	7.5	0.6	140	10h	G
7#	2.5	0.6	140	40h	F
8#	1.5	0.6	140	30h	D
9#	2.5	1	85	7d	H
10#	2.5	1	110	20h	I
11#	2.5	1	140	10h	I
12#	5	1	110	10h	I
13#	5	2	140	10h	I

对比不同配方的 IPN 凝胶实验数据可知，IPN 凝胶预聚体的成胶情况表现出如下规律：

随着 KY 聚合物或 WPF 树脂浓度的增加，成胶时间缩短，凝胶强度增加。这主要是由于随着 KY 或 WPF 浓度的增加，溶液中可供交联反应的酰胺基团或羟甲基数量增多，加快了 WPF 与 KY 交联反应的速率；同时由于交联点数量增加，促使 IPN 网络结构更加致密，凝胶强度迅速增加。

由于 KY 为柔性高分子链段，空间旋转能力较强，其浓度的增加也会使 IPN 凝胶中

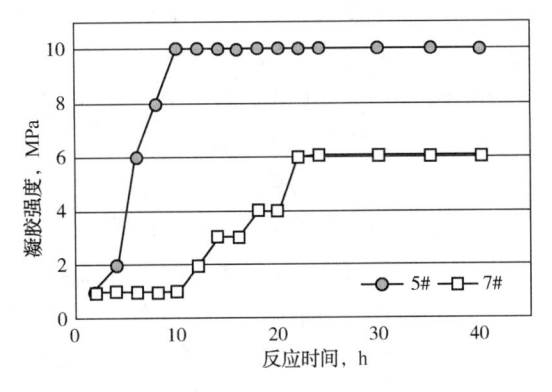

图 7.6 IPN 凝胶反应时间与凝胶强度的关系(140℃)

的柔性链段比例增加，促使 IPN 凝胶由刚性网络向柔性网络变化，表现出较强的黏弹性；而 WPF 缩聚后产物为体型缩聚物，链刚性很强，随着其浓度的增加，IPN 凝胶的强度增加，弹性减弱。

随着成胶温度的升高，WPF 树脂自身的固化反应及其与 KY 聚合物的交联反应速率迅速增加，表现为成胶时间缩短，凝胶强度增加。但温度超过 140℃后，KY 聚合物容易发生过度交联反应，导致 IPN 结构破坏，凝胶性能下降。

7.4.2 温度和矿化度对成胶情况的影响

将地层水按不同比例稀释用于配液,考察不同温度和矿化度条件下,IPN凝胶的配方组成对其成胶性能的影响规律,结果见表7.4。

表7.4 温度、矿化度对IPN凝胶成胶情况的影响

树脂含量,%	聚合物含量,%	含盐量,%	温度,℃	反应时间,h	成胶情况
10	0	22	140	12	D
10	0	15	140	12	E
10	0	10	140	12	D
5	0.5	15	110	60	D
5	1.5	15	110	60	G
5	1.5	22	140	8	I
2	1.5	22	110	60	E
5	1	22	110	50	G
8	1	22	140	12	I

对比不同配方的IPN凝胶实验数据可知,温度和矿化度对IPN凝胶预聚体的成胶情况表现出如下规律:

溶液中的含盐量对WPF树脂自身的固化反应具有一定的抑制性,随着矿化度的增加,溶液离子强度增大,抑制了酚醛树脂的羟甲基基团的亲核能力,使其难以和酚环上的活泼氢发生缩合反应。因此,矿化度增大不利于IPN树脂形成高强度的刚性凝胶。

KY聚合物浓度的增加有利于交联反应的发生,随着温度升高,交联反应速率迅速增加,形成高强度的凝胶。

温度升高有利于固化反应和交联反应的发生,温度低于110℃时,反应速率很慢,凝胶强度较差;温度达到140℃时反应速率加快,凝胶强度增大。

因此,在塔河油田的油藏条件下,高矿化度可减缓IPN凝胶的成胶速度,而高温会加快其成胶速度,综合考虑两方面的影响,温度对成胶速度的影响程度更为显著。

因此,使用5%~8%WPF和1%KY可得到高强度、耐温抗盐的IPN凝胶堵剂,随着WPF用量增加,IPN凝胶成胶强度逐渐增大。

7.5 IPN堵剂的封堵性能评价

7.5.1 实验方法

使用自制人造裂缝岩心模型,设置平流泵流量为0.5mL/min,环压为2MPa,测试人造岩心的水测渗透率K_1;配制IPN凝胶,凝胶组成为8%WPF+1%KY,预聚体注入量为

1PV，随后将人造岩心放入140℃烘箱中加热24h使其成胶，然后变换岩心夹持器进出口，进行封堵性能评价实验。

堵水率测试：中间容器中加入模拟水，以0.5mL/min流量进行水驱，记录压力变化规律，待压力基本稳定后停止实验，计算渗透率K_2；

堵油率测试：按塔河油藏条件配制黏度为15mPa·s的模拟油，在中间容器中加入模拟油，以0.5mL/min流量进行油驱，记录压力变化规律，待压力基本稳定后停止实验，计算油相渗透率K_3。

7.5.2 封堵率计算

根据达西定律，渗透率的计算公式为：

$$K = \frac{Q\mu L}{A\Delta p} \tag{7.1}$$

式中 K——该孔隙介质的绝对渗透率，D；
Q——在压差Δp下通过孔隙介质的流量，cm³/s；
L——孔隙介质长度，cm；
A——孔隙介质截面积，cm²；
μ——通过孔隙介质的流体黏度，mPa·s；
Δp——流体通过孔隙介质前后的压差，MPa。

封堵率计算公式为：

$$\eta = \frac{K_1 - K_2}{K_1} \tag{7.2}$$

式中 η——封堵率，%；
K_1——封堵前绝对渗透率，D；
K_2——封堵后绝对渗透率，D。

由式(7.1)和式(7.2)可推导出：

$$\eta = 1 - \frac{Q_2 \Delta p_1}{Q_1 \Delta p_2} \tag{7.3}$$

式中 η——封堵率，%；
Q_1——封堵前水驱流量，cm³/s；
Q_2——封堵后水驱流量，cm³/s；
Δp_1——封堵前两端压力差，MPa；
Δp_2——封堵后两端压力差，MPa。

7.5.3 封堵性能测试实验

如图7.7和图7.8所示，人造裂缝岩心水驱压力维持在0.0021MPa，注入堵剂后水驱最高压力为0.029MPa，油驱最高压力为0.0025MPa，计算可得，IPN凝胶堵水率为92.8%，堵油率为16%。证实该堵剂具有较高的堵水率和较低的堵油率，明显具有选择性封堵能力。

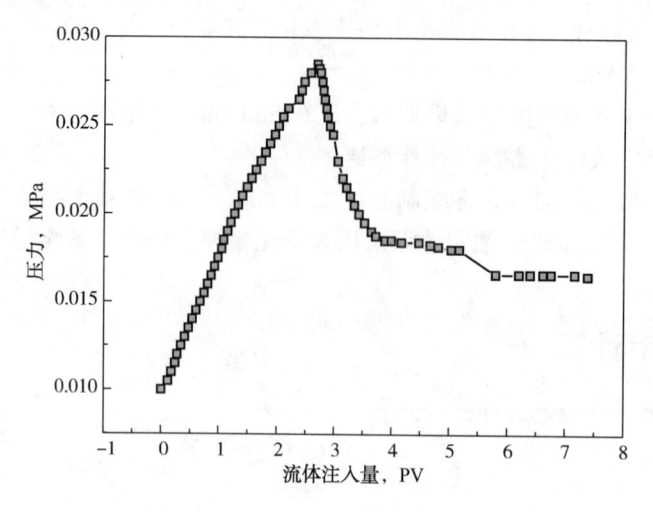

图 7.7　IPN 凝胶的堵水率测试结果

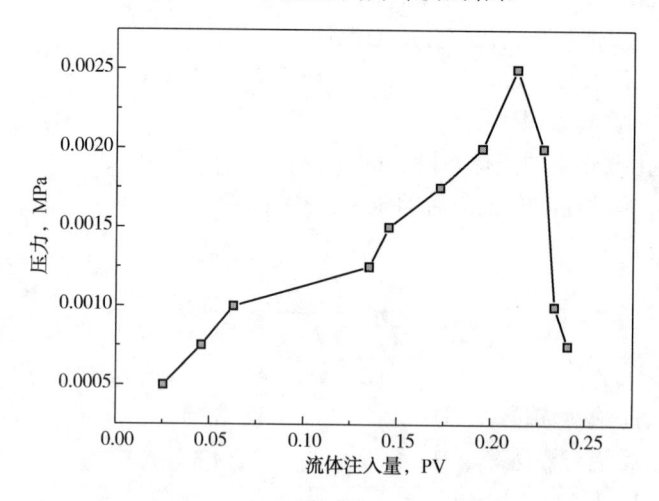

图 7.8　IPN 凝胶的堵油率测试结果

  这主要是由于 IPN 凝胶含有两种不同类型的聚合物链段，其中 KY 为亲水的柔性链段，充填在 WPF 形成的刚性网络空间中，在水溶液中容易吸水膨胀，促使凝胶的韧性增大，因此具有较好的堵水效果；而在原油中 KY 无法膨胀，凝胶内部具有大量的微孔隙，为原油的流动提供了相应的通道，因此 IPN 体系具有较好的选择性堵水能力。

7.6　IPN 堵剂的可视化堵水机理研究

7.6.1　实验方法

  通过可视化驱替装置(图 5.26)，考察凝胶选择性堵剂体系在裂缝模型中的封堵规律，明确凝胶堵剂体系的选择性堵水机理。具体实验流程和所用裂缝模型见 6.5 节。

7.6.2 IPN 凝胶的堵水机理

首先从模型右端向左端注入红色模拟油，在裂缝模型中饱和油，此时无论宽缝和窄缝中全部为油；随后开始水驱，由于宽缝是优势通道，水驱首先将宽缝中油驱替完成，而窄缝中剩余油基本未动用，此时油井产水；注入未交联固化的 IPN 凝胶段塞，高温静置成胶后，在宽缝右端形成高强度的凝胶段塞，封堵优势通道(图 7.9)。

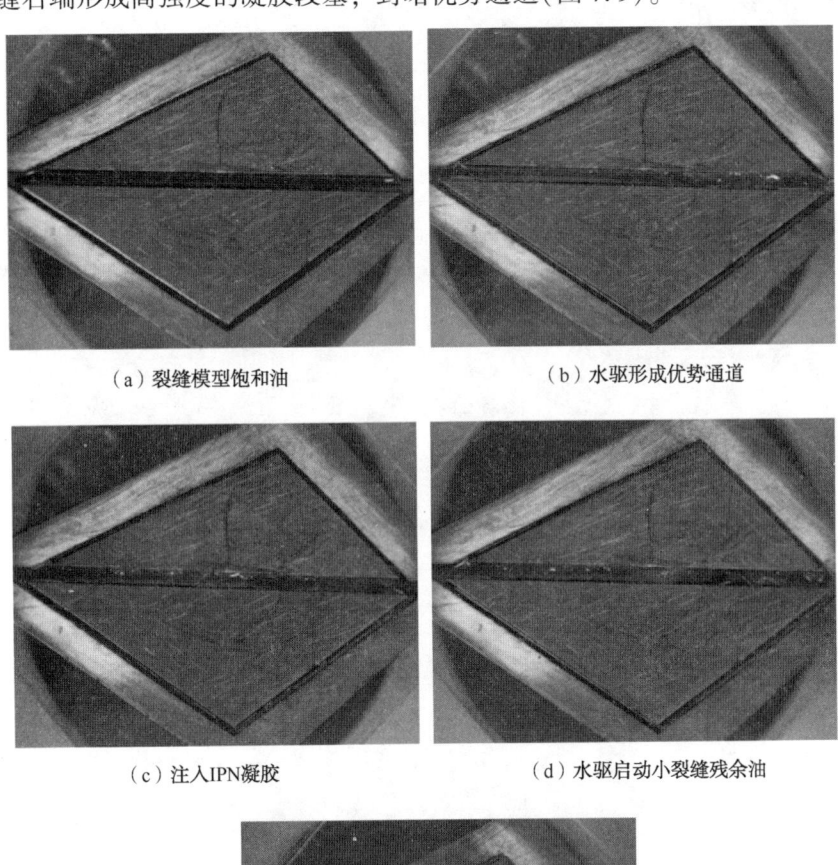

(a) 裂缝模型饱和油

(b) 水驱形成优势通道

(c) 注入 IPN 凝胶

(d) 水驱启动小裂缝残余油

(e) 水驱将小裂缝残余全部驱出

图 7.9 IPN 凝胶封堵优势通道、驱替小孔道

由此可见，IPN 凝胶具有"遇水交联"的特点，可随注入水快速进入优势通道，并在主裂缝中完成成胶封堵过程。

随后进行后续水驱，由于优势通道被封堵，水流进入窄缝，启动小裂缝中的残余油，可见油水界限向左逐步推进，IPN凝胶在弹性作用下缓慢地向前运移；继续水驱，窄缝中的残余油被全部驱出，IPN凝胶继续缓慢运移。

由此可见，IPN凝胶还具有"堵而不死"的特点：一方面凝胶的高强度有助于调整吸水剖面，启动小裂缝中的残余油；另一方面具有深部调驱的优势，可在主裂缝中缓慢推进，有助于逐级启动主裂缝附近小裂缝中的残余油。

第8章　超支化缓膨体逆向卡封堵剂体系研究

与线型聚合物相比，超支化聚合物具有高度支化的三维结构、大量末端官能团、高化学反应活性、良好溶解性等性质，有很好的应用前景。本章以淀粉类聚多糖为核心物质，选用合适的引发剂，与亲水性单体AM、AA及其他功能单体进行接枝共聚形成超支化聚合物，最后加入高温交联剂制得超支化缓膨体。

8.1　超支化缓膨体堵剂的分子设计及合成

超支化聚合物是一类具有特殊结构和性质的新型聚合物，与线型聚合物相比，具有高度支化的三维结构、大量末端官能团、高化学反应活性、良好溶解性等性质，具有很好的应用前景。高速剪切或高温条件下，线型聚合物会由于主链断裂，导致分子量大幅下降；而超支化聚合物断裂的只是部分支化结构，对主链的性能并没有明显影响。因此，超支化聚合物的耐温、抗剪切能力会比线型聚合物更好。聚多糖在自然界中广泛存在，如常见的淀粉、纤维素等，是一种可用于合成超支化高分子材料的天然可再生原料，具有较好的耐温性能和抗剪切性能。

本实验以淀粉类聚多糖为核心物质，选用合适的引发剂，与亲水性单体AM、AA及其他功能单体进行接枝共聚生成超支化聚合物，最后加入高温交联剂制得超支化缓膨体。

合成所用的试剂包括可溶性淀粉、羧甲基纤维素、柠檬酸钠、丙烯酸、丙烯酰胺、无水乙醇、钛酸四异丙酯、三乙醇胺和过硫酸铵，上述试剂均为分析纯。

合成所用的实验仪器主要包括真空干燥箱、恒温水浴锅、电子天平和数显式高速搅拌机等。

8.1.1　高温交联剂的制备

有机钛交联剂的反应机理如图8.1所示。

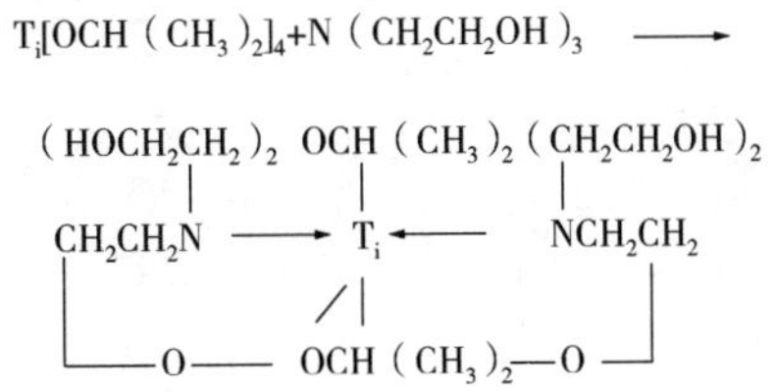

$$Ti[OCH(CH_3)_2]_4 + N(CH_2CH_2OH)_3 \longrightarrow$$

$$\begin{array}{c}(HOCH_2CH_2)_2\ OCH(CH_3)_2\ (CH_2CH_2OH)_2\\ CH_2CH_2N \longrightarrow Ti \longleftarrow NCH_2CH_2\\ |\diagup\\ \text{—} O\ \ OCH(CH_3)_2 \text{—} O \text{—}\end{array}$$

图8.1　高温交联剂的反应机理

合成过程：按一定比例称取三乙醇胺、工业酒精、钛酸四异丙酯，并在搅拌条件下加入钛酸四异丙酯于三口烧瓶中，55℃下反应5h后取样，若滴入水中完全溶解，则停止反应，即得有机钛交联剂，其中钛含量为6%，液体呈橙褐色。

8.1.2 水溶性树脂交联剂 WPF 的制备

称取定量苯酚于三口瓶中，50℃搅拌；称取定量NaOH溶于水中，配成39%的NaOH溶液加入反应体系，50℃搅拌反应20min。用恒压滴液漏斗加入甲醛，升温到90℃，恒温反应30min，得到的产物为透亮棕红色。

8.1.3 超支化缓膨体 C_1（有机钛交联剂）的制备

聚多糖的接枝改性主要是淀粉上的羟基结构在引发剂作用下生成羟基自由基，进而引发烯丙基单体的接枝共聚，其反应机理如图8.2所示。

图8.2 超支化缓膨体的接枝共聚机理

合成过程：按一定比例称取聚多糖、单体、交联剂、引发剂和水，将接枝单体溶于水中搅拌均匀，将配制成的混合物通氮除氧后放入烘箱中，在60℃下反应5h，即制得超支化聚合物凝胶。将超支化聚合物凝胶剪碎、干燥、粉碎、筛分，即得到不同粒径的超支化缓膨颗粒，合成样品如图8.3所示。超支化缓膨体样品的交联剂含量见表8.1。

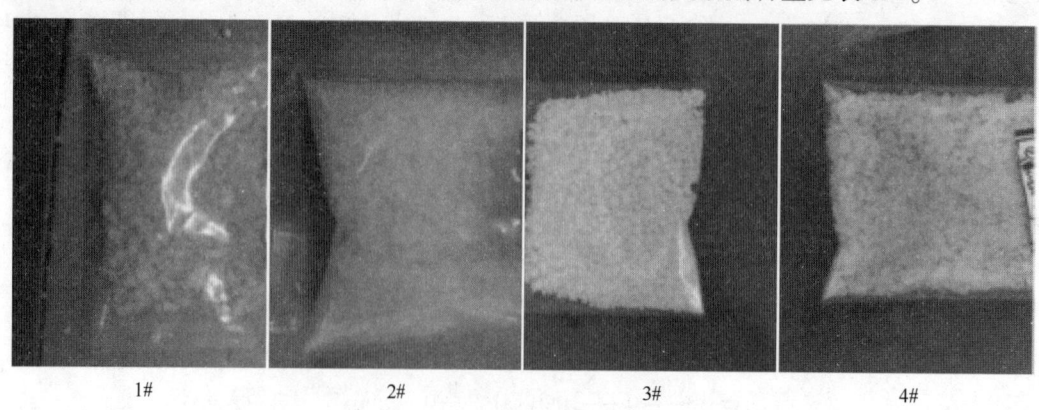

图8.3 超支化缓膨体样品

表 8.1　超支化缓膨体样品的交联剂含量

样品代号	1#	2#	3#	4#
交联剂用量,%	1	2	5	10

8.1.4　超支化缓膨体 C$_2$(WPF 交联剂)的制备

为提高超支化缓膨颗粒的耐温抗盐性能,选用水溶性酚醛树脂(WPF)作为交联剂,由于 WPF 上的羟甲基与接枝聚合物的酰胺基团可以发生交联反应,可将苯环引入接枝聚合物分子结构中;同时,由于缓膨颗粒中残留的 WPF 可在地层高温条件下持续发生交联反应和固化反应,有助于弥补高温高盐对交联基团的降解效应,有助于提高其老化稳定性。

按一定比例称取聚多糖、单体、双键交联剂、引发剂和水,将接枝单体溶于水中搅拌均匀,将配制成的混合物通氮除氧后放入烘箱中,在 60℃下反应 5h,即制得超支化聚合物凝胶。将凝胶剪碎、干燥、粉碎,得到超支化聚合物干粉颗粒,将干粉颗粒在一定浓度的水溶性酚醛树脂溶液中浸泡 24h 使其充分溶胀,密闭后 90℃加热 5h 促使其发生部分交联反应,将凝胶剪碎、干燥、粉碎筛分,即得到不同粒径的超支化缓膨颗粒。

8.2　超支化缓膨体堵剂的化学结构表征

8.2.1　支化结构的证实

为证实所合成的样品具有支化结构,在上述合成过程中不加入交联剂制备出淀粉接枝超支化聚合物样品,用于表征。将产物用过量丙酮沉淀,洗涤数次,得到白色沉淀;将白色沉淀过滤后放置在真空干燥箱中,50℃干燥至恒重,未反应的淀粉、接枝共聚物、均聚物均不溶解在丙酮中。将干粉放在索氏抽提器中,用 60:40 的冰醋酸—乙二醇混合溶剂回流抽提至恒量,并用甲醇沉淀 3 次后加入 NaOH 溶液洗涤,不溶物干燥后获得接枝共聚物。

将干粉磨碎后用 KBr 晶体压片,采用傅里叶变换红外光谱仪测得其红外光谱图。1047.59cm^{-1}处为葡萄糖环特征峰,1568.60cm^{-1}处为酰氨基(—C═O)的伸缩振动吸收峰,1191.82cm^{-1}处为醚键吸收峰,说明淀粉是通过醚键与单体接枝的,而在 1550~1568.60cm^{-1}之间并没有出现碳碳双键(C═C)特征吸收峰,说明单体已经反应完全。1568.60cm^{-1}处的吸收峰是羟基(—OH)与氨基(—NH$_2$)的伸缩振动吸收峰叠加而成的,而 1047.59~3237.61cm^{-1}特征峰吸收明显,说明带有酰氨基(—C═O),接枝共聚物中有聚丙烯酰胺(PAM),证明淀粉与丙烯酰胺接枝成功。

8.2.2 超支化缓膨体的结构表征

由图 8.4 可知，3412cm^{-1} 处属于淀粉结构中—OH 伸缩振动强吸收峰以及胺类基团中的 N—H 伸缩振动吸收峰，3192cm^{-1} 处属于酰胺基团中的—NH 伸缩振动吸收峰，2930cm^{-1} 处属于淀粉结构中的饱和 C—H 伸缩振动吸收峰，2786cm^{-1} 处属于仲胺盐的 N—H 伸缩振动吸收峰（主要来源于缔合效应，以分子间作用力为主形成的包结物中比较常见）；2142cm^{-1} 处属于三键和累积双键伸缩振动区，很可能是烯酮类官能团（—C≡C=O）、吡咯烷酮官能团的伸缩振动；1664cm^{-1} 属于酰胺基团中的羰基（C=O）伸缩振动，再次证实该样品中具有酰胺基团；1448cm^{-1} 处属于饱和—CH$_2$ 键面内弯曲振动，1317cm^{-1} 属于饱和 C—H 键面内弯曲振动，可能是聚合物分子主链上的碳氢链。1193cm^{-1}、1117cm^{-1} 及 1039cm^{-1} 处属于 C—O 伸缩振动及饱和 C—H 键面内弯曲振动，而 628cm^{-1} 处属于面外弯曲振动。证实了 C$_1$ 样品中含有淀粉、丙烯酰胺类单体、羧酸类或磺酸类的单体、吡咯烷酮类的刚性单体。

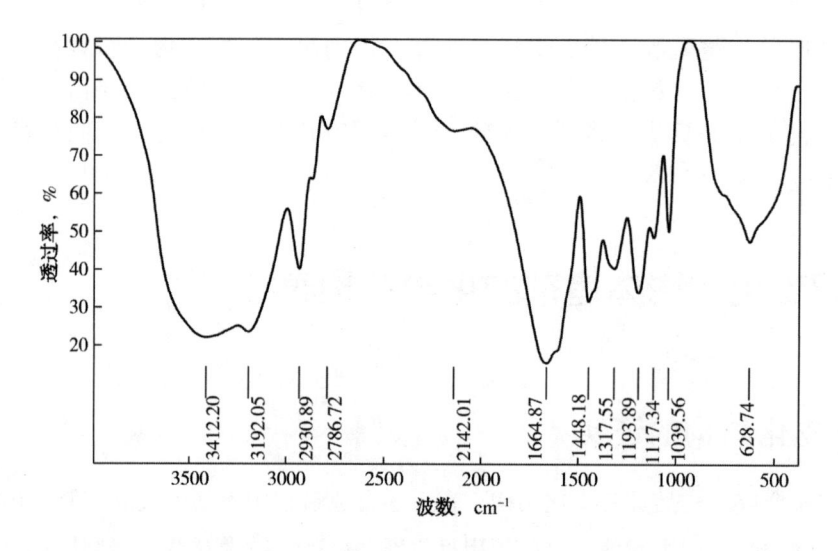

图 8.4 样品 C$_1$ 的红外光谱图

由图 8.5 可知，在红外光谱图的特征波峰中，3408cm^{-1} 处属于胺类基团中 N—H 的伸缩振动，以及淀粉结构与酚醛树脂结构中—OH 伸缩振动强吸收峰。3204cm^{-1} 处属于 N—H 的伸缩振动，1666cm^{-1} 处属于酰胺基团中的羰基（C=O）伸缩振动，证实该样品中含有酰胺基团。2934cm^{-1} 处属于—CH 的不对称伸缩振动，2789cm^{-1} 处属于 O—H 伸缩振动或仲胺盐的 N—H 伸缩振动，该样品中可能含有羧酸基团或磺酸基团。2364cm^{-1} 处与 2143cm^{-1} 处属于三键和累积双键伸缩振动区，可能是样品中烯酮类官能团（—C≡C=O）伸缩振动导致的。1444cm^{-1} 处属于饱和—CH$_2$ 键面内弯曲振动，1032cm^{-1}、787cm^{-1} 及 697cm^{-1} 处属于不饱和=C—H 面外弯曲振动区，为芳烃类基团的特征吸收波峰。证实了 C$_2$ 样品中含有淀粉、丙烯酰胺类单体、羧酸类或磺酸类的单体、苯环类的刚性单体。

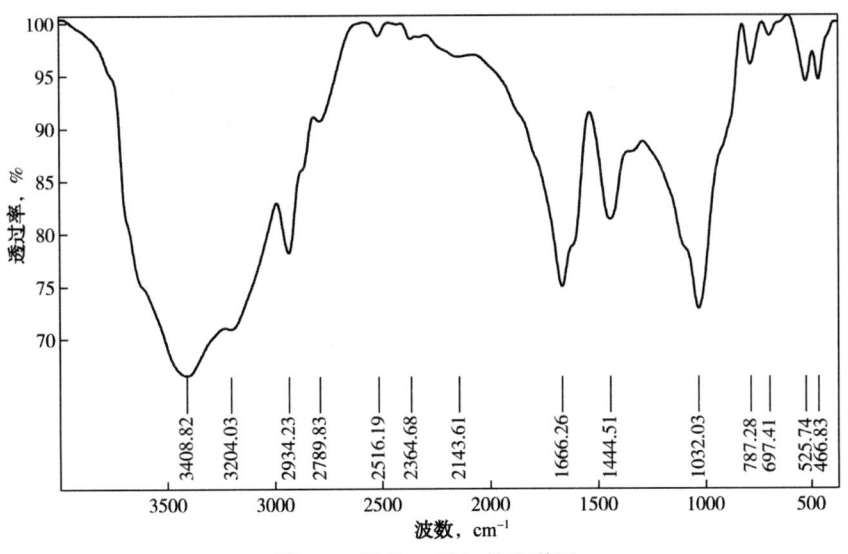

图 8.5　样品 C_2 的红外光谱图

8.3　超支化缓膨体堵剂的膨胀性能评价

缓膨颗粒在油藏条件下的膨胀性能是影响其堵水效果的关键因素。一般要求缓膨颗粒的初始粒径小于渗流通道的尺寸，以便颗粒进入地层深处；具有一定的吸水膨胀能力，通过体积膨胀封堵出水通道，实现堵水；并且具有一定的耐温抗盐能力，以满足油藏条件的要求。

8.3.1　模拟水的配制

按表 8.2 中的离子组成配制塔河模拟水。

表 8.2　塔河模拟水的离子组成

离子含量，mg/L							总矿化度 mg/L	pH 值	水型
Cl^-	HCO_3^-	CO_3^{2-}	Ca^{2+}	Mg^{2+}	SO_4^{2-}	Na^++K^+			
137529	183.6	0	11273	1519	0	73298	223802.8	6.8	$CaCl_2$

8.3.2　颗粒膨胀性能评价方法

称取 0.5g 左右实验样品（质量 m_0）置于安瓿瓶中，并称量实验样品和安瓿瓶的总质量 m_1，然后加入适量模拟水密闭，最后放入烘箱中膨胀。膨胀一段时间后，用筛网滤去自由水，将过滤后的样品和安瓿瓶总重进行称量，得到质量 m_2。称量结束后重新加入模拟水继续浸泡，重复上一步实验操作，直至实验设计时长。样品的吸水膨胀倍数计算公式为：

$$Q=\frac{m_n-m_1}{m_0}$$

式中　m_n——浸泡一定时间后样品与安瓿瓶的总质量。

8.3.3　温度对膨胀性能的影响

超支化缓膨颗粒在不同温度下的膨胀性能如图 8.6 所示。

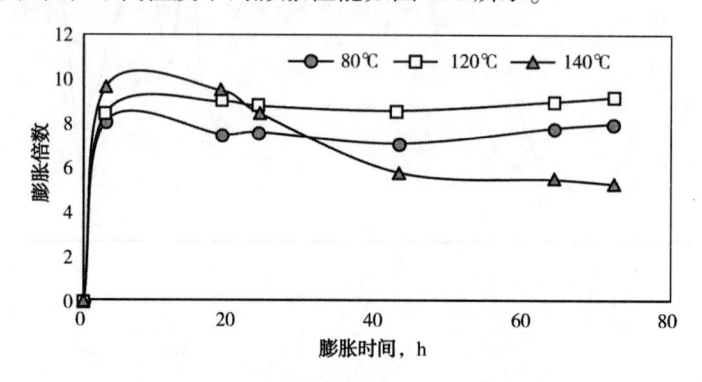

图 8.6　超支化缓膨颗粒在不同温度下的膨胀性能(1#样品)

实验结果表明：所制备的颗粒在不同温度下膨胀倍数均可以达到 5 以上。随着温度升高，缓膨颗粒的高分子链段热运动加剧，其吸水速率加快，因此表现为膨胀速率加快，最大膨胀倍数增加；温度较高时，聚合物与二价离子的交联反应加快，增大了缓膨颗粒的聚合物链段之间的交联程度，因此出现部分脱水现象，导致膨胀倍数下降。当交联反应达到一定程度时，交联度基本稳定，因此其膨胀倍数也基本稳定。

8.3.4　交联剂用量对膨胀性能的影响

交联剂用量对膨胀性能的影响如图 8.7 和图 8.8 所示。

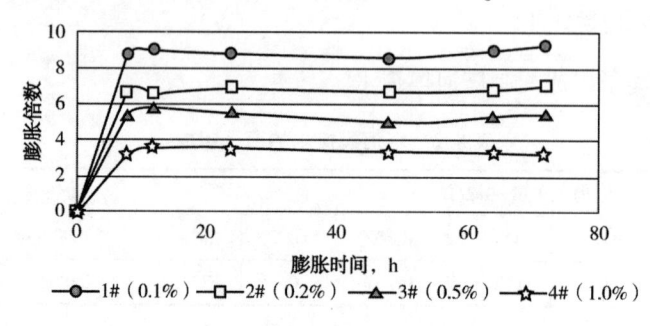

图 8.7　交联剂用量对膨胀性能的影响(120℃)

随着交联剂用量的增加，缓膨颗粒的膨胀倍数降低，膨胀速度变慢。这主要是由于交联剂用量增加后，缓膨颗粒中的聚合物交联网络结构变得更为紧密，水分子难以扩散到缓膨颗粒内部。因此，选择合适的交联剂用量是调节超支化缓膨颗粒膨胀倍数和膨胀速率的关键。

随着交联剂用量的增加，4 个样品的膨胀倍数均表现为先增大后降低，最后基本稳定的趋势。对膨胀后样品观察的结果发现，在实验后期，颗粒的弹性逐渐变差，硬度变大，这主要是因为高温条件下二价离子对凝胶颗粒的交联作用，导致颗粒发生脱水现象。

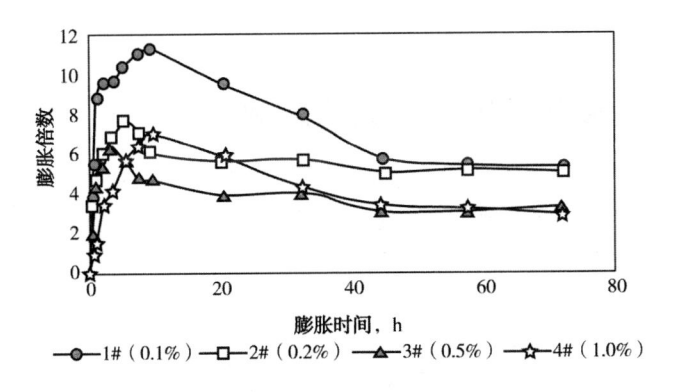

图 8.8 交联剂用量对膨胀性能的影响(140℃)

实验结果表明,超支化缓膨颗粒在塔河油藏条件下,当交联剂用量为 0.1%~0.2%时,初期膨胀倍数可达到 8~12,72h 后可稳定在 6 左右,达到合同技术指标。

8.4 超支化缓膨体堵剂的配伍性评价

8.4.1 钙镁离子对膨胀性能的影响

在 140℃条件下,分别用相同矿化度(220000mg/L)的氯化钠溶液和塔河模拟水浸泡超支化缓膨颗粒的 3#样品,考察地层水中的钙、镁离子对缓膨颗粒膨胀性能的影响,结果如图 8.9 所示。

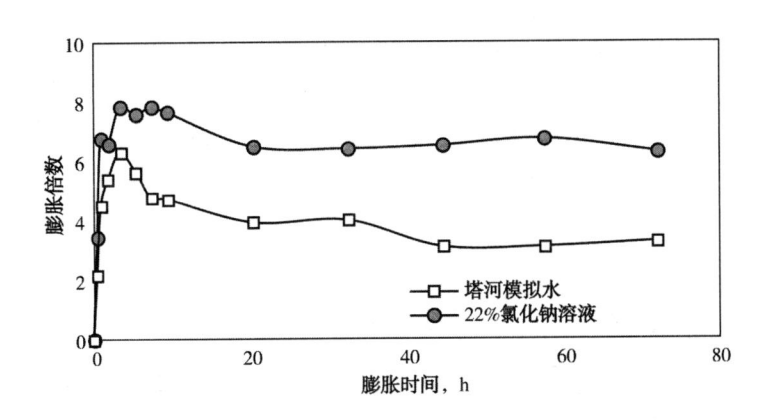

图 8.9 钙、镁离子对 3#样品膨胀性能的影响(140℃,220000mg/L 矿化度)

实验结果表明,相同矿化度条件下,氯化钠溶液浸泡的样品达到最大膨胀倍数后会出现轻微的下降,颗粒弹性变化不大,吸水膨胀后为有弹性的凝胶颗粒;而模拟水浸泡的样品则出现明显的膨胀倍数下降,颗粒弹性变差,膨胀后为较硬的颗粒。表明高温条件下,WPF 会与 KY 持续发生交联反应,促使交联度不断增大,膨胀倍数降低。同时，钙、镁离子会在高温条件下加速颗粒的交联脱水，是影响其膨胀性能的关键因素。

8.4.2 助剂对缓膨颗粒膨胀性能的影响

针对原有样品抗钙、镁离子性能不佳的情况，在3#样品合成时添加0.1%柠檬酸钠改善其抗钙、镁离子能力，考察其改性前后样品的膨胀性能，结果如图8.10所示。

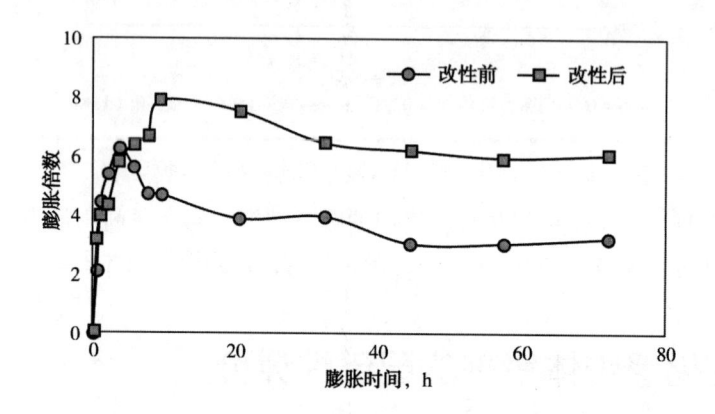

图8.10 改性前后3#样品（C_1）的膨胀情况（140℃，塔河模拟水）

实验结果表明，柠檬酸钠的加入提高了超支化缓膨颗粒抗钙、镁离子的能力，这主要是由于柠檬酸盐可与高价离子发生螯合作用，降低了钙、镁离子与缓膨颗粒交联反应的程度，颗粒的膨胀性能得到进一步改善，达到技术指标要求。

8.4.3 老化稳定性

在塔河油藏条件下，用模拟水配制超支化缓膨颗粒C_1和C_2样品溶液，在140℃下进行150d老化实验，结果如图8.11所示。实验结果表明，WPF交联剂可有效提高颗粒堵剂的老化稳定性，可在塔河油藏条件下150d内维持膨胀倍数在5以上。

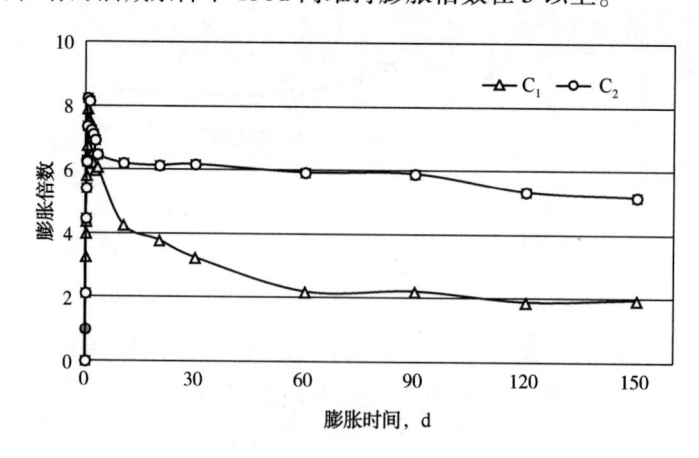

图8.11 缓膨颗粒C_1和C_2样品老化实验

8.5 超支化缓膨体可视化卡封机理研究

可视化微观物理模拟实验是通过将颗粒堵剂注入缝洞型模型中并进行驱替试验，通过全程摄像，从微观角度观察超支化缓膨颗粒在孔道中的封堵情况。

8.5.1 实验方案

（1）研磨、筛分缓膨颗粒，按颗粒粒径从小到大的顺序分成Ⅰ、Ⅱ、Ⅲ、Ⅳ4个等级。

（2）选定缝洞模型，测量其孔隙体积。

（3）驱替实验开始前，将模型放在物理模拟摄取台上，开启所有设备及计算机，调整好画面大小和亮度、对比度，以便摄取饱和油、水及模型的镜像画面。

（4）用微量泵先水驱，将模型饱和水，再饱和油，接着一次水驱至采出液含水率达到98%。

（5）逆向注入一定体积的颗粒调堵剂，待颗粒吸水膨胀后进行水驱，直至含水率达到100%（实验中注入速度保持不变，温度为140℃，常压，颗粒注入浓度为2000mg/L）。

（6）通过显微摄像系统记录整个实验过程。

8.5.2 结果与分析

如图8.12(a)所示，缓膨颗粒随着水流注入缝洞模型中孔径明显较大的溶洞，对孔径较小、含油的孔道则较少进入。经过一段时间浸泡后，含油孔道中的颗粒未发生膨胀，而含水孔道中的颗粒缓慢发生膨胀，由于此时粒径较大，无法顺利通过裂缝—溶洞的结合部位，在此部位堆积堵塞水流通道。

如图8.12(b)所示，在后续水驱中，由于溶洞已经被膨胀后的堵剂封堵，水流转向进入孔径明显更狭窄的裂缝，对模型中的残余油进行有效驱替。

如图8.12(c)所示，在后续水注入的过程中，模型中的残余油被进一步驱替；同时，原本堆积在溶洞中的膨胀颗粒在注入水压力梯度的作用下缓慢地运移，并在下一个缝洞结合处进行再封堵。

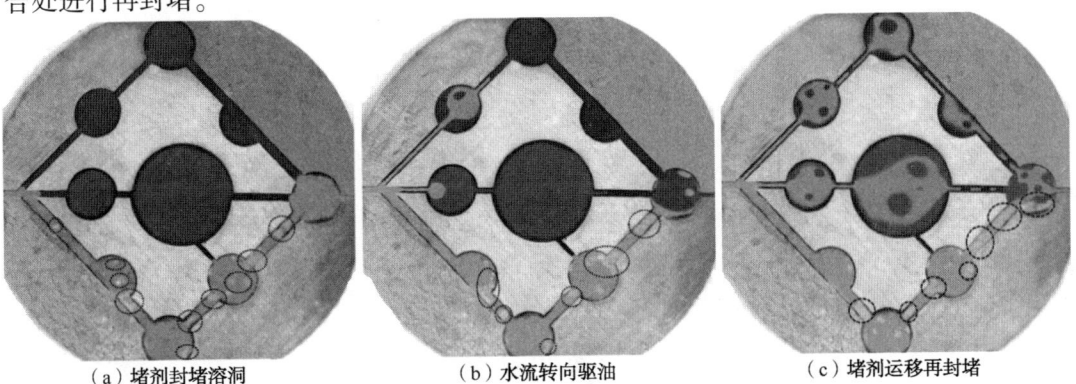

（a）堵剂封堵溶洞　　　　（b）水流转向驱油　　　　（c）堵剂运移再封堵

图8.12　颗粒封堵运移过程图

综上所述，该微观可视化物理模型从微观尺度上证实了缓膨颗粒在缝洞连接处通过延迟膨胀和堆积搭桥作用对溶洞进行逆向卡封，从而实现堵水，并且在后续水驱的压差作用下，缓膨颗粒变形通过半径较小的裂缝，进入下一个溶洞继续进行封堵。因此，该超支化缓膨体主要是通过逐级逆向卡封过程实现堵水的。

第 9 章　AMPS 缓膨颗粒逆向卡封堵剂体系研究

（1）实验所用盐水离子组成见表 5.3。

（2）颗粒悬浮液配制方法。配制分散体系时采用称重配制方法，配制分散体系的具体方法为：根据实验所需的浓度与用量，称取一定质量的干剂，在磁力搅拌条件下将干剂缓慢加入一定体积的模拟地层水中。在加入颗粒时注意投放速度，搅拌 3min 后停止，将分散体系置于恒温水浴锅中静置。

（3）膨胀性能测定。使用膨胀倍数表征颗粒吸水膨胀性能，其定义为颗粒吸水膨胀后的质量与其干剂质量的比值。膨胀倍数的测定方法为：称取所需颗粒，加入模拟地层水中，间隔一段时间后将分散体系中的颗粒用筛网进行过滤，再用滤纸吸干表面游离水，称取颗粒吸水膨胀后的质量，膨胀倍数即为：

$$S_w = \frac{m_1}{m_0} \tag{9.1}$$

式中　S_w——膨胀倍数；

m_0——吸水前颗粒质量，g；

m_1——吸水后颗粒质量，g。

（4）悬浮性能测定。使用悬浮体积保留率评价颗粒的悬浮性能，具体方法是：将上述缓膨颗粒经机械剪切粉碎成细小颗粒，在搅拌的情况下称取上述细小缓膨颗粒，缓慢加到一定量的模拟地层水当中，配制固含量为 3% 的悬浮分散体系，然后移入 100mL 的带刻度试管，摇匀后静置，从静置时刻开始，记录不同时间悬浮液体积 V 随时间的变化，则悬浮体积保留率为：

$$R = \frac{V}{100} \times 100\% \tag{9.2}$$

式中　R——悬浮体积保留率，%；

V——悬浮液体积，mL。

（5）颗粒热稳定性测定。在一定的温度条件下，定期测试颗粒吸水缓膨性能及破胶水化性能，观察颗粒的破胶、表观相分离及失水现象等。

9.1　常规卡封堵剂的筛选及评价

为了筛选出在高温条件下稳定性能良好的缓膨颗粒，对各个厂家的缓膨颗粒产品进行了评价实验，实验结果见表9.1。

表9.1 不同缓膨颗粒在不同时间下的膨胀倍数

提供厂家	序号	颗粒代码	膨胀倍数				实验现象
			1d	3d	5d	10d	温度为130℃，颗粒质量浓度为10.0%
石大奥德	1	S-1	1.21	1.04	0.93	0.85	颗粒开始柔软，18h后变得坚硬，用手捏不会变形
金佳絮凝	2	J-1	1.39	1.25	1.81	1.55	颗粒始终比较坚硬，用手捏不会变形
东峰化工	3	JK	0.83	0.8	0.85	0.79	颗粒比较坚硬，较初始状态体积明显收缩
东峰化工	4	JB	0.98	0.92	0.86	0.82	颗粒比较坚硬，较初始状态体积明显收缩
北京希涛	5	QZ650	30.64	0.92	0.86	0.8	膨胀倍数非常大，1~2h即已达到30多倍，高温下的长期稳定性差
北京希涛	6	QZ630	2.88	3.61	3.84	3.52	高温下1d后颗粒非常脆，用手捏会变成粉末
高科化工	7	GK-0	1.98	2.03	1.99	1.74	原颗粒径较小，高温下1~5d，颗粒始终比较坚硬，用手捏不会变形
高科化工	8	GK-1	1.91	1.78	1.89	1.42	原颗粒径较小，高温下1~5d，颗粒始终比较坚硬，用手捏不会变形
高科化工	9	GK-2	1.06	1.89	1.8	1.65	原颗粒径较小，高温下1~5d，颗粒始终比较坚硬，用手捏不会变形
高科化工	10	GK-3	1.42	1.69	1.8	1.63	原颗粒径较小，高温下1~5d，颗粒始终比较坚硬，用手捏不会变形
开封恒聚	11	KHJ-1	1.31	1	1.05	1.02	颗粒始终比较坚硬，用手捏不会变形
开封恒聚	12	KHJ-2	1.44	1.09	1.09	1	颗粒始终比较坚硬，用手捏不会变形
开封恒聚	13	KHJ-3	1.11	1	0.98	0.85	颗粒始终比较坚硬，用手捏不会变形
开封恒聚	14	KHJ-4	1.61	1.37	1.11	1.04	颗粒始终比较坚硬，用手捏不会变形
开封恒聚	15	KHJ-5	1.41	1.36	1.44	1.21	颗粒始终比较坚硬，用手捏不会变形
开封恒聚	16	KHJ-6	1.37	1.13	0.96	0.88	颗粒始终比较坚硬，用手捏不会变形
淄博揽胜	17	ZB-1	2.53	2.17	2.06	1.9	初期较软，高温下1d后，颗粒收缩变硬，用手捏不变形
淄博揽胜	18	ZB-2	2	1.77	1.65	1.4	初期较软，高温下1d后，颗粒收缩变硬，用手捏不变形
淄博揽胜	19	ZB-B1	2.47	1.89	1.77	1.6	初期较软，高温下1d后，颗粒收缩变硬，用手捏不变形
淄博揽胜	20	ZB-N1	3.12	2.24	1.78	1.5	初期较软，高温下1d后，颗粒收缩变硬，用手捏不变形
淄博揽胜	21	ZB-B2	2.84	1.86	1.62	1.42	初期较软，高温下1d后，颗粒收缩变硬，用手捏不变形

续表

提供厂家	序号	颗粒代码	膨胀倍数				实验现象
			1d	3d	5d	10d	温度为130℃，颗粒质量浓度为10.0%
淄博揽胜	22	ZB-N2	2.92	2.24	1.91	1.85	初期较软，高温下1d后，颗粒收缩变硬，用手捏不变形
	23	ZB-4721	3.9	2.88	1.85	1.65	高温下1d，颗粒较软，用手捏会变形；3~5d颗粒变坚硬，用手捏不会变形
	24	ZB-4724	3.11	2.2	1.62	1.4	高温下1d，颗粒较软，用手捏会变形；3~5d颗粒变坚硬，用手捏不会变形
	25	ZB-3	2.86	1.95	2.31	1.2	颗粒始终比较坚硬，用手捏不会变形
	26	ZB-4	2.29	2.57	2.09	1.18	颗粒始终比较坚硬，用手捏不会变形
新乡精诚石化	27	XN-T	4.66	3.97	3.82	3.64	高温下1d，颗粒较软，用手捏会变形；3~5d颗粒变坚硬，用手捏不会变形

从表9.1中可以看出，基于缓膨颗粒在130℃高温下1~10d的膨胀倍数，筛选出ZB-4721和XN-T两种缓膨颗粒样品。ZB-4721初始膨胀倍数比较大，能达到3.9，但是在高温下的稳定性较差，5d的膨胀倍数下降到1.85；XN-T在1d的膨胀倍数为4.66，高温下的稳定性较好，10d的膨胀倍数仍有3.64。

由表9.2可见，130℃时XN-T初始膨胀倍数大于ZB-4721且膨胀迅速，在8h时达到最大膨胀倍数7.29。而ZB-4721膨胀较为缓慢平稳，在12h时达到最大膨胀倍数5.47，远低于XN-T的最大膨胀倍数。到达峰值后，XN-T开始迅速收缩，而ZB-4721开始缓慢收缩，到24h时两者膨胀倍数均达到5.02。为进一步考量短期内温度对缓膨颗粒膨胀性能的影响，设计了140℃细化实验，XN-T初始膨胀倍数大于ZB-4721且膨胀迅速，在1h时达到最大膨胀倍数5.89。而ZB-4721膨胀较为缓慢平稳，在10h时达到最大膨胀倍数5.38，远低于XN-T最大膨胀倍数，且较130℃时峰值均有所下降。达到峰值后，XN-T开始缓慢收缩，24h时膨胀倍数达到5.11，而ZB-4721的膨胀倍数迅速收缩至4.33，故推测XN-T较ZB-4721有更好的耐温性。

表9.2 130℃及140℃下XN-T与ZB-4721缓膨颗粒膨胀性能短期观测实验

测定时间，h	缓膨颗粒膨胀倍数			
	130℃		140℃	
	XN-T	ZB-4721	XN-T	ZB-4721
0.5	4.73	2.85	5.30	2.85
1.0	5.12	3.77	5.89	3.77
1.5	5.31	4.02	5.73	4.02
2.0	5.42	4.54	5.68	4.54
3.0	5.71	4.92	5.61	4.92

续表

测定时间, h	缓膨颗粒膨胀倍数			
	130℃		140℃	
	XN-T	ZB-4721	XN-T	ZB-4721
4.0	5.98	4.89	5.29	4.89
5.0	6.22	5.01	5.27	5.01
6.0	6.78	5.17	5.16	5.17
8.0	7.29	5.13	5.20	5.13
10.0	6.96	5.38	5.31	5.38
12.0	6.54	5.47	5.46	5.02
16.0	6.27	5.35	5.21	4.96
20.0	5.54	5.37	5.20	4.71
24.0	5.02	5.02	5.11	4.33

由表9.3可见, $w(\text{XN-T}):w(\text{ZB-4721})=1:1$ 时初始膨胀倍数最大, 但是膨胀缓慢, 在16h时达到最大膨胀倍数6.30。而 $w(\text{XN-T}):w(\text{ZB-4721})=1:2$ 和 $w(\text{XN-T}):w(\text{ZB-4721})=2:1$ 时膨胀较为迅速, 膨胀倍数也较大, 分别在16h时达到最大膨胀倍数6.91和6.70, 高于 $w(\text{XN-T}):w(\text{ZB-4721})=1:1$ 时最大膨胀倍数。到达峰值后, $w(\text{XN-T}):w(\text{ZB-4721})=1:1$ 和 $w(\text{XN-T}):w(\text{ZB-4721})=2:1$ 时的膨胀倍数开始迅速收缩, 而 $w(\text{XN-T}):w(\text{ZB-4721})=1:2$ 时的膨胀倍数缓慢收缩, 到24h时三者的膨胀倍数分别为5.14、5.44和5.73。故判定在130℃时ZB-4721拥有较好的膨胀性能及稳定性, 准备开展实验研究其他因素对缓膨颗粒膨胀倍数的影响。

表9.3 130℃不同质量比XN-T与ZB-4721缓膨颗粒复配膨胀性能短期观测实验

测定时间, h	缓膨颗粒膨胀倍数		
	$w(\text{XN-T}):w(\text{ZB-4721})=1:2$	$w(\text{XN-T}):w(\text{ZB-4721})=1:1$	$w(\text{XN-T}):w(\text{ZB-4721})=2:1$
0.5	4.26	4.55	4.32
1.0	4.60	5.12	5.40
1.5	4.80	5.31	5.82
2.0	5.60	5.35	5.70
3.0	5.70	5.44	5.80
4.0	5.60	5.51	5.80
5.0	5.80	5.60	6.01
6.0	5.90	5.66	6.04
8.0	6.13	5.71	5.91
10.0	6.21	5.74	6.03

续表

测定时间, h	缓膨颗粒膨胀倍数		
	$w(\text{XN-T}):w(\text{ZB-4721})=1:2$	$w(\text{XN-T}):w(\text{ZB-4721})=1:1$	$w(\text{XN-T}):w(\text{ZB-4721})=2:1$
12.0	6.28	5.81	6.34
16.0	6.91	6.30	6.70
20.0	6.16	5.65	5.97
24.0	5.73	5.14	5.44

9.2 选择性卡封堵剂膨胀性能评价

9.2.1 不同颗粒复配对膨胀倍数的影响

为了优化缓膨颗粒体系，达到更大的缓膨倍数、较好的热稳定性，以不同缓膨颗粒间存在协同效应这一思路为基础，设计了大膨胀倍数颗粒与大膨胀倍数颗粒复配，大膨胀倍数颗粒与小膨胀倍数颗粒复配，以及围绕 XN-T 的 XN-T+黏土和 XN-T+纤维的几种思路的缓膨颗粒复配实验。

由表 9.4 可见，XN-T 与柔性颗粒复配、XN-T 与黏土复配、XN-T 与纤维复配的实验结果均表明，两种材料间并没有发生协同作用，将颗粒复配使用的意义并不大。实验中采用多种思路，将不同类颗粒进行复配，复配实验效果并不理想，因此，下一步实验中，仍针对 ZB-4721 和 XN-T 这两种缓膨颗粒，考察对缓膨颗粒膨胀倍数的影响。

表 9.4 复配实验(130℃)

颗粒代码	颗粒质量比	膨胀倍数			实验现象
		1d	3d	5d	
XN-T+SHJ-1	0.5:0.5	3.31	2.73	2.45	颗粒开始柔软，高温下 1d 变得坚硬，用手捏不会变形
J-1+ZB-4721		4.21	3.46	2.97	颗粒开始柔软，高温下 1d 变得坚硬，用手捏不会变形
XN-T+黏土(白)	0.3:0.7	1.77	2.23	3.64	颗粒开始柔软，高温下 1d 变得坚硬，用手捏可以变形
XN-T+黏土(钠)		2.06	2.67	3.85	颗粒开始柔软，高温下 1d 变得坚硬，用手捏可以变形
XN-T+黏土(白)	0.7:0.3	1.86	2.04	3.20	颗粒开始柔软，高温下 1d 变得坚硬，用手捏不变形
XN-T+黏土(钠)		2.51	3.30	2.94	颗粒开始柔软，高温下 1d 变得坚硬，用手捏不变形
J-1+QZ650	0.2:0.8	2.35	1.75	1.44	颗粒开始柔软，高温下 1d 变得坚硬，用手捏不变形
QZ630+柔性颗粒	1:1	2.01	1.76	1.57	柔性颗粒粘连，漂浮在上层；缓膨颗粒落在瓶底，大部分已化成粉末
XN-T+柔性颗粒		2.21	2.47	2.72	颗粒始终柔软，高温下 1d 后开始收缩，用手捏可以变形
XN-T+纤维	1.9:0.1	4.77	3.16	2.99	颗粒开始柔软，高温下 3d 变得坚硬，用手捏不变形

9.2.2 温度对膨胀倍数的影响

为了考察温度对缓膨颗粒长期稳定性的影响,针对ZB-4721和XN-T两种缓膨颗粒样品,通过改变实验条件,来评价缓膨颗粒的长期稳定性。

设置120℃、130℃和140℃三个温度梯度,测定ZB-4721和XN-T两种样品在1~10d内的膨胀倍数,比较这三种温度下缓膨颗粒的热稳定性,实验结果见表9.5。

表9.5 XN-T及ZB-4721温度梯度实验(颗粒质量:1g)

温度 ℃	颗粒代码	膨胀倍数 1d	3d	5d	10d	实验现象
120	ZB-4721	6.88	5.60	2.73	—	颗粒始终柔软,高温下1d后,颗粒收缩,手捏可变形
	XN-T	5.66	6.02	4.55	4.13	颗粒开始柔软,高温下3d后开始收缩,10d后变得坚硬,用手捏不会变形
130	ZB-4721	3.90	2.88	1.85	—	高温下1d,颗粒较软,用手捏会变形;3~5d颗粒变坚硬,用手捏不会变形
	XN-T	4.66	3.97	3.82	3.64	高温下1d,颗粒较软,用手捏会变形;3~5d颗粒变坚硬,用手捏不会变形
140	ZB-4721	3.51	2.42	1.73	—	高温下1d,颗粒较软,用手捏会变形;3~5d颗粒变坚硬,用手捏不会变形
	XN-T	4.23	4.25	3.41	3.21	高温下1d,颗粒较软,用手捏会变形;3~5d颗粒变坚硬,用手捏不会变形

由表9.5所见,随着温度的升高,颗粒膨胀倍数呈下降的趋势,在120℃下,样品ZB-4721、XN-T 1d的膨胀倍数分别达到了6.88、5.66,XN-T 10d的膨胀倍数仍能达到4.13;在140℃下,ZB-4721、XN-T 1d的膨胀倍数下降至3.51、4.23,XN-T 10d的膨胀倍数为3.21。由此可见,温度对缓膨颗粒膨胀倍数的影响较大。对比不同温度下两种颗粒膨胀倍数曲线图可知,样品XN-T的膨胀倍数曲线较为平缓,高温下缓膨倍数下降幅度远小于ZB-4721,可见样品XN-T的热稳定性较好。

9.2.3 颗粒质量分数对缓膨颗粒膨胀倍数的影响

为了考察颗粒质量分数对缓膨颗粒长期稳定性的影响,针对ZB-4721和XN-T两种缓膨颗粒样品,通过改变实验条件,来评价缓膨颗粒的长期稳定性。

选取0.5g、1.0g、1.5g、2.0g、3.0g、4.0g、5.0g这几种质量,分别对应颗粒质量浓度为2.5%、5.0%、7.5%、10.0%、15.0%、20.0%、25.0%,考察不同质量分数对缓膨颗粒膨胀倍数的影响,实验结果见表9.6。

由表9.6可见,随着颗粒质量浓度的提高,颗粒的膨胀倍数呈先增加后减小的趋势,样品ZB-4721在质量为3g时膨胀倍数达到最大;而样品XN-T在质量为4g时膨胀倍数达到最大;样品XN-T+ZB-4721复配时,在复配质量为3g时膨胀倍数最大。由此可见,颗粒质量对缓膨颗粒膨胀倍数的影响较大,选择适宜的质量浓度,不仅能达到最佳膨胀效果,还能提高经济效益。因此,现场施工时推荐使用 ZB-4721 颗粒质量分数为 15%,使用 XN-T 颗粒质量分数为 20%。

表 9.6 XN-T 及 ZB-4721 颗粒质量浓度梯度实验(140℃)

颗粒质量分数,%	颗粒代码	膨胀倍数 1d	膨胀倍数 3d	膨胀倍数 5d	实验现象
2.5	XN-T	4.17	3.44	3.42	颗粒开始柔软,高温下 3d 变得坚硬,用手捏不会变形
2.5	ZB-4721	3.47	2.76	1.96	颗粒开始柔软,高温下 1d 变得坚硬,用手捏不会变形
5.0	XN-T	4.32	3.14	3.18	颗粒开始柔软,高温下 1d 后开始收缩,5d 后变得坚硬,用手捏不会变形
5.0	ZB-4721	3.97	2.88	2.11	颗粒开始柔软,高温下 1d 变得坚硬,用手捏不会变形
5.0	XN-T+ZB-4721	3.21	3.09	3.01	颗粒开始柔软,高温下 1d 变得坚硬,用手捏不会变形
7.5	XN-T	4.87	3.23	3.41	颗粒开始柔软,高温下 3d 后开始收缩,10d 变得坚硬,用手捏不会变形
7.5	ZB-4721	4.26	3.13	2.41	颗粒开始柔软,高温下 1d 变得坚硬,用手捏不会变形
10.0	XN-T	5.66	3.87	3.56	颗粒开始柔软,高温下 1d 后开始收缩,5d 后变得坚硬,用手捏不会变形
10.0	ZB-4721	4.79	3.54	2.89	颗粒开始柔软,高温下 1d 变得坚硬,用手捏不会变形
10.0	XN-T+ZB-4721	5.07	3.61	3.18	颗粒始终柔软,高温下 1d 后开始收缩,用手捏可以变形
15.0	XN-T	5.89	4.22	3.97	颗粒始终柔软,高温下 1d 后开始收缩,用手捏可以变形
15.0	ZB-4721	5.21	3.96	3.31	颗粒开始柔软,高温下 1d 变得坚硬,用手捏不会变形
15.0	XN-T+ZB-4721	5.57	4.04	3.56	颗粒始终柔软,高温下 1d 后开始收缩,用手捏可以变形
20.0	XN-T	6.14	5.07	5.02	颗粒始终柔软,高温下 1d 后开始收缩,用手捏可以变形
20.0	ZB-4721	4.77	3.81	3.02	颗粒开始柔软,高温下 1d 变得坚硬,用手捏不会变形
20.0	XN-T+ZB-4721	5.27	3.87	3.31	颗粒始终柔软,高温下 1d 后开始收缩,用手捏可以变形
25.0	XN-T	3.68	3.02	2.99	颗粒始终柔软,高温下 1d 后开始收缩,用手捏可以变形
25.0	ZB-4721	4.21	3.46	2.97	颗粒开始柔软,高温下 1d 变得坚硬,用手捏不会变形

9.3 选择性卡封堵剂体系分子设计及化学结构表征

AMPS 缓膨体制备路线如图 9.1 所示。

图 9.1　AMPS 缓膨体制备路线

该堵剂具有较高强度、遇油收缩和不膨胀、遇水逐渐缓慢膨胀、膨胀度适宜可调、良好的耐温抗盐抗压性、用量少、配液简单、施工方便等特点。该堵剂具有黏弹可变形性，可满足缝洞型高温高盐储层油井的堵水要求。

采用红外分析方法对所研究的最优缓膨颗粒堵剂体系(ZB-4721)结构组分进行简单的表征和分析，具体结果如图 9.2 所示。

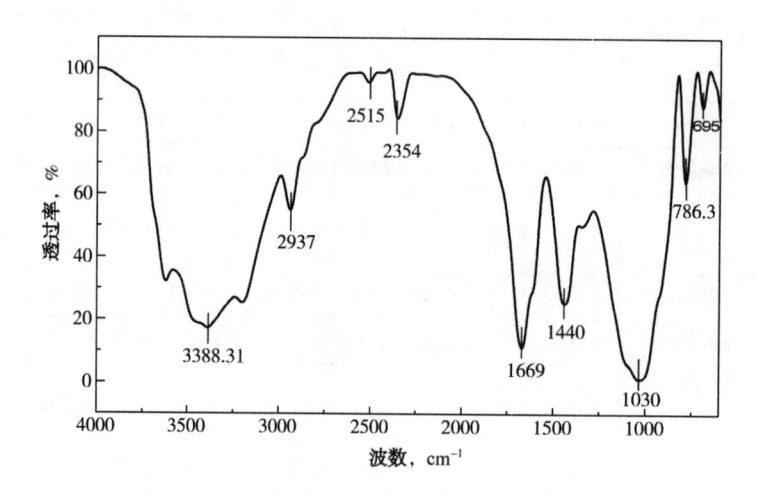

图 9.2　缓膨颗粒(ZB-4721)红外分析

由图 9.2 分析可知，3621cm^{-1}、3388cm^{-1}、3201cm^{-1}是 N—H 伸缩振动峰，2937cm^{-1}是饱和 C—H 伸缩振动峰，2515cm^{-1}、2354cm^{-1}是双键加聚的累积伸缩振动峰，1669cm^{-1}是 C=O 伸缩振动峰，1440cm^{-1}、1030cm^{-1}是 C—H 弯曲面内伸缩振动峰和 C—C 单键骨架伸缩振动峰，786.3cm^{-1}是 C—H 变形振动和芳香环间位二取代官能团的归属峰，695cm^{-1}是磺酸基伸缩振动吸收峰。

9.4 选择性卡封堵剂配伍性评价

9.4.1 不同颗粒复配对缓膨颗粒膨胀倍数的影响

为了优化缓膨颗粒体系，达到更大的缓膨倍数、较好的热稳定性，设计了大膨胀倍数颗粒与大膨胀倍数颗粒复配，大膨胀倍数颗粒与小膨胀倍数颗粒复配，以及围绕 XN-T 的 XN-T+黏土、XN-T+纤维的几种思路的缓膨颗粒复配实验。

由表 9.7 可见，XN-T 与柔性颗粒复配、XN-T 与黏土复配、XN-T 与纤维复配的实验结果均表明，两种材料间并没有发生协同作用，将颗粒复配使用的意义并不大。实验中采用多种思路，将不同类型颗粒进行复配，复配实验效果并不理想。

表 9.7 复配实验（130℃）

颗粒代码	颗粒质量比	膨胀倍数 1d	膨胀倍数 3d	膨胀倍数 5d	实验现象
XN-T+SHJ-1	1∶1	3.31	2.73	2.45	颗粒开始柔软，高温下 1d 变得坚硬，用手捏不会变形
J-1+ZB-4721	1∶1	4.21	3.46	2.97	颗粒开始柔软，高温下 1d 变得坚硬，用手捏不会变形
XN-T+黏土（白）	3∶7	1.77	2.23	3.64	颗粒开始柔软，高温下 1d 变得坚硬，用手捏可以变形
XN-T+黏土（钠）	3∶7	2.06	2.67	3.85	颗粒开始柔软，高温下 1d 变得坚硬，用手捏可以变形
XN-T+黏土（白）	7∶3	1.86	2.04	3.20	颗粒开始柔软，高温下 1d 变得坚硬，用手捏不变形
XN-T+黏土（钠）	7∶3	2.51	3.30	2.94	颗粒开始柔软，高温下 1d 变得坚硬，用手捏不变形
J-1+QZ650	1∶4	2.35	1.75	1.44	颗粒开始柔软，高温下 1d 变得坚硬，用手捏不变形
QZ630+柔性颗粒	1∶1	2.01	1.76	1.57	柔性颗粒粘连，漂浮在上层；缓膨颗粒落在瓶底，大部分已化成粉末
XN-T+柔性颗粒	1∶1	2.21	2.47	2.72	颗粒始终柔软，高温下 1d 后开始收缩，用手捏可以变形
XN-T+纤维	19∶1	4.77	3.16	2.99	颗粒开始柔软，高温下 3d 变得坚硬，用手捏不变形
XN-T+ZB-4721	1∶2	3.88	2.85	2.43	颗粒开始柔软，高温下 1d 变得坚硬，用手捏可以变形
XN-T+ZB-4721	2∶1	3.26	2.63	2.37	颗粒开始柔软，高温下 1d 变得坚硬，用手捏可以变形

9.4.2 油溶性实验

根据测定缓膨颗粒在吸油前后的质量（或体积）变化情况，可得到缓膨颗粒遇油后的膨胀率，膨胀率都可以用膨胀倍数表示，其表达式如下：

$$N=\frac{m_n-m_0}{m_0} \tag{9.3}$$

式中 N——净膨胀倍数；

m_0——吸油前颗粒质量，g；

m_n——吸油后颗粒质量，g。

由表9.8可见，130℃时XN-T在油中的膨胀倍数远小于在地层水中的膨胀倍数，所以该颗粒具有较好的选择性封堵效果。

表9.8 油溶性实验(130℃)

颗粒代码	时间，d	膨胀率	实验现象
西南	1	0.755	硬，无法捏动，油由透明变黑
	3	0.688	硬，无法捏动，油由透明变黑
	5	2.510	软，可捏动，油由透明变黑

9.5 选择性卡封堵剂封堵性能评价

基于岩心流动实验对逆向卡封颗粒堵水效果进行评价。实验方法为：(1)自制缝宽比为2的岩心，抽真空，饱和地层水，测量模拟岩心孔隙体积和孔隙度；(2)对岩心进行水驱实验，记录出液后的稳定压力，计算堵剂注入前水相渗透率K_w；(3)反向注入一定段塞大小的颗粒溶液，在130℃下老化；(4)对堵后的岩心重新水驱，记录突破压力并待压力稳定后，计算岩心堵后的水相渗透率K'_w；(5)计算逆向卡封颗粒的堵水率。实验温度均为130℃，流体注入速度为0.5mL/min。实验结果如图9.3所示。

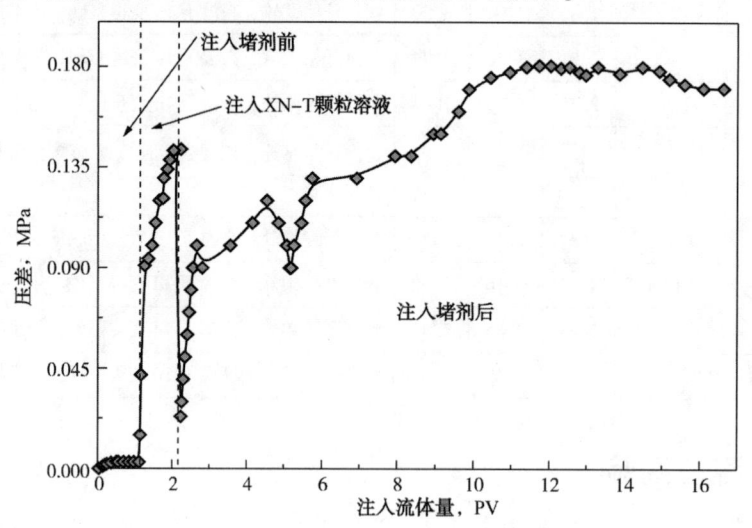

图9.3 XN-T颗粒的堵水实验结果

根据实验结果计算堵水率：$\Phi_w = (K_w - K'_w)/K_w \times 100\% = 98.42\%$。经测定，缓膨颗粒XN-T的堵水率高达98.42%，封堵率大于90%，达到了合同所规定的经济指标，封堵效果较好。

9.6 可视化选择性卡封机理研究

通过阅读大量的现有资料和文献,结合塔河油田的实际地层情况,总结了符合本项目的几种缝洞模型。通过与模型生产厂家的充分交流,设计出以下最具代表性的缝洞模型,即多项连通型缝洞模型(如图9.4所示,左下行缝洞的裂缝宽2mm,中间缝洞以及右上行缝洞宽1.0mm,大洞直径20mm,小洞直径10mm)。

为了更清楚地观察实验现象,利用苏丹红将白油染为红色,利用蓝色墨水将AMPS缓膨颗粒染为蓝色(驱替速度为0.01mL/min,缓膨颗粒注入浓度为2000mg/L),微观可视化实验具体结果如图9.5至图9.9所示。

图9.4 缝洞模型实物图 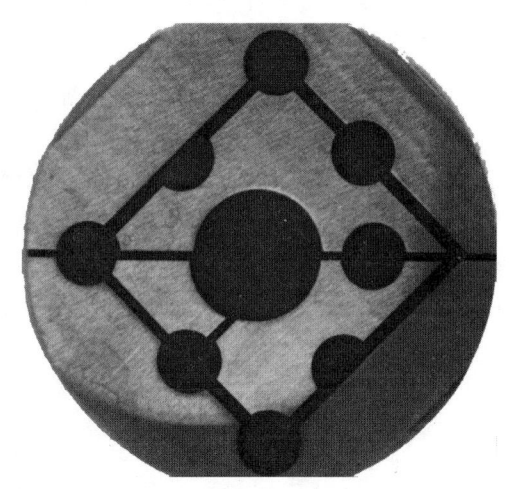　　图9.5 缝洞模型饱和油之后的微观驱替图

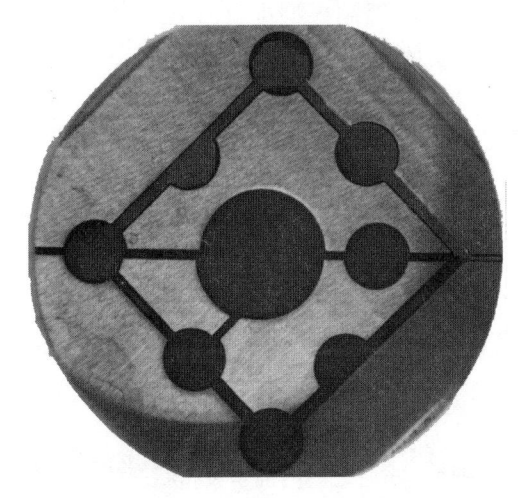

图9.6 缝洞模型一次水驱之后油水分布微观驱替图 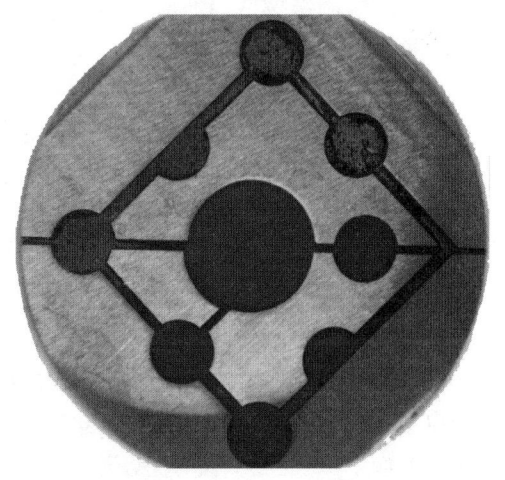　　图9.7 缓膨颗粒刚注入时的状态图

(a) 模型整体照片　　　　　　　　(b) 模型局部照片

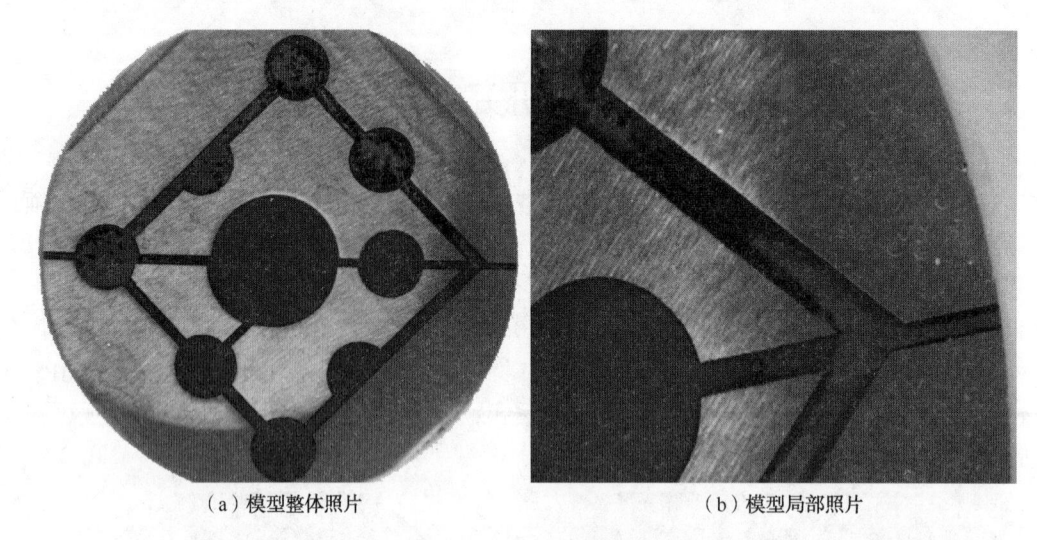

图 9.8　AMPS 缓膨颗粒吸水膨胀之后的状态

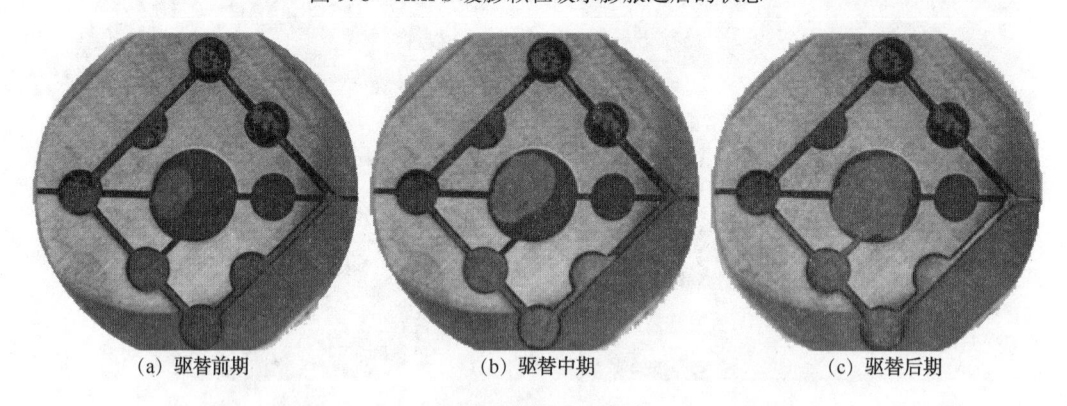

(a) 驱替前期　　　　　(b) 驱替中期　　　　　(c) 驱替后期

图 9.9　AMPS 缓膨颗粒封堵优势通道、驱替小孔道

图 9.5 为缝洞模型饱和油之后的状态,可以看出,缝洞模型中分布有大、小两种洞,另外还有半洞等,很好地模拟了塔河油田油藏的真实情况。

图 9.6 为缝洞模型一次水驱之后油水分布状态(驱替方向由左至右,下同),可以看出,在驱替过程中,水沿优势通道驱替并最终突破前缘,残余油主要分布在较小孔道。

图 9.7 为 AMPS 缓膨体颗粒刚注入缝洞模型时的状态,可以看出,由于缓膨体颗粒粒径小于优势通道缝宽,在一定的驱替压差下,颗粒随着液流顺利通过优势通道并逐渐堆积、卡封在优势通道的后端(下游部位)。

图 9.8(a)和图 9.8(b)分别为缝洞模型中 AMPS 缓膨颗粒吸水膨胀之后的整体、局部照片,可以看出,缓膨颗粒缓慢吸水膨胀之后体积明显增大(膨胀之后的粒径仍小于缝宽),并形成有效封堵:一是颗粒吸水膨胀滞留在洞的入口处,形成堆积封堵;二是多个膨胀颗粒"桥接"在一起,对优势通道进行卡封,从而对来水形成有效封堵。

图 9.9 为 AMPS 缓膨颗粒对优势通道形成有效封堵、驱替之后的油水分布状态,可以看出,在后续水驱过程中,缓膨颗粒对优势通道(最上端裂缝)形成有效堆积,卡封桥接封堵,液流发生转向驱替小孔道(最下端裂缝)中的残余油,波及系数增大,从而提高了原油采收率。

第10章 柔性颗粒逆向卡封堵剂体系研究

根据塔河油田高温、高矿化度等特点,研发筛选了一批柔性颗粒,包括 RX-B、RX-N、RX-BK、RX-SH 和 RX-QH,对上述几种柔性颗粒进行了 24h 的高温缓膨性能评价实验。

实验所用盐水离子组成见表5.3。

10.1 常规柔性颗粒堵剂的筛选及评价

从众多柔性颗粒中筛选了5种颗粒(表10.1),并做了进一步的性能评价。

表10.1 实验所用柔性颗粒类调剖剂的物性参数

颗粒代码	厂家(提供者)	粒径	备注
RX-B	淄博至胜实业有限公司	1.0μm~5.0cm(可调)	
RX-N	淄博至胜实业有限公司	1.0μm~5.0cm(可调)	
RX-BK	北京恒聚化工集团有限责任公司	0.5~5mm	耐盐能力≥200000mg/L
RX-SH	山东水衡化工有限责任公司	0.5~5mm	
RX-QH	北京国海能源技术研究院	0.1~5mm(可调)	耐温能力≥140℃

对上述5种柔性颗粒进行了短时膨胀性能的考察,具体结果见表10.2。由表10.1可知,柔性颗粒 RX-SH 膨胀速率过快,RX-BK 的温敏粘连性不如 RX-QH。基于颗粒的高温粘连性、柔性程度及膨胀性,初步选取 RX-QH 为最佳柔性颗粒,并作为进一步研究对象。

表10.2 5种柔性颗粒不同时间下的膨胀倍数

测定时间, h	柔性颗粒膨胀倍数					
	RX-B	RX-N	RX-BK	RX-SH	RX-QH
0.5	2.53	2.8	1.1	9.47	1.07
1.0	3.02	3.56	1.09	11	1.075
1.5	3.15	3.68	1.11	10.87	1.08
2.0	3.34	3.88	1.13	11.41	1.05
2.5	3.44	3.98	1.13	11.52	1.03

续表

测定时间, h	柔性颗粒膨胀倍数					
	RX-B	RX-N	RX-BK	RX-SH	RX-QH
3.0	3.79	4.06	1.13	11.6	1.03
4.0	3.58	4.12	1.11	11.53	1.06
5.0	3.76	4.16	1.11	11.68	1.01
6.0	3.87	4.17	1.22	11.5	0.98
7.0	4.33	4.51	1.2	11.72	1.04
8.0	4.15	4.19	1.14	12.16	1.02
10.0	4.03	4.21	1.13	12.38	1.09
12.0	3.89	4.19	1.14	11.1	1.06
14.0	3.85	4.11	1.64	10.42	1.1
16.0	4.04	4.21	1.28	11.02	1.12
20.0	4.05	4.25	1.3	11.11	1.14
24.0	4.03	4.23	1.25	11.31	1.2

由图10.1可知，RX-QH常温下以颗粒形式存在(初始状态)，温度升高(140℃)颗粒间由于化学交联反应而发生粘连，形成具有黏弹性的柔性体。其具体合成路线如图10.2所示。

图10.1 柔性颗粒RX-QH初始状态和高温(140℃)处理之后的状态

图10.2 柔性颗粒制备路线图

其中，上述制备路线中耐温性单体为乙烯基三乙氧基硅烷，耐碱耐盐性单体为丙烯酸烷酯，交联剂为亚甲基双丙烯酰胺。

柔性颗粒 RX-QH 的具体制备步骤为：向清水或污水中加入丙烯酰胺、耐温性单体、耐碱耐盐性单体，搅拌升温至 45~60℃，加入引发剂、交联剂、缓凝剂，不断搅拌，再加入中高分子量的部分水解聚丙烯酰胺、增塑剂，聚合交联形成柔性凝胶体，再经干燥、研磨、造粒制成柔性凝胶颗粒；柔性凝胶颗粒的粒径为 0.5~5mm(可调)。

10.2 选择性柔性颗粒堵剂体系化学结构表征

采用红外分析方法对所研究的最优柔性颗粒堵剂体系(RX-QH)结构组分进行了简单的表征和分析，具体结果如图 10.3 所示。由图 10.3 分析可知，$3621cm^{-1}$、$3388cm^{-1}$ 和 $3201cm^{-1}$ 是 N—H 伸缩振动峰，$2937cm^{-1}$ 是饱和碳上的 C—H 伸缩振动峰，$2515cm^{-1}$ 和 $2354cm^{-1}$ 是双键聚合累积伸缩振动峰，$1670cm^{-1}$ 和 $1440cm^{-1}$ 是酰氨基的伸缩振动峰，$1030cm^{-1}$ 和 $786cm^{-1}$ 是 Si—O 键的伸缩振动峰，$695cm^{-1}$ 是磺酸基伸缩振动吸收峰。

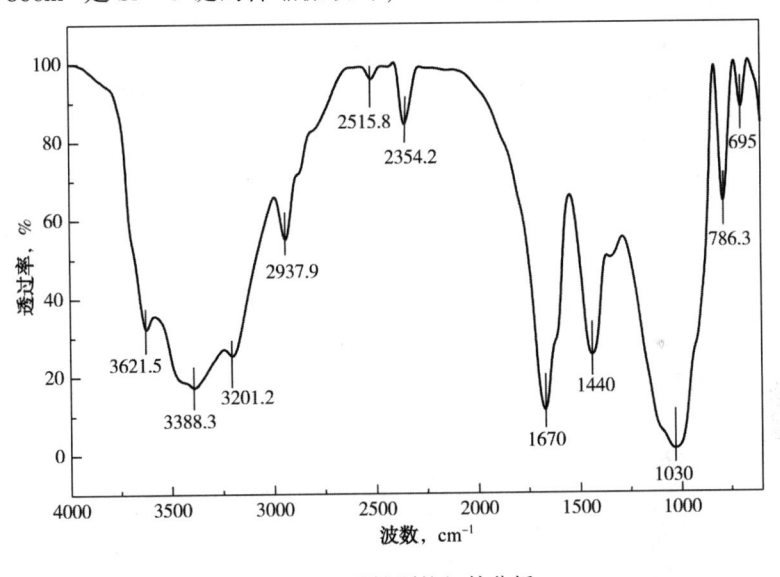

图 10.3 柔性颗粒红外分析

10.3 选择性柔性颗粒堵剂配伍性评价

10.3.1 与缓膨颗粒的复配

为了优化柔性颗粒体系，使柔性颗粒拥有更好的高温粘连性、柔性程度及膨胀性，以柔性颗粒与不同缓膨颗粒间可能存在协同效应这一思路为基础，设计了柔性颗粒复配实验。

由表 10.3 可见，柔性颗粒与北京希涛 QZ630 及西南颗粒复配的实验现象说明，两种材料间并没有发生协同作用，将颗粒复配使用的意义并不大。综上可知，将不同类型颗粒进行复配，复配实验效果并不理想，且RX-QH已达到塔河油田技术指标要求。因此，下一步实验中，将针对单种RX-QH柔性颗粒，考察原油对柔性颗粒溶解性能的影响。

表10.3 复配实验(130℃)

颗粒名称	颗粒质量比	膨胀倍数 1d	膨胀倍数 3d	膨胀倍数 5d	实验现象
北京希涛QZ630/RX-QH	1:1	2.01	1.76	1.57	柔性颗粒粘连，漂浮在上层；缓膨颗粒落在瓶底，大部分已化成粉末
西南颗粒/RX-QH		2.21	2.47	2.72	颗粒始终柔软，高温下1d后开始收缩，用手捏可以变形

10.3.2 柔性颗粒油溶性实验

根据测定柔性颗粒在吸油前后的质量(或体积)变化情况，可得到柔性颗粒遇油后的膨胀率，膨胀率都可以用膨胀倍数表示，其表达式见式(9.3)。油溶性实验结果见表10.4。

表10.4 油溶性实验结果(温度140℃，样品质量4g)

样品名称	时间,d	膨胀率	实验现象
柔性颗粒	1	0.217	软，可捏动。油变成胶状，与颗粒粘连
	3	-0.212	
	5	-0.223	

注：数字前负号表示收缩。

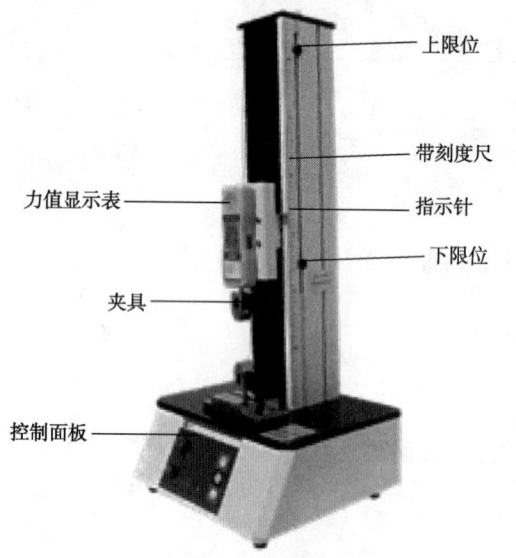

图10.4 电动拉压力试验机ZQ-770

10.4 柔性颗粒性能评价

10.4.1 柔性颗粒柔韧性评价

为评价柔性颗粒的柔韧性，实验借助电动拉压力试验机ZQ-770(图10.4)对柔性颗粒进行拉伸试验，实验数据见图10.5。从图10.5中不难发现，常温下柔性颗粒可产生6~7倍的变形量，最高应力可达250kPa。同时，随着拉伸倍数的增加，柔性颗粒越来越难被进一步拉伸，具有较好的拉伸韧性。

为能更直观地展示柔性颗粒的柔韧性，这里还对柔性颗粒补充进行了更简易的拉伸实验，如图 10.6 所示。由图 10.6 可见，柔性颗粒具有较好的拉伸热性与变形能力。

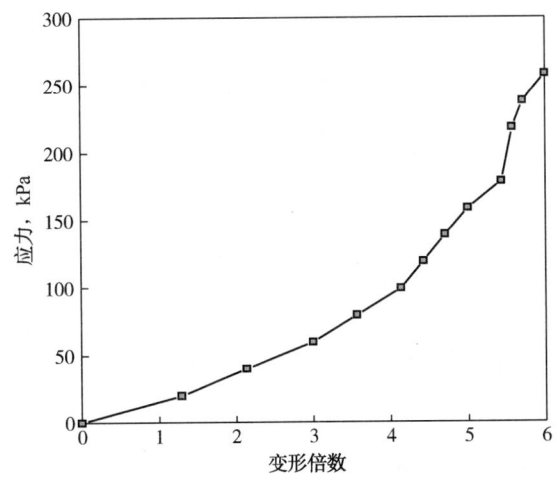

图 10.5 柔性颗粒拉伸实验(RX-QH)

图 10.6 柔性颗粒的柔韧性展示

10.4.2 柔性颗粒强度评价

此处，柔性颗粒的强度是借助 J. E. Smith 的"韧性指数法"进行测取的，并以韧性指数 f_{tay} 进行量化。由于柔性颗粒的强度会受目的油藏地层的高温、高盐等极端环境影响，故这里可通过控制柔性颗粒于高温老化下的时间长短来达到改变颗粒强度的目的。以"韧性指数法"测取柔性颗粒强度的具体操作步骤如下：

（1）取足量柔性颗粒分别装入数支安瓿瓶，加入足量地层水后密封并于 130℃下老化（时间分别为 24h、72h）。老化完成后，筛足量 0.4～1mm 的颗粒，然后以浓度 0.5% 的瓜尔胶携带液配制成浓度(固液比)为 10% 的悬浮颗粒体系。

（2）取一填砂管，并在出口端装 10 目筛网，然后将悬浮颗粒体系倒入搅拌式活塞容器，启动 ISOC 高压柱塞泵，以 25mL/min 的流速将颗粒注入填砂管。测取颗粒首次通过填砂管时的压差 Δp_1。完成后，将驱出的悬浮颗粒体系收集并再次倒入中间容器重复操作，测取第二次通过时的压差 Δp_2。实验结束。

（3）实验结束后，以压力数据计算不同老化时间下的颗粒韧性指数 f_{tay}，即两次压差的比值 $\Delta p_1/\Delta p_2$。不同老化时间下的颗粒韧性指数见表 10.5。其中，韧性指数 f_{tay} 越接近 1.0，表示柔性颗粒的强度越好。

表 10.5　不同老化时间下颗粒的韧性指数

时间，h	Δp_1，MPa	Δp_2，MPa	f_{tay}
72	0.112	0.059	1.89
24	0.198	0.139	1.42
0	0.211	0.140	1.51

由表 10.4 能看出，未经老化、老化 24h 后的柔性颗粒的韧性指数变化不大，均保持在较高水平，耐温、抗盐、抗剪切能力较强。由此可见，在地层条件下，当柔性颗粒的高温老化时间较短时(不大于 24h)，柔性颗粒的强度变化不大，仍能够保持在较高水平。但当增加柔性颗粒的高温老化时间时，韧性指数 f_{tay} 将明显增加，即柔性颗粒的强度将显著降低。

10.4.3　柔性颗粒封堵性能评价

利用岩心流动实验对柔性颗粒堵水率进行评价。实验方法同 6.4 节所述，实验温度均为 130℃，流体注入速度为 0.5mL/min。实验结果如图 10.7 所示。

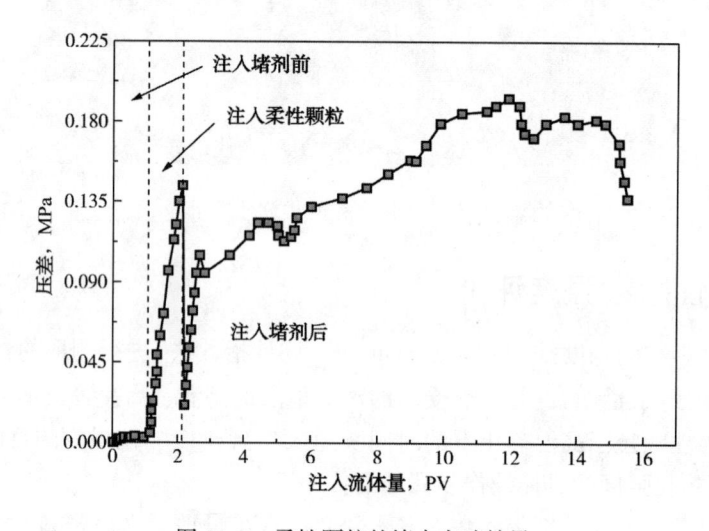

图 10.7　柔性颗粒的堵水实验结果

其中，堵水率 $\Phi_w = (K_w - K'_w)/K_w \times 100\% = 98.14\%$。

根据实验结果计算可知，柔性颗粒的堵水率高达到 98.14%，封堵率大于 90%，封堵效果较好。

10.5　可视化选择性柔性颗粒堵剂机理研究

利用多项连通型缝洞模型进行柔性颗粒堵剂机理的研究，同 6.5 节所述。为了更清楚地观察实验现象,利用苏丹红将白油染为红色(驱替速度为 0.01mL/min,柔性颗粒注入浓度为 2000mg/L),微观可视化实验具体结果如图 10.8 至图 10.11 所示(驱替方向由左至右,下同)。

图 10.8 为缝洞模型饱和油之后的状态图,可以看出,缝洞模型中分布有大、小两种洞,另外还有半洞等,很好地模拟了塔河油田油藏的真实情况。

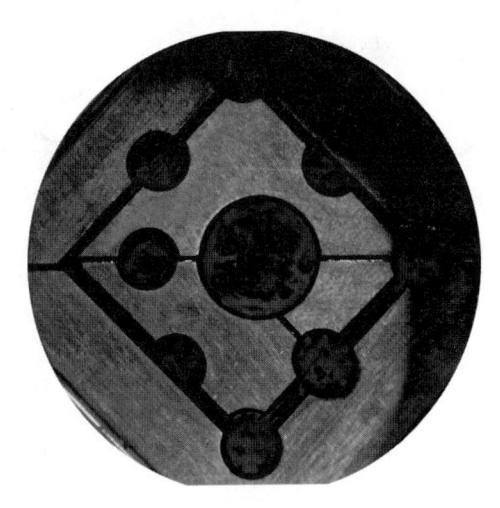

图 10.9 为缝洞模型一次水驱之后油水分布状态图(驱替方向由左至右,下同),可以看出,在驱替过程中,水沿优势通道驱替并最终突破前缘,残余油主要分布在较小孔道。

图 10.8 缝洞模型饱和油之后的状态图

图 10.10 为缝洞模型注入柔性颗粒的初始状态。所注入的柔性颗粒具有良好的黏弹性,可如"变形虫"一样变形通过裂缝,同时颗粒也具有良好的抗剪切、拉伸性,满足了塔河油田的技术需求。

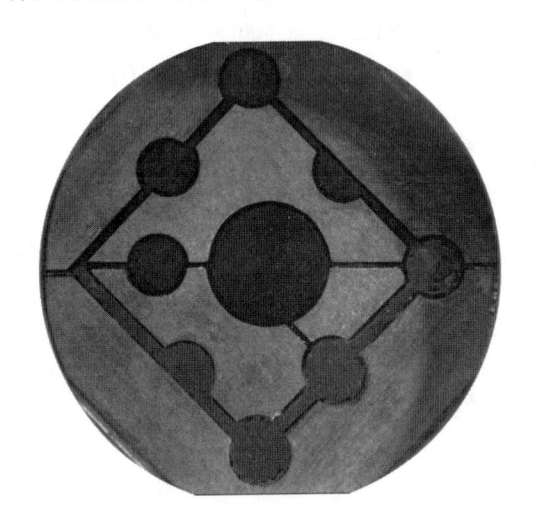

图 10.9 缝洞模型一次水驱之后的油水分布状态 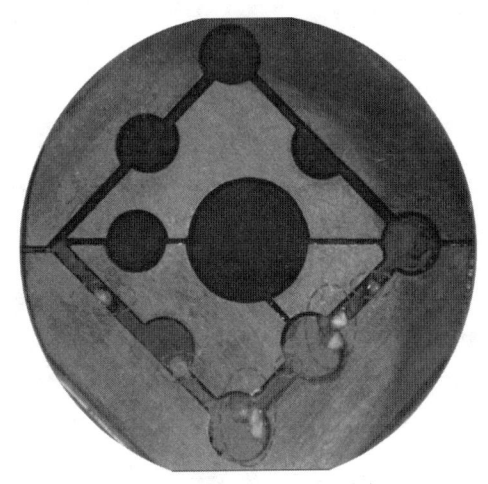　　图 10.10 缝洞模型注入柔性颗粒的初始状态

图 10.11 为柔性颗粒封堵优势通道之后的驱替状态图,可以看出,温度升高,颗粒间由于化学交联反应而发生粘连,从而"桥接"在一起形成有效封堵。在后续水驱过程中,当柔性颗粒粒径大于孔喉直径且驱替压差较小时,颗粒将堵塞孔喉、停止运移,从而形成有效封堵;当驱替压差较大时,由于所采用的柔性颗粒具有较好的黏弹性,在注入水压力的作用下,具有一定的变形能力,以"变形虫"的形式通过孔喉[图 10.11(c)],即通过喉道时发生变形,通过喉道后又恢复原状,发挥了调、驱两项功能。

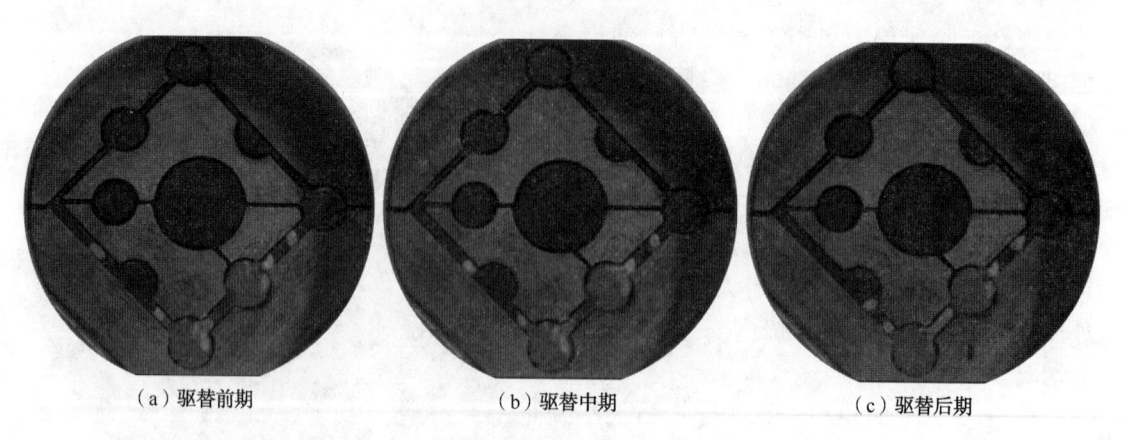

(a) 驱替前期　　　　　　　(b) 驱替中期　　　　　　　(c) 驱替后期

图 10.11　柔性颗粒封堵优势通道、驱替小孔道

10.6　本章小结

（1）根据柔性颗粒筛选实验，参考颗粒的高温粘连性、柔性程度及膨胀性 3 种指标，从 5 种样品中筛选出 RX-QH 这种柔性颗粒样品。将柔性颗粒与不同种类缓膨颗粒进行复配，复配实验效果并不理想，下一步实验仍针对 RX-QH 展开，油田现场施工时也推荐选择这种颗粒。

（2）根据可视化实验，在模拟塔河油田地层条件的情况下，观察 RX-QH 在孔道中的运移及封堵情况，发现 RX-QH 具有极佳的黏弹性与抗剪切性，注入压力增大时可通过变形在裂缝中顺利运移，当温度升高、注入压力减小时，颗粒表面发生化学反应粘连而停止运移，从而"桥接"在一起形成有效封堵。

（3）根据油溶性实验，在 140℃下 RX-QH 在 24h 时膨胀，5d 后稳定收缩在 20%，且与颗粒之间相互粘连，颗粒与凝固的原油胶结在一起形成胶状物质。因此，RX-QH 在原油中溶解较少且可以和原油发生胶结，具有较好的堵水调剖性能。

第11章 硬质温敏粘连颗粒密度选择性堵剂体系

密度选择性堵水工艺利用堵剂与油水之间的密度分异，在油水界面上形成一定强度的隔板，实现对溶洞型储层的深部封堵。溶洞型油藏堵水剂面临的问题：水泥类高强度堵剂密度大，漏失快，油藏适应性差；部分聚合物凝胶、微球具有一定的密度选择性，但耐温抗盐性能差。本章引入树脂PB构建了一种覆膜型温敏粘连固化颗粒悬浮隔板堵剂。

11.1 密度选择性堵剂的筛选及评价

由于塔河油田原油密度一般为 $0.96 \sim 1.03 \text{g/cm}^3$，地层水密度为 1.14g/cm^3，因此密度选择性堵剂密度需介于 $1.03 \sim 1.14 \text{g/cm}^3$ 之间。因此，将水泥、聚合物复合使用，配合恰当的分散剂、减轻剂，用于构建覆膜型温敏粘连固化颗粒悬浮隔板堵剂，或将耐温抗盐凝胶与纤维通过偶联作用研制纤维复合凝胶堵剂，由此使得堵剂兼具耐温抗盐性及密度选择性双重功效。

通过大量文献调研发现，树脂PB颗粒熔点在 $120 \sim 140℃$ 之间，同时树脂PB密度为 $1.07 \sim 1.11 \text{g/cm}^3$，符合塔河油田密度选择性堵剂的条件，因此在 $140℃$ 下考察了PB在塔河水中的悬浮性能和粘连特征，结果如图11.1所示。经过1d老化后，PB-1(粒径3~5mm)在塔河水中能够牢固地粘连在一起，而且具有优异的热稳定性，老化150d后未出现降解现象。此外，PB-1未出现吸水下沉问题，一直在水面悬浮，由此说明PB-1悬浮稳定性优异。

(a) 1d (b) 3d (c) 5d (d) 10d (e) 30d (f) 150d
图 11.1 固化颗粒 PB-1 在塔河水中的悬浮稳定性

将PB-1置于模拟油中，发现PB-1下沉至瓶底，由此说明PB-1可以悬浮在油水界面上，具有密度选择性(图11.2)。经过3d老化后，PB-1粘连在一起形成高韧性的弹性体，而且老化150d后未出现降解现象，具有优异的热稳定性。

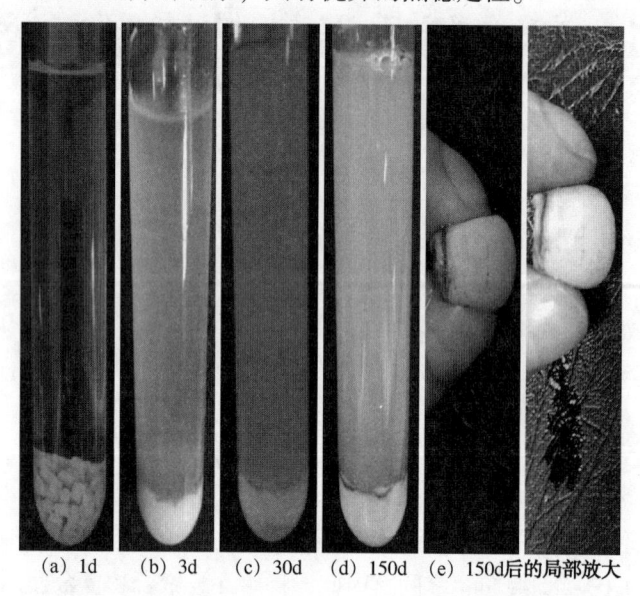

(a) 1d　(b) 3d　(c) 30d　(d) 150d　(e) 150d后的局部放大

图11.2　固化颗粒PB-1在模拟油中的稳定性

为了适应不同尺寸的溶洞储集体，考察了粒径小于1mm的PB-2的密度选择性和热稳定性，结果如图11.3和图11.4所示，发现PB-2可悬浮于塔河水上并在模拟油中下沉，由此说明PB-2具有密度选择性。经过150d老化后，PB-2未出现降解现象，具有优异的热稳定性。

(a) 0d　(b) 3d　(c) 5d　(d) 10d　(e) 30d　(f) 150d

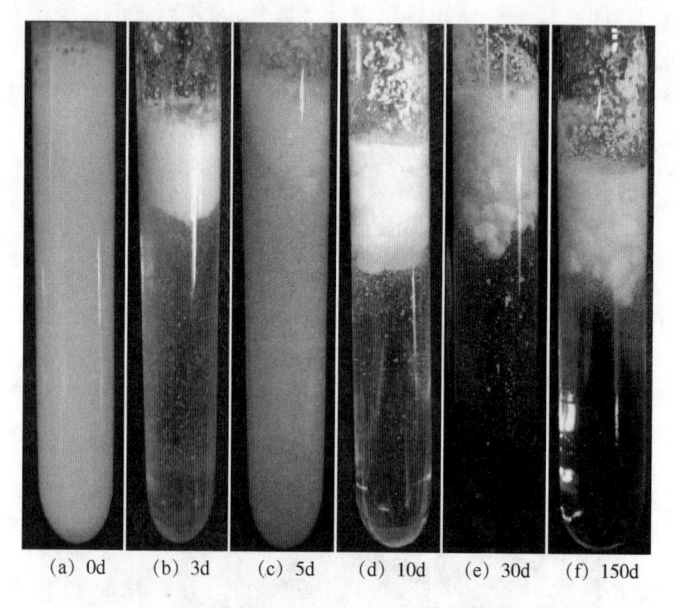

图11.3　固化颗粒PB-2在塔河水中的悬浮稳定性

(a) 0d　(b) 3d　(c) 5d　(d) 10d　(e) 30d　(f) 150d

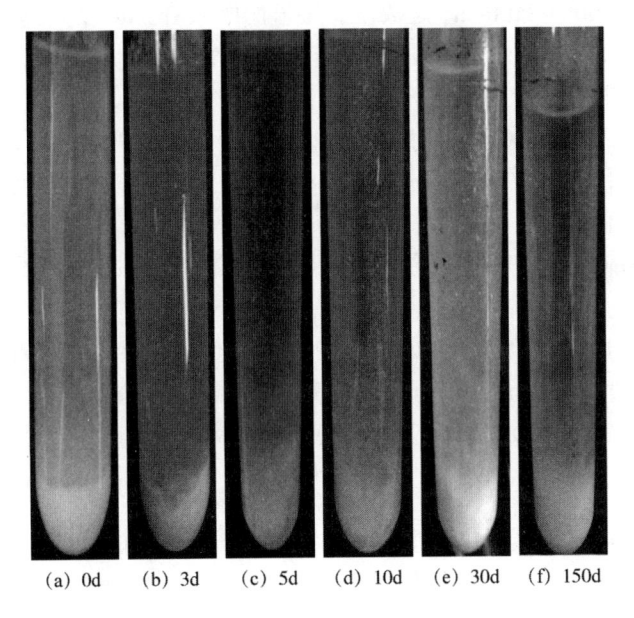

图 11.4　固化颗粒 PB-2 在模拟油中的稳定性

11.2　密度选择性堵剂化学结构表征

固化颗粒红外光谱如图 11.5 所示。

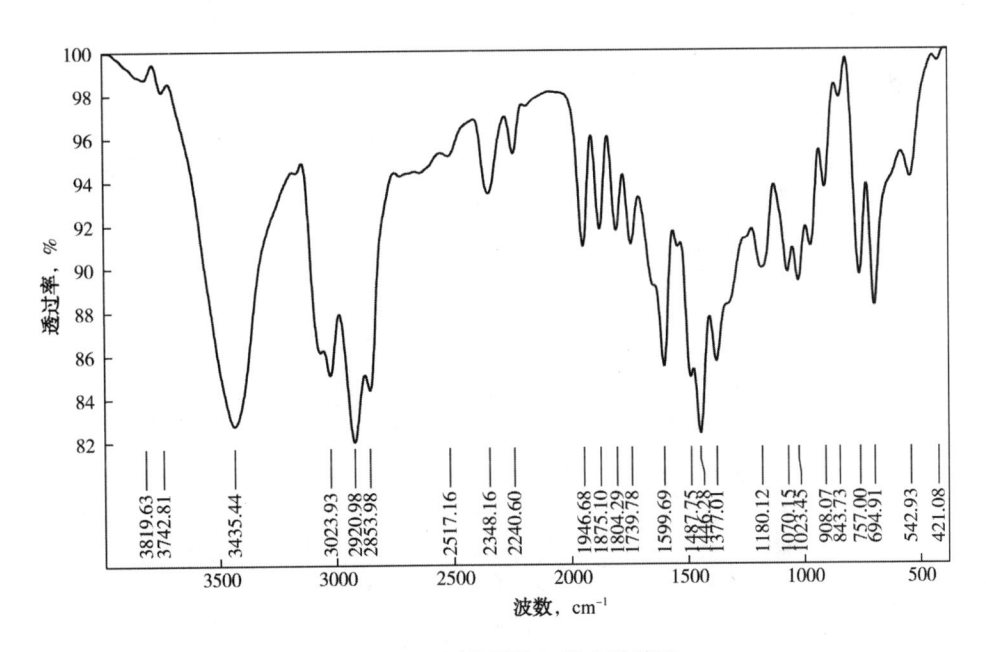

图 11.5　固化颗粒红外光谱谱图

(1) 图11.5在3000~3100cm^{-1}波数段有明显的吸收峰，可以大致判断为烯烃的C—H伸缩振动，但在1620~1680cm^{-1}波数段却没有烯烃的C=C伸缩振动，可以推测出该结构中没有C=C，而可能是聚合物。

(2) 图11.5在2800~3000cm^{-1}有明显的吸收峰，可以推测出该结构中有C—H的对称和不对称伸缩振动频率，而在1470cm^{-1}和1380cm^{-1}附近也有明显的吸收峰，可以推测为C—H的弯曲振动频率。

(3) 在800~1250cm^{-1}也有明显的吸收峰，可以推测为C—C骨架的振动，不过其特征性不强。

(4) 图11.5在1600cm^{-1}左右有明显吸收峰，可推测为苯环骨架的特征吸收峰；苯环的一元取代弯曲振动频率为650~770cm^{-1}，与图谱吻合。

综合上述信息，可以判定为该物质是不饱和芳环聚合物。

11.3 密度选择性堵剂悬浮展布性能评价

11.3.1 固化颗粒不同展布厚度封堵效果评价

为了更有效地选出堵剂最佳展布厚度，通过可视化物理模型考察不同展布厚度（2mm、3mm、4mm、5mm）对堵剂封堵效果的影响，优化铺展能力。所有的堵剂注入深度为溶洞高度3/4处、堵剂注入速度为0.5mL/min，注入水驱替速度为1mL/min。

从图11.6中发现，温敏粘连颗粒不同的展布厚度，对后续注水开采影响大，注入水锥进遇到硬质温敏粘连颗粒形成的悬浮隔板后，注入水转向驱替两边通道里的模拟油，扩大了注入水的波及系数，悬浮隔板越厚，注入水转向越早。

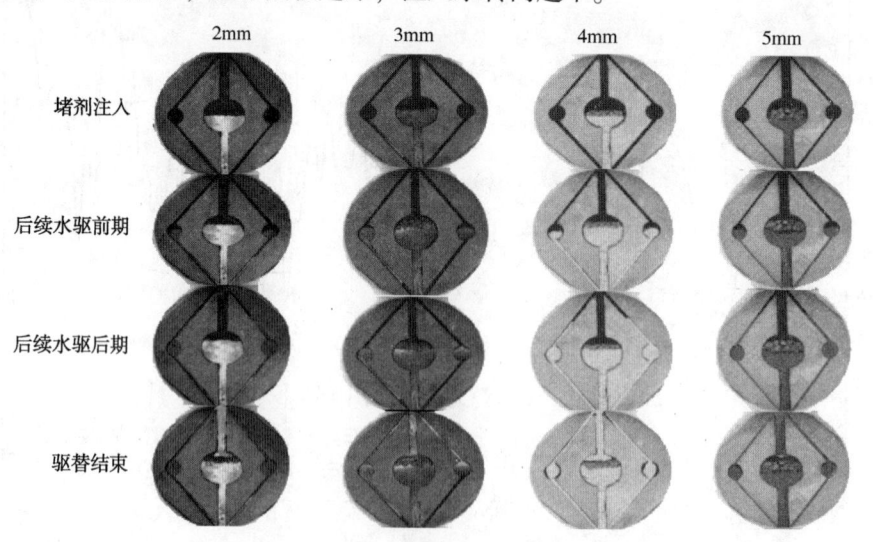

图11.6 不同展布厚度可视化驱替实验过程图

比较堵剂不同展布厚度下的水驱采收率曲线（图11.7），注入堵剂前采收率相差不大。

堵剂展布厚度为2mm时，最终采收率为86.67%；堵剂展布厚度为3mm时，最终采收率为91.25%；堵剂展布厚度为4mm时，最终采收率为85.32%；堵剂展布厚度为5mm时，采收率为80.27%。

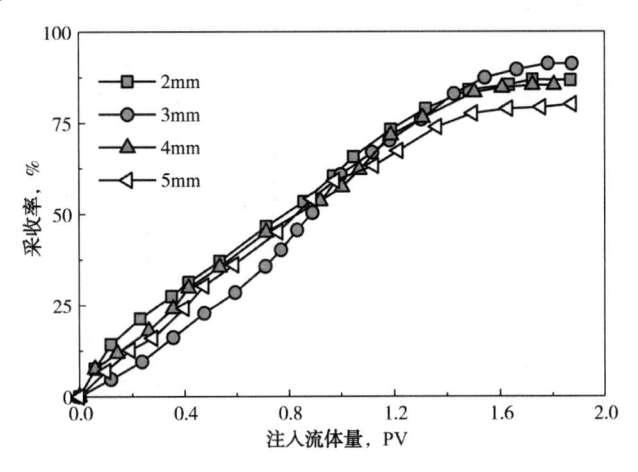

图 11.7 不同展布厚度采收率曲线图

从图 11.7 中发现，温敏粘连颗粒不同的展布厚度，对堵剂封堵效果有很大的影响。当展布厚度小于 3mm 时，采收率随着厚度的增加而增大，当展布厚度超过 3mm 时，最终采收率随着厚度的增加而减小，分析认为，注入水锥进时遇到颗粒形成的隔板后，注入水转向驱替两边通道里的模拟油，扩大了注入水的波及系数，致使最终采收率提高。考虑到实际油田生产注入情况，展布厚度 3mm 为最优的展布厚度，此时封堵性能最佳。

11.3.2 固化颗粒不同展布半径封堵效果评价

为了选出更有效的堵剂最佳展布半径，通过可视化物理模型考察堵剂不同展布半径（3mm、4mm、5mm、6mm），进而确定堵剂铺展特性对堵剂铺展效果的影响，以此来优化堵剂的展布能力。所有的堵剂注入深度为溶洞高度 3/4 处，堵剂注入速度为 0.5mL/min，注入水驱替速度为 1mL/min。

从图 11.8 中可以看出，展布半径不同，堵剂的封堵效果不同，隔板随着油水界面抬升，抑制了注入水的锥进，水沿着隔板底部扩散到隔板两侧，提高了注入水的波及面积。隔板抬升到溶洞顶部对注入水进行有效的封隔，迫使注入水转向两边通道，提高了采收率。

比较悬浮隔板不同展布半径下的水驱采收率曲线（图 11.9），悬浮隔板展布半径为 3mm 时，最终采收率为 81.34%；展布半径为 4mm 时，最终采收率为 85.42%；展布半径为 5mm 时，最终采收率为 91.25%；展布半径为 6mm 时，最终采收率为 94.48%。悬浮隔板展布半径从 5mm 增大到 6mm 时，最终采收率仅增加 3.23%。

从实验中可以发现，隔板下的油和水逐渐上升到隔板底面后，沿水平方向运移到隔板边部，进一步被开采出来。从图 11.9 中看出，展布半径越大，最终采收率越大。分析认为，展布半径越大，注入水向上锥进时隔板阻力越大，对注入水的锥进抑制效果越好，展布半径为 6mm 时相对水驱的采收率增幅最大为 26.45%，展布半径为 5mm 时采收率增幅

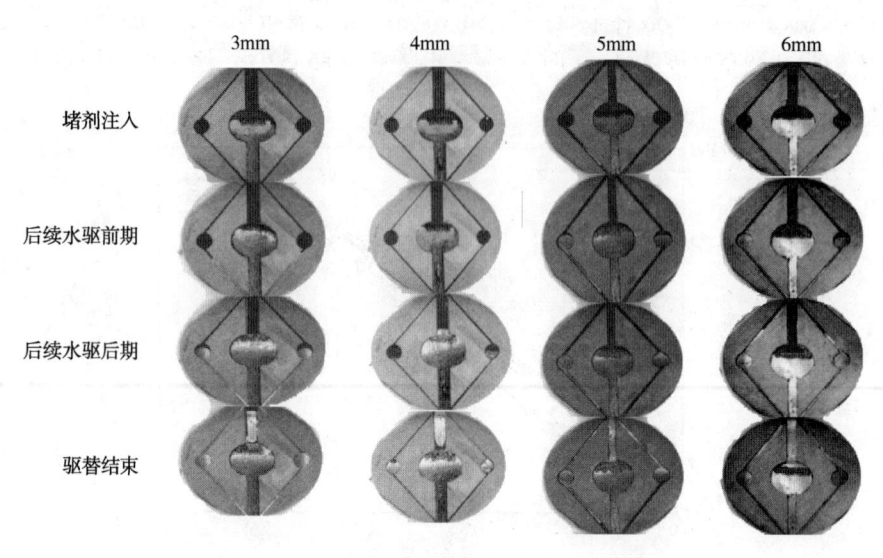

图 11.8　不同展布半径可视化微观驱替图

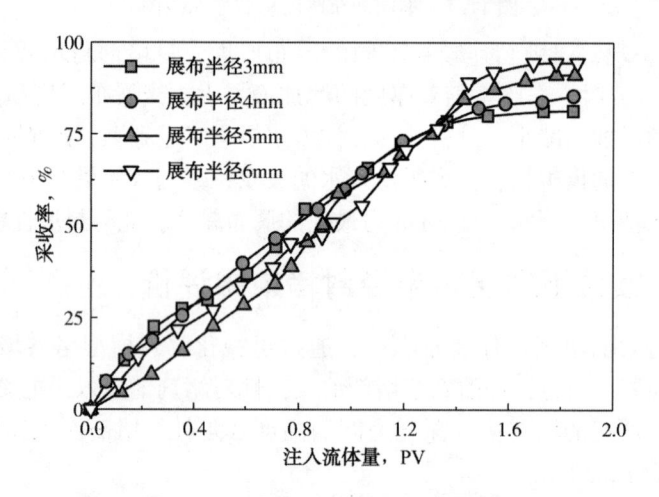

图 11.9　不同展布半径采收率曲线图

为 23.22%。考虑到成本问题和溶洞实际展布情况，优选展布半径 5mm 为最佳展布半径，堵水效果最优。

11.4　密度选择性堵剂悬浮堵水性能评价及堵水机理研究

11.4.1　堵水性能评价

利用未填充溶洞进行温敏粘连颗粒堵水实验，实验方法为：(1) 选取未填充溶洞模型，饱和地层水，测量模型孔隙体积；(2) 对模型进行水驱实验，记录出液后的稳定压力，计算堵剂注入前的水相渗透率 K_w；(3) 反向注入一定段塞大小的温敏粘连颗粒溶液，在

140℃高温下粘连;(4)对堵后的模型重新水驱,记录突破压力并待压力稳定后,计算模型堵后的水相渗透率 K'_w;(5)计算温敏粘连颗粒堵剂的堵水率。实验结果如图 11.10 所示。

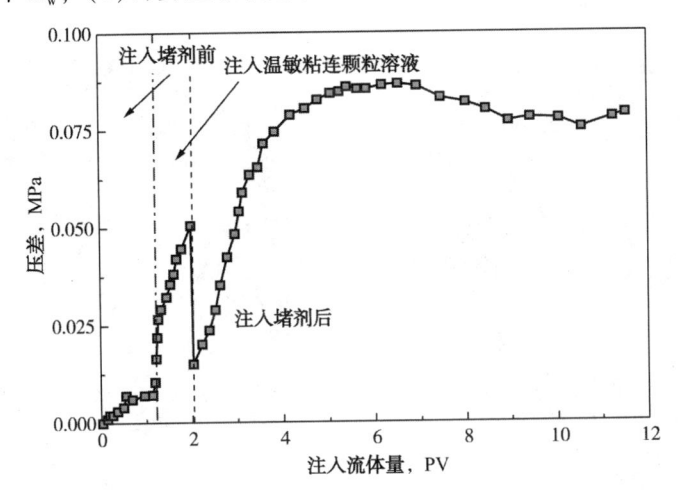

图 11.10 温敏粘连颗粒堵水率结果

根据公式计算,堵水率 $\varPhi_w = (K_w - K'_w)/K_w \times 100\% = 91.86\%$。

经测定,温敏粘连颗粒的堵水率高达 91.86%,封堵效果大于 90%,达到了合同规定的技术指标。

11.4.2 堵水机理研究

为了更清楚地观察实验现象,利用苏丹红将白油染为红色,利用溴酚蓝将模拟地层水染成蓝色,温敏粘连颗粒(驱替速度为 1mL/min)微观可视化实验结果如图 11.11 至图 11.14 所示。

从图 11.11 中看出,溶洞模型有中间裂缝—大溶洞—裂缝和两侧裂缝—小溶洞—裂缝,模拟溶洞型油藏。

图 11.12 中,注入水在中间裂缝—大溶洞—裂缝形成水流优势通道(水驱方向从下至上,下同),两边裂缝—小溶洞—裂缝中的剩余油在重力的抑制下难以被注入水波及,使得这两边的区域形成大片连续分布的剩余油,这类剩余油分布连续、含量高,是油田提高采收率的主要挖潜对象。

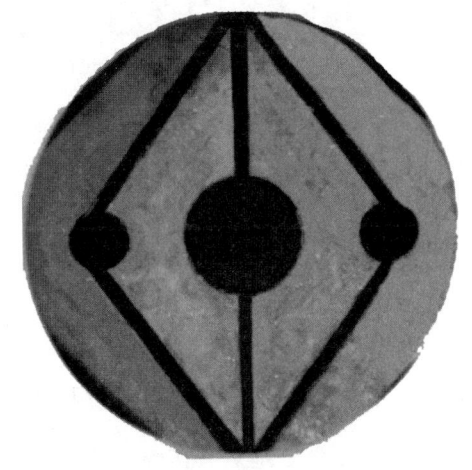

图 11.11 溶洞模型饱和油微观驱替图

溶洞型油藏"底水"是沿着高渗透层(中间优势通道)侵入油井的,对这些高渗透层进行封堵,可以提高水的波及系数,从而提高采收率,温敏粘连颗粒密度介于地层水和原油之间,利用重力分异作用可在溶洞中自动铺展,在油水界面处高温条件下静置形成一定强度的隔板,具有承压、封隔的双重作用,实现对溶洞型储层的深部封堵(图 11.13)。

由图 11.14 可知，在油水界面处高温条件下静置形成一定强度的隔板，具有承压、封隔的双重作用，实现对溶洞型储层的深部封堵。

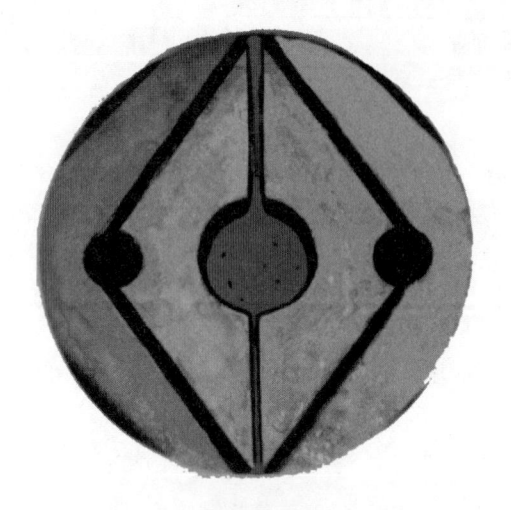

图 11.12　溶洞模型第一次水驱 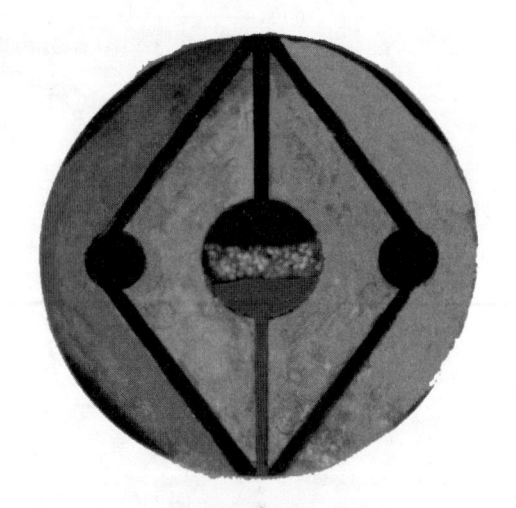　　　图 11.13　温敏粘连颗粒悬浮在油水界面上

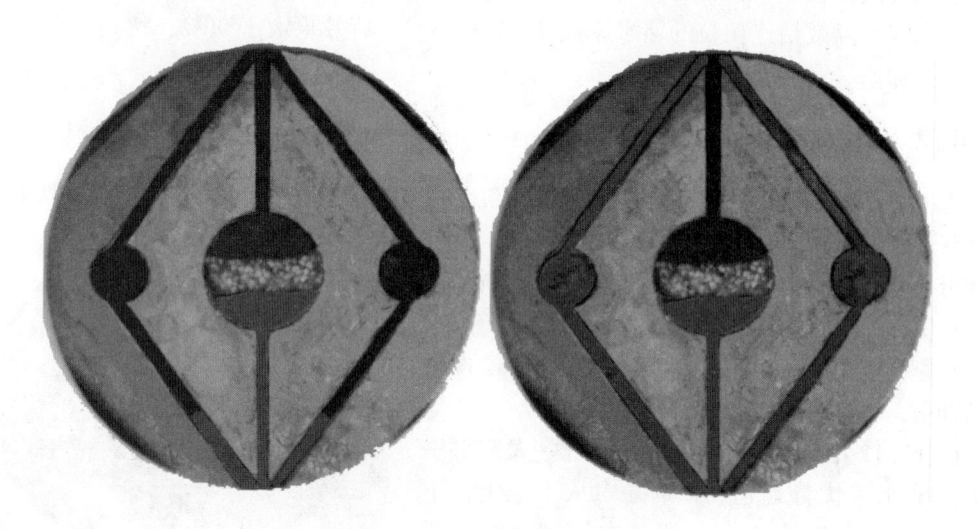

图 11.14　后续水驱之后的状态图

11.4.3　不同展布半径的堵水性能评价

为了更清楚地观察实验，观察温敏粘连颗粒不同展布半径的堵水效果，利用苏丹红将白油染为红色，利用溴酚蓝将模拟地层水染为蓝色(驱替速度为 1mL/min)，微观可视化实验具体结果如图 11.15 和图 11.16 所示。

注入一定量的温敏粘连颗粒，一段时间后形成的悬浮隔板具有一定强度，后续水驱时，注入水在中间通道推进时在隔板处受到阻力，注入压力进一步升高，注入水沿着两边的通道推进，提高油藏注入水的波及系数，使两侧的剩余油被驱替出来，从而提高了采收率。

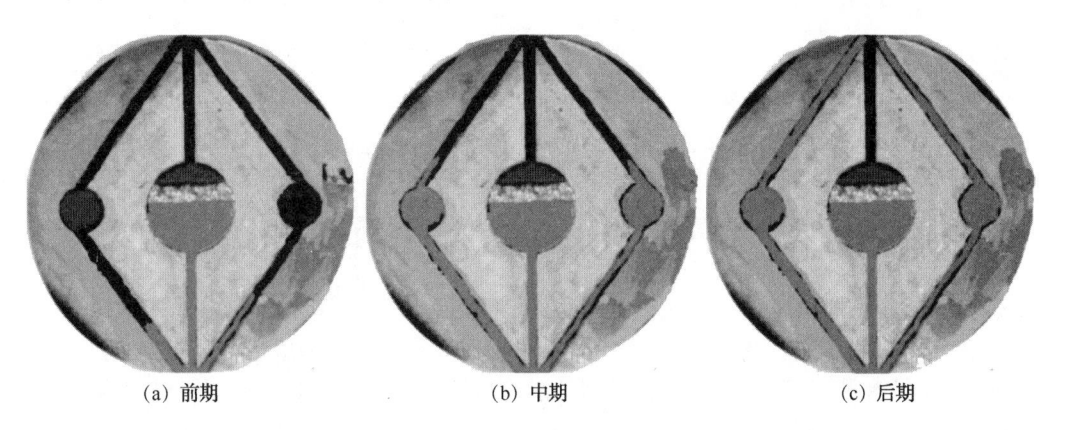

第11章 硬质温敏粘连颗粒密度选择性堵剂体系

(a) 前期　　　　　　　　(b) 中期　　　　　　　　(c) 后期

图11.15　注入温敏粘连颗粒后续水驱(展布在1/4大溶洞直径上部)

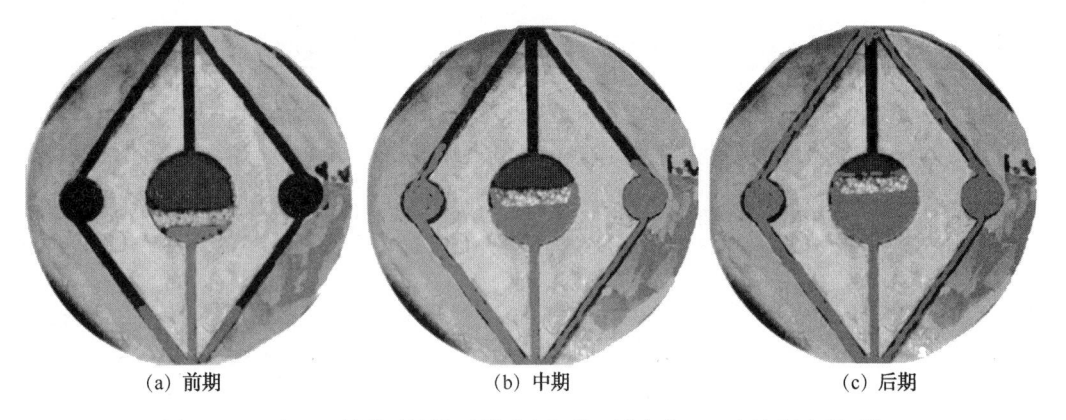

(a) 前期　　　　　　　　(b) 中期　　　　　　　　(c) 后期

图11.16　注入温敏粘连颗粒后续水驱初期(展布在1/4大溶洞直径下部)

第12章 纤维复合凝胶密度选择性堵剂体系

与第11章引入树脂PB构建了一种覆膜型温敏粘连固化颗粒悬浮隔板堵剂不同，本章通过耐温抗盐凝胶与纤维的偶联作用研制纤维复合凝胶堵剂，由此使得堵剂兼具耐温抗盐性及密度选择性双重功效。

12.1 密度选择性堵剂体系的基础配方筛选及评价

通过前期研究发现，纤维对凝胶具有增稳作用，若纤维具有优异的悬浮特性，则可将其与凝胶复配使用，制备纤维复合凝胶密度选择性堵剂。因此，首先考察了4种纤维的悬浮特性和热稳定性(140℃塔河水中30d纤维质量保留率)。由表12.1可知，聚丙烯纤维具有优异的热稳定性及悬浮特性，30d纤维质量保留率大于95%。

表12.1 140℃塔河水中30d纤维质量保留率

纤维类型	聚丙烯纤维	聚乙烯醇纤维	聚丙烯腈纤维	特种纤维
质量保留率,%	95.5	55.5	96.8	80.9
现象	漂浮	融为胶团下沉	下沉	下沉

以AM/AMPS+对苯二酚+乌洛托品+硫脲为基础配方，考察加入聚丙烯纤维对凝胶稳定性的影响，结果如图12.1所示。结果表明，90d脱水率仅为2.4%，稳定时间大于120d，由此说明聚丙烯纤维对凝胶具有优异的增稳作用。

(a) 1d　(b) 3d　(c) 5d　(d) 10d　(e) 18d　(f) 60d　(g) 90d　(h) 120d　(i) 150d　(j) 180d

图12.1 (基础配方+聚丙烯纤维)凝胶140℃稳定性

将上述聚丙烯纤维复合凝胶置于塔河水中，考察其悬浮特性及其热稳定性，结果如图 12.2 所示。聚丙烯纤维复合凝胶可悬浮在塔河水上，经过 90d 的老化后，纤维复合凝胶质量损失率仅为 8.7%，由此说明该悬浮隔板堵剂具有良好的热稳定性。

(a) 1d　　(b) 30d　　(c) 90d

图 12.2　140℃聚丙烯纤维复合凝胶悬浮稳定性

12.2　密度选择性堵剂体系化学结构表征

聚丙烯纤维复合凝胶红外光谱分析图谱如图 12.3 所示。在红外光谱分析图谱中，1203cm^{-1} 处出现了明显的振动吸收峰，该峰归属于苯环中的 C—H 振动吸收峰，由此说明芳环交联剂成功引入了凝胶结构中；同时，正常情况下酰氨基中的 C=O 的振动吸收峰在 1600cm^{-1} 处，但该图谱中酰氨基中的 C=O 的振动吸收峰移至 1629cm^{-1} 处，发生明显的移动，由此说明 AM/AMPS 中的酰氨基与交联剂发生了交联反应。同时，在 1403cm^{-1} 处出现了明显的吸收峰，该峰属于烯烃的 C—H 弯曲振动吸收峰，由此说明凝胶中含有聚丙烯纤维。

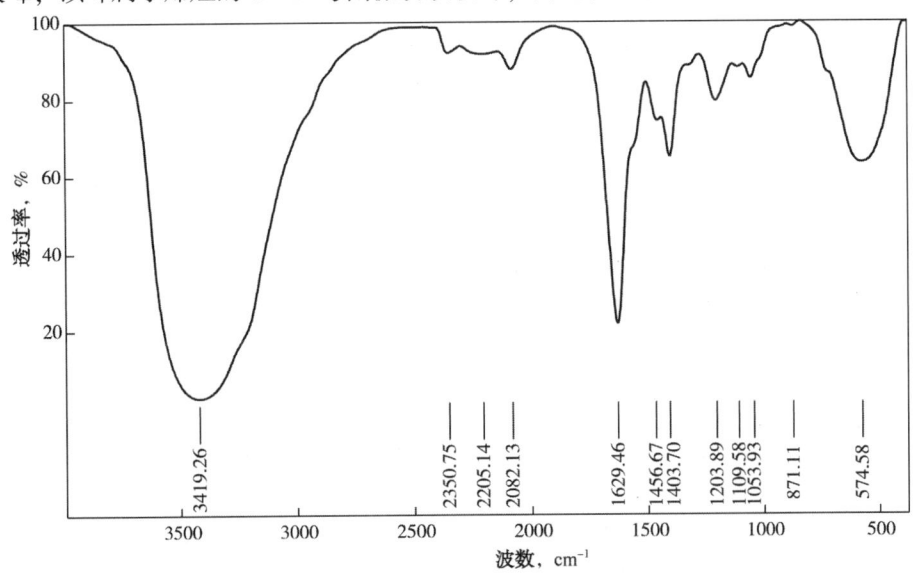

图 12.3　红外光谱分析图谱

12.3 密度选择性堵剂悬浮展布性能评价

为了选出更有效的堵剂最佳展布半径,通过可视化物理模型考察堵剂不同展布厚度(3mm、4mm、5mm、6mm),进而确定堵剂铺展特性对堵剂铺展效果的影响,以此来优化堵剂的展布能力。所有的堵剂注入深度为溶洞高度3/4处、堵剂注入速度为1mL/min,注入水驱替速度为1mL/min。

从图12.4中可以看出,纤维复合凝胶展布厚度不同,堵剂的封堵效果不同,随着注入水的推进,纤维复合凝胶从溶洞顶部运移到上方裂缝中,对注入水起到有效的封隔,迫使注入水转向两边通道,提高了采收率。

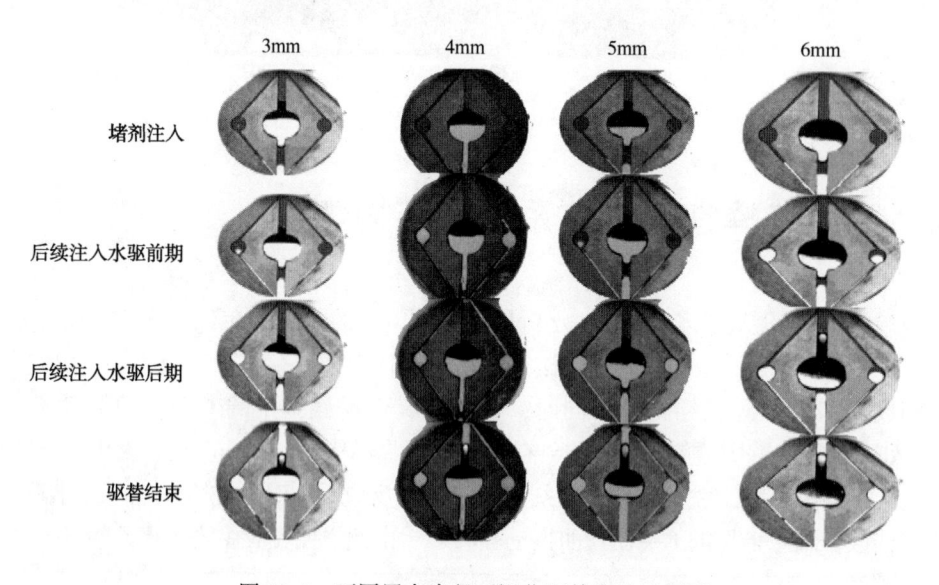

图12.4 不同展布半径可视化驱替实验过程图

比较堵剂的不同展布情况(图12.5),随着纤维复合凝胶展布半径的增大,采收率逐渐增大。当堵剂展布厚度为6mm时,最终采收率为90.04%;当堵剂展布厚度为5mm时,最终采收率为87.34%;当堵剂展布厚度为4mm时,最终采收率为83.85%;当堵剂展布厚度为3mm时,最终采收率仅有81.33%。可以从图12.5中发现,当堵剂展布厚度为6mm时,最终采收率最大。从实验中发现,纤维复合凝胶展布半径越大时,凝胶展布厚度越大,注入水向上锥进时的阻力越大,凝胶对注入水的锥进抑制效果越好,展布半径为6mm时相对(水驱采收率68.05%)采收率增幅为21.99%。纤维复合凝胶的展布规律和硬质温敏粘连颗粒展布规律略有不同,虽然都是通过堵剂注入量控制展布厚度,但凝胶易变形,展布厚度越大,展布半径也越大,与前面的微观实验现象吻合。

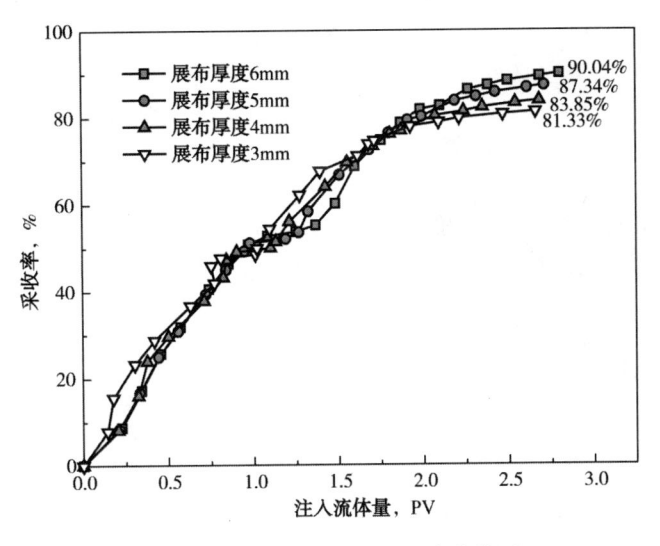

图 12.5　不同展布厚度采收率曲线图

12.4　密度选择性堵剂悬浮封堵底水性能评价及堵水机理研究

12.4.1　堵水性能评价

利用未填充溶洞进行纤维复合凝胶堵水率测试实验，实验方法同 6.4 节，实验结果如图 12.6 所示。

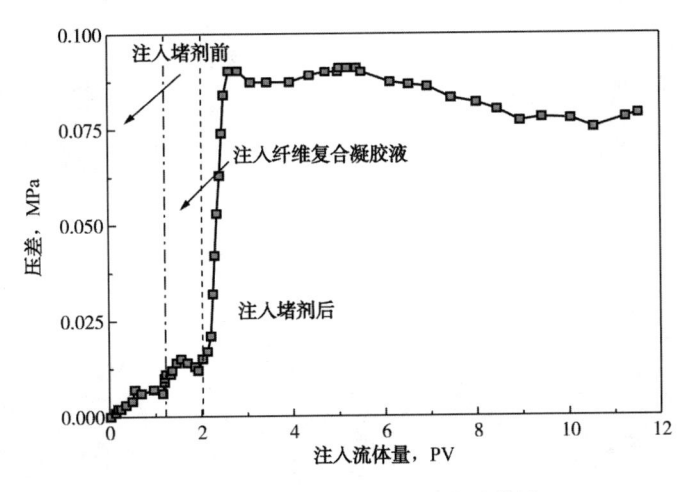

图 12.6　纤维复合凝胶堵水实验结果

根据公式计算，堵水率 $\varPhi_w = (K_w - K'_w)/K_w \times 100\% = 92.31\%$。

根据封堵率实验可知，纤维复合凝胶的堵水率高达 92.31%，封堵效果大于 90%，封堵效果较好。

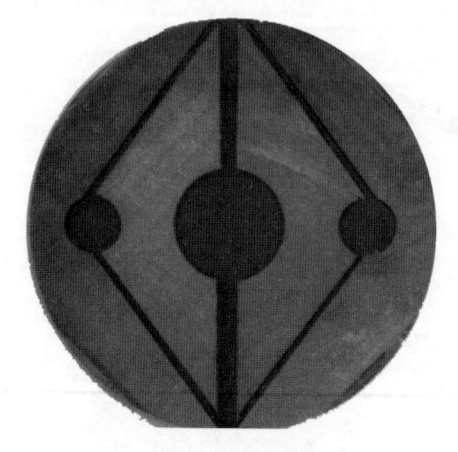

12.4.2 堵水机理研究

为了更清楚地观察实验现象，利用苏丹红将白油染为红色，利用溴酚蓝将模拟地层水染为蓝色(驱替速度为 1mL/min)，微观可视化实验具体结果如图 12.7 至图 12.10 所示(展布在 1/2 大溶洞直径)。

图 12.8 为溶洞模型一次水驱后油水分布状态图(驱替方向由下至上，下同)，驱替过程中，水沿中间优势通道驱替并突破前缘，剩余油主要分布在两侧裂缝—小溶洞—裂缝通道中。水井含水率大于 80%后进行卡水，封堵效果好，

图 12.7 溶洞模型饱和油之后的状态图

此时主力油层基本水洗，非主力油层难以发挥作用，高含水期后，剩余油厚度越来越小，并接近水锥高度，既有水淹严重的大缝大洞，又有剩余油较多的小缝小洞，此时动用程度较低的剩余油是挖潜的主要对象。

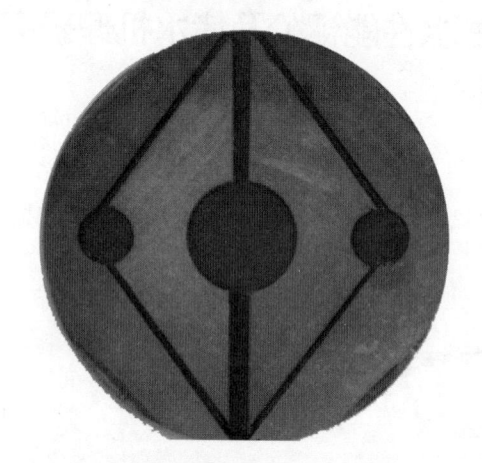

图 12.8 溶洞模型一次水驱之后油水分布    图 12.9 纤维复合凝胶形成悬浮隔板

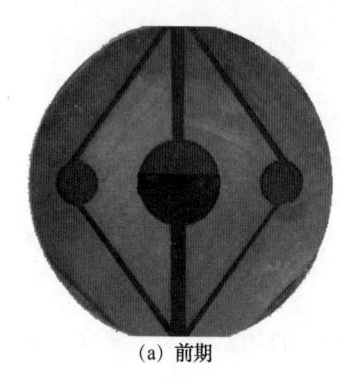

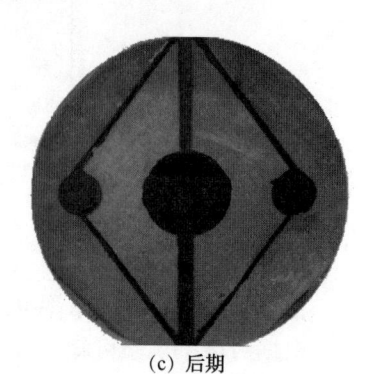

(a) 前期   (b) 中期   (c) 后期

图 12.10 后续水驱之后的微观驱替图

溶洞型油藏储集空间大，流体易通过密度相互置换的优势，利用地层水、复合凝胶、油三者之间的重力，使得复合凝胶选择性地在油水界面上驻留并自动铺展，静置一段时间后形成具有一定强度的隔板，阻止底水过快上侵。

溶洞内注入复合凝胶，抑制水的窜流和锥进，从而使驱替能量扩大到含油饱和度较高的相对低渗透层，改变纵向上的产液剖面和裂缝系统的产量布局，使得注入水向两边区域推进，提高波及系数，提高水驱效率，从而改善油藏的开发效果。

12.4.3 不同展布半径的堵水性能评价

为了更清楚地观察实验，观察凝胶的不同展布半径的堵水效果，利用苏丹红将白油染为红色，利用溴酚蓝将模拟地层水染为蓝色(驱替速度为1mL/min)，微观可视化实验具体结果如图12.11至图12.14所示。

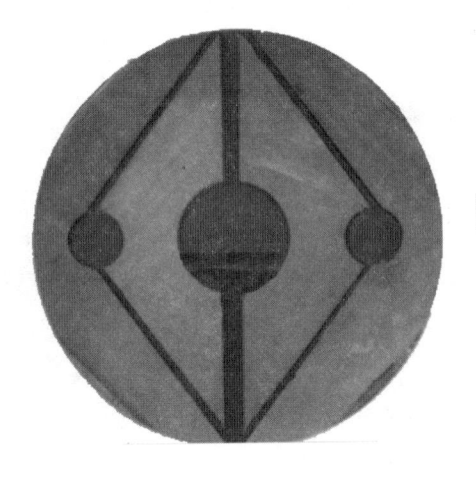

图12.11 注入纤维复合凝胶(展布在1/4大溶洞直径下部)

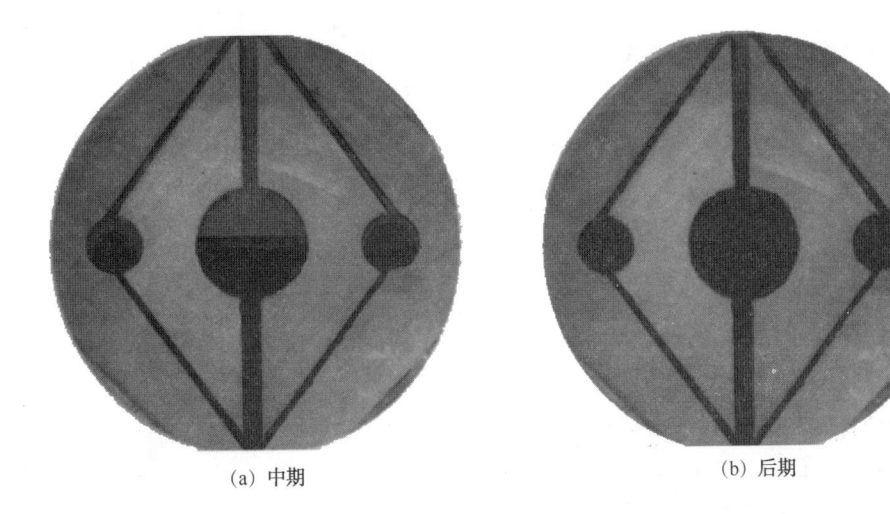

(a) 中期　　　　　　　　　(b) 后期

图12.12 后续水驱不同阶段的微观驱替图

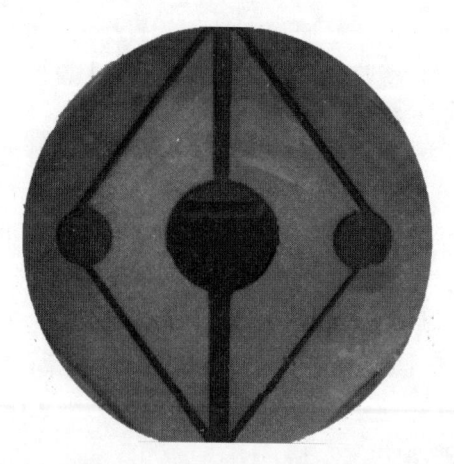

图12.13　注入纤维复合凝胶(展布在1/4大溶洞直径上部)

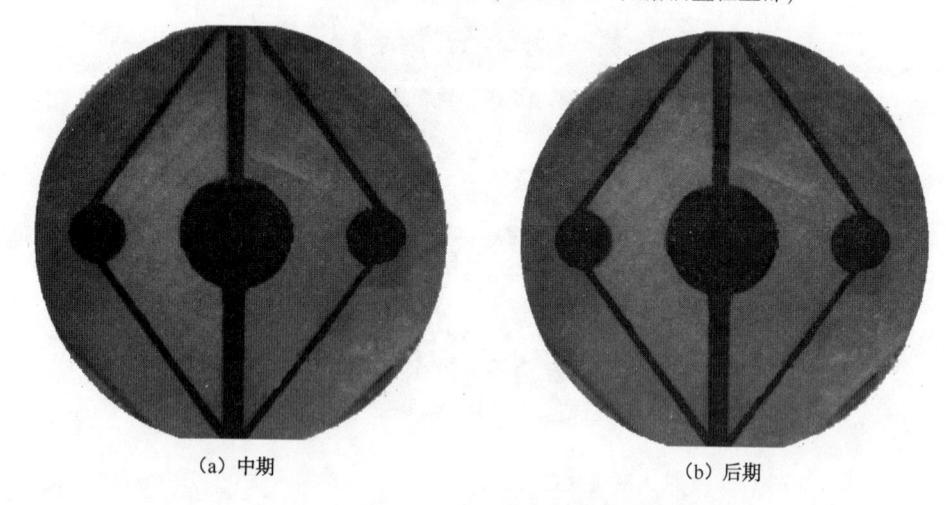

(a) 中期　　　　　　　　　　　(b) 后期

图12.14　后续水驱微观驱替图

水沿中间优势通道驱替并突破前缘，剩余油主要分布在两侧裂缝—小溶洞—裂缝通道中。利用地层水、复合凝胶、油三者之间的密度差，使得复合凝胶在油水界面上驻留并自动铺展，纤维复合凝胶能很好地铺展在油水界面上，溶洞内注入复合凝胶，起到封堵底水的作用，抑制水的窜流，使注入水向两边区域推进，由于存在油水密度差异和油与模型之间的作用力，两侧区域裂缝中有大量"油膜"状的剩余油。

12.5　本章小结

（1）针对塔河油田缝洞型油藏的特殊条件，优选出了密度选择性堵剂——硬质温敏粘连颗粒。该颗粒可稳定悬浮在油水界面上，具有较强的密度选择性。经过老化后，颗粒粘连在一起形成高韧性的弹性体，而且老化150d后未出现降解现象，具有优异的热稳定性。颗粒展布厚度越厚、展布半径越大，对水的封堵效果越好，提高采收率幅度越高。

(2）制备了密度选择性堵剂—聚丙烯纤维复合凝胶，最优凝胶配方为：AM/AMPS+对苯二酚+乌洛托品+硫脲+聚丙烯纤维。聚丙烯纤维复合凝胶可悬浮在塔河水上，经过 90d 的老化后，纤维复合凝胶质量损失率仅为 8.7%，该悬浮隔板堵剂具有良好的热稳定性。纤维复合凝胶展布厚度、展布半径对其封堵底水具有重要的影响，展布厚度越厚、展布半径越大，越有利于提高原油采收率。

参 考 文 献

[1] 李宗阳,谭河清,李林祥,等.聚合物驱后期油藏注采耦合技术提高采收率研究及应用[J].油气地质与采收率,2019,26(6):115-121.

[2] 周敏.油田污水对聚合物粘度影响及对策研究[J].化工管理,2018(13):93-94.

[3] Yegane Khoshkalam, Maryam Khosravi, Behzad Rostami. Role of viscous cross-flow and emulsification in recovery of bypassed oil during foam injection in a microfluidic matrix-fracture system[J]. Journal of Petroleum Science and Engineering, 2020, 190: 107076.

[4] 赵国忠,李美芳,郑宪宝,等.低渗透油田注水开发外流水量评估方法[J].大庆石油地质与开发,2020(4):48-52.

[5] 杨森,许关利,刘平,等.稠油化学降粘复合驱提高采收率实验研究[J].油气地质与采收率,2018,25(5):80-86,109.

[6] 隋跃华,关芳,何维国,等.低密度固结型堵漏剂:CN103740351A[P].2014-04-23.

[7] 高明,王强,顾鸿君,等.新疆砾岩油藏七东1区聚合物驱研究[J].科学技术与工程,2012,12(22):5597-5601.

[8] 郭兰磊.聚合物驱提高原油采收率的动态规划方法研究[D].青岛:中国石油大学(华东),2010.

[9] 韩杰.高温油藏聚合物驱及复合驱技术研究[D].北京:中国地质大学(北京),2010.

[10] 徐学品.高含水期油藏聚合物驱后剩余油分布规律及挖潜研究[D].北京:中国地质大学(北京),2009.

[11] 佟占祥.砾岩油藏聚合物驱提高采收率机理研究[D].北京:中国科学院研究生院(渗流流体力学研究所),2008.

[12] 杨希志.聚合物驱降压增注技术及机理研究[D].大庆:大庆石油学院,2008.

[13] 雷占祥.常规稠油厚油层高含水期聚合物—微凝胶调驱规律研究[D].青岛:中国石油大学(华东),2007.

[14] 吴文祥,张涛,胡锦强.高浓度聚合物注入时机及段塞组合对驱油效果的影响[J].油田化学,2005(4):332-335.

[15] 郑波,侯吉瑞,张蔓,等.应用CT技术研究交联聚合物驱油机理[J].新疆石油地质,2016,37(1):97-101.

[16] 高明军.聚驱后聚合物表面活性剂驱提高采收率实验研究[D].大庆:大庆石油学院,2009.

[17] 杨二龙.孔隙尺度下聚合物驱油渗流规律研究[D].大庆:大庆石油学院,2008.

[18] 石玲.多元接枝聚表剂性能评价及驱油机理研究[D].北京:中国科学院研究生院(渗流流体力学研究所),2008.

[19] 朱怀江,杨静波.3种新型聚合物驱油效率对比研究[J].油田化学,2003,20(1):35-39.

[20] 刘洋,刘春泽.粘弹性聚合物溶液提高驱油效率机理研究[J].中国石油大学学报(自然科学版),2007,31(2):91-94.

[21] 赵玉武.低渗透油藏纳微米聚合物驱油实验和渗流机理研究[D].北京:中国科学院研究生院(渗流流体力学研究所),2010.

[22] 韩显卿.提高采收率原理[M].北京:石油工业出版社,1993.

[23] 沈平平,俞稼镛.大幅度提高石油采收率的基础研究[M].北京:石油工业出版社,2001.

[24] 赵福麟.油田化学[M].东营:石油大学出版社,2001.

[25] 郑延成,赵明奎,张中华.深部调剖剂驱油交联剂的研究[J].精细石油化工进展,2003,4(8):30-32.

[26] 陈涛平,赵斌,贺如.二氧化碳-表活剂-蒸汽复合驱驱替方式优化[J].科学技术与工程,2018,18(26):96-102.

[27] 郭平,焦松杰,陈馥,等.非离子低分子表面活性剂优选及驱油效率研究[J].石油钻采工艺,2012,34(2):81-84.

[28] 周雅萍,郭冬梅,潘利华,等.SP二元复合驱提高重质原油驱油效率室内实验研究[J].精细石油化工进展,2010,11(8):1-4.

[29] 赵涛涛,宫厚健,徐桂英,等.阴离子表面活性剂在水溶液中的耐盐机理[J].油田化学,2010,27(1):112-118.

[30] 刘贺.浅谈非离子表面活性剂的特点与应用[J].皮革与化工,2012,29(2):20-26,30.

[31] 张微,于涛.三次采油中甜菜碱型表面活性剂的研究进展[J].化学工程师,2013,27(1):42-45.

[32] 王任芳,李克华,雷庆虹.阴离子-非离子两性表面活性剂的合成[J].长江大学学报(自然科学版),2006,3(1):32-33.

[33] 杨文新,沙鸥,何建华,等.耐温抗盐阴-非离子表面活性剂研究及应用[J].油田化学,2013,30(3):416-419,424.

[34] Guo J,Shi X,Yang Z,et al. Synthesis of temperature-resistant and salt-tolerant surfactant SDB-7 and its performance evaluation for Tahe Oilfield flooding(China)[J]. Petroleum Science,2014,11(4):584-589.

[35] 陈欣,周明,夏亮亮,等.两种油田用阴-非离子表面活性剂PDES和ODES的性能[J].油田化学,2016,33(1):103-106.

[36] 丁伟,宋成龙,李博洋.壬基酚甜菜碱两性表面活性剂的合成和抗温耐盐性能[J].应用化学,2015,32(8):922-930.

[37] 张帆,张群,周朝辉,等.耐温抗盐甜菜碱表面活性剂的表征及性能研究[J].油田化学,2011,28(4):427-430.

[38] 周明,乔欣,邱丹,等.一种新型甜菜碱表面活性剂N,N',N''-十二烷基二乙烯三胺五乙酸钠的合成与性能评价[J].油田化学,2016,33(1):107-111.

[39] 王元庆,林长志,王连生,等.碳酸盐岩稠油油藏热采驱油剂的性能评价[J].地质科技情报,2015,34(4):165-169.

[40] 刘晓臣,牛金平,李秋小,等.α-烯基磺酸钠和烷基二苯醚双磺酸钠复配体系的耐盐能力及界面性能[J].日用化学工业,2011,41(3):168-171.

[41] 王辉辉.高活性氟碳表面活性剂研究[D].青岛:中国石油大学(华东),2008.

[42] 周杰华.新型全氟聚醚衍生氟碳表面活性剂的合成及性能[D].上海:东华大学,2013.

[43] Zhu Y,Xu Q,Luo Y. Studies on foam flooding formulation for complex fault block sandstone reservoir[C]. Abu Dhabi International Petroleum Exhibition & Conference,2016.

[44] 郝建玉.双子型烷基苯磺酸盐的合成与应用[J].当代化工,2013,42(2):163-164.

[45] 方文超,唐善法,刘功威.新型阴离子双子表面活性剂的表面活性及耐盐性能研究[J].石油化工应用,2012,31(1):54-57.

[46] 沈之芹,李应成,沙鸥,等.高活性阴离子-非离子双子表面活性剂合成及性能[J].精细石油化工进展,2011,12(9):25-29.

[47] 武俊文,熊春明,雷群,等.阳离子型双子表面活性剂在制备耐高温、高矿化度泡排剂中的应用[J].石油钻采工艺,2016,38(2):256-259,266.

[48] 穆建郡.石油磺酸盐WPS及其在孤岛油田提高采收率中的应用[D].成都:西南石油学院,2002.

[49] 林必桂,于云江,向明灯,等.基于气相/液相色谱-高分辨率质谱联用技术的非目标化合物分析方

法研究进展[J]. 环境化学, 2016, 35(3): 466-476.

[50] 胡迪, 李川, 董倩倩, 等. 油田区土壤石油烃组分残留特性研究[J]. 环境科学, 2014, 35(1): 227-232.

[51] 刘蕾, 李文宏, 王丽莉, 等. 长庆原油组分对甜菜碱表面活性剂溶液界面张力的影响[J]. 油田化学, 2016, 33(2): 291-294.

[52] 杨林, 李茜秋. 原油性质对三元复合体系形成超低界面张力的影响[J]. 大庆石油地质与开发, 2000, 19(2): 37-39.

[53] 陈锡荣, 黄凤兴. 驱油用耐温抗盐表面活性剂的研究进展[J]. 石油化工, 2010, 39(12): 1307-1312.

[54] 邢欣欣. 适用恶劣油藏的两性离子表面活性剂的设计合成及性能[D]. 大庆: 东北石油大学, 2013.

[55] 张凤英, 杨光, 刘延彪, 等. 高温高盐油藏用化学驱油剂的研究[J]. 精细石油化工进展, 2005, 6(5): 8-11.

[56] 毛建明. 烷基酚聚氧乙烯醚硫酸酯盐的合成与性能[D]. 无锡: 江南大学, 2015.

[57] 黄海龙, 李红玉, 张雷, 等. 聚氧乙烯醚型表面活性剂的合成及表面性质[J]. 高等学校化学学报, 2014, 35(6): 1330-1335.

[58] 丁阳, 季定纬, 黄丹. 壬基酚聚氧乙烯醚琥珀酸二酯磺酸钠的合成及染色应用[J]. 现代化工, 2016, 36(5): 78-81.

[59] 汪学良, 刘猛帅, 赵地顺, 等. 脂肪醇聚氧乙烯醚磺酸盐的合成研究进展[J]. 河北师范大学学报(自然科学版), 2013, 37(2): 205-210.

[60] 赵晓辉, 王云, 安东, 等. 脂肪醇聚氧乙烯醚磺酸盐合成方法的改进[J]. 精细石油化工, 2016, 33(1): 11-16.

[61] 康瑛鑫, 汪学良, 张立红, 等. 聚氧乙烯醚磺酸盐类表面活性剂的合成与性能[J]. 煤炭与化工, 2013, 36(4): 47-50.

[62] Shinto H, Tsuji S, Miyahara M, et al. Molecular dynamics simulations of surfactant aggregation on hydrophilic walls in micellar solutions[J]. Langmuir, 1999, 15(2): 578-586.

[63] Smit B, Schlijper A, Rupert L, et al. Effects of chain length of surfactants on the interfacial tension: molecular dynamics simulations and experiments[J]. The Journal fo physical chemistry, 1990, 94(18): 6933-6935.

[64] 刘国宇, 顾大明, 丁伟, 等. 表面活性剂界面吸附行为的分子动力学模拟[J]. 石油学报(石油加工), 2011, 27(1): 77-84.

[65] Adcox K, Adler S, Afanasiev S, et al. Formation of dense partonic matter in relativistic nucleus-nucleus collisions at RHIC: experimental evaluation by the PHENIX Collaboration[J]. Nuclear Physics A, 2005, 757(1-2): 184-283.

[66] Andersen H C. Molecular dynamics simulations at constant pressure and/or temperature[J]. The Journal of Chemical Physics, 1980, 72(4): 2384-2393.

[67] Baaden M, Burgard M, Wipff G. TBP at the water-oil interface: the effect of TBP concentration and water acidity investigated by molecular dynamics simulations[J]. The Journal of Physical Chemistry B, 2001, 105(45): 11131-11141.

[68] Jang S S, Lin S T, Maiti P K, et al. Molecular dynamics study of a surfactant-mediated decane-water interface: effect of molecular architecture of alkyl benzene sulfonate[J]. The Journal of Physical Chemistry B, 2004, 108(32): 12130-12140.

[69] 李振泉, 郭新利, 王红艳, 等. 阴离子表面活性剂在油水界面聚集的分子动力学模拟[J]. 物理化

学学报，2009，25(1)：6-12.

[70] Van Buuren A R, Marrink S J, Berendsen H J. A molecular dynamics study of the decane/water interface [J]. Journal of Physical Chemistry, 1993, 97: 9206-9206.

[71] Liu J, Zhao Y, Ren S. Molecular dynamics simulation of self-aggregation of asphaltenes at an oil/water interface: formation and destruction of the asphaltene protective film[J]. Energy Fuels, 2015, 29(2): 1233-1242.

[72] Sedghi M, Piri M, Goual L. Atomistic molecular dynamics simulations of crude oil/brine displacement in calcite mesopores[J]. Langmuir, 2016, 32(14): 3375-3384.

[73] Yuan Chengdong, Pu Wanfen, Wang Xiaochao, et al. Effects of interfacial tension, emulsification, and surfactant concentration on oil recovery in surfactant flooding process for high temperature and high salinity reservoirs[J]. Energy & Fuels, 2015, 29(10): 6165-6176.

[74] 梁保红，葛际江，张贵才，等．聚氧丙烯醚型表面活性剂结构及矿化度对油水界面张力的影响[J]．西安石油大学学报(自然科学版)，2008，23(2)：58-62.

[75] 苑慧莹．复合驱用表面活性剂在大庆油砂上的吸附滞留研究[D]．大庆：大庆石油学院，2007.

[76] 汪淑娟．三元复合体系驱油效果影响因素研究[D]．大庆：大庆石油学院，2004.

[77] 王业飞，熊生春，何英，等．孤岛油田调驱试验中高效驱油剂的研究[J]．精细石油化工，2005，10(5)：17-20.

[78] 唐孝芬．国内外堵水调剖技术最新进展及发展趋势[J]．石油勘探与开发，2007，34(1)：83-86.

[79] 殷艳玲，张贵才．化学堵水调剖剂综述[J]．油气地质与采收率，2003，10(6)：64-66.

[80] Needham R, Threlkeld C. Control of water mobility using polymers and multivalent cations[C]. SPE 4747, 1974.

[81] 唐孝芬，吴奇，刘戈辉，等．区块整体弱凝胶调驱矿场试验及效果[J]．石油学报，2003，24(4)：58-61.

[82] Sydansk R D. A new conformance-improvement-treatment chromium(III) Gel Technology[C]. SPE 17329, 1988.

[83] Deolarte C, Vasquez J E, Soriano J E, et al. Successful combination of an organically crosslinked polymer system and a rigid-setting material for conformance control in Mexico[J]. SPE Production & Operations, 2009, 24(4): 522-529.

[84] Boye B, Rygg A, Jodal C, et al. Development and evaluation of a new environmentally acceptable conformance sealant[C]. SPE 142417, 2011.

[85] He H, Wang Y, Qi Z, et al. The study of an inorganic gel for profile modification in high-temperature and low-permeability sandstone reservoirs[J]. Petroleum Science and Technology, 2013, 31(19): 1940-1947.

[86] Jain R, Mc Cool C S, Green D W, et al. Reaction kinetics of the uptake of chromium(III) acetate by polyacrylamide[J]. SPE Journal, 2005, 10(3): 247-255.

[87] 李克华，王任芳，赵福麟，等．铬离子与聚丙烯酰胺交联反应动力学研究[J]．石油学报(石油加工)，2001，17(6)：50-55.

[88] 陈艳玲，杨问华，袁军华，等．聚丙烯酰胺/醋酸铬与聚丙烯酰胺/酚醛胶态分散凝胶的纳米颗粒自组织分形结构[J]．高分子学报，2002(5)：592-597.

[89] 张明霞，杨全安，王守虎．堵水调剖剂的凝胶性能评价方法综述[J]．钻采工艺，2007，30(4)：130-133.

[90] 卢祥国，胡勇，宋吉水，等．Al^{3+}交联聚合物分子结构及其识别方法[J]．石油学报，2005，26(4)：

73-76.

[91] Klaveness T M, Ruoff P. Kinetics of the crosslinking of polyacrylamide with Cr(Ⅲ). analysis of possible mechanisms[J]. The Journal of Physical Chemistry, 1994, 98(40): 10119-10123.

[92] Hunt J, Young T, Green D, et al. A study of Cr(Ⅲ)-polyacrylamide reaction kinetics by equilibrium dialysis[J]. AIChE Journal, 1989, 35(2): 250-258.

[93] Koohi A D, Seftie M V, Ghalam A. Rheological characteristics of sulphonated polyacrylamide/chromium triacetate hydrogels designed for water shut-off[J]. Iranian Polymer Journal, 2010, 19(10): 757-770.

[94] Wang G X, Wang Z H, Chen Z Q, et al. Rate equation of gelation of chromium(Ⅲ) - polyacrylamide sol [J]. Chinese Journal of Chemistry, 1995, 13(2): 97-104.

[95] Chauveteau G, Tabary R, Renard M. Controlling In-Situ Gelation of Polyacrylamides by Zirconium for Water Shutoff[C]. SPE 50752, 1999.

[96] Liu J, Lu X, Sui S. Synthesis, evaluation, and gelation mechanism of organic chromium[J]. Journal of Applied Polymer Science, 2012, 124(5): 3669-3677.

[97] Vargas-Vasquez S M, Romero-Zerón L B. A review of the partly hydrolyzed polyacrylamide Cr(Ⅲ)acetate polymer gels[J]. Petroleum Science and Technology, 2008, 26(4): 481-498.

[98] Wang W, Liu Y, Gu Y. Application of a novel polymer system in chemical enhanced oil recovery(EOR) [J]. Colloid and Polymer Science, 2003, 281(11): 1046-1054.

[99] Moradi-Araghi A. A review of thermally stable gels for fluid diversion in petroleum production[J]. Journal of Petroleum Science and Engineering, 2000, 26(1): 1-10.

[100] Vargas-Vasquez S M, Romero-Zerón L B, MacMillan B. Analysis of syneresis of HPAM/Cr(Ⅱ) and HPAM/Cr(Ⅲ)acetate gels through ^{1}H nuclear magnetic resonance, bottle testing, and UV-vis spectroscopy[J]. Petroleum Science and Technology, 2009, 27(15): 1727-1743.

[101] Jia H, Zhao J Z, Jin F Y. New insights into the gelation behavior of polyethyleneimine cross-linking partially hydrolyzed polyacrylamide gels. Industrial & Engineering Chemistry Research[J]. 2012, 51(38): 12155-12166.

[102] Albonico Paola, Bartosek Martin, Malandrino Alberto. Studies on phenol-formaldehyde crosslinked polymer gels in bulk and in porous media[C]. SPE 28983, 1995.

[103] Sydansk R D, Southwell G P. More than 12 years' experience with a successful conformance control polymergel technology[C]. SPE 66558, 2000.

[104] Hardy M, Botermans W, Hamouda A, et al. The first carbonate field application of a new organically crosslinked water shutoff polymer system[C]. SPE 50738, 1999.

[105] Vasquez J, Jurado I, Santillan A, et al. Organically crosslinked polymer system for water reduction treatments in mexico[C]. SPE 104134, 2006.

[106] Hutchins R D, Dovan H T, Sandiford B B. Field applications of high temperature organic gels for water control[C]. SPE 35444, 1996.

[107] Dovan H T, Hutchins R D, Sandiford B B. Delaying gelation of aqueous polymers at elevated temperatures using novel organic crosslinkers[C]. SPE 37246, 1997.

[108] 安泽胜, 陈昶乐, 何军坡, 等. 中国高分子合成化学的研究与发展动态[J]. 高分子学报, 2019, 50(10): 1083-1132.

[109] 王威, 卢祥国, 吕金龙, 等. 高盐油藏聚合物微球缓膨性能[J]. 石油化工, 2019, 48(3): 285-290.

[110] 蒲万芬, 熊英, 杨洋, 等. 延缓膨胀微尺度分散胶及其性能评价[J]. 石油学报, 2016, 37(S2):

93-98.

[111] 王勇, 姚斌, 陆小兵, 等. 新型低成本缓膨型凝胶颗粒的研究与应用[J]. 石油天然气学报, 2014, 36(11): 204-207, 11-12.

[112] 朱强娟, 蒲万芬, 赵田红, 等. 不稳定交联凝胶类堵剂的探索研究[J]. 断块油气田, 2014, 21(4): 513-515, 519.

[113] 陈凤. 一种缓膨颗粒的合成及性能表征[J]. 大庆石油地质与开发, 2014, 33(1): 127-130.

[114] 张建生. 深部调驱缓膨高强度颗粒的制备及其性能评价[J]. 西安石油大学学报(自然科学版), 2013, 28(3): 50-53, 3.

[115] 张建生, 刘艳娟, 边素洁. 缓膨高强度聚丙烯酰胺堵水颗粒的制备[J]. 精细石油化工, 2013, 30(2): 25-29.

[116] 魏发林, 叶仲斌, 岳湘安, 等. 高吸水树脂颗粒调堵剂胶囊化缓膨方法研究[J]. 油气地质与采收率, 2005(6): 74-76, 80, 88.

[117] 吴文明, 秦飞, 李亮, 等. 塔河油田碎屑岩油藏活性混合油堵水体系探索实验[J]. 钻采工艺, 2013, 36(3): 89-92, 10-11.

[118] 李宜坤, 李宇乡, 彭杨, 等. 中国堵水调剖60年[J]. 石油钻采工艺, 2019(6): 773-787.

[119] 吴千慧, 葛际江, 张贵才, 等. 高强度堵水剂裂缝细管模型堵水模拟实验[J]. 石油学报, 2019, 40(11): 1368-1375.

[120] 沈建新, 黄兆海, 刘迎斌, 等. 一种具有缝洞驻留能力的堵水剂研究与评价[J]. 钻采工艺, 2018, 41(3): 99-101, 11.

[121] 李林, 王煦. 耐温抗盐堵水剂的研究进展[J]. 应用化工, 2016(S2): 240-243.

[122] 陈立峰. 丙烯酰胺冻胶堵剂脱水机理研究[D]. 青岛: 中国石油大学(华东), 2016.

[123] 赵修太, 陈泽华, 陈文雪, 等. 颗粒类调剖堵水剂的研究现状与发展趋势[J]. 石油钻采工艺, 2015, 37(4): 105-112.

[124] 荣元帅, 高艳霞, 李新华. 塔河油田碳酸盐岩缝洞型油藏堵水效果地质影响因素[J]. 石油与天然气地质, 2011, 32(6): 940-945.

[125] 陈朝刚, 潘阳秋, 任波, 等. 塔河油田低渗裂缝型储层堵水体系研究[J]. 油田化学, 2011, 28(1): 17-19.